视频师

实战版

深入学习
视音频编辑

崔远　编著

清華大学出版社
北　京

内 容 简 介

本书通过 14 个经典案例，深入介绍了 EDIUS X 的核心视频与音频编辑功能，随书赠送 360 多个案例素材与效果、170 多分钟的同步教学视频，帮助读者逐步精通 EDIUS 软件，从新手成为短视频剪辑高手！

14 个视音频编辑案例，类型包括美景宣传、门店宣传、儿童相册、节日影像、旅行图集、延时视频、古装写真、汽车宣传、情绪短片、城市宣传、综艺预告、婚纱视频、星空合集、电商广告等，应有尽有。20 个 EDIUS 核心功能，包括视频素材导入和导出、剪辑、滤镜、转场、字幕、音频、速度、色度键、蒙版遮罩、画中画、关键帧等，讲解全面细致。

本书既适合想学习 EDIUS X 的初学者，也适合想深入学习 EDIUS X 视音频剪辑与爆款制作的读者，特别是想制作短视频、宣传广告、综艺效果等视频的读者，还可以作为大中专院校相关专业的教材。

图书在版编目 (CIP) 数据

视频师：深入学习视音频编辑：EDIUS 实战版 / 崔远编著 . —北京：清华大学出版社，2024.5
ISBN 978-7-302-66160-3

Ⅰ . ①视…　Ⅱ . ①崔…　Ⅲ . ①数字视频系统②数字音频技术　Ⅳ . ① TN941.3 ② TN912.2

中国国家版本馆 CIP 数据核字 (2024) 第 086282 号

责任编辑：韩宜波
封面设计：徐　超
版式设计：方加青
责任校对：翟维维
责任印制：刘海龙

出版发行：清华大学出版社
网　　址：https://www.tup.com.cn，https://www.wqxuetang.com
地　　址：北京清华大学学研大厦 A 座　　**邮　　编：**100084
社 总 机：010-83470000　　**邮　　购：**010-62786544
投稿与读者服务：010-62776969，c-service@tup.tsinghua.edu.cn
质 量 反 馈：010-62772015，zhiliang@tup.tsinghua.edu.cn
印 装 者：三河市君旺印务有限公司
经　　销：全国新华书店
开　　本：185mm×260mm　　**印　　张：**15.5　　**字　　数：**377 千字
版　　次：2024 年 6 月第 1 版　　**印　　次：**2024 年 6 月第 1 次印刷
定　　价：88.00 元

产品编号：104128-01

前言

FOREWORD

策划起因

目前，由于短视频热度高、形式多样，受到很多用户的青睐，而且随着短视频平台的不断发展，大部分的网民已经不再局限于在微信朋友圈中社交，更多的是在抖音、快手等短视频平台发布视频，希望受到更多人的关注与喜欢。除此之外，随着短视频平台的不断完善，短视频逐渐往电商方向发展，成为很多短视频博主变现的途径之一。

那么，如何才能让自己发布的视频受到更多人的喜爱呢？较为关键的就是提升视频的质量。要想提升视频质量，就要选好视频的主题，剪辑出精美的视频画面，这也是大多数火爆视频都具备的特点。

除了视频的质量要过关之外，我们还应该有坚定的信念，寻求突破创新的方法，正如我国将"必须坚定信心、锐意进取，主动识变应变求变，主动防范化解风险"放在重要位置一样，视频剪辑也需要付出强大的耐心，只有认真学习多样的剪辑技巧，才能在不断磨砺中成长为剪辑大师，打造爆款！

系列图书

为帮助读者全方位成长，笔者团队特别策划了"深入学习"系列图书，从短视频的运镜、剪辑、特效、调色，到视音频的编辑、平面广告设计、AI智能绘画，应有尽有。该系列图书如下：

- 《运镜师：深入学习脚本设计与分镜拍摄（短视频实战版）》
- 《剪辑师：深入学习视频剪辑与爆款制作（剪映实战版）》
- 《音效师：深入学习音频剪辑与配乐（Audition实战版）》
- 《特效师：深入学习影视剪辑与特效制作（Premiere实战版）》
- 《调色师：深入学习视频和电影调色（达芬奇实战版）》
- 《视频师：深入学习视音频编辑（EDIUS实战版）》
- 《设计师：深入学习图像处理与平面制作（Photoshop实战版）》
- 《绘画师：深入学习AIGC智能作画（Midjourney实战版）》

该系列图书最大的亮点，就是以案例为基础进行讲解，让读者在实战中精通软件。目前市场上的同类书，大多侧重于软件知识点的介绍与操作，比较零碎，学完了并不一定能制作出好的效果，而本书安排了小、中、大型案例，采用效果展示与驱动式写法相结合，由浅入深，循序渐进，层层剖析。

本书思路

本书为上述系列图书中的《视频师：深入学习视音频编辑（EDIUS实战版）》，具体的写作思路与特色如下。

❶ 14个主题，案例实战：主题涵盖美景宣传、门店宣传、儿童相册、节日影像、旅行图集、延时视频、古装写真、汽车宣传、情绪短片、城市宣传、综艺预告、婚纱视频、星空合集、电商广告等。

❷ 20个功能，核心讲解：通过以上案例，从零开始，循序渐进地讲解EDIUS软件的视频素材导入和导出、剪辑、滤镜、转场、字幕、音频、速度、色度键、蒙版遮罩、画中画、关键帧等技能，帮助读者从入门到精通EDIUS X软件。

❸ 360多个案例素材与效果提供：为方便读者学习，书中提供了大量的案例素材文件和效果文件。

❹ 170多分钟的同步教学视频赠送：为了让读者更高效和轻松地学习，书中案例全部都录制了同步高清教学视频，用手机扫描章节中的二维码直接观看。

本书提供案例的素材文件、效果文件及视频文件，扫一扫下面的二维码，推送到自己的邮箱后下载获取。

温馨提示

在编写本书时，是基于各大平台和软件截取的实际操作图片，但图书从编辑到出版需要一段时间，在这段时间里，平台和软件的界面与功能会有所调整或变化，如有的内容删除了，有的内容增加了，这是软件开发商做的更新，很正常。读者在阅读时，根据书中的思路，举一反三，进行学习即可，不必拘泥于细微的变化。

本书使用的软件版本为EDIUS X。

本书由兰州职业技术学院的崔远老师编著。在此感谢邓陆英、徐必文、胡杨、向小红、柏高德、刘娉颖、刘慧等人在本书编写时提供的素材帮助。

由于作者知识水平有限，书中难免有疏漏之处，恳请广大读者批评、指正。

编　者

目录

CONTENTS

第1章 美景宣传：制作《海岛记录》/ 1

1.1 《海岛记录》效果展示 ············ 2
1.1.1 效果欣赏 ············ 2
1.1.2 学习目标 ············ 3
1.1.3 制作思路 ············ 3
1.1.4 知识讲解 ············ 3
1.1.5 要点讲堂 ············ 3
1.2 《海岛记录》制作流程 ············ 4
1.2.1 导入素材 ············ 4
1.2.2 添加音乐 ············ 5
1.2.3 调色美化 ············ 6
1.2.4 添加转场 ············ 9
1.2.5 添加文字 ············ 11
1.2.6 导出视频 ············ 14

第2章 门店宣传：制作《招牌美食》/ 17

2.1 《招牌美食》效果展示 ············ 18
2.1.1 效果欣赏 ············ 18
2.1.2 学习目标 ············ 19
2.1.3 制作思路 ············ 19
2.1.4 知识讲解 ············ 19
2.1.5 要点讲堂 ············ 20
2.2 《招牌美食》制作流程 ············ 20
2.2.1 设置视频的比例 ············ 20
2.2.2 增加音频的音量 ············ 21
2.2.3 剪辑素材的时长 ············ 23
2.2.4 为素材添加转场 ············ 24
2.2.5 为素材制作动画 ············ 25
2.2.6 为素材添加文字 ············ 29

第3章 儿童相册：制作《天真烂漫》/ 35

3.1 《天真烂漫》效果展示 ············ 36
3.1.1 效果欣赏 ············ 36
3.1.2 学习目标 ············ 37
3.1.3 制作思路 ············ 37
3.1.4 知识讲解 ············ 37
3.1.5 要点讲堂 ············ 37
3.2 《天真烂漫》制作流程 ············ 38
3.2.1 导入素材和添加背景图片 ············ 38
3.2.2 制作音频的淡入与淡出效果 ············ 39
3.2.3 为相册视频添加主题文字 ············ 40
3.2.4 制作三维动画效果 ············ 42

第4章 节日影像：制作《新春快乐》/ 49

4.1 《新春快乐》效果展示 ······ 50
- 4.1.1 效果欣赏 ······ 50
- 4.1.2 学习目标 ······ 51
- 4.1.3 制作思路 ······ 51
- 4.1.4 知识讲解 ······ 51
- 4.1.5 要点讲堂 ······ 52

4.2 《新春快乐》制作流程 ······ 52
- 4.2.1 添加视频和背景图片素材 ······ 52
- 4.2.2 调整素材的持续时间 ······ 53
- 4.2.3 制作图像动态特效 ······ 54
- 4.2.4 添加转场运动效果 ······ 56
- 4.2.5 添加新春祝福文字 ······ 58
- 4.2.6 制作文字淡出效果 ······ 61
- 4.2.7 剪辑背景音乐的时长 ······ 63

第5章 旅行图集：制作《涠洲岛印象》/ 65

5.1 《涠洲岛印象》效果展示 ······ 66
- 5.1.1 效果欣赏 ······ 66
- 5.1.2 学习目标 ······ 67
- 5.1.3 制作思路 ······ 67
- 5.1.4 知识讲解 ······ 67
- 5.1.5 要点讲堂 ······ 68

5.2 《涠洲岛印象》制作流程 ······ 68
- 5.2.1 导入所有的素材 ······ 68
- 5.2.2 制作图集片头 ······ 69
- 5.2.3 调整素材的时长和画面 ······ 73
- 5.2.4 添加音乐和转场 ······ 75
- 5.2.5 添加星火炸开特效 ······ 76
- 5.2.6 制作求关注片尾 ······ 78

第6章 延时视频：制作《日转夜延时》/ 80

6.1 《日转夜延时》效果展示 ······ 81
- 6.1.1 效果欣赏 ······ 81
- 6.1.2 学习目标 ······ 82
- 6.1.3 制作思路 ······ 82
- 6.1.4 知识讲解 ······ 82
- 6.1.5 要点讲堂 ······ 82

6.2 《日转夜延时》制作流程 ······ 83
- 6.2.1 指定静帧的持续时间 ······ 83
- 6.2.2 导入延时图片素材 ······ 84
- 6.2.3 添加延时视频音乐 ······ 84
- 6.2.4 添加标题和水印文字 ······ 86

第7章 古装写真：制作《古风美人》/ 89

7.1 《古风美人》效果展示 ······ 90
- 7.1.1 效果欣赏 ······ 90
- 7.1.2 学习目标 ······ 91
- 7.1.3 制作思路 ······ 91
- 7.1.4 知识讲解 ······ 91
- 7.1.5 要点讲堂 ······ 91

7.2 《古风美人》制作流程 ······ 92
- 7.2.1 设置写真视频的比例 ······ 92
- 7.2.2 导入白色背景图片 ······ 92

7.2.3 为视频制作动感动画 ………………………… 94
7.2.4 添加烟雾特效素材 ………………………… 97
7.2.5 为视频添加歌词文字 ………………………… 99

第8章 汽车宣传：制作《在路上》/ 103

8.1 《在路上》效果展示 …………………… 104
8.1.1 效果欣赏 ………………………… 104
8.1.2 学习目标 ………………………… 105
8.1.3 制作思路 ………………………… 105
8.1.4 知识讲解 ………………………… 105
8.1.5 要点讲堂 ………………………… 106
8.2 《在路上》制作流程 …………………… 106
8.2.1 制作文字镂空片头 ………………………… 106
8.2.2 改变视频的播放速度 ………………………… 111
8.2.3 添加转场和背景音乐 ………………………… 112
8.2.4 制作广告文案宣传标语 ………………………… 113
8.2.5 制作品牌水印片尾 ………………………… 115
8.2.6 调整视频的色调 ………………………… 117

第9章 情绪短片：制作《一个人的时光》/ 120

9.1 《一个人的时光》效果展示 ………… 121
9.1.1 效果欣赏 ………………………… 121
9.1.2 学习目标 ………………………… 122
9.1.3 制作思路 ………………………… 122
9.1.4 知识讲解 ………………………… 122
9.1.5 要点讲堂 ………………………… 123
9.2 《一个人的时光》制作流程 ………… 123
9.2.1 制作笔刷开场片头 ………………………… 123
9.2.2 添加台词音频和音乐 ………………………… 127
9.2.3 添加视频边框特效 ………………………… 129
9.2.4 复制和粘贴文案内容 ………………………… 130
9.2.5 为夕阳视频进行调色 ………………………… 133
9.2.6 制作字幕滚动片尾 ………………………… 135

第10章 城市宣传：制作《欢迎大家来到长沙》/ 139

10.1 《欢迎大家来到长沙》效果展示 ………140
10.1.1 效果欣赏 ………………………… 140
10.1.2 学习目标 ………………………… 141
10.1.3 制作思路 ………………………… 141
10.1.4 知识讲解 ………………………… 141
10.1.5 要点讲堂 ………………………… 142
10.2 《欢迎大家来到长沙》制作流程 ……142
10.2.1 添加素材和转场效果 ………………………… 142
10.2.2 添加背景音乐 ………………………… 145
10.2.3 为视频进行调色 ………………………… 147
10.2.4 为视频添加字幕 ………………………… 151
10.2.5 制作开场特效 ………………………… 155
10.2.6 制作闭幕特效 ………………………… 157

第11章 综艺预告：制作《记忆中的古街》/ 160

11.1 《记忆中的古街》效果展示 …………161
11.1.1 效果欣赏 ………………………… 161
11.1.2 学习目标 ………………………… 162
11.1.3 制作思路 ………………………… 162
11.1.4 知识讲解 ………………………… 162
11.1.5 要点讲堂 ………………………… 163

11.2 《记忆中的古街》制作流程 ………… 163

11.2.1 制作综艺片头 …… 163
11.2.2 添加背景调整画面 …… 166
11.2.3 添加综艺人声与音乐 …… 169
11.2.4 添加文案字幕 …… 170
11.2.5 添加赞助商广告 …… 173
11.2.6 添加视频边框特效 …… 175
11.2.7 调整视频对比度 …… 178

13.1.1 效果欣赏 …… 200
13.1.2 学习目标 …… 201
13.1.3 制作思路 …… 201
13.1.4 知识讲解 …… 201
13.1.5 要点讲堂 …… 202

13.2 《夜空中最亮的星》制作流程 …… 202

13.2.1 添加素材和调整时长 …… 202
13.2.2 为视频之间添加转场 …… 203

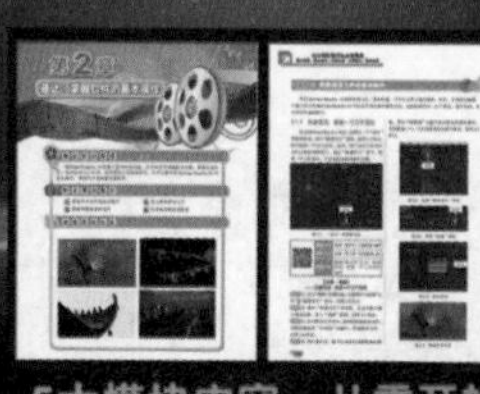

第12章 婚纱视频：制作《佳偶天成》/ 180

12.1 《佳偶天成》效果展示 …… 181

12.1.1 效果欣赏 …… 181
12.1.2 学习目标 …… 182
12.1.3 制作思路 …… 182
12.1.4 知识讲解 …… 182
12.1.5 要点讲堂 …… 183

12.2 《佳偶天成》制作流程 …… 183

12.2.1 导入婚纱视频素材 …… 183
12.2.2 制作婚纱视频片头 …… 184
12.2.3 制作视频画中画特效 …… 186
12.2.4 添加视频转场特效 …… 189
12.2.5 制作视频字幕运动特效 …… 191
12.2.6 添加婚纱视频背景音乐 …… 197

第13章 星空合集：制作《夜空中最亮的星》/ 199

13.1 《夜空中最亮的星》效果展示 …… 200

13.2.3 添加音乐制作淡出效果 …… 206
13.2.4 制作视频片头 …… 207
13.2.5 添加标签文字 …… 211
13.2.6 制作谢幕片尾 …… 213

第14章 电商广告：制作《图书宣传》/ 216

14.1 《图书宣传》效果展示 …… 217

14.1.1 效果欣赏 …… 217
14.1.2 学习目标 …… 218
14.1.3 制作思路 …… 218
14.1.4 知识讲解 …… 218
14.1.5 要点讲堂 …… 219

14.2 《图书宣传》制作流程 …… 219

14.2.1 制作电商广告片头 …… 219
14.2.2 旋转实拍视频的角度 …… 224
14.2.3 制作字幕视频 …… 227
14.2.4 制作画面宣传特效 …… 229
14.2.5 制作广告字幕效果 …… 231
14.2.6 添加特效、贴纸和背景音乐 …… 237

第1章 美景宣传：制作《海岛记录》

美景宣传视频是一种记录风光内容的视觉型视频。它可以是个人所见的美景，偏私人化的，也可以是偏商业化的，比如介绍景点和旅游地点。在朋友圈、抖音等平台，可以看到非常多的美景宣传视频，因为无论是旅途中的风景，还是生活中的风景，都能为观众带来愉悦和启示。本章以海岛景点为主题，来介绍美景宣传视频的制作方法。

1.1 《海岛记录》效果展示

美景宣传视频主要突出的是美景内容，本章的主题是海岛，那么风光内容主要与海岛周围的风景有关。在制作宣传视频之前，我们需要挑选合适的视频片段，把精华内容做成合集的形式，展示重点内容。

在制作《海岛记录》视频之前，我们首先来欣赏本案例的视频效果，并了解案例的学习目标、制作思路、知识讲解和要点讲堂。

1.1.1 效果欣赏

《海岛记录》美景宣传视频的画面效果如图1-1所示，主要添加了调色、文字、转场等效果。

图1-1 《海岛记录》画面效果

1.1.2 学习目标

知识目标	掌握美景宣传视频的制作方法
技能目标	（1）掌握在EDIUS X中导入素材的操作方法 （2）掌握为视频添加音乐的操作方法 （3）掌握为视频进行调色美化的操作方法 （4）掌握为视频添加转场的操作方法 （5）掌握为视频添加文字的操作方法 （6）掌握导出视频的操作方法
本章重点	导入素材和导出视频
本章难点	为视频进行调色美化
视频时长	10分59秒

1.1.3 制作思路

本案例首先介绍导入视频素材到 EDIUS X 软件中，然后介绍如何为视频添加背景音乐、进行调色美化、添加转场和文字以及导出视频效果。图 1-2 所示为本案例视频的制作思路。

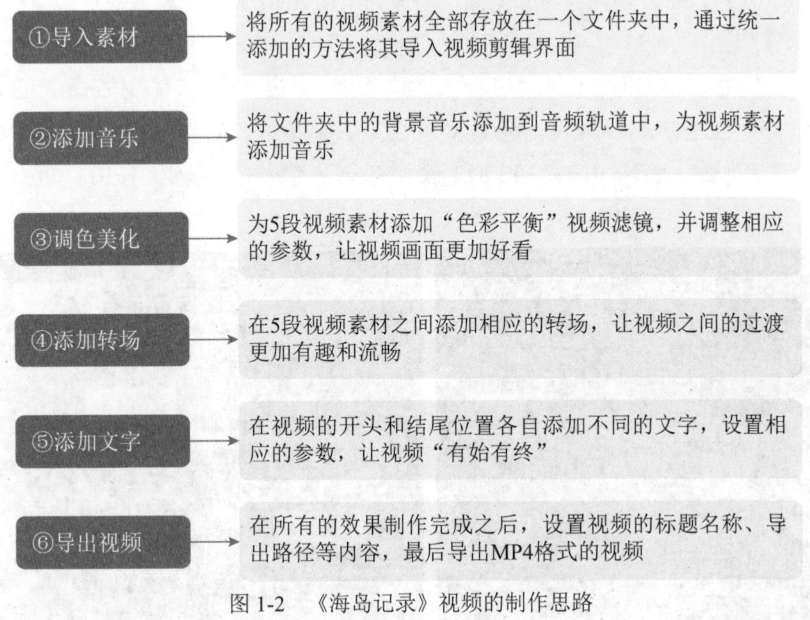

图 1-2 《海岛记录》视频的制作思路

1.1.4 知识讲解

如何制作美景宣传视频呢？首先，我们需要学会发现美，学会欣赏细节，将美好的风景视频片段都收集起来，比如，一场日出日落，或者一些小细节。在收集完成这些素材之后，就可以在 EDIUS X 中将这些片段串联起来，再进行相应的“装饰”，制作出一段完整的美景宣传视频。

1.1.5 要点讲堂

在本章内容中，我们需要先掌握如何在 EDIUS X 中导入素材和导出视频，需要掌握以下基本内容。

❶ 数字音频的编码方式就是数字音频格式，不同的数字音频设备对应着不同的音频文件格式。常见的音频格式有 MP3、WAV、MIDI、WMA、MP4 以及 AAC 等，在导入和导出视频时，我们需要了解相应的格式要求。

❷ 在使用 EDIUS X 对视频进行编辑时，会涉及一些工程文件的基本操作，如新建工程文件、打开工程文件、保存工程文件、退出工程文件以及导入序列文件等。

1.2 《海岛记录》制作流程

本节将为读者介绍美景宣传视频的制作方法，包括导入素材、为视频添加音乐、调色美化、添加转场、添加文字和导出视频，希望读者能够熟练掌握这些操作。

1.2.1 导入素材

在 EDIUS X 中导入素材，首先需要新建工程文件，然后再将素材拖曳至视频轨道中，对于不需要的片段，可以进行剪辑和删除。下面介绍在 EDIUS X 中导入素材的操作方法。

扫码看视频

STEP 01 打开 EDIUS X 软件，进入“初始化工程”界面，单击“新建工程”按钮，如图 1-3 所示。

STEP 02 弹出“工程设置”对话框，❶输入工程名称；❷单击“文件夹”文本框右侧的■按钮，设置保存路径；❸在“预设列表”列表框中选择相应的工程预设选项；❹单击“确定”按钮，如图1-4所示，建立工程文件。

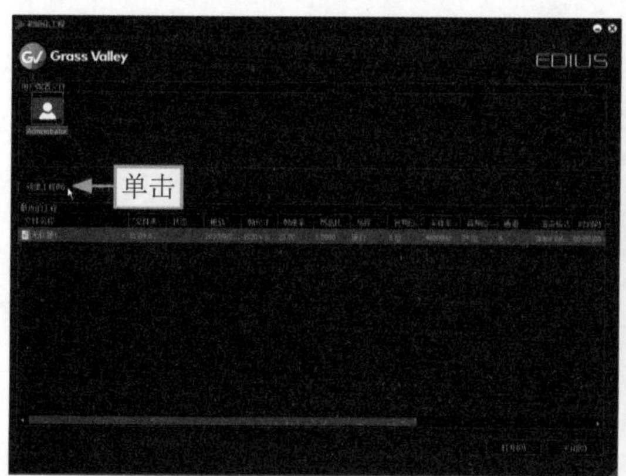

图 1-3 单击“新建工程”按钮

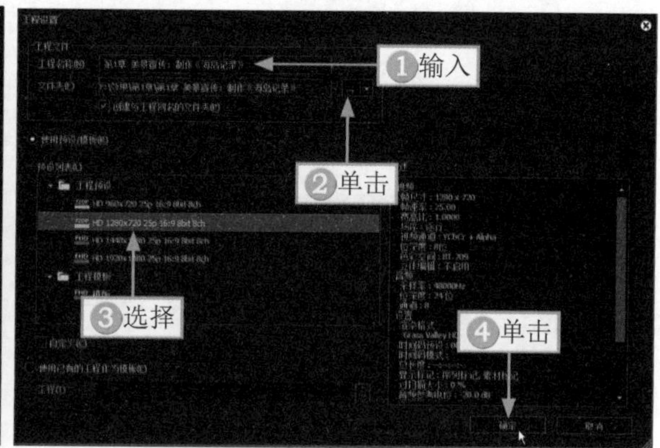

图 1-4 设置工程文件

STEP 03 在菜单栏中，选择“视图”|“面板”|“显示所有”命令，如图 1-5 所示，将会弹出所有的操作面板，方便后期操作。

STEP 04 打开素材文件夹，按 Ctrl + A 组合键，全选所有的素材，如图 1-6 所示。

STEP 05 拖曳选中的素材至“素材库”面板中，如图 1-7 所示。

STEP 06 ❶将 5 段视频素材按顺序依次拖曳至 1VA 主视频轨道中；❷选择第 1 段视频素材；❸拖曳时间滑块至视频 5s 左右的位置，如图 1-8 所示。

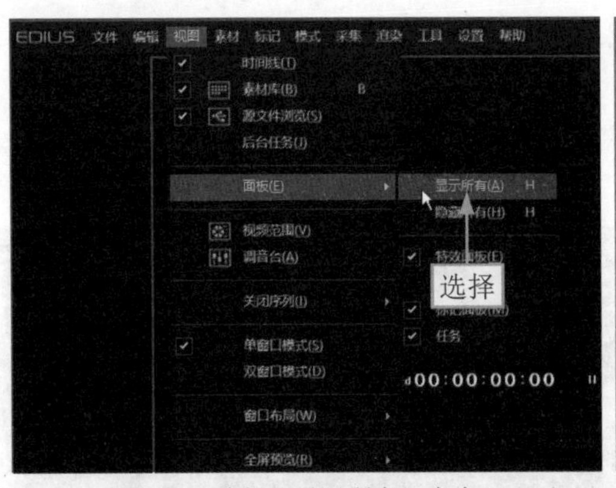

图 1-5 选择“显示所有”命令

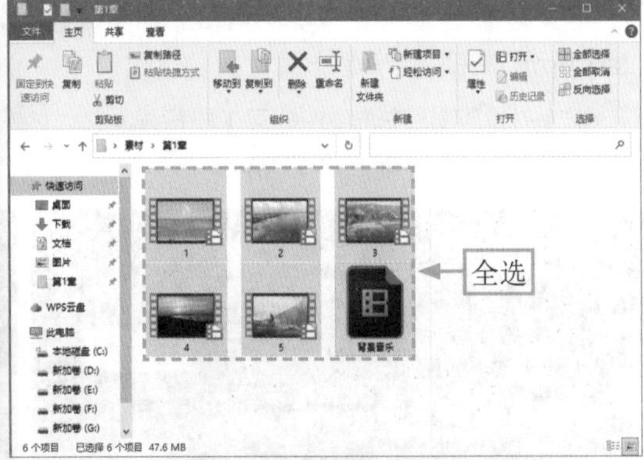

图 1-6 全选所有的素材

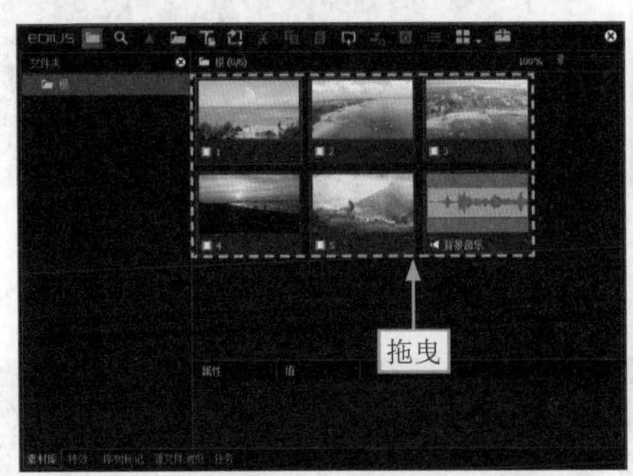

图 1-7 拖曳素材至“素材库”面板中

图 1-8 拖曳时间滑块至视频 5s 左右的位置

STEP 07 选择“编辑”｜“添加剪切点”｜“选定轨道”命令，如图 1-9 所示，分割第 1 段素材。

STEP 08 ❶选择分割后的第 2 段素材；❷单击“剪切”按钮，如图 1-10 所示，把多余的素材删除，并调整后面 4 段素材的轨道位置。

图 1-9 选择“选定轨道”命令

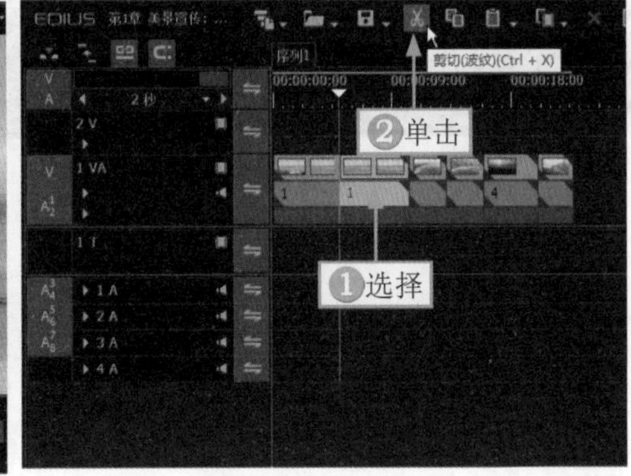

图 1-10 调整素材

1.2.2 添加音乐

在添加背景音乐时，需要删除原有的音频素材，再把音乐素材拖曳至音频轨道中。下面介绍在 EDIUS X 中为视频添加背景音乐的操作方法。

扫码看视频

STEP 01 ▶▶ ❶在主轨道中，右击第 1 段素材，❷在弹出的快捷菜单中选择“连接 / 组”|“解锁”命令，如图 1-11 所示，将视频与音频分离。

STEP 02 ▶▶ ❶选择主轨道中的第 1 段音频素材，❷单击“删除”按钮■，如图 1-12 所示，删除音频素材，使用同样的方法，删除后面的 4 段音频素材。

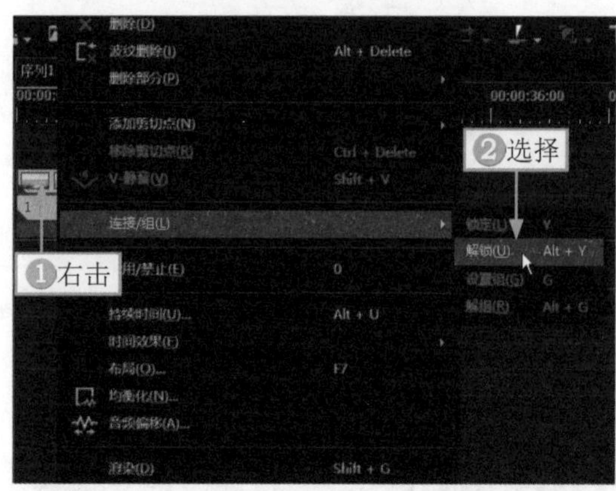

图 1-11　选择“解锁”命令

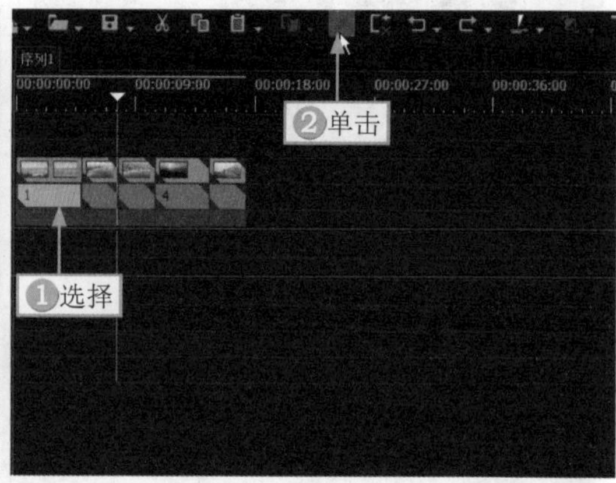

图 1-12　删除音频素材

STEP 03 ▶▶ 在“素材库”面板中，选择背景音乐素材，如图 1-13 所示。

STEP 04 ▶▶ 把背景音乐素材拖曳至 1A 音频轨道中，如图 1-14 所示，添加背景音乐。

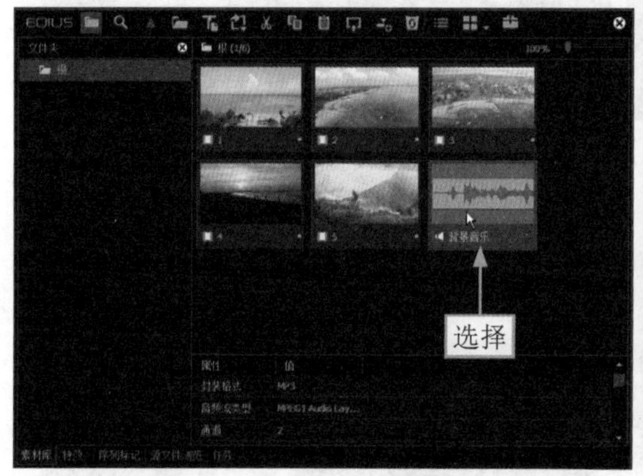

图 1-13　选择背景音乐素材

图 1-14　把背景音乐素材拖曳至 1A 音频轨道中

1.2.3　调色美化

扫码看视频

如果源素材的色彩不够好看，可以对视频进行调色美化，让视频画面更加吸人眼球。下面介绍在 EDIUS X 中对视频进行调色美化的操作方法。

STEP 01 ▶▶ ❶单击“特效”标签，进入“特效”面板；❷在“视频滤镜”下方的“色彩校正”滤镜组中选择“色彩平衡”滤镜效果，如图 1-15 所示。

STEP 02 ▶▶ 在选择的滤镜效果上，按住鼠标左键将其拖曳至视频轨道中的第 1 段素材上方，然后释放鼠标左键，即可添加“色彩平衡”滤镜效果，如图 1-16 所示。

STEP 03 ▶▶ 使用同样的方法，为剩余的 4 段视频素材添加“色彩平衡”滤镜效果。选择第 1 段视频素材，在菜单栏中，选择“视图”|“面板”|“信息面板”命令，如图 1-17 所示，将弹出“信息”面板。

STEP 04 ▶▶ 在“信息”面板中，双击“色彩平衡”滤镜，如图 1-18 所示。

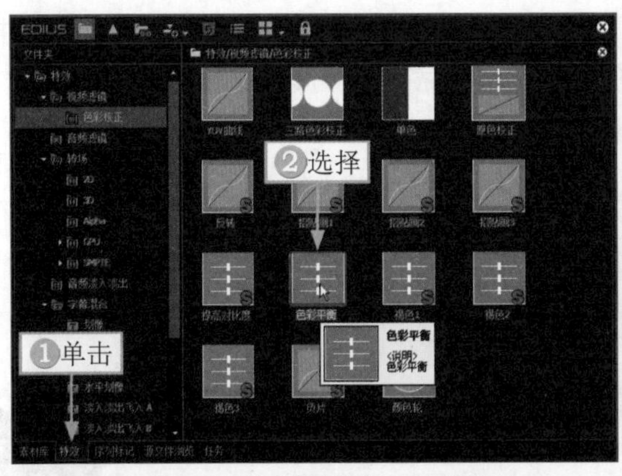

图 1-15 选择“色彩平衡”滤镜效果

图 1-16 添加“色彩平衡”滤镜效果

图1-17 选择“信息面板”命令

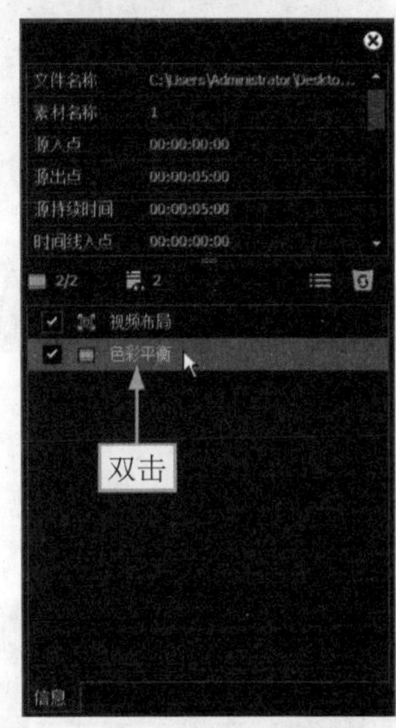

图1-18 双击“色彩平衡”滤镜

STEP 05 在“色彩平衡”对话框中，①设置“色度”参数为20、“亮度”参数为-6、“对比度”参数为6、“青-红”参数为-31；②单击“确定”按钮。在播放窗口中预览画面，可以看到画面色彩更吸睛了，如图1-19所示。

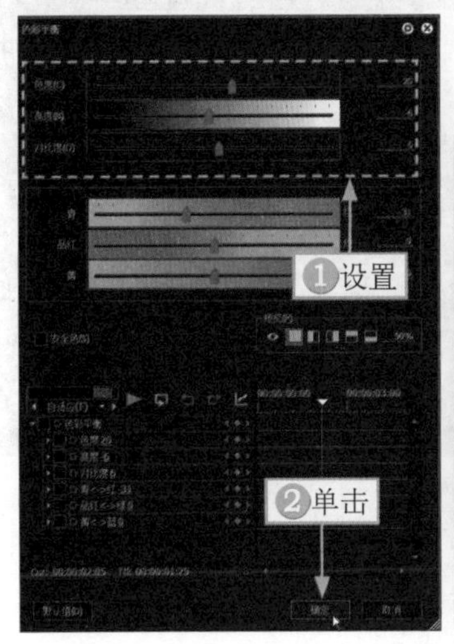

图1-19 设置第1段视频素材的色彩平衡参数

STEP 06 选择第 2 段视频素材，在“信息”面板中，选择并双击“色彩平衡”滤镜，在“色彩平衡”对话框中，①设置“色度”参数为 37、“青 - 红”参数为 −20；②单击“确定”按钮。在播放窗口中预览画面，可以看到画面色彩变靓丽了，如图 1-20 所示。

图1-20　设置第2段视频素材的色彩平衡参数

STEP 07 选择第 3 段视频素材，在“信息”面板中，选择并双击“色彩平衡”滤镜，在“色彩平衡”对话框中，①设置“色度”参数为 27、“青 - 红”参数为 −20；②单击“确定”按钮。在播放窗口中预览画面，可以看到画面更清晰了，如图 1-21 所示。

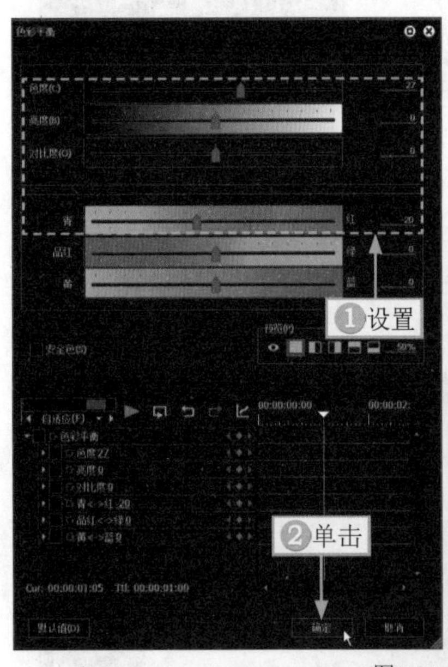

图1-21　设置第3段视频素材的色彩平衡参数

STEP 08 选择第 4 段视频素材，在“信息”面板中，选择并双击“色彩平衡”滤镜，在“色彩平衡”对话框中，①设置“色度”参数为 27、“亮度”参数为 −9、“对比度”参数为 −7、“青 - 红”参数 13；②单击“确定”按钮。在播放窗口中预览画面，可以看到画面偏橙黄色了，如图 1-22 所示。

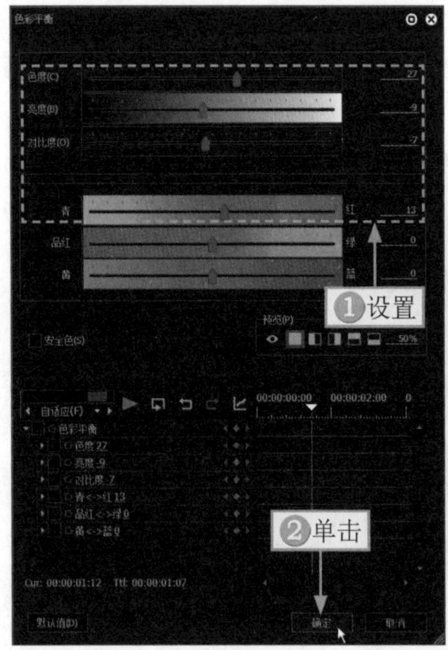

图1-22　设置第4段视频素材的色彩平衡参数

STEP 09 选择第 5 段视频素材，在“信息”面板中，选择并双击“色彩平衡”滤镜，在“色彩平衡”对话框中，❶设置“色度”参数为 45、“青 - 红”参数为 -15；❷单击“确定”按钮。在播放窗口中预览画面，可以看到画面变得更加清晰和好看了，如图 1-23 所示。

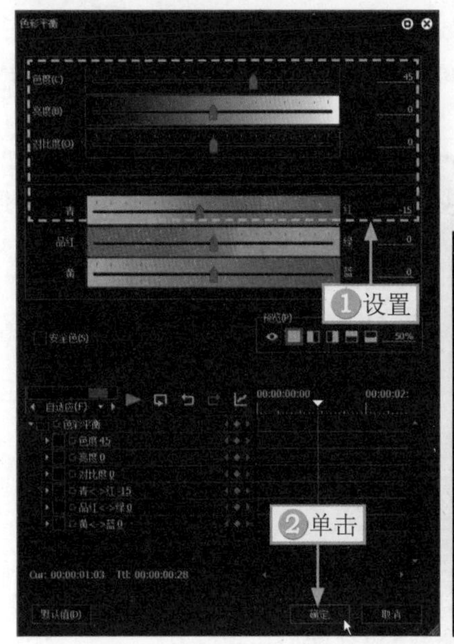

图1-23　设置第5段视频素材的色彩平衡参数

1.2.4　添加转场

制作视频离不开转场，添加合适的转场效果，能让素材之间的衔接更加自然，也能让视频更具动感。下面介绍在 EDIUS X 中添加转场的具体操作方法。

STEP 01 在“转场”下方的2D转场组中，选择“交叉划像”转场效果，如图1-24所示。

STEP 02 按住鼠标左键将其拖曳至第1段素材与第2段素材之间的位置，然后释放鼠标左键，即可添加“交叉划像”转场效果，如图1-25所示。

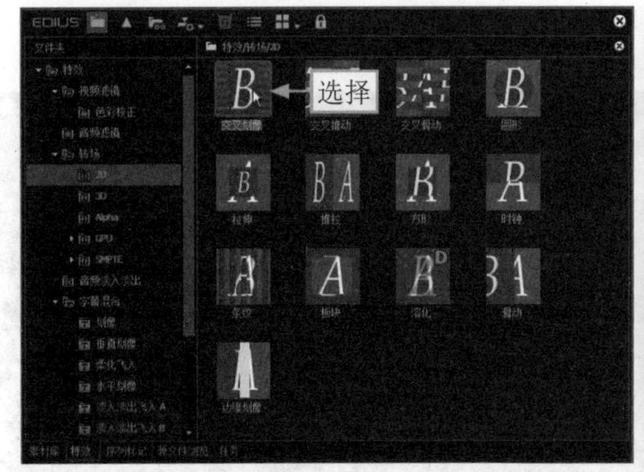

图1-24 选择“交叉划像”转场效果

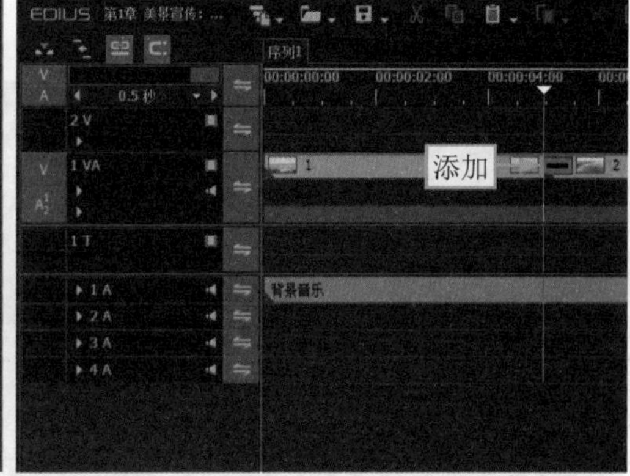

图1-25 添加“交叉划像”转场效果

专家指点

在“特效”面板中选择的转场效果上，单击鼠标右键，在弹出的快捷菜单中选择“持续时间”|“转场”命令，将弹出“特效持续时间”对话框，在其中用户可以根据需要设置转场效果的持续时间，单击“确定”按钮，即可完成持续时间的设置。

STEP 03 在“转场”下方的2D转场组中，选择“时钟”转场效果，如图1-26所示。

STEP 04 按住鼠标左键将其拖曳至第2段素材与第3段素材之间的位置，然后释放鼠标左键，即可添加“时钟”转场效果，如图1-27所示。

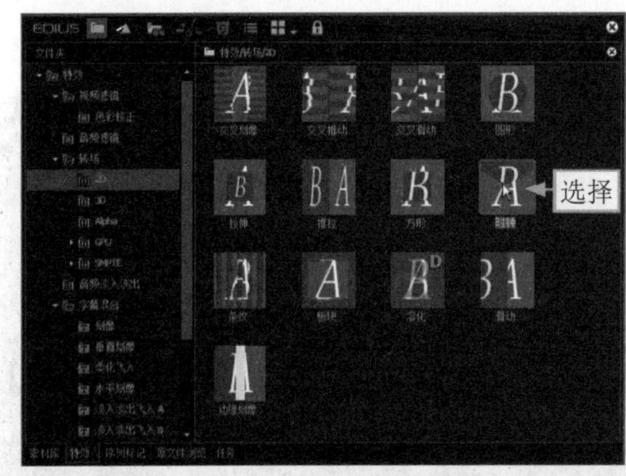

图1-26 选择“时钟”转场效果

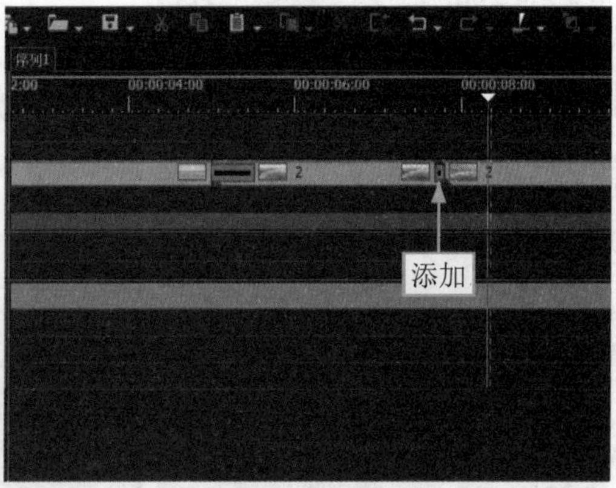

图1-27 添加“时钟”转场效果

STEP 05 在“转场”下方的3D转场组中，选择“卷页”转场效果，如图1-28所示。

STEP 06 按住鼠标左键将其拖曳至第3段素材与第4段素材之间的位置，然后释放鼠标左键，即可添加“卷页”转场效果，如图1-29所示。

STEP 07 在“转场”下方的2D转场组中，选择“拉伸”转场效果，如图1-30所示。

STEP 08 按住鼠标左键将其拖曳至第4段素材与第5段素材之间的位置，然后释放鼠标左键，即可添加“拉伸”转场效果，如图1-31所示。

图 1-28　选择“卷页”转场效果

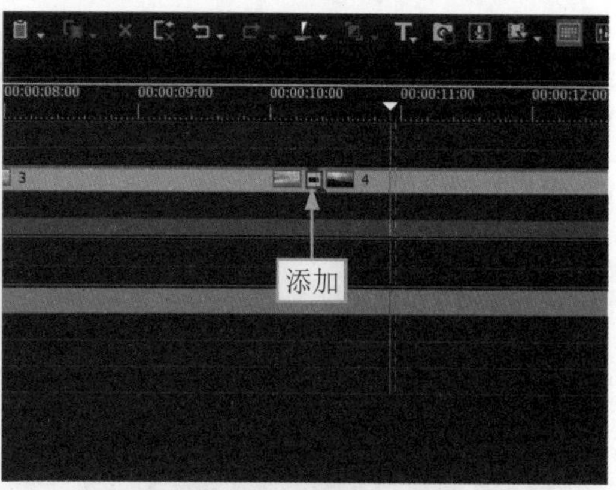

图 1-29　添加“卷页”转场效果

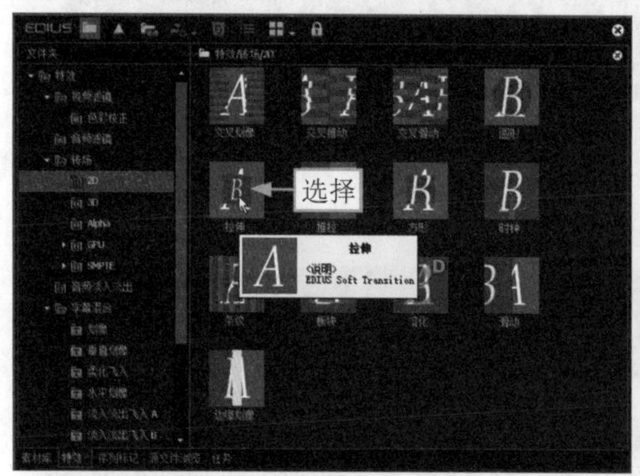

图 1-30　选择“拉伸”转场效果

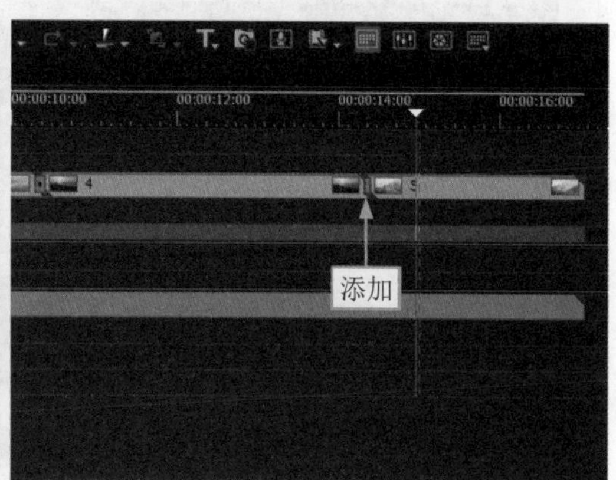

图 1-31　添加“拉伸”转场效果

1.2.5　添加文字

在视频的起始位置和结束位置添加相应的文字内容，可以让视频“有始有终”，同时说明相应的主题内容。下面介绍在 EDIUS X 中添加文字的操作方法。

STEP 01 拖曳时间滑块至视频的起始位置，①单击“创建字幕”按钮；②在弹出的下拉菜单中选择“在 1T 轨道上创建字幕”命令，如图 1-32 所示。

图 1-32　选择“在 1T 轨道上创建字幕”命令

STEP 02 进入相应的面板，①在界面中间输入文字内容；②在下方双击并选择一个文字样式；③设置“字距”参数为 2；④设置默认字体；⑤调整文字的位置；⑥选择“文件”|“保存”命令，如图 1-33 所示，保存文字。

图1-33　设置文字参数并保存

STEP 03 ❶拖曳时间滑块至第 5 段素材的起始位置；❷单击“创建字幕”按钮T；❸在弹出的下拉菜单中选择“在视频轨道上创建字幕”命令，如图 1-34 所示。

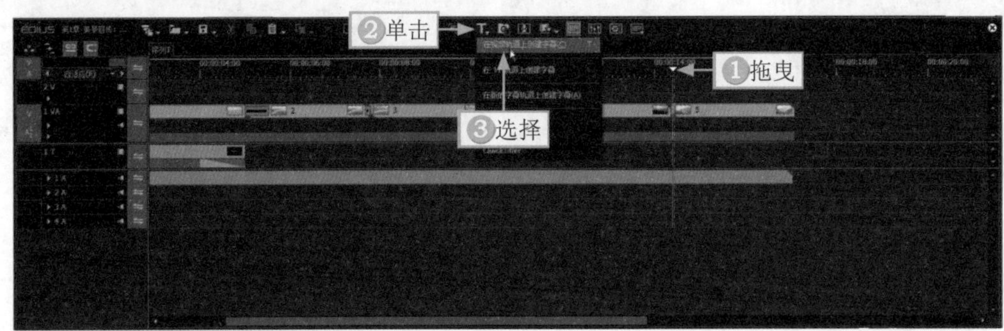

图 1-34　选择“在视频轨道上创建字幕”命令

STEP 04 进入相应的面板，❶在界面中间输入文字内容；❷设置“字距”参数为 3；❸选中“粗体”按钮B；❹调整文字的位置；❺选择“文件”｜“保存”命令，如图 1-35 所示，保存文字。

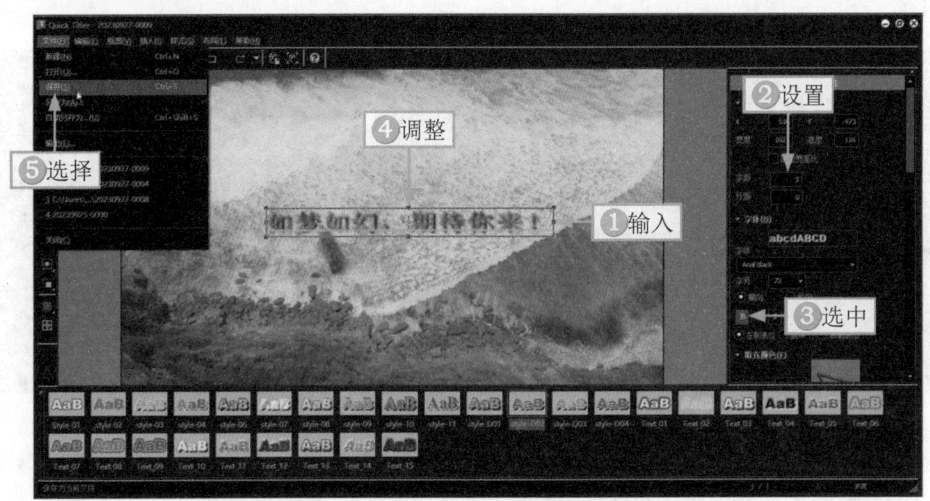

图1-35　设置文字参数并保存

STEP 05 调整第2段文字素材的轨道位置和时长，使其处于2V视频轨道中，与第5段素材的时长保持一致，如图1-36所示。

STEP 06 在菜单栏中，选择“视图”|“面板”|“信息面板”命令，如图1-37所示。

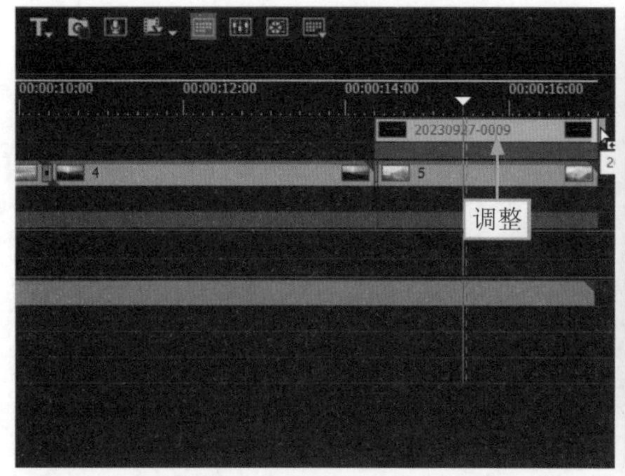

图1-36 调整第2段文字素材的轨道位置和时长

图1-37 选择“信息面板”命令

STEP 07 在“信息”面板中，双击“视频布局”选项，如图1-38所示。

STEP 08 在“视频布局”对话框中，①拖曳时间滑块至视频15s左右的位置；②选中“视频布局”复选框；③单击“添加/删除关键帧”按钮，添加关键帧，如图1-39所示。

图1-38 双击“视频布局”选项

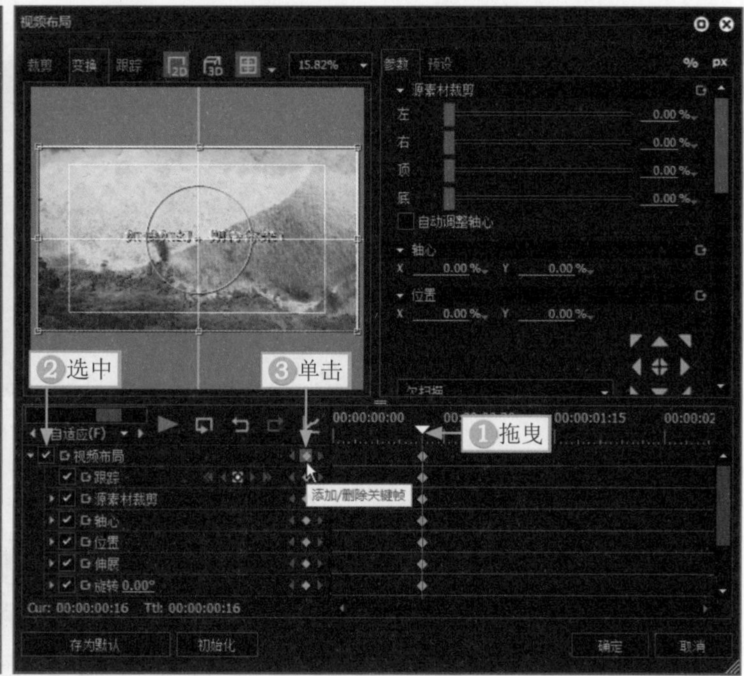

图1-39 添加关键帧

STEP 09 ①拖曳时间滑块至视频末尾位置；②调整文字素材的位置，使其处于界面的最上方；③单击“确定”按钮，如图1-40所示。

STEP 10 制作文字慢慢向上移出画面的谢幕效果，如图1-41所示。

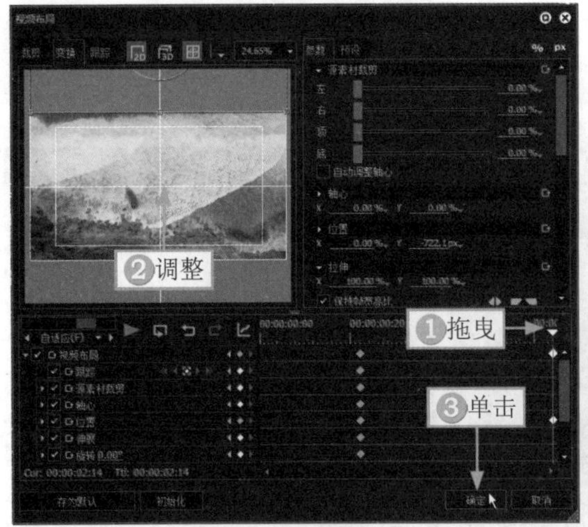

图1-40 调整文字素材

图1-41 制作文字慢慢向上移出画面的谢幕效果

1.2.6 导出视频

扫码看视频

视频制作完成后，即可导出成品视频，不过需要设置相应的参数和视频导出的格式，这里导出的是MP4格式。下面介绍在EDIUS X中导出视频的操作方法。

STEP 01 拖曳时间滑块至视频起始位置，单击“设置入点”按钮，如图1-42所示，设置输出范围的起点。

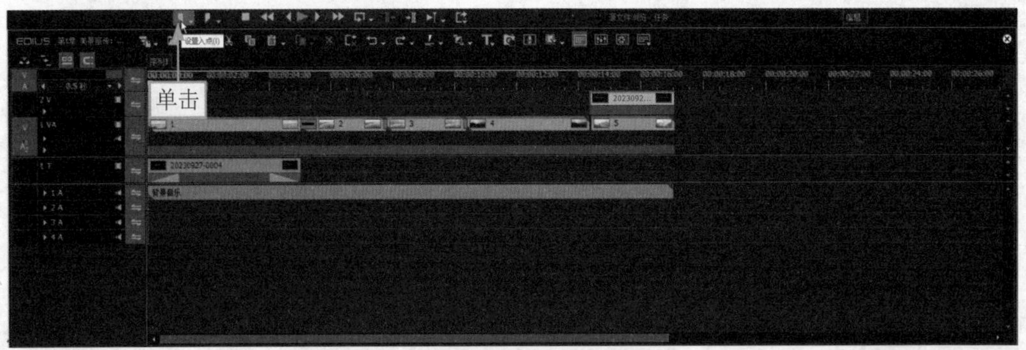

图1-42 设置入点

STEP 02 ①拖曳时间滑块至视频末尾位置；②单击“设置出点”按钮，如图1-43所示，设置输出范围的结束点。

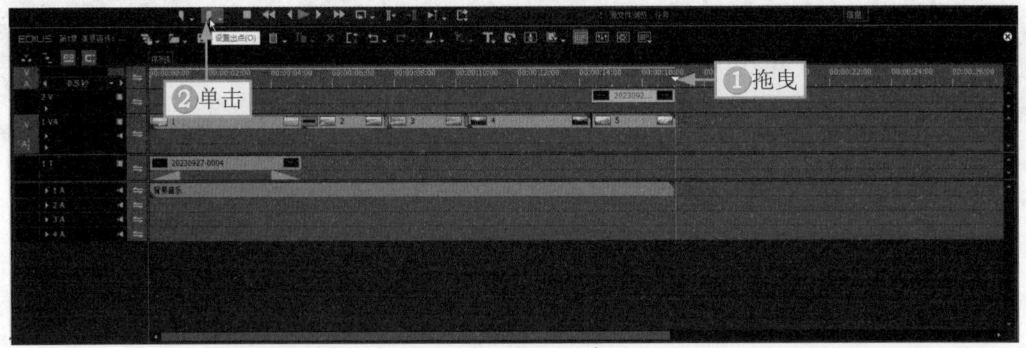

图1-43 设置出点

STEP 03 在菜单栏中，选择“文件”|“输出”|“输出到文件”命令，如图 1-44 所示。

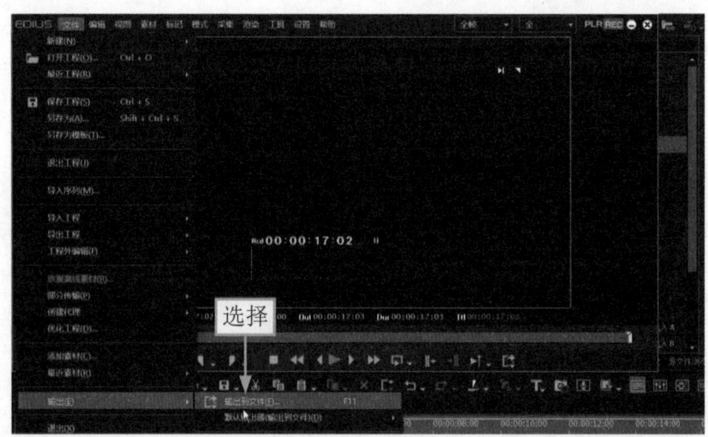

图1-44 选择“输出到文件”命令

STEP 04 弹出“输出到文件”对话框，❶选择 H.264/AVC 格式；❷设置“输出器”为 H.264/AVC；❸选中“在入出点之间输出”和“以 16bit/2 声道输出”复选框；❹单击“输出”按钮，如图 1-45 所示。

图1-45 设置输出参数

STEP 05 弹出相应的对话框，默认基本设置参数，❶设置文件保存路径和文件名；❷单击“保存”按钮，如图 1-46 所示。

STEP 06 弹出“正在渲染”对话框，如图 1-47 所示，等待片刻。

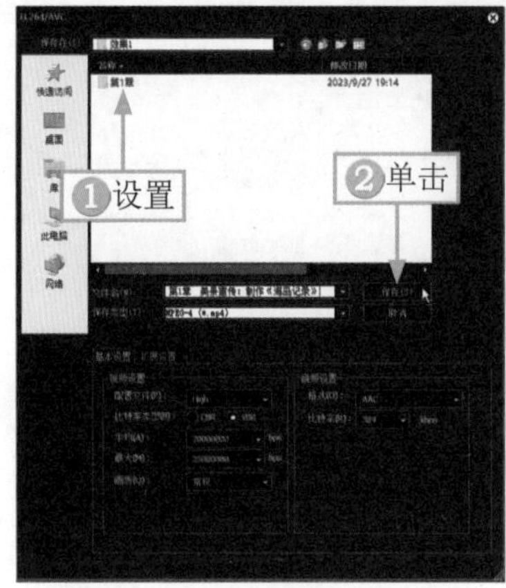

图1-46 设置保存路径及文件名

图1-47 渲染视频

STEP 07 弹出导出完成提示对话框，单击 OK 按钮，如图 1-48 所示。

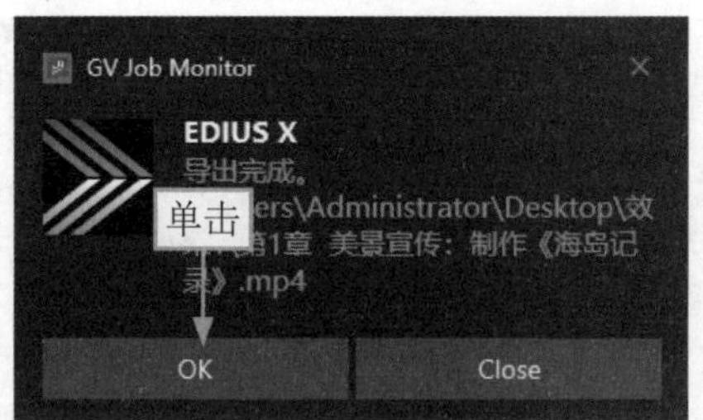

图1-48　导出完成提示对话框

STEP 08 为了方便后期编辑和修改，在导出 MP4 格式的视频之后，还可以保存工程文件，在菜单栏中选择“文件”｜“保存工程”命令，如图 1-49 所示。

STEP 09 即可在相应的文件夹中查看保存好的工程文件，如图 1-50 所示。

图 1-49　选择“保存工程”命令　　　　图 1-50　查看保存的工程文件

除了使用上述的方法弹出“输出到文件”对话框外，在EDIUS工作界面中，按F11键，也可以快速弹出“输出到文件”对话框。

第2章 门店宣传：制作《招牌美食》

门店宣传视频是宣传店铺的手段，本章的主题是《招牌美食》，是一种商业营销视频，这种视频适合放在广告位上，比如电子大屏或者短视频平台中，可以起到宣传门店和扩大知名度的作用，吸引顾客来门店消费，增加门店的盈利。用户在制作视频之前，需要明确主题和获取适合的素材，这样才能把亮点最大化地展示出来。

2.1 《招牌美食》效果展示

在制作门店宣传视频之前，我们需要重点把握视频的主题、提取亮点信息、寻找精美素材，在做好准备之后，才能制作出让大家都满意的视频效果。还要善于利用 EDIUS X 软件中的功能，制作亮点效果，让视频更精彩。

在制作《招牌美食》视频之前，首先来欣赏本案例的视频效果，并了解案例的学习目标、制作思路、知识讲解和要点讲堂。

2.1.1 效果欣赏

《招牌美食》门店宣传视频的画面效果如图 2-1 所示，主要展示招牌美食和门店的亮点文案。

图 2-1 《招牌美食》画面效果

2.1.2 学习目标

知识目标	掌握门店宣传视频的制作方法
技能目标	（1）掌握在EDIUS X中设置视频比例的操作方法 （2）掌握为音频增加音量的操作方法 （3）掌握剪辑素材时长的操作方法 （4）掌握为素材添加转场的操作方法 （5）掌握为素材制作动画的操作方法 （6）掌握为素材添加文字的操作方法
本章重点	为素材制作动画
本章难点	为素材添加文字
视频时长	11分48秒

2.1.3 制作思路

本案例首先介绍在 EDIUS X 中设置视频的比例，然后介绍如何增加音频的音量、剪辑素材的时长、为素材添加转场、制作动画和添加文字。图 2-2 所示为本案例视频的制作思路。

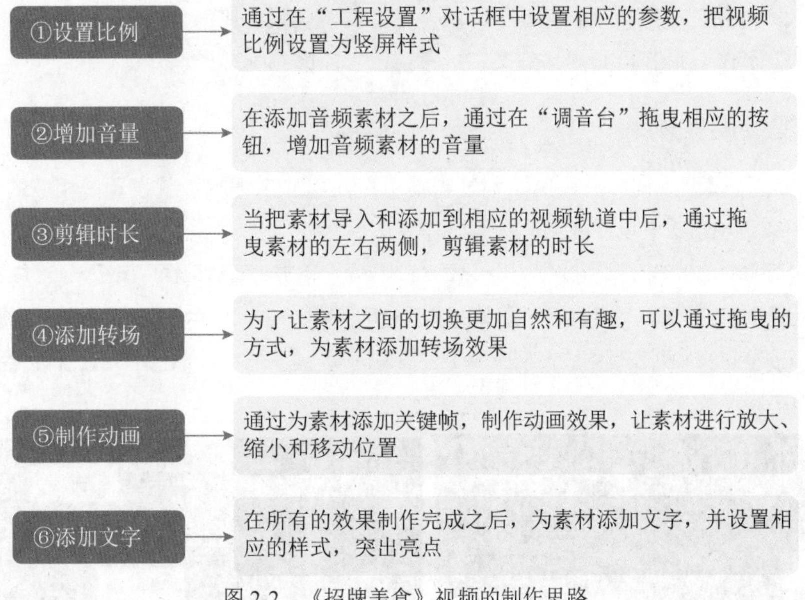

图 2-2 《招牌美食》视频的制作思路

2.1.4 知识讲解

在制作门店宣传视频时，我们不仅需要掌握制作过程，还需要掌握这类视频的制作思路，能举一反三，当遇到“服装门店”“水果门店”“零食门店”等宣传视频的制作时，可以使用这些制作思路，方法是相通的。

除此之外，在制作短视频时，要善于抓住宣传重点，因为大部分观众没有耐心看完一段几分钟的文字讲解视频，这十几秒的视频，宣传的核心就是精华了，也是最能打动观众的，让观众留下深刻的印象。

2.1.5 要点讲堂

在本章内容中，我们需要掌握如何在 EDIUS X 中增加音频的音量、为素材制作动画和添加文字，这是比较核心的步骤，下面介绍相应的内容。

❶ 如果背景音乐的音量过小，会让人感觉视频不够大气。只有调整至合适的音量，才能制作出优质的声效。所以，通过在“调音台”中拖曳相应的按钮，可以增加音频素材的音量。

❷ 在“视频布局”对话框的“参数”面板中，通过各参数值的设置可以控制关键帧的动态效果，主要包括素材的裁剪、位置、旋转、背景颜色、透视以及边框等参数，还有关键帧的创建、复制以及粘贴等操作。利用这些功能，可以为素材制作动画。

❸ 文字是视频中必不可少的元素。好的标题文字不仅可以传达画面以外的信息，还可以增强视频的艺术效果。同时，为视频设置漂亮的文字样式，可以使视频更具有吸引力和感染力。

2.2 《招牌美食》制作流程

本节将为大家介绍门店宣传视频的制作方法，包括设置视频的比例、增加音频的音量、剪辑素材的时长、为素材添加转场、制作动画和添加文字，希望读者能够熟练掌握。

2.2.1 设置视频的比例

扫码看视频

在EDIUS X中可以更改视频的比例，不过需要用户在建立工程时，就设置好相应的参数。下面介绍在EDIUS X中设置视频比例的操作方法。

STEP 01 打开EDIUS X软件，进入“初始化工程”界面，单击“新建工程”按钮，如图2-3所示。

STEP 02 弹出“工程设置”对话框，①输入工程名称；②单击“文件夹”文本框右侧的■按钮，设置保存路径；③在“预设列表”列表框中选择相应的工程预设选项；④选中“自定义”复选框；⑤单击“确定”按钮，如图2-4所示。

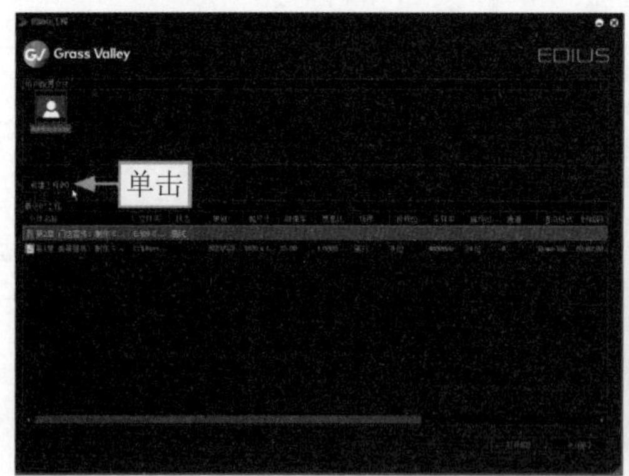

图2-3 单击“新建工程”按钮

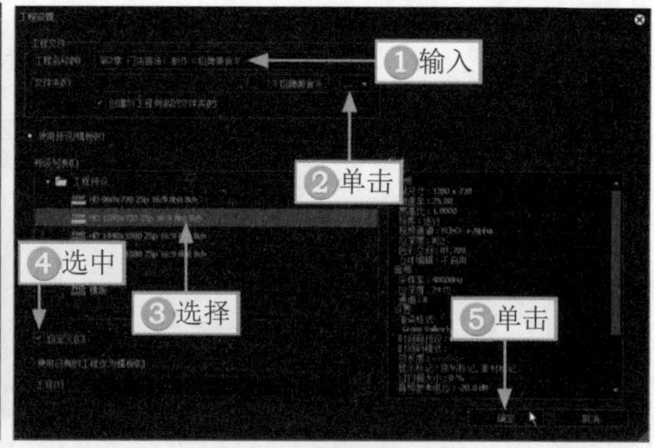

图2-4 设置工程文件

STEP 03 在“工程设置”对话框中，①单击“帧尺寸”下拉按钮■，在下拉列表中选择“自定义”选项；②将比例设置为720×1280；③设置“宽高比”为“像素宽高比1:1”；④设置“渲染格式”为“Grass Valley HQX标准”；⑤单击“确定”按钮，如图2-5所示，将视频比例设置为竖屏样式。

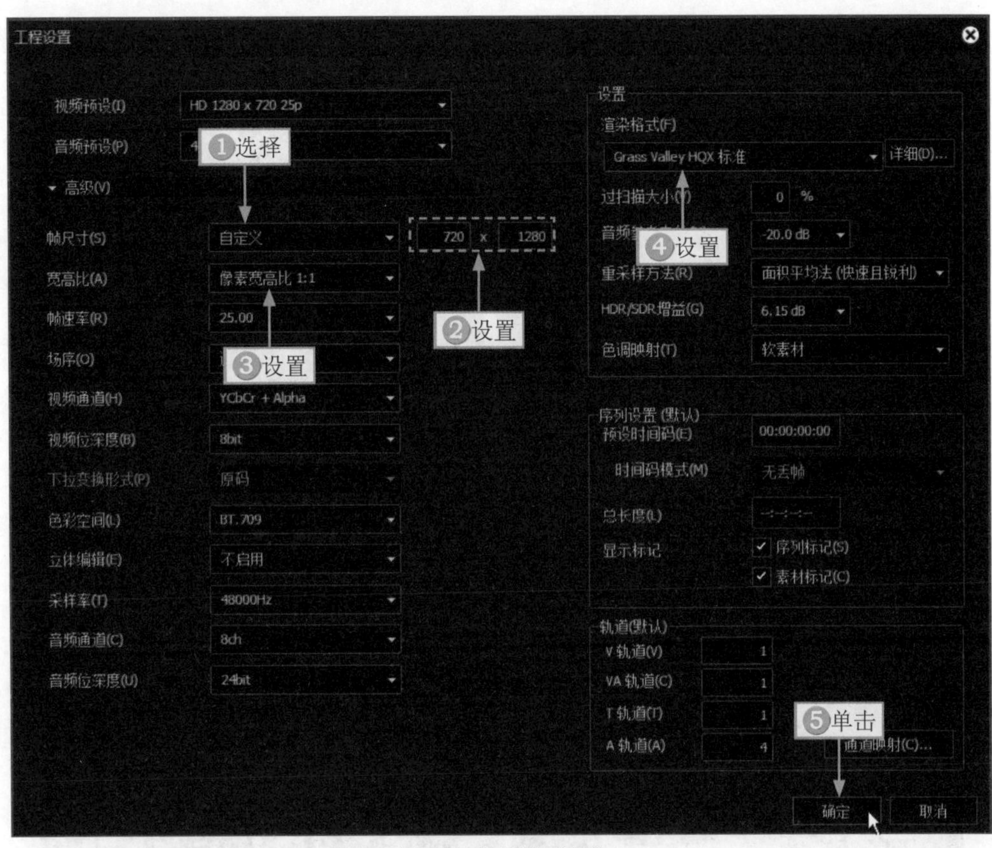

图 2-5　设置视频参数

2.2.2　增加音频的音量

本视频的素材为美食照片，在导入所有素材之后，可以添加音频素材至音频轨道中，并增加音频的音量。下面介绍在 EDIUS X 中增加音频音量的操作方法。

STEP 01 在“素材库”面板中，单击“添加素材”按钮，如图 2-6 所示。

STEP 02 弹出“打开”对话框，①在相应的文件夹中，按 Ctrl+A 组合键，全选所有的素材；②单击“打开”按钮，如图 2-7 所示。

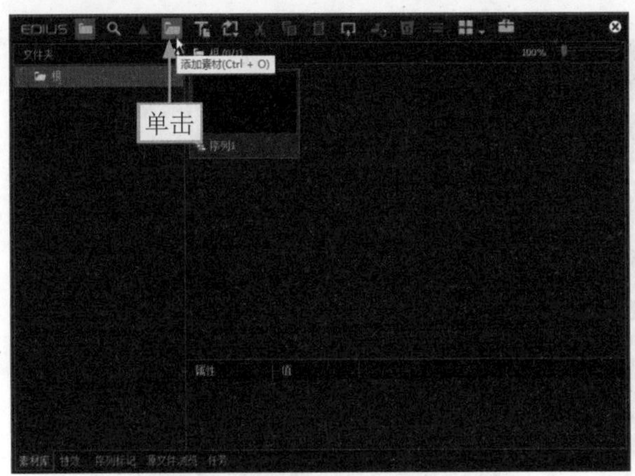

图 2-6　单击“添加素材”按钮

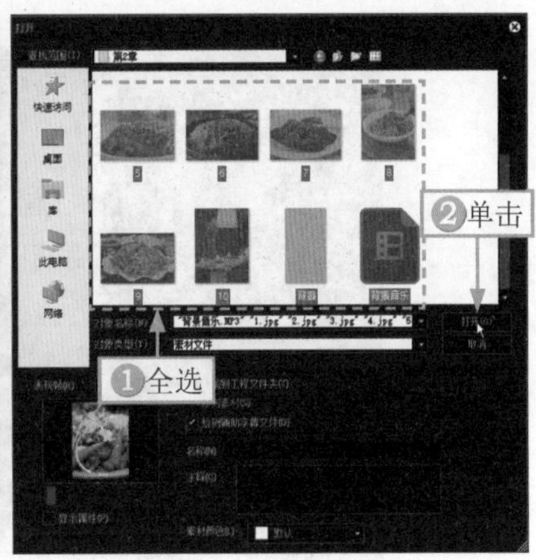

图 2-7　全选所有的素材

STEP 03 将所有的素材导入“素材库”面板中，选择“背景音乐”素材，如图 2-8 所示。

STEP 04 拖曳“背景音乐”素材至 1A 音频轨道中，单击 1A 轨道左侧的展开按钮，如图 2-9 所示。

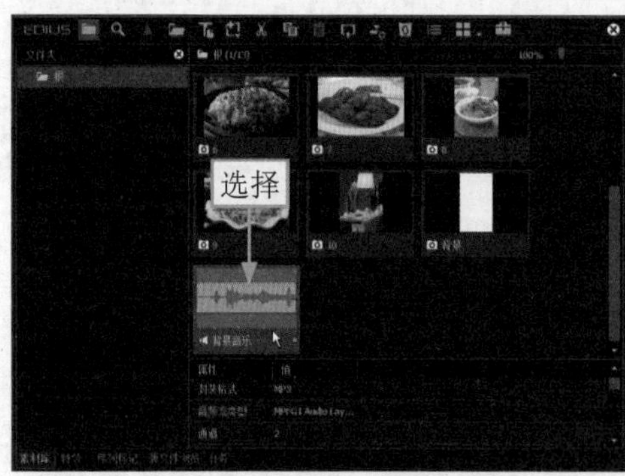

图 2-8　选择“背景音乐”素材

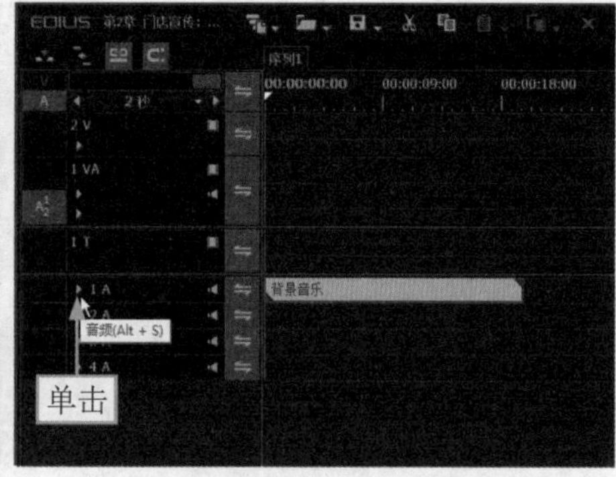

图 2-9　单击 1A 轨道左侧的展开按钮

STEP 05 ①单击 VOL 按钮，展开音频音波，②选择音频素材并向左拖曳按钮，调整音频素材的时长，如图 2-10 所示。

STEP 06 在轨道面板上方，单击“切换调音台显示”按钮，如图 2-11 所示。

图 2-10　调整音频素材的时长

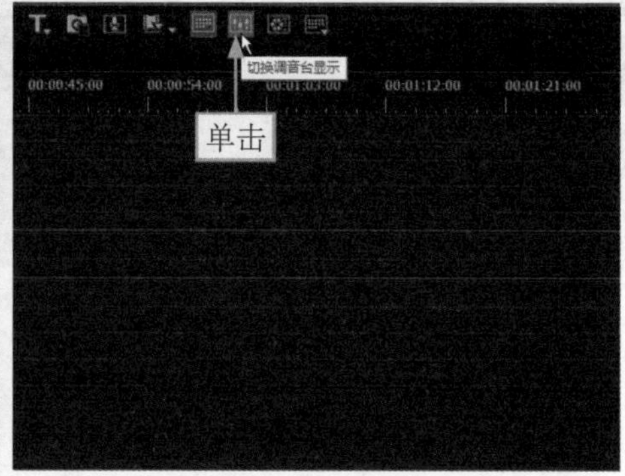

图 2-11　单击“切换调音台显示”按钮

STEP 07 弹出“调音台（峰值计）”面板，①单击“播放”按钮，播放音频，此时会显示音量的起伏变化；②单击 1A 音频轨道中的“关闭”下拉按钮，如图 2-12 所示。

STEP 08 ①在下拉列表中选择“素材”选项；②向上拖曳 1A 音频轨道中的滑块，增加音频素材的音量，如图 2-13 所示。

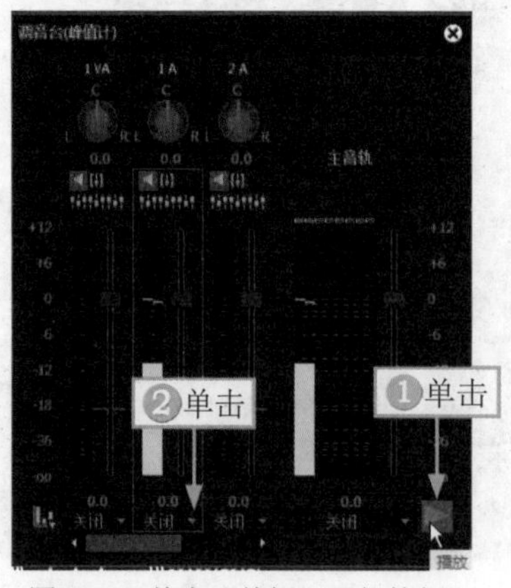

图 2-12　单击“关闭”下拉按钮

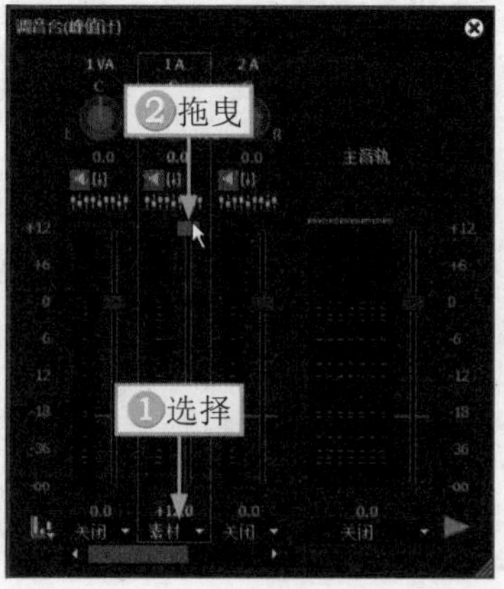

图 2-13　向上拖曳 1A 音频轨道中的滑块

2.2.3 剪辑素材的时长

根据音乐的时长，需要调整素材的时长和轨道位置，让素材按照相应的顺序进行排布。下面介绍在 EDIUS X 中剪辑素材时长的操作方法。

STEP 01 在“素材库”面板中选择白色背景素材，如图 2-14 所示。

STEP 02 按住鼠标左键将白色背景素材拖曳至 1VA 主视频轨道中，并调整时长，使其与背景音乐的时长保持一致，如图 2-15 所示。

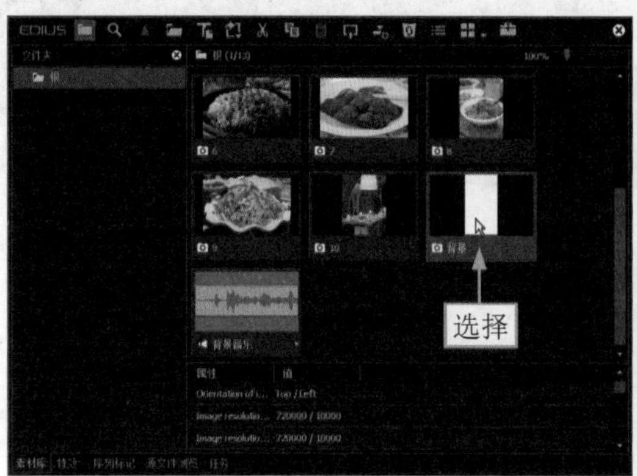

图 2-14 选择白色背景素材

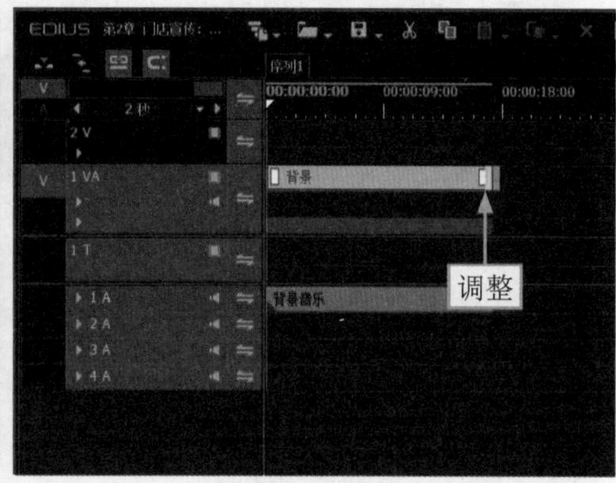

图 2-15 调整白色背景素材的时长

STEP 03 ❶右击 2V 轨道；❷在弹出的快捷菜单中选择“添加”|“在上方添加视频轨道”命令，如图 2-16 所示。

STEP 04 弹出“添加轨道”对话框，❶设置“数量”为 2；❷单击“确定”按钮，如图 2-17 所示，添加 2 条视频轨道。

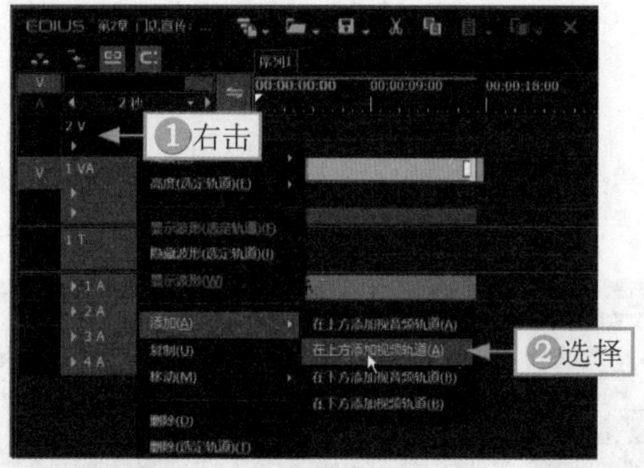

图2-16 选择“在上方添加视频轨道”命令

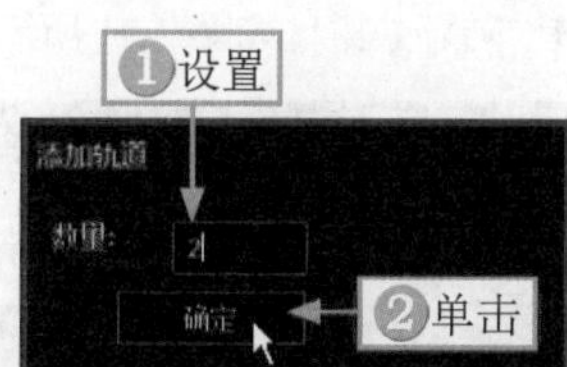

图2-17 设置添加轨道的数量

STEP 05 把第 1 段素材拖曳至 2V 视频轨道中，并调整其时长，如图 2-18 所示。

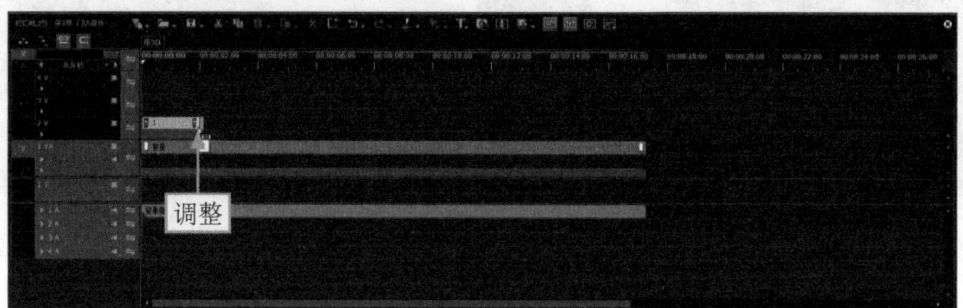

图 2-18 调整第 1 段素材的时长

STEP 06 将剩余的 9 段照片素材依次拖曳至 2V、3V 和 4V 视频轨道中，并调整其相应的时长和轨道位置，如图 2-19 所示。

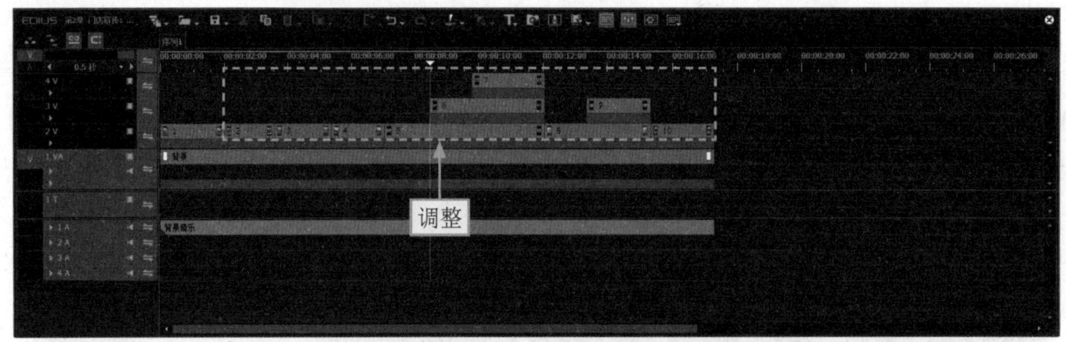

图 2-19　调整素材的时长和轨道位置

专家指点

在EDIUS X中，用户可以通过以下3种方法删除视频素材。

① 选择需要删除的视频文件，按Delete键，即可删除视频素材。

② 选择需要删除的视频文件，在轨道面板的上方，单击“删除”按钮，即可删除视频素材。

③ 选择需要删除的视频文件，选择“编辑”|“删除”命令，即可删除视频素材。

2.2.4　为素材添加转场

添加转场可以让视频的过渡更加自然，在 EDIUS X 中有许多的转场素材，读者可以选择合适的转场素材进行添加。下面介绍在 EDIUS X 中为素材添加转场的操作方法。

STEP 01 切换至“特效”面板，在“转场”下方的 2D 转场组中，选择“推拉”转场效果，如图 2-20 所示。

STEP 02 按住鼠标左键将“推拉”转场效果拖曳至第 8 段素材与第 10 段素材之间的位置，释放鼠标左键，即可添加“推拉”转场效果，如图 2-21 所示。

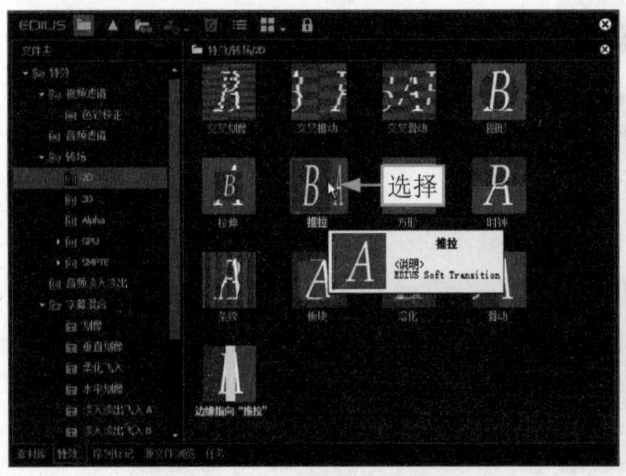

图 2-20　选择“推拉”转场效果

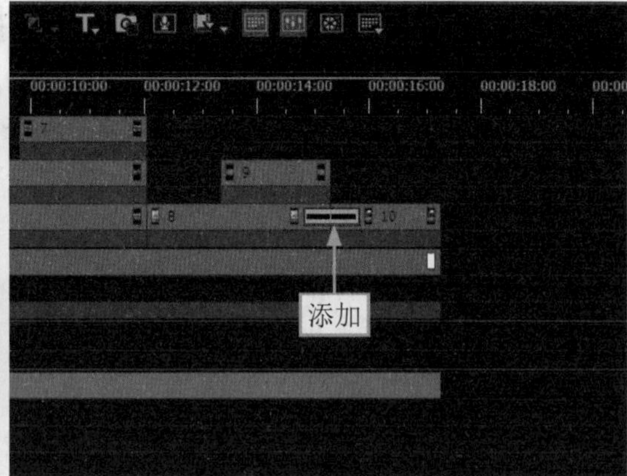

图 2-21　添加“推拉”转场效果

2.2.5 为素材制作动画

在 EDIUS X 中，可以为素材添加关键帧，制作动画，让照片素材更生动一些，吸引观众的眼球。下面介绍在 EDIUS X 中为素材制作动画的操作方法。

STEP 01 ①选择第 1 段素材；②拖曳时间滑块至第 1 段素材的中间位置，如图 2-22 所示。

STEP 02 在菜单栏中，选择“视图”|“面板”|“信息面板”命令，如图 2-23 所示，弹出“信息”面板。

图 2-22 拖曳时间滑块至素材的中间位置

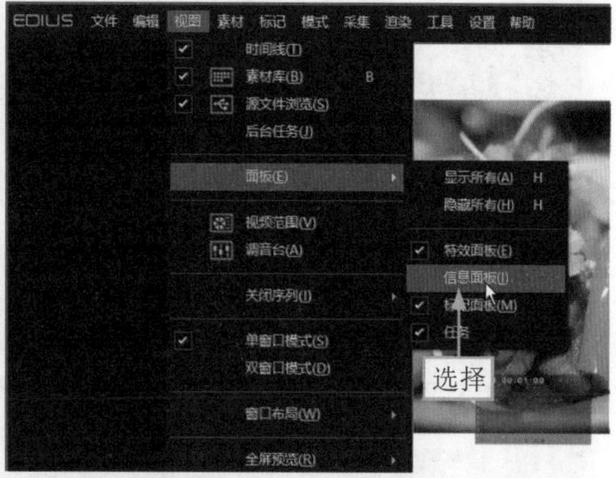

图 2-23 选择“信息面板”命令

STEP 03 在“信息”面板中，双击“视频布局”选项，如图 2-24 所示。

STEP 04 弹出“视频布局”对话框，①选中“视频布局”复选框；②单击“添加/删除关键帧”按钮，添加关键帧，如图 2-25 所示。

图2-24 双击“视频布局”选项

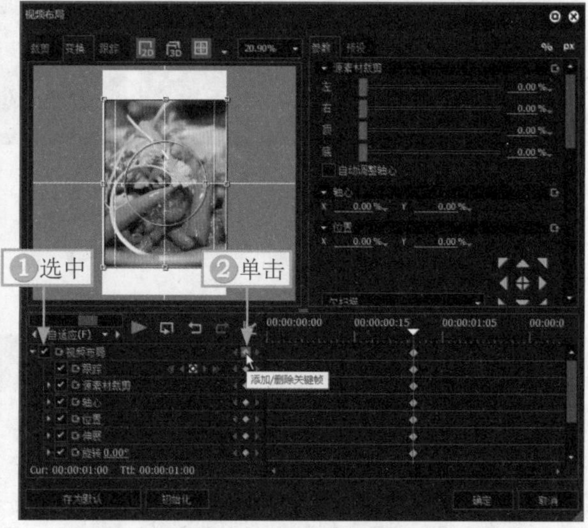

图2-25 在第1段素材的中间位置添加关键帧

STEP 05 ①拖曳时间滑块至第 1 段素材的起始位置；②缩小照片素材；③单击“确定”按钮，如图 2-26 所示。

STEP 06 在第 2 段素材的中间位置，在“信息”面板中，双击“视频布局”选项，①选中“视频布局”复选框；②单击“添加/删除关键帧”按钮，添加关键帧，如图 2-27 所示。

STEP 07 ①拖曳时间滑块至第 2 段素材的起始位置；②缩小照片素材；③单击“确定”按钮，如图 2-28 所示。

STEP 08 在第 3 段素材的中间位置，在“信息”面板中，双击“视频布局”选项，①选中“视频布局”复选框；②单击“添加/删除关键帧”按钮，添加关键帧，如图 2-29 所示。

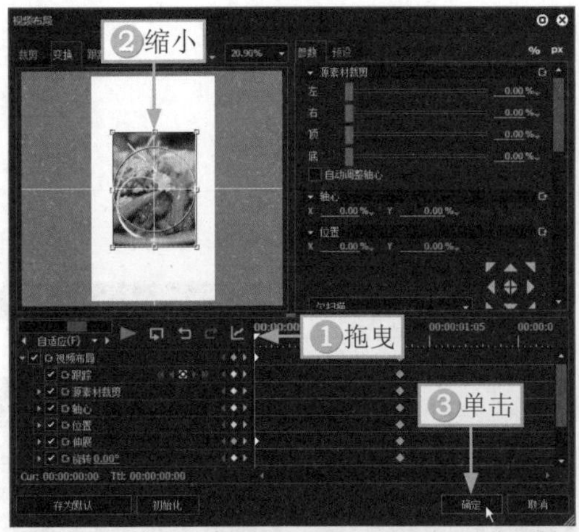

图2-26　拖曳时间滑块并缩小照片素材（1）

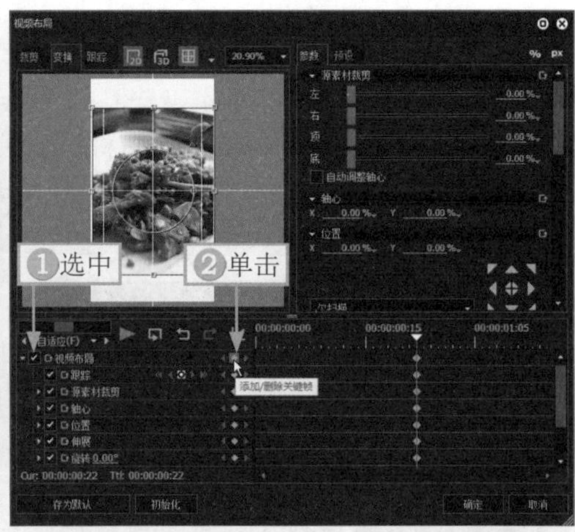

图2-27　在第2段素材的中间位置添加关键帧

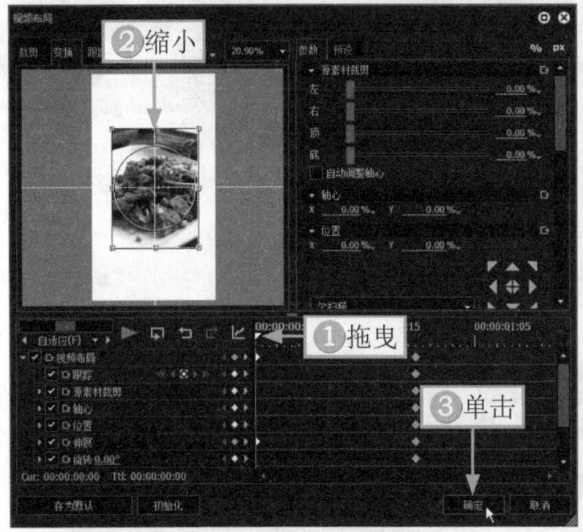

图2-28　拖曳时间滑块并缩小照片素材（2）

图2-29　在第3段素材的中间位置添加关键帧

STEP 09 ①拖曳时间滑块至第3段素材的起始位置；②缩小照片素材；③单击"确定"按钮，如图2-30所示。

STEP 10 在第4段素材的中间位置，在"信息"面板中，双击"视频布局"选项，①选中"视频布局"复选框；②单击"添加/删除关键帧"按钮，添加关键帧，如图2-31所示。

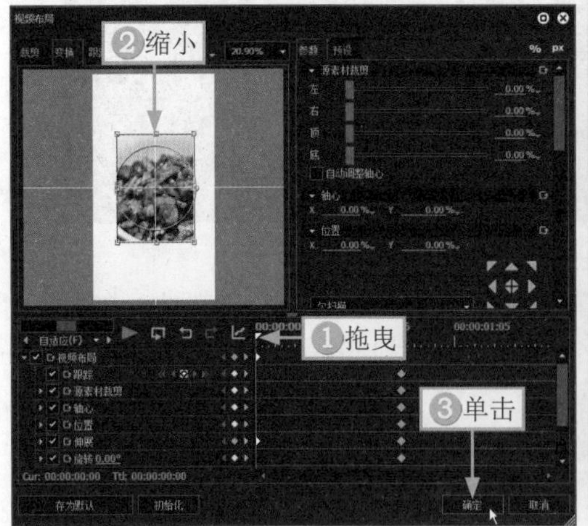

图2-30　拖曳时间滑块并缩小照片素材（3）

图2-31　在第4段素材的中间位置添加关键帧

STEP 11 ❶拖曳时间滑块至第4段素材的起始位置；❷缩小照片素材；❸单击“确定”按钮，如图2-32所示。

STEP 12 选择第5段素材，在8s左右的位置，在“信息”面板中，双击“视频布局”选项，❶调整照片素材的大小和位置；❷选中“视频布局”复选框；❸单击“添加/删除关键帧”按钮，添加关键帧，如图2-33所示。

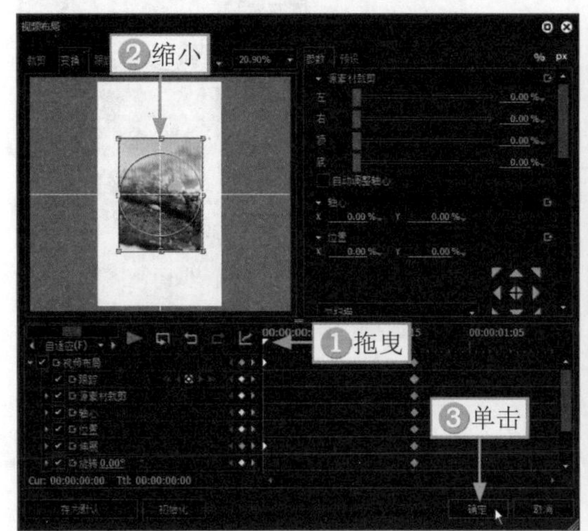

图2-32 拖曳时间滑块并缩小照片素材（4）

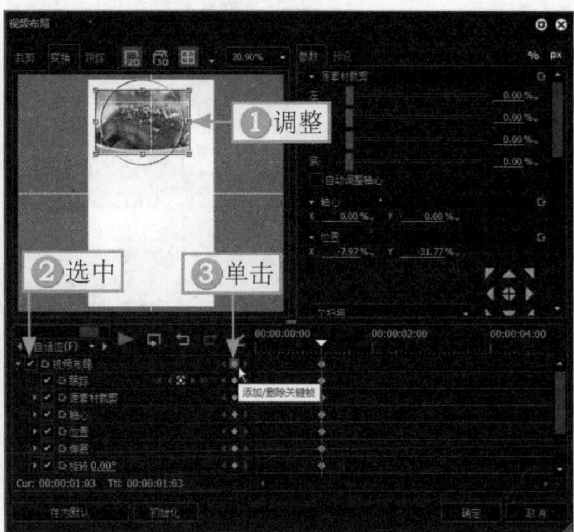

图2-33 在第5段素材上添加关键帧

STEP 13 ❶拖曳时间滑块至第5段素材的起始位置；❷缩小照片素材并调整其位置；❸单击“确定”按钮，如图2-34所示。

STEP 14 选择第6段素材，在9.5s左右的位置，在“信息”面板中，双击“视频布局”选项，❶调整照片素材的大小和位置；❷选中“视频布局”复选框；❸单击“添加/删除关键帧”按钮，添加关键帧，如图2-35所示。

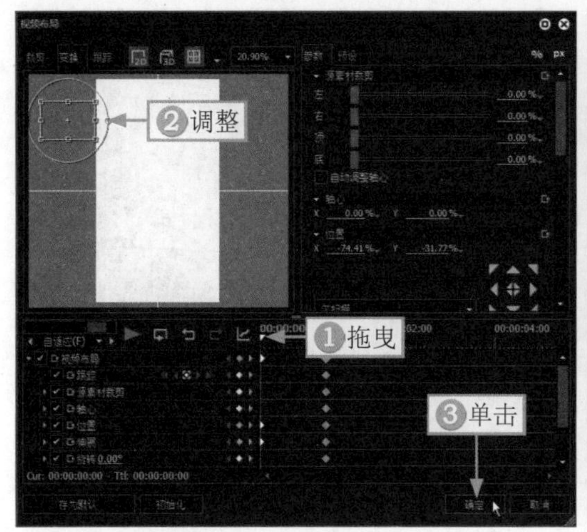

图2-34 拖曳时间滑块并缩小照片素材（5）

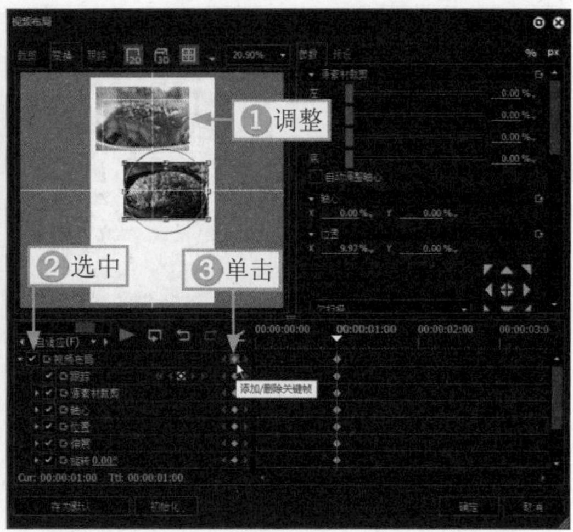

图2-35 在第6段素材上添加关键帧

STEP 15 ❶拖曳时间滑块至第6段素材的起始位置；❷缩小照片素材并调整其位置；❸单击“确定”按钮，如图2-36所示。

STEP 16 选择第7段素材，在11s左右的位置，在“信息”面板中，双击“视频布局”选项，❶调整照片素材的大小和位置；❷选中“视频布局”复选框；❸单击“添加/删除关键帧”按钮，添加关键帧，如图2-37所示。

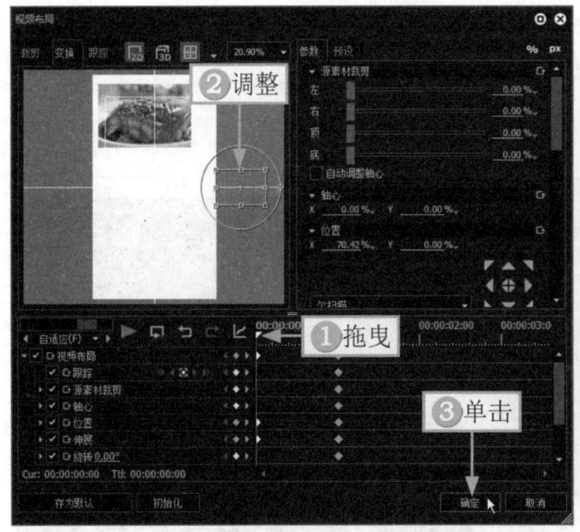

图2-36　拖曳时间滑块并缩小照片素材（6）

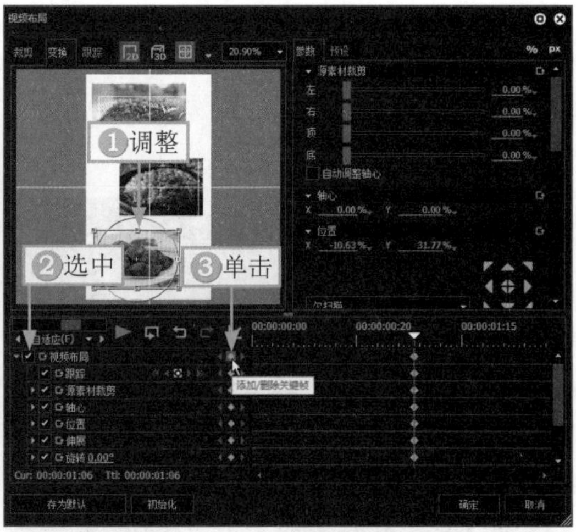

图2-37　在第7段素材上添加关键帧

专家指点

在“视频布局”对话框中，有功能按钮、预览窗口、效果控制面板、“参数”面板和“预设”面板。

STEP 17 ①拖曳时间滑块至第 7 段素材的起始位置；②缩小照片素材并调整其位置；③单击“确定”按钮，如图 2-38 所示。

STEP 18 调整第 8 段素材和第 9 段素材的大小和位置。选择第 9 段素材，在 14s 左右的位置，在“信息”面板中，双击“视频布局”选项，①选中“视频布局”复选框；②单击“添加 / 删除关键帧”按钮，添加关键帧，如图 2-39 所示。

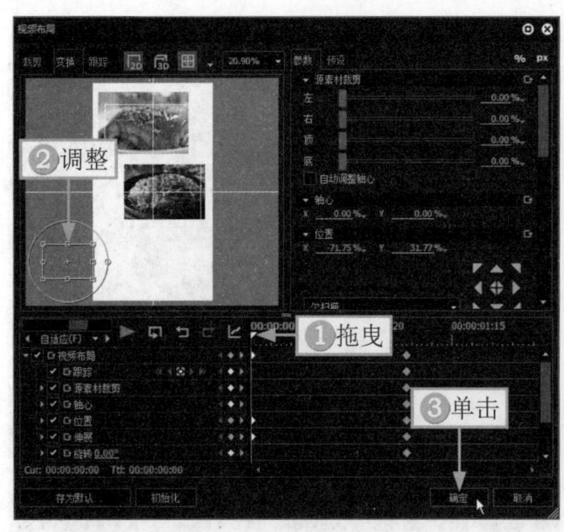

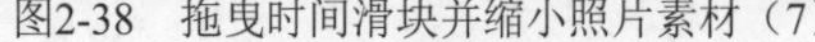
图2-38　拖曳时间滑块并缩小照片素材（7）

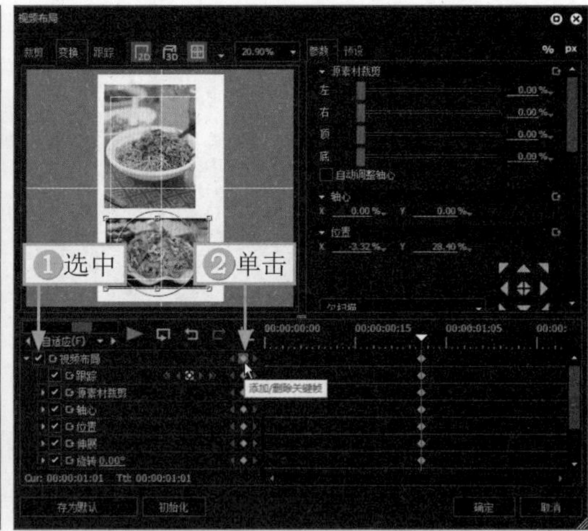

图2-39　在第9段素材上添加关键帧

STEP 19 ①拖曳时间滑块至第 9 段素材的起始位置；②缩小照片素材；③单击“确定”按钮，如图 2-40 所示。

STEP 20 选择第 8 段素材，在视频 13s 左右的位置，在“信息”面板中，双击“视频布局”选项，①选中“视频布局”复选框；②单击“添加 / 删除关键帧”按钮，添加关键帧，如图 2-41 所示。

STEP 21 ①拖曳时间滑块至第 8 段素材的起始位置；②放大照片素材并调整其位置；③单击“确定”按钮，如图 2-42 所示。

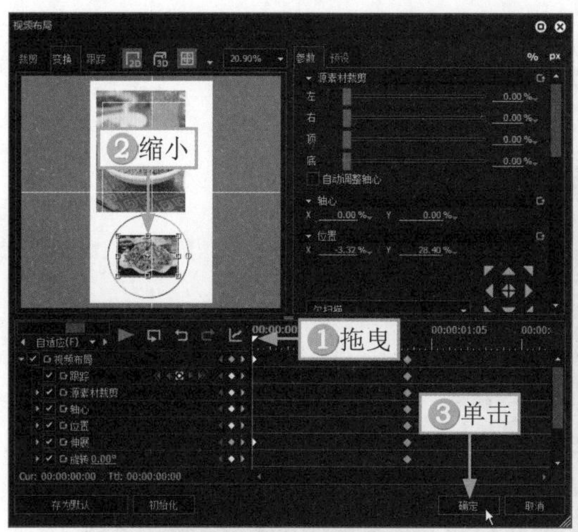

图2-40　拖曳时间滑块并缩小照片素材（8）

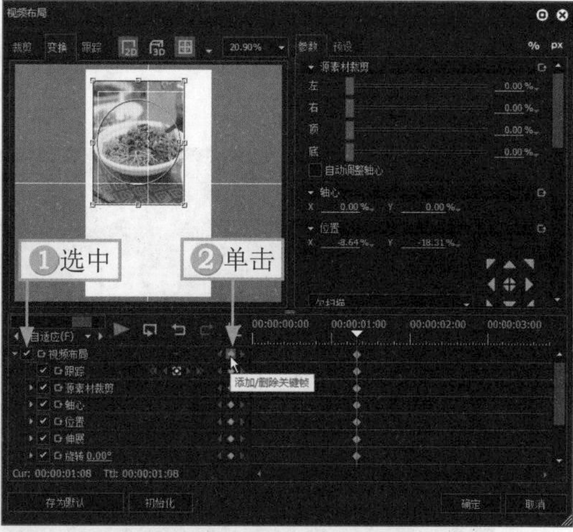

图2-41　在第8段素材上添加关键帧

图2-42　拖曳时间滑块并调整照片素材

在EDIUS X中，用户还可以按F7键打开“视频布局”对话框。

2.2.6　为素材添加文字

在宣传视频中，文字是必不可少的元素，可以突出视频的重点。在美食门店宣传视频中，也需要用文字来介绍门店的优势，增强吸引力。下面介绍在 EDIUS X 中为素材添加文字的操作方法。

STEP 01 右击 1T 轨道，在弹出的快捷菜单中选择“添加”|“在下方添加字幕轨道”命令，如图 2-43 所示。

STEP 02 弹出“添加轨道”对话框，①设置“数量”为 2；②单击“确定”按钮，如图 2-44 所示，添加 2 条字幕轨道。

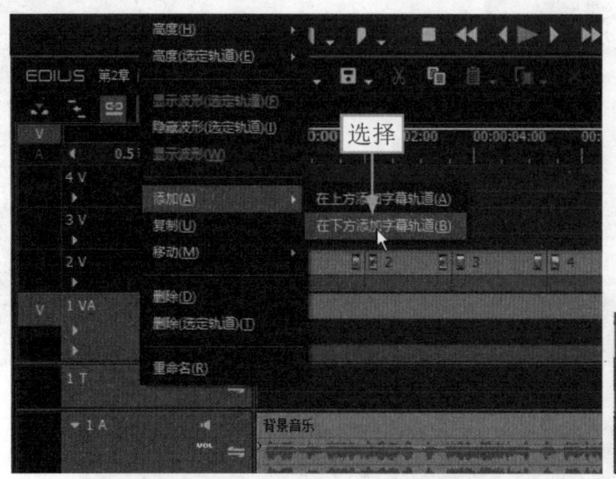

图2-43 选择“在下方添加字幕轨道”命令

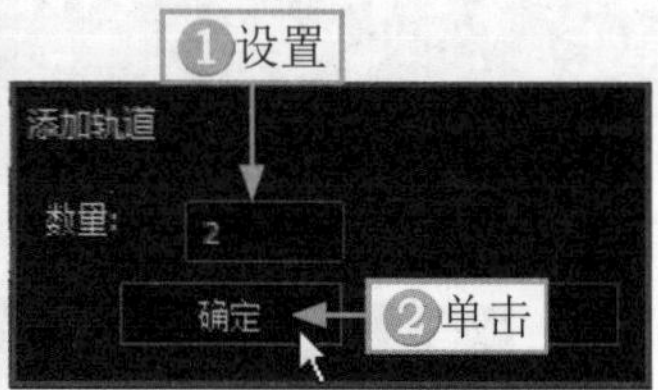

图2-44 设置添加轨道的数量

专家指点

在轨道面板中创建的字幕效果，EDIUS都会为字幕效果默认添加淡入淡出特效，使制作的字幕效果与视频融合在一起，保持画面的流畅度。

STEP 03 拖曳时间滑块至视频起始位置，①单击“创建字幕”按钮；②在弹出的下拉菜单中选择“在 1T 轨道上创建字幕”命令，如图 2-45 所示。

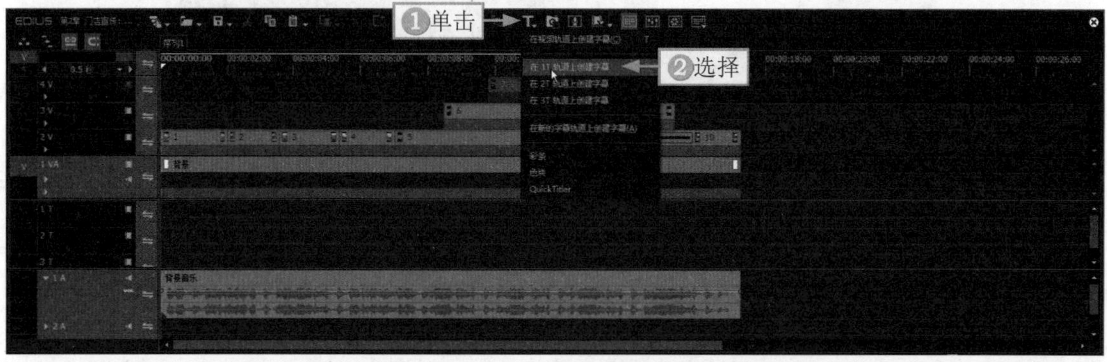

图 2-45 选择“在 1T 轨道上创建字幕”命令

STEP 04 进入相应的面板，①在界面上方输入文字内容；②在下方选择一个文字样式；③设置合适的字体；④调整文字的位置，如图 2-46 所示。

STEP 05 ①取消选中“边缘”复选框；②取消选中“阴影”复选框；③选择“文件”|“保存”命令，如图 2-47 所示，保存文字。

STEP 06 调整文字的时长，使其末尾位置与第 4 段素材的末尾位置对齐，如图 2-48 所示。

STEP 07 在第 1 段素材的起始位置，①单击“创建字幕”按钮；②在弹出的下拉菜单中选择“在 2T 轨道上创建字幕”命令，如图 2-49 所示。

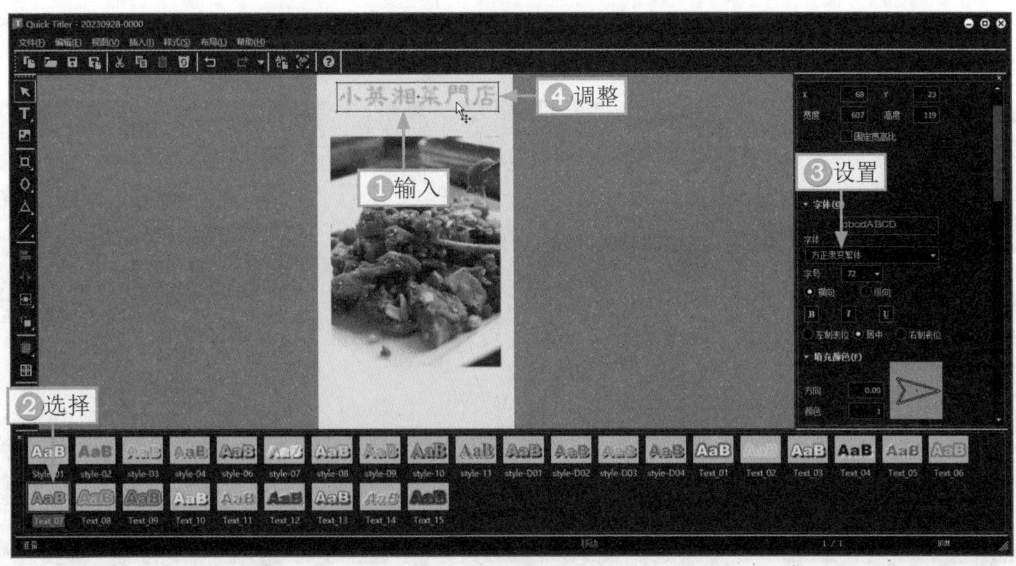

图2-46　文字设置

图2-47　保存文字

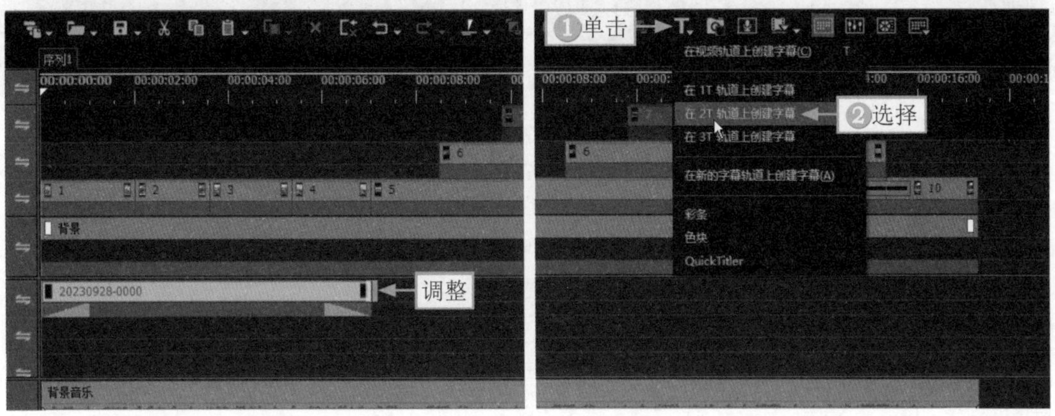

图2-48　调整文字的时长

图2-49　选择“在2T轨道上创建字幕”命令

STEP 08 ①在界面下方输入文字内容；②设置字体，设置“字号”为 36，选中“粗体”按钮B；③调整文字的位置；④选择“文件”|“保存”命令，如图 2-50 所示，保存文字。

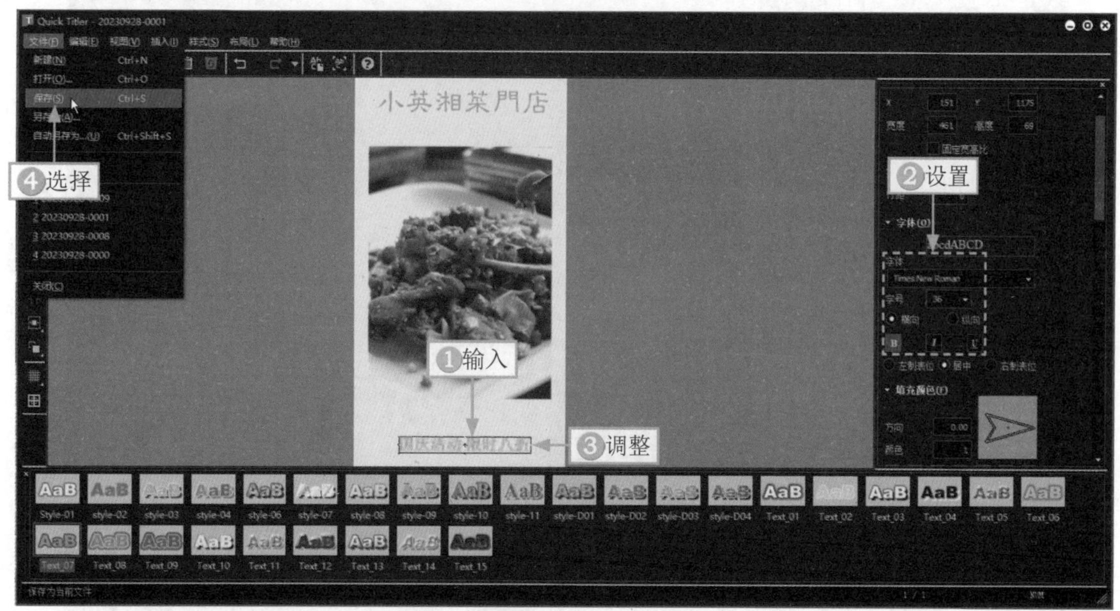

图2-50 保存文字

STEP 09 调整文字的时长，使其末尾位置与第 4 段素材的末尾位置对齐，如图 2-51 所示。

STEP 10 在第 5 段素材的起始位置，①单击“创建字幕”按钮T；②在弹出的下拉菜单中选择“在 1T 轨道上创建字幕”命令，如图 2-52 所示。

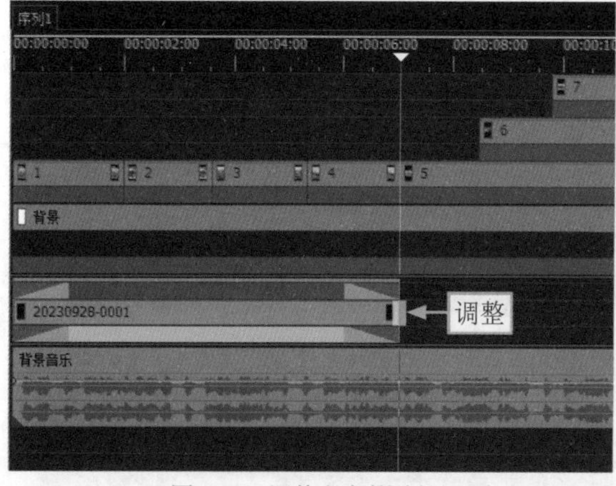

图 2-51 调整文字的时长

图 2-52 选择“在 1T 轨道上创建字幕”命令

STEP 11 ①在界面右上方输入文字内容；②设置合适的字体，设置“字号”为 48，选中“纵向”单选按钮，选中“粗体”按钮B；③调整文字的位置；④选择“文件”|“保存”命令，如图 2-53 所示，保存文字。

STEP 12 在第 6 段素材的起始位置，①单击“创建字幕”按钮T；②在弹出的下拉菜单中选择“在 2T 轨道上创建字幕”命令，如图 2-54 所示。

STEP 13 ①在界面左侧输入文字内容；②设置合适的字体，设置“字号”为 48，选中“纵向”单选按钮，选中“粗体”按钮B；③调整文字的位置；④选择“文件”|“保存”命令，如图 2-55 所示，保存文字，并调整其时长，使其末尾位置与第 5 段素材的末尾位置对齐。

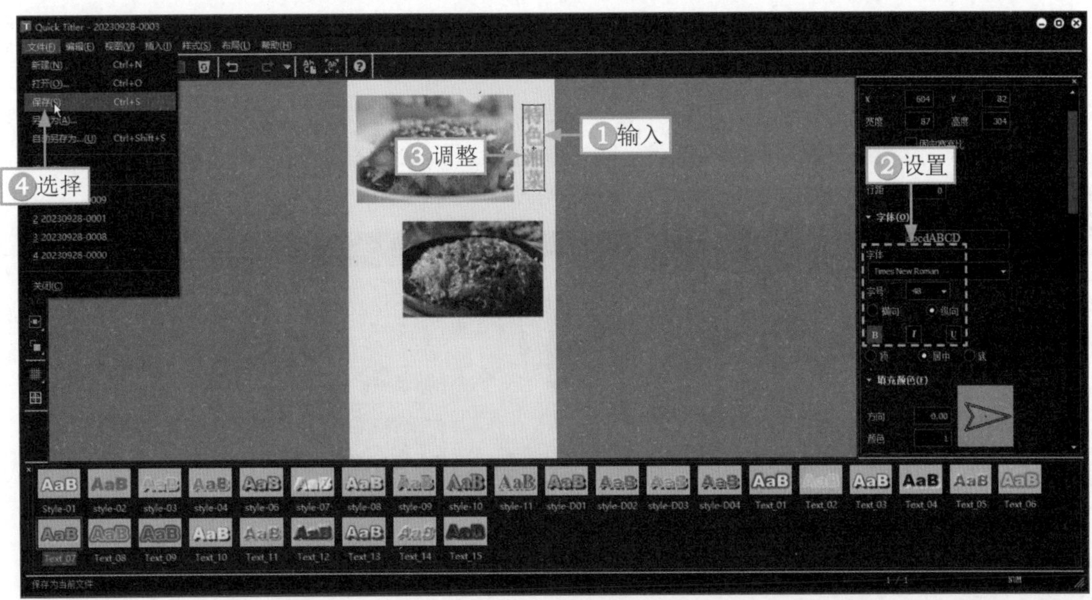

图2-53 保存文字

图2-54 选择“在2T轨道上创建字幕”命令

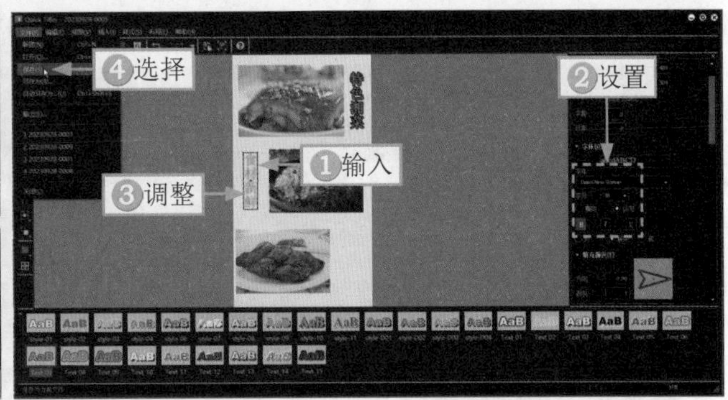

图2-55 保存文字

STEP 14 在第 7 段素材的起始位置，①单击“创建字幕”按钮；②在弹出的下拉菜单中选择“在 3T 轨道上创建字幕”命令，如图 2-56 所示。

STEP 15 ①在界面右下方输入文字内容；②设置合适的字体，设置“字号”为 48，选中“纵向”单选按钮、选中“粗体”按钮；③调整文字的位置；④选择“文件”|“保存”命令，如图 2-57 所示，保存文字，并调整其时长，使其与第 5 段素材的末尾位置对齐。

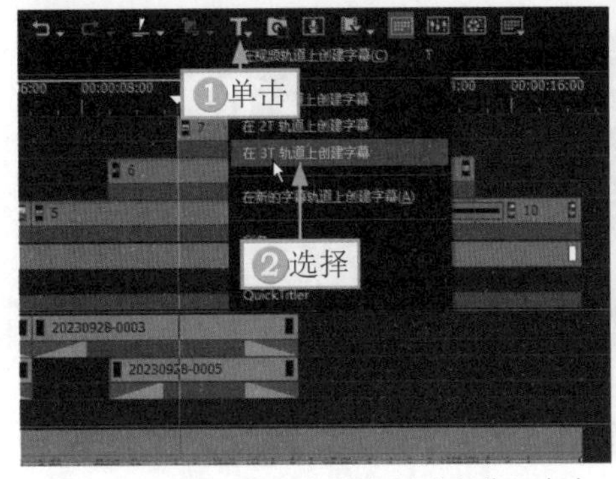

图2-56 选择“在3T轨道上创建字幕”命令

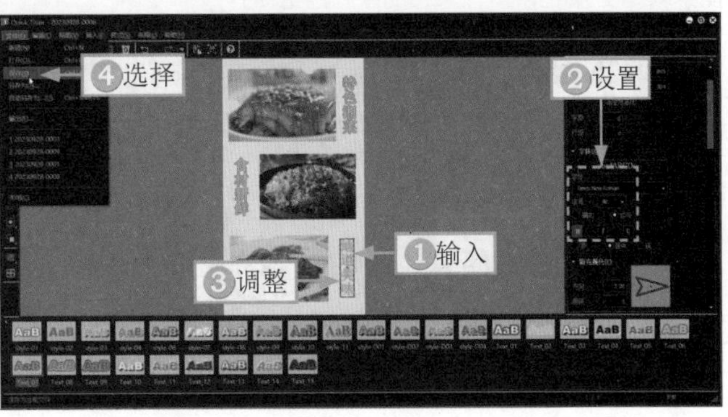

图2-57 保存文字

STEP 16 在第 8 段素材的起始位置，❶单击“创建字幕”按钮；❷在弹出的下拉菜单中选择“在 1T 轨道上创建字幕”命令，如图 2-58 所示。

STEP 17 ❶在界面右方输入文字内容；❷设置合适的字体，设置“字号”为 48，选中“纵向”单选按钮，选中“粗体”按钮；❸调整文字的位置；❹选择“文件”|“保存”命令，如图 2-59 所示，保存文字，并调整其时长，使其末尾位置与第 8 段素材的末尾位置对齐。

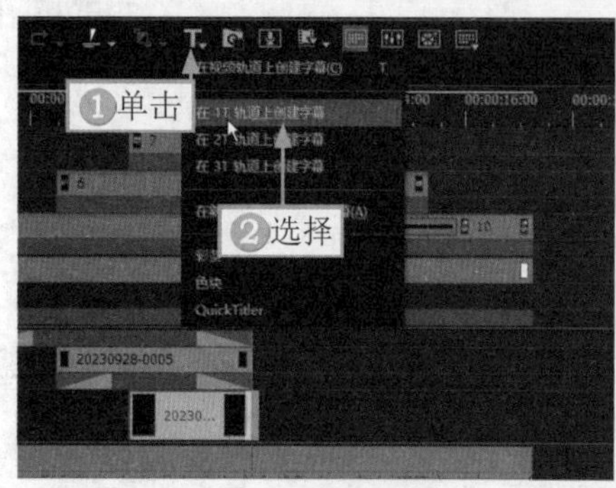

图2-58　选择“在1T轨道上创建字幕”命令

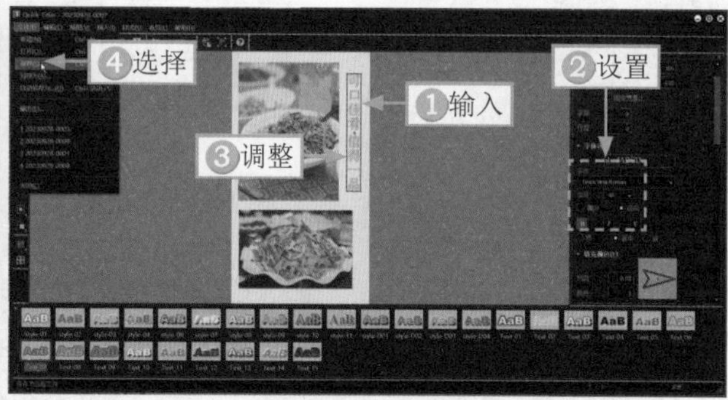

图2-59　保存文字

STEP 18 ❶选择 1T 字幕轨道上的第 1 段字幕素材，按 Ctrl+C 组合键，复制文字；❷在第 10 段素材的起始位置按 Ctrl+V 组合键，粘贴文字，并调整其时长，如图 2-60 所示。

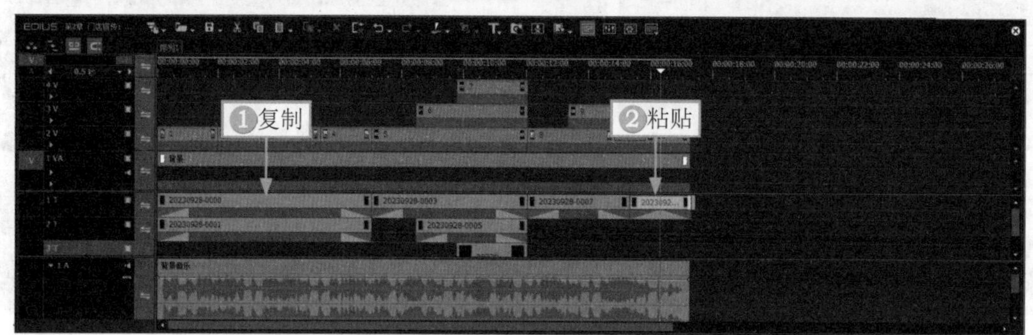

图2-60　粘贴文字并调整时长

STEP 19 在第 10 段素材的起始位置，❶单击“创建字幕”按钮；❷在弹出的下拉菜单中选择“在 2T 轨道上创建字幕”命令，如图 2-61 所示。

STEP 20 ❶在界面左下方输入文字内容；❷设置合适的字体，设置“字号”为 26，选中“粗体”按钮；❸调整文字的位置；❹选择“文件”|“保存”命令，如图 2-62 所示，保存文字，之后调整文字的时长，使其末尾位置与第 10 段素材的末尾位置对齐。

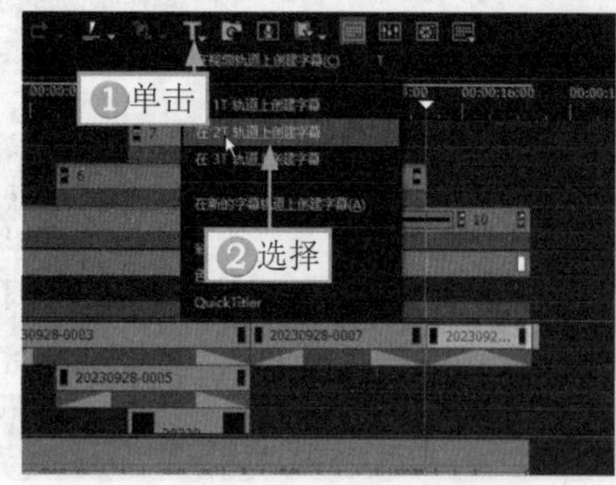

图2-61　选择“在2T轨道上创建字幕”命令

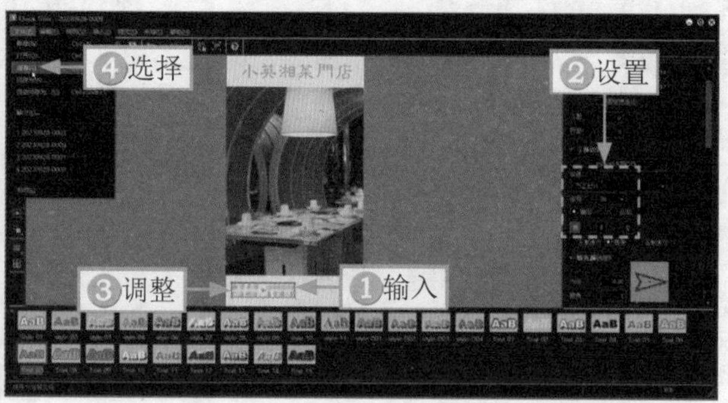

图2-62　保存文字

第3章 儿童相册：制作《天真烂漫》

电子相册的视频制作比较简单，用户只需准备好相应的照片素材即可。在制作电子相册之前，用户需要先确定视频主题、获取统一风格的照片素材、确定合适的视频模板，这样才能快速、高效地制作出成品视频。本章的主题是儿童相册，制作《天真烂漫》视频，记录孩子成长的瞬间。

3.1 《天真烂漫》效果展示

在制作电子相册视频时，确定主题和选择模板是非常重要的，先有主题和模板，再根据主题和模板选取素材，这样可以使视频的风格统一，让画面传递出视频的主题。本章主要使用 EDIUS X 中的 3D 编辑功能，让照片素材动起来。

在制作《天真烂漫》视频之前，我们首先来欣赏本案例的视频效果，并了解案例的学习目标、制作思路、知识讲解和要点讲堂。

3.1.1 效果欣赏

《天真烂漫》儿童相册视频的画面效果如图 3-1 所示，主要是主题文字和一张张的儿童照片。

图 3-1 《天真烂漫》画面效果

3.1.2 学习目标

知识目标	掌握儿童相册视频的制作方法
技能目标	（1）掌握在EDIUS X中导入素材的操作方法 （2）掌握添加背景图片的操作方法 （3）掌握制作音频的淡入与淡出效果的操作方法 （4）掌握为相册视频添加主题文字的操作方法 （5）掌握制作三维动画效果的操作方法
本章重点	制作音频的淡入与淡出效果
本章难点	制作三维动画效果
视频时长	9分16秒

3.1.3 制作思路

本案例首先介绍在 EDIUS X 中导入素材和添加背景图片，然后介绍制作音频的淡入与淡出效果，并为相册视频添加主题文字和制作三维动画效果。图 3-2 所示为本案例视频的制作思路。

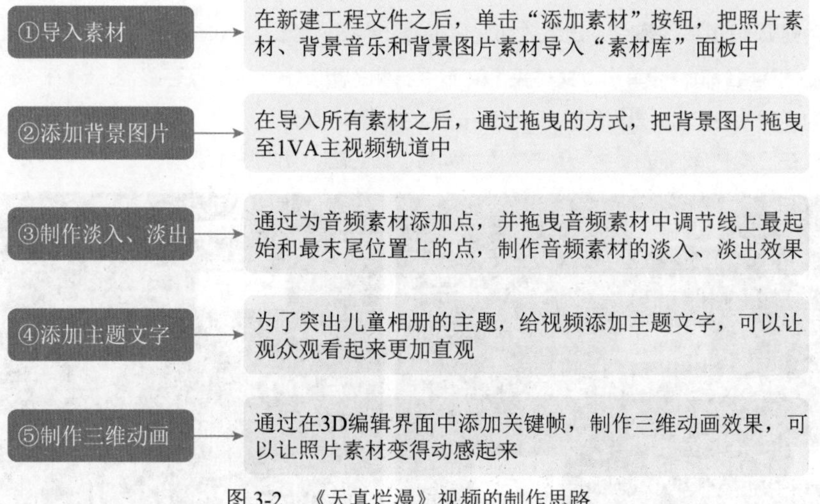

图 3-2 《天真烂漫》视频的制作思路

3.1.4 知识讲解

在制作电子相册视频的时候，素材的风格一定要统一。如果素材的风格多种多样，那么对于视频制作来说，可能会影响视频布局的排版，也会影响主题，导致风格不统一。所以，在选择照片素材的时候，一定要根据主题来选取。

在 EDIUS X 中不仅有 2D 编辑界面，还有 3D 编辑界面，除了可以更改 X 轴和 Y 轴的参数之外，还能更改 Z 轴的参数和旋转参数，让素材的动画效果变得更加立体化。

3.1.5 要点讲堂

在本章内容中，我们需要掌握如何在 EDIUS X 中制作音频的淡入与淡出效果和三维动画效果，这是比较核心的步骤，下面介绍相应的内容。

❶ 在 EDIUS X 中，用户不仅可以使用调音台对不同轨道中音频文件的音量进行调整，还可以通过

调节线对音频文件的局部声音进行调整，从而制作出音频的淡入与淡出效果。

❷ 在“视频布局”对话框中，单击 3D 按钮，进入 3D 编辑界面，激活三维空间，在预览窗口中，可以看到图像的变换轴向与二维空间的不同，在该空间中可以对素材进行三维空间变换。

3.2 《天真烂漫》制作流程

本节将为大家介绍儿童相册视频的制作方法，包括导入素材和添加背景图片、制作音频的淡入与淡出效果、为相册视频添加主题文字和制作三维动画效果，希望读者能够熟练掌握。

3.2.1 导入素材和添加背景图片

由于相册中的素材都是图片，在导入素材之后排布的时候，如果不添加相应的背景，那么视频背景就是黑色的，所以用户可以为相册添加有趣的背景图片，让画面不再单调。下面介绍在 EDIUS X 中导入素材和添加背景图片的操作方法。

STEP 01 ▶▶ 打开 EDIUS X 软件，进入“初始化工程”界面，单击“新建工程”按钮，将弹出“工程设置”对话框，❶输入工程名称；❷单击“文件夹”文本框右侧的■按钮，设置保存路径；❸在“预设列表”列表框中选择相应的工程预设选项；❹单击“确定”按钮，如图 3-3 所示。

STEP 02 ▶▶ 在“素材库”面板中，单击“添加素材”按钮■，如图 3-4 所示。

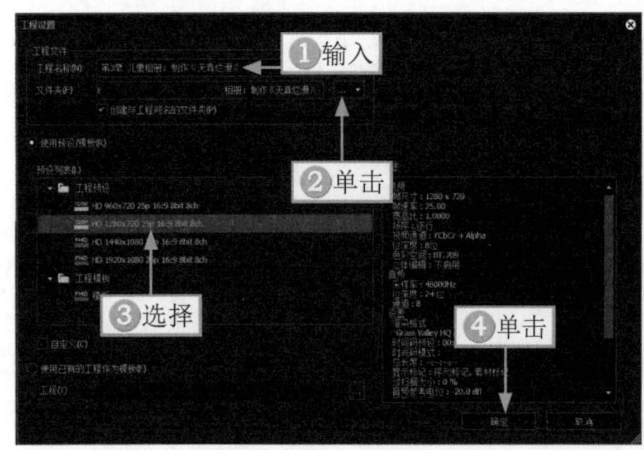

图 3-3 设置工程文件

图 3-4 单击“添加素材”按钮

STEP 03 ▶▶ 弹出“打开”对话框，❶在相应的文件夹中，按 Ctrl+A 组合键，全选所有的素材；❷单击“打开”按钮，如图 3-5 所示。

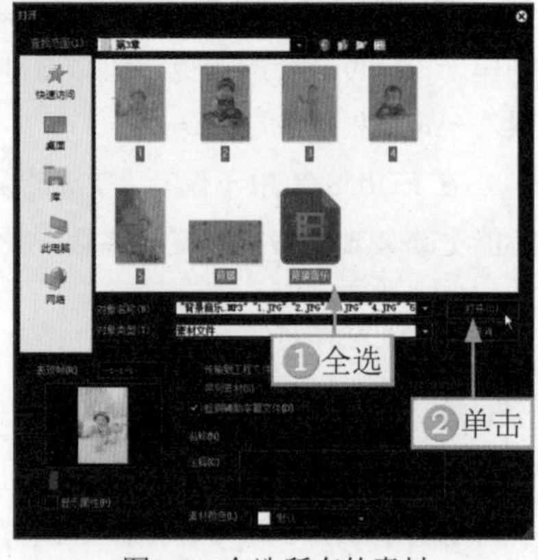

图3-5 全选所有的素材

STEP 04 将所有的素材导入“素材库”面板中，并选择背景图片素材，如图 3-6 所示。

STEP 05 将背景图片素材拖曳至 1VA 主视频轨道中，如图 3-7 所示。

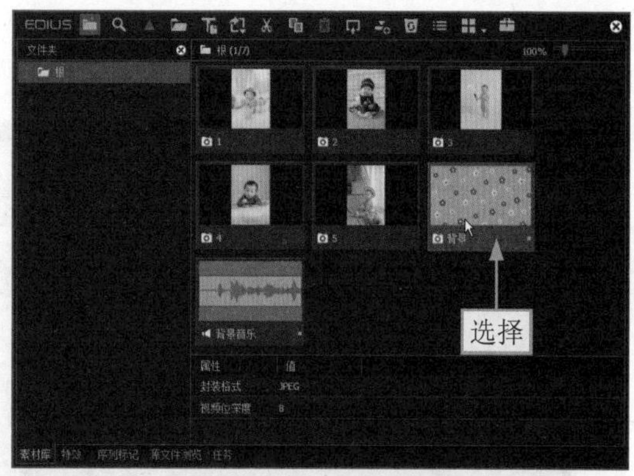

图3-6 选择背景图片素材

图 3-7 将背景图片素材拖曳至 1VA 主视频轨道中

3.2.2 制作音频的淡入与淡出效果

在为视频添加背景音乐之后，我们可以为音频制作淡入与淡出效果，让音乐的开始和结束变得更加自然。下面介绍在 EDIUS X 中制作音频的淡入与淡出效果的操作方法。

STEP 01 在“素材库”面板中，❶选择背景音乐素材，将其拖曳至 1A 音频轨道中；❷调整背景图片素材的时长，使其与背景音乐的时长保持一致，如图 3-8 所示。

STEP 02 单击 1A 轨道左侧的展开按钮▶，单击 VOL 按钮，展开音频音波，如图 3-9 所示。

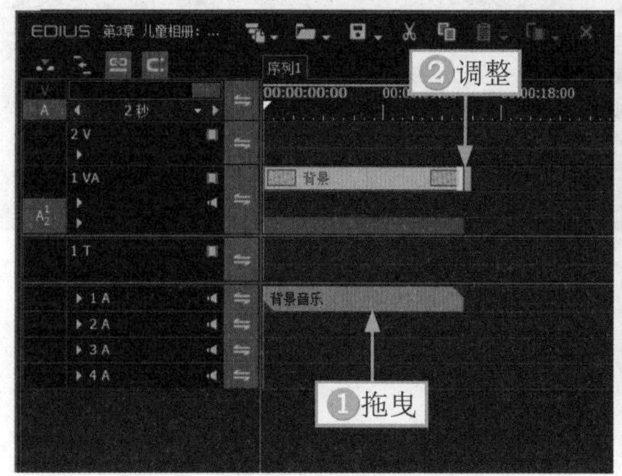

图 3-8 调整背景图片素材的时长

图 3-9 单击 VOL 按钮

STEP 03 ❶拖曳时间滑块至视频 00:00:00:10 的位置；❷在橙色的音量条上单击鼠标左键，添加点，如图 3-10 所示。

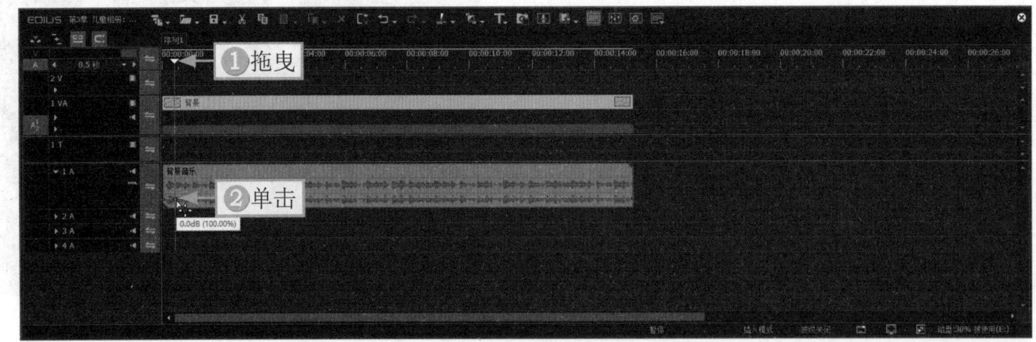

图3-10 添加点

STEP 04 ❶拖曳时间滑块至视频 00:00:14:20 的位置；❷在橙色的音量条上单击鼠标左键，继续添加点，如图 3-11 所示。

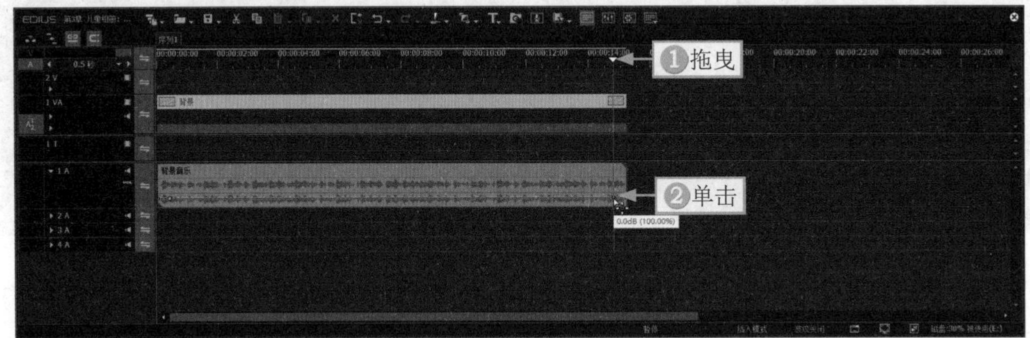

图3-11 继续添加点

STEP 05 将音频素材中音量条上起始和末尾位置上的点往下拖曳，制作音量淡入和淡出的效果，如图 3-12 所示。

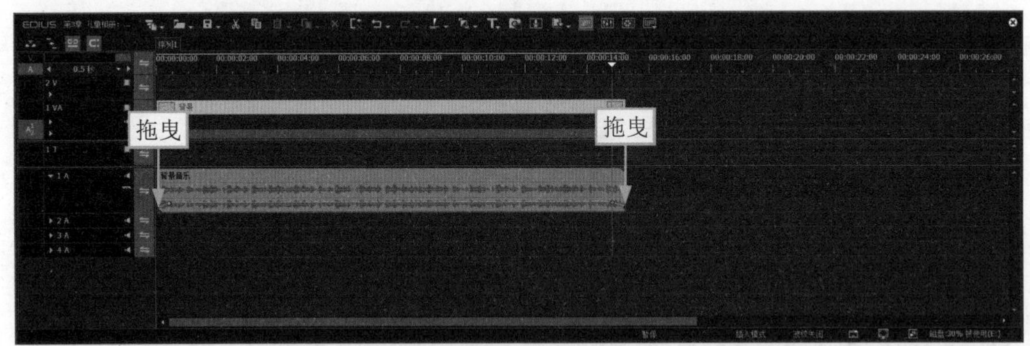

图 3-12 往下拖曳相应的点

3.2.3 为相册视频添加主题文字

大部分视频都需要突出主题，用文字的方式可以精确地表达视频的主题，让观众了解视频的内容。下面介绍在 EDIUS X 中为相册视频添加主题文字的操作方法。

STEP 01 拖曳时间滑块至视频起始位置，①单击“创建字幕”按钮；②在弹出的下拉菜单中选择“在1T 轨道上创建字幕”命令，如图 3-13 所示。

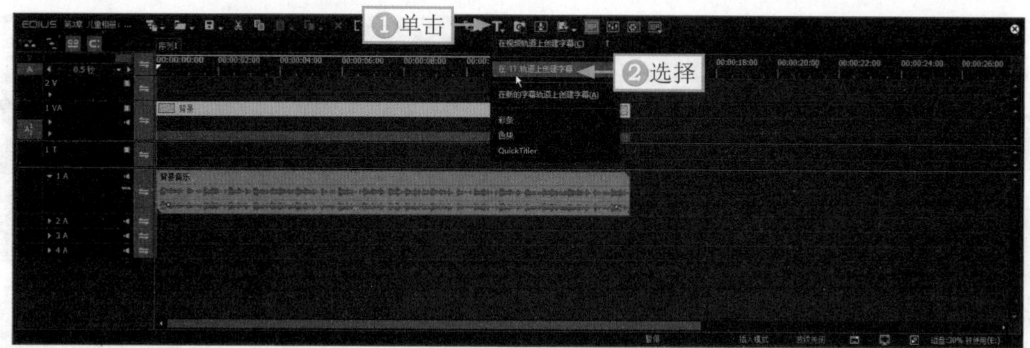

图 3-13 选择“在 1T 轨道上创建字幕”命令

STEP 02 进入相应的面板，①在界面上方输入文字内容；②在下方选择一个文字样式；③选择合适的字体；④单击“颜色”下方的第 2 个黑色色块，如图 3-14 所示。

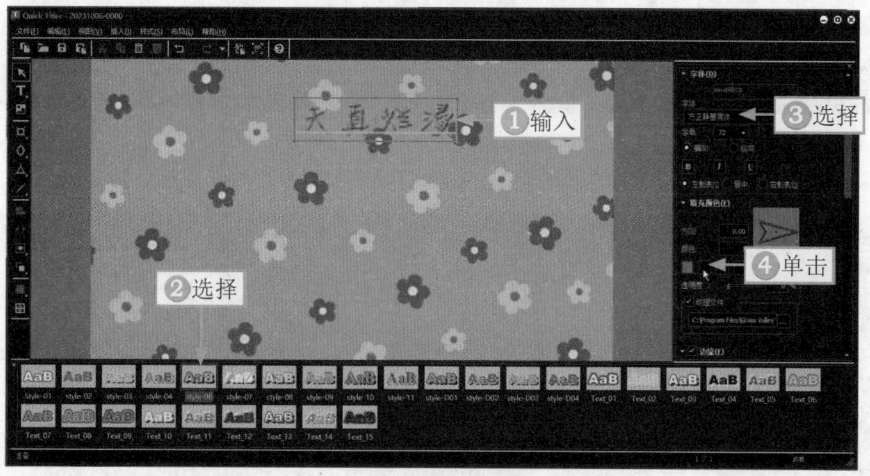

图3-14 设置文字

STEP 03 弹出“色彩选择”对话框，①选择红色；②单击“确定”按钮，如图 3-15 所示，也可以通过设置参数的方式，选择相应的颜色。

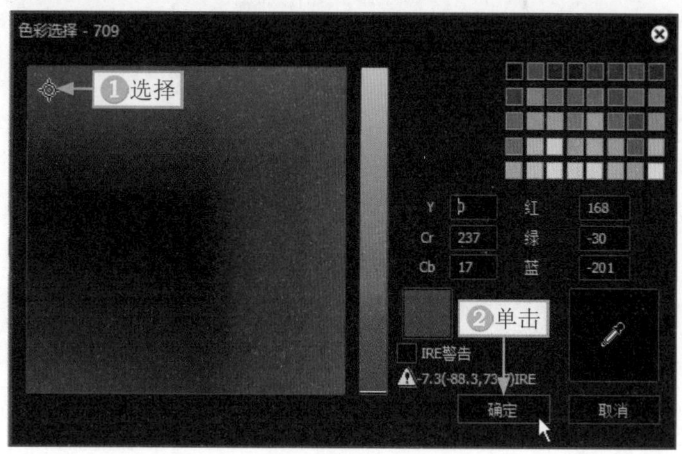

图 3-15 选择颜色

STEP 04 ▶▶ ①选中“浮雕”复选框；②选中“外部”单选按钮；③调整文字的位置；④选择“文件”|“保存”命令，如图 3-16 所示，保存文字。

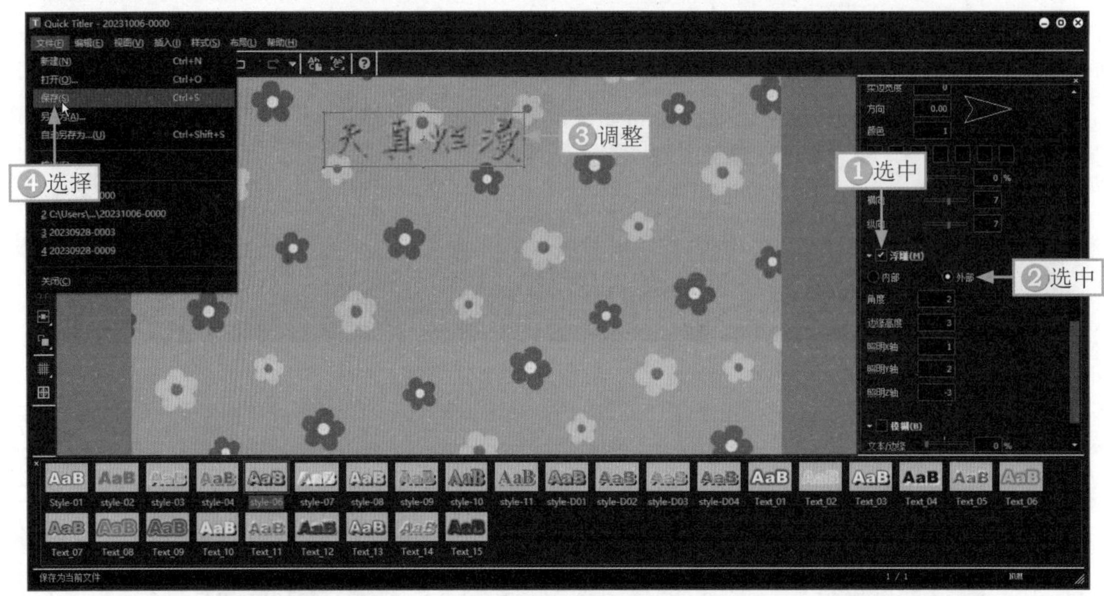

图 3-16 保存文字

STEP 05 ▶▶ 调整文字的时长，使其与音乐素材的时长保持一致，如图 3-17 所示。

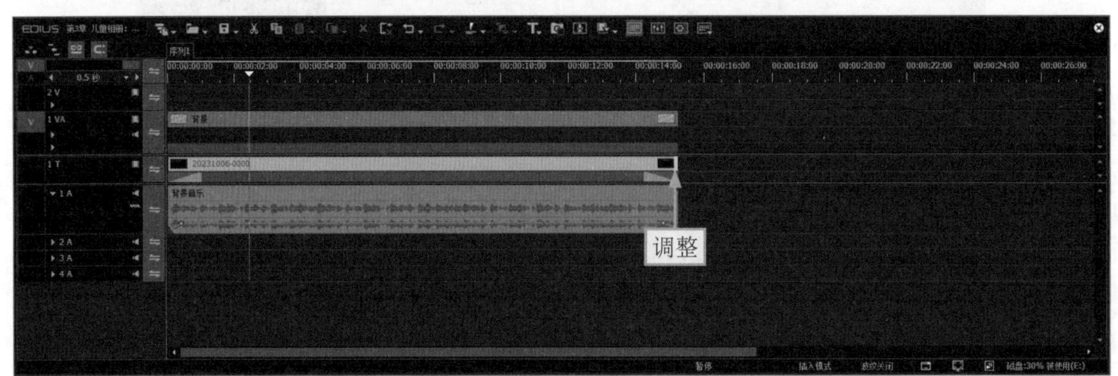

图 3-17 调整文字的时长

3.2.4 制作三维动画效果

在“视频布局”对话框的“参数”面板中，通过设置 3D 参数，可以让素材变得更加立体和生动。下面介绍在 EDIUS X 中制作三维动画效果的操作方法。

STEP 01 ▶▶ 在“素材库”面板中选择第 1 段素材，将其拖曳至 2V 轨道中，并调整其时长，使其与背景素材的时长保持一致，如图 3-18 所示。

STEP 02 ▶▶ ①右击 2V 轨道；②在弹出的快捷菜单中选择“添加”|“在上方添加视频轨道”命令，如图 3-19 所示。

STEP 03 ▶▶ 弹出“添加轨道”对话框，①设置“数量”为 4；②单击“确定”按钮，如图 3-20 所示，添加 4 条视频轨道。

STEP 04 ▶▶ 选择第 1 段素材，在“信息”面板中，双击“视频布局”选项，如图 3-21 所示。

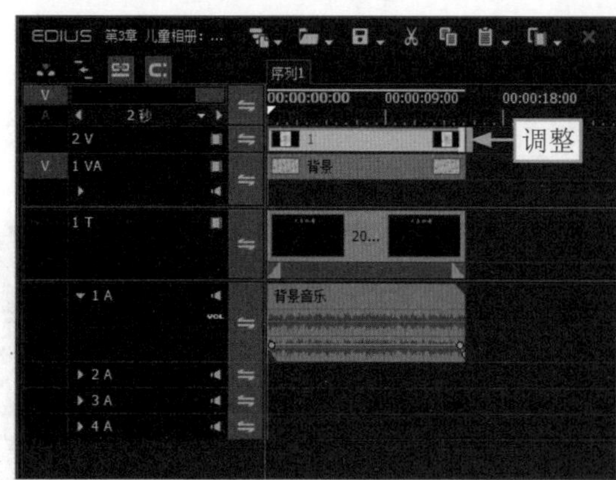

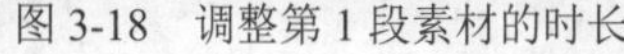

图 3-18　调整第 1 段素材的时长

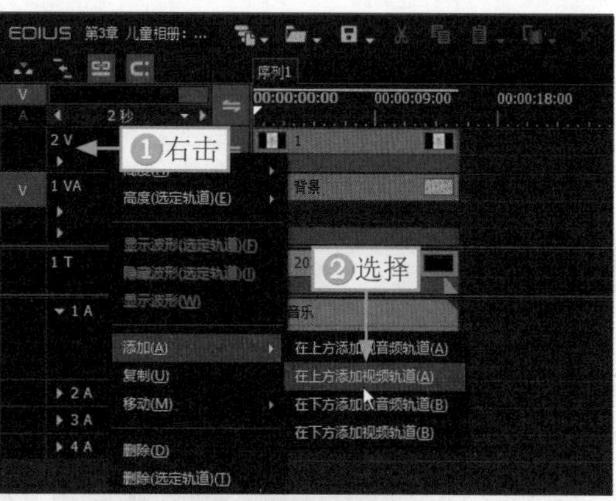

图 3-19　选择“在上方添加视频轨道”命令

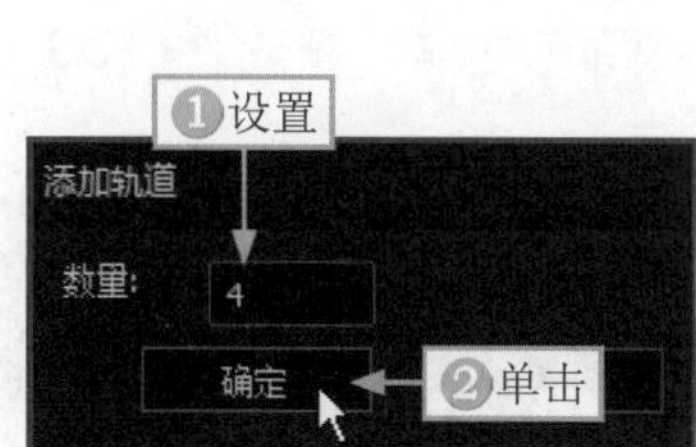

图3-20　设置添加轨道的数量

图3-21　双击“视频布局”选项

STEP 05 弹出“视频布局”对话框，在第 1 段素材的起始位置，①选中“视频布局”复选框；②单击“添加 / 删除关键帧”按钮，添加关键帧，如图 3-22 所示。

STEP 06 ①拖曳时间滑块至视频 00:00:01:20 的位置；②缩小素材画面并调整其位置，如图 3-23 所示。

图3-22　添加关键帧

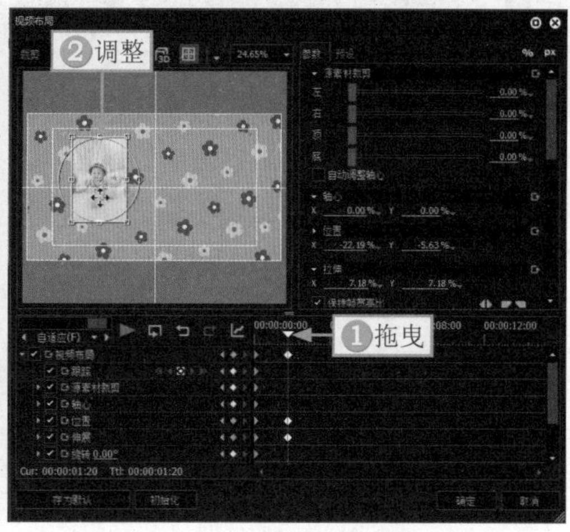

图3-23　缩小素材画面并调整其位置

STEP 07 ▶▶ ❶拖曳时间滑块至视频 00:00:03:00 的位置；❷切换至 3D 模式界面；❸调整素材画面的大小和位置；❹通过设置"旋转"参数，制作三维动画效果；❺单击"确定"按钮，如图 3-24 所示。

STEP 08 ▶▶ 在视频 3s 的位置拖曳第 2 段素材至 3V 轨道中，并调整其时长，使其末尾位置与背景素材的末尾位置对齐，如图 3-25 所示。

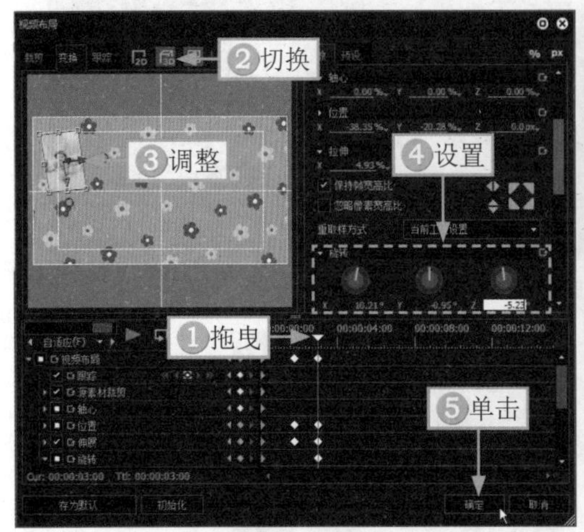

图3-24　调整素材并设置"旋转"参数

图3-25　调整第2段素材的时长

STEP 09 ▶▶ ❶选择第 1 段素材并右击；❷在弹出的快捷菜单中选择"复制"命令，如图 3-26 所示。

STEP 10 ▶▶ ❶选择第 2 段素材并右击；❷在弹出的快捷菜单中选择"粘贴"|"滤镜"命令，如图 3-27 所示，为第 2 段素材快速添加第 1 段素材中的 3D 动画效果。

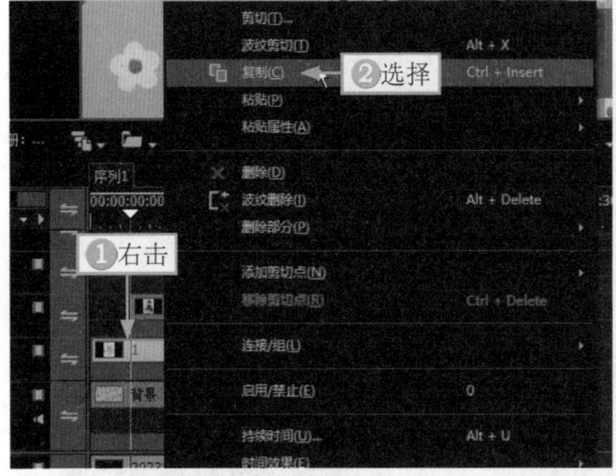

图 3-26　选择"复制"命令

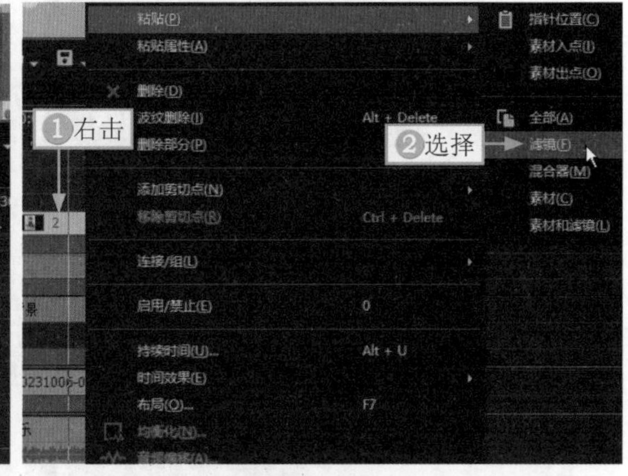

图 3-27　选择"滤镜"命令

STEP 11 ▶▶ 在"信息"面板中，双击"视频布局"选项，弹出"视频布局"对话框，❶拖曳时间滑块至第 2 次添加关键帧的位置；❷调整素材的位置，如图 3-28 所示。

STEP 12 ▶▶ ❶拖曳时间滑块至第 3 次添加关键帧的位置；❷再次调整素材的位置；❸单击"确定"按钮，如图 3-29 所示。

STEP 13 ▶▶ 在视频 6s 的位置拖曳第 3 段素材至 4V 轨道中，并调整其时长，使其末尾位置与背景素材的末尾位置对齐，如图 3-30 所示。

STEP 14 ▶▶ ❶选择第 2 段素材并右击；❷在弹出的快捷菜单中选择"复制"命令，如图 3-31 所示。

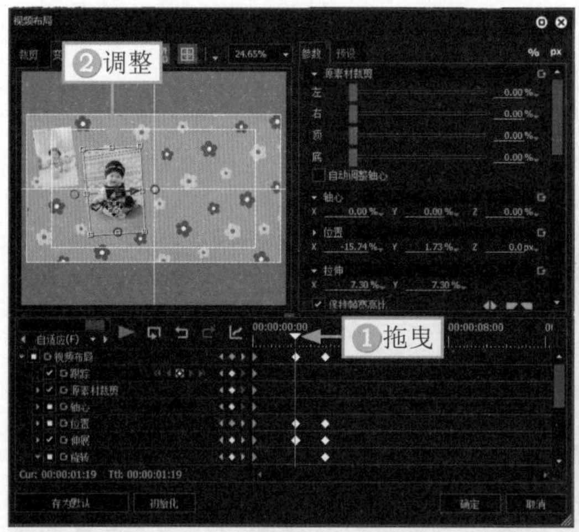

图3-28　调整素材的位置

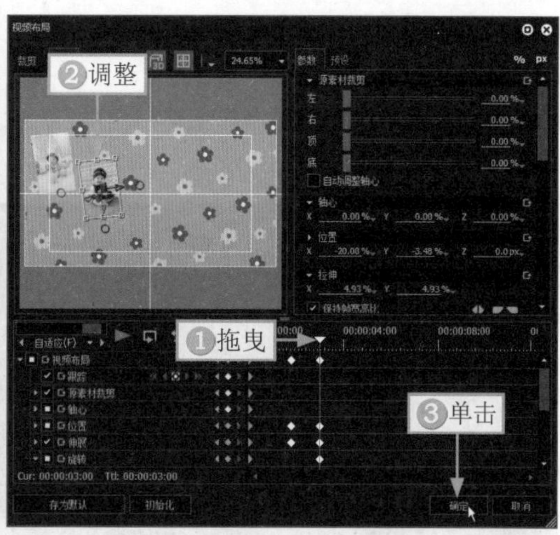

图3-29　继续调整素材的位置

图 3-30　调整第 3 段素材的时长

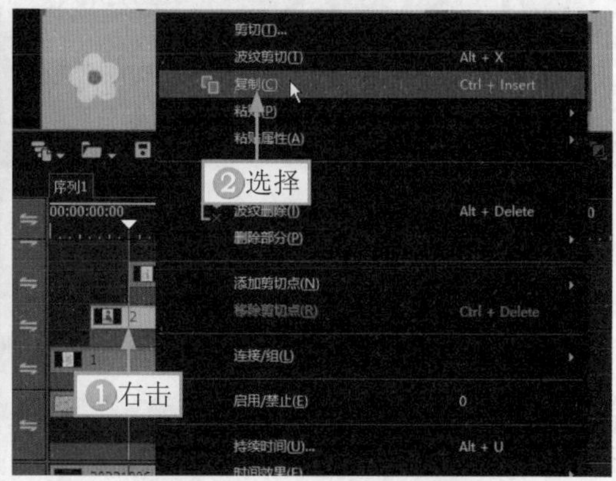

图 3-31　选择“复制”命令

STEP 15 ⋙ ❶选择第 3 段素材并右击；❷在弹出的快捷菜单中选择“粘贴”|“滤镜”命令，如图 3-32 所示，为第 3 段素材快速添加第 2 段素材中的 3D 动画效果。

STEP 16 ⋙ 在“信息”面板中，双击“视频布局”选项，弹出“视频布局”对话框，❶拖曳时间滑块至第 2 次添加关键帧的位置；❷调整素材的位置，如图 3-33 所示。

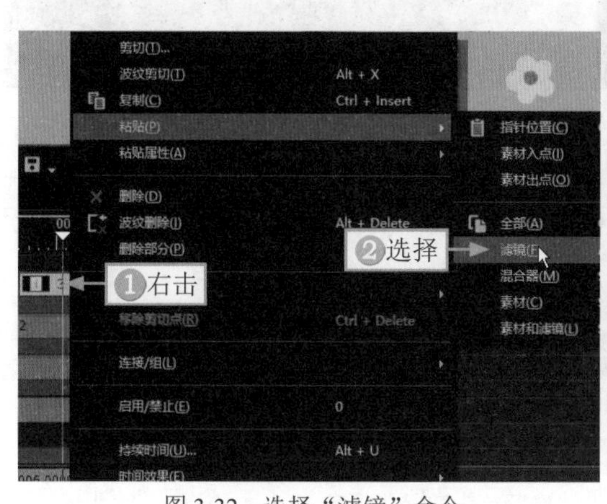

图 3-32　选择“滤镜”命令

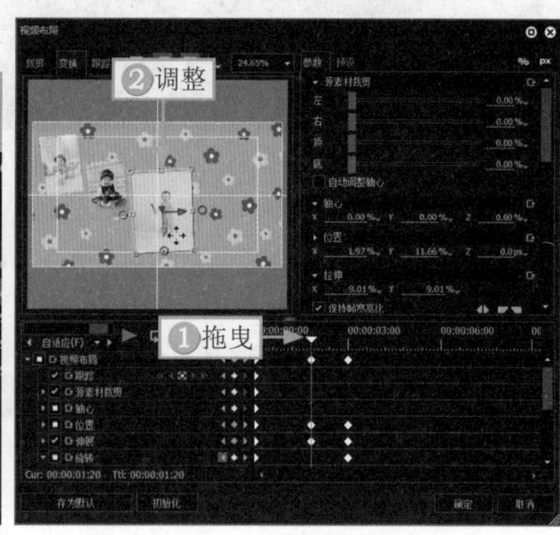

图 3-33　调整素材的位置

STEP 17 ❶拖曳时间滑块至第 3 次添加关键帧的位置；❷再次调整素材的位置；❸单击“确定”按钮，如图 3-34 所示。

STEP 18 在视频 9s 的位置拖曳第 4 段素材至 5V 轨道中，并调整其时长，使其末尾位置与背景素材的末尾位置对齐，如图 3-35 所示。

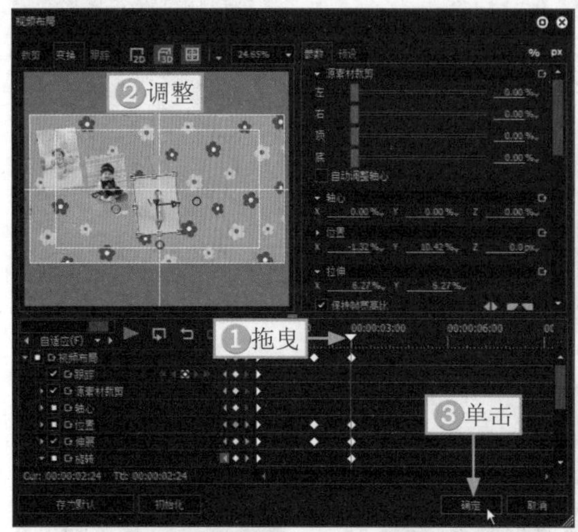

图 3-34　继续调整素材的位置

图 3-35　调整第 4 段素材的时长

STEP 19 ❶选择第 3 段素材并右击；❷在弹出的快捷菜单中选择“复制”命令，如图 3-36 所示。

STEP 20 ❶选择第 4 段素材并右击；❷在弹出的快捷菜单中选择“粘贴”｜“滤镜”命令，如图 3-37 所示，为第 4 段素材快速添加第 3 段素材中的 3D 动画效果。

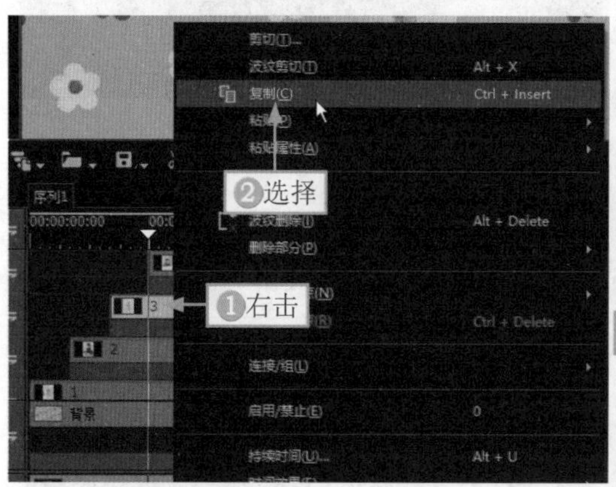

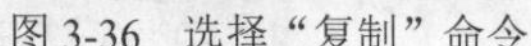

图 3-36　选择“复制”命令

图 3-37　选择“滤镜”命令

STEP 21 在“信息”面板中，双击“视频布局”选项，弹出“视频布局”对话框，❶拖曳时间滑块至第 2 次添加关键帧的位置；❷调整素材的位置；❸把“旋转”参数中的 Y、Z 值设置为正值，翻转画面，如图 3-38 所示。

STEP 22 ❶拖曳时间滑块至第 3 次添加关键帧的位置；❷调整素材的位置；❸把“旋转”参数中的 Y、Z 值设置为正值；❹单击“确定”按钮，如图 3-39 所示。

STEP 23 在视频 12s 的位置拖曳第 5 段素材至 6V 轨道中，并调整其时长，使其末尾位置与背景素材的末尾位置对齐，如图 3-40 所示。

STEP 24 ❶选择第 4 段素材并右击；❷在弹出的快捷菜单中选择“复制”命令，如图 3-41 所示。

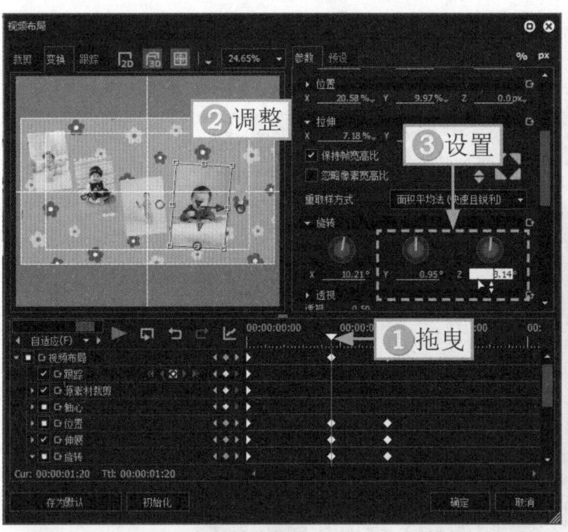

图 3-38　设置参数（1）

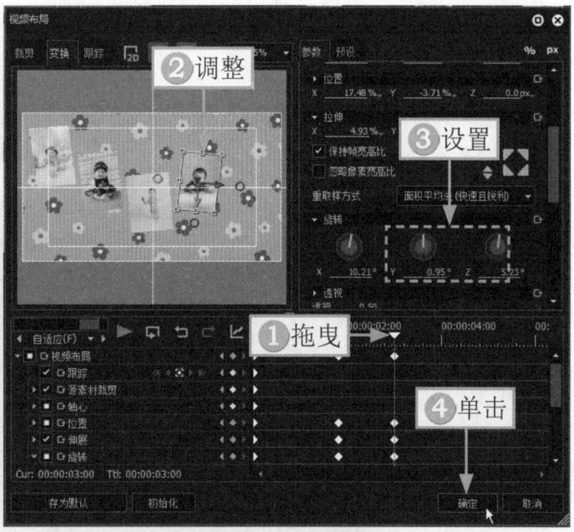

图 3-39　设置参数（2）

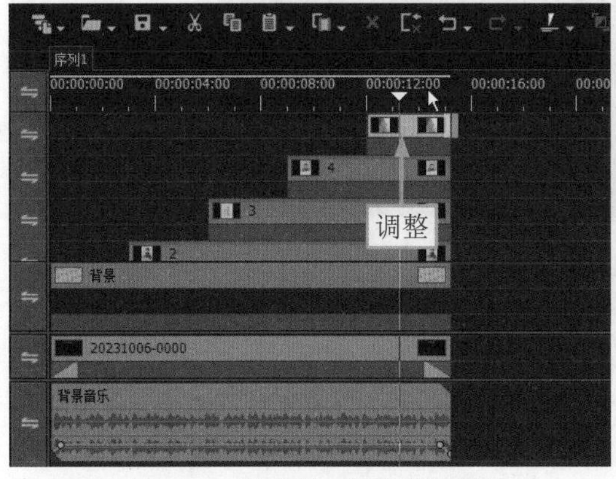

图 3-40　调整第 5 段素材的时长

图 3-41　选择“复制”命令

STEP 25 ①选择第 5 段素材并右击；②在弹出的快捷菜单中选择“粘贴”|“滤镜”命令，如图 3-42 所示，为第 5 段素材快速添加第 4 段素材中的 3D 动画效果。

STEP 26 在“信息”面板中，双击“视频布局”选项，弹出“视频布局”对话框，①拖曳时间滑块至第 2 次添加关键帧的位置；②调整素材的位置，如图 3-43 所示。

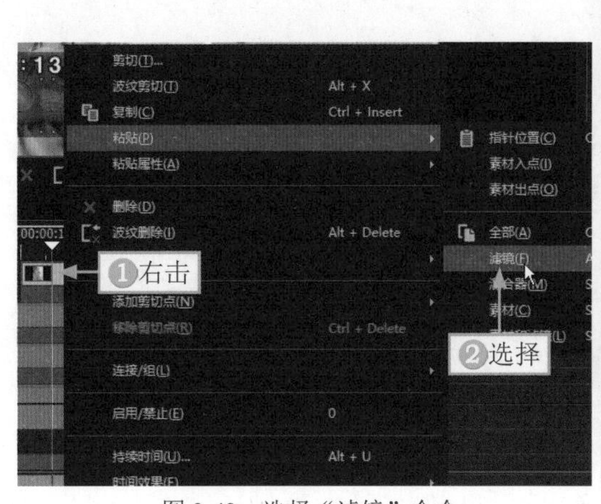

图 3-42　选择“滤镜”命令

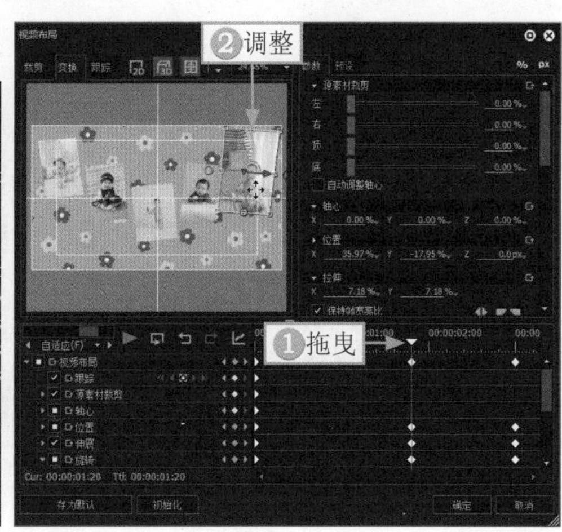

图 3-43　调整素材的位置

STEP 27 ▶ ❶拖曳时间滑块至第3次添加关键帧的位置；❷再次调整素材的位置；❸单击“确定”按钮，如图3-44所示。

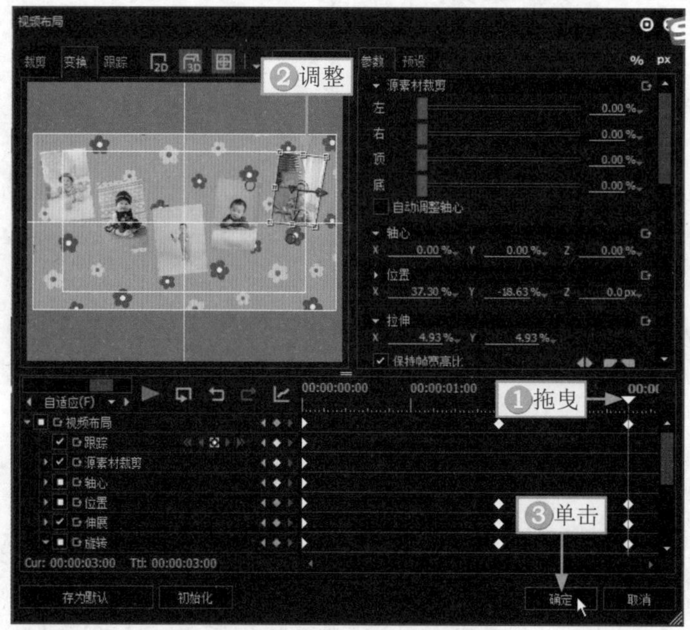

图3-44　继续调整素材的位置

第4章 节日影像：制作《新春快乐》

节日影像视频的内容主要与节日有关，本章以春节为主题，以烟花秀为主要素材来源，从而展现出浓浓的“年味感”。在制作视频的时候，需要先确定主题，再根据主题选取素材，这样才能保证内容不脱离主题，以突出重点。同时，也可以把视频素材和照片素材结合起来，“有动有静”，更有层次感。

4.1 《新春快乐》效果展示

在制作节日影像视频的时候，需要根据视频主题确定素材的颜色基调，比如，在端午节，可以选取绿色系的素材。当制作以春节为主题的节日视频时，则需要选取红色系的素材，背景、文字等元素也需要选择暖色系的，以奠定视频的基调。

在制作《新春快乐》视频之前，我们首先来欣赏本案例的视频效果，并了解案例的学习目标、制作思路、知识讲解和要点讲堂。

4.1.1 效果欣赏

《新春快乐》节日影像视频的画面效果如图 4-1 所示，主要展示主题文字和一张张的烟花照片。

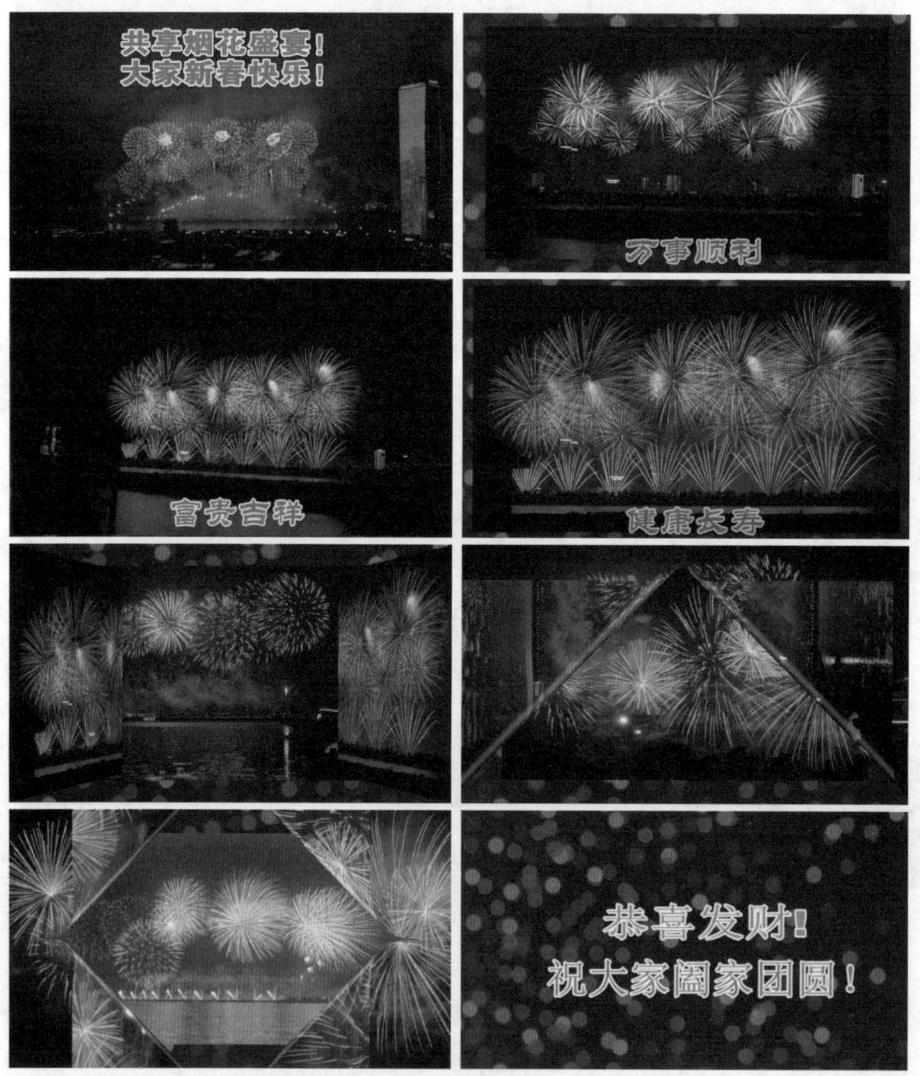

图 4-1 《新春快乐》画面效果

4.1.2 学习目标

知识目标	掌握节日影像视频的制作方法
技能目标	（1）掌握在EDIUS X中添加视频和背景图片素材的操作方法 （2）掌握调整素材的持续时间的操作方法 （3）掌握制作图像动态特效的操作方法 （4）掌握添加转场运动效果的操作方法 （5）掌握添加新春祝福文字的操作方法 （6）掌握制作文字淡出效果的操作方法 （7）掌握剪辑背景音乐时长的操作方法
本章重点	制作图像动态特效与剪辑背景音乐时长
本章难点	制作图像动态特效
视频时长	13分45秒

4.1.3 制作思路

本案例首先介绍在 EDIUS X 中添加视频和背景图片素材，然后介绍调整素材的持续时间、制作图像动态特效、添加转场运动效果、添加新春祝福文字、制作文字淡出效果和剪辑背景音乐时长等内容。图 4-2 所示为本案例视频的制作思路。

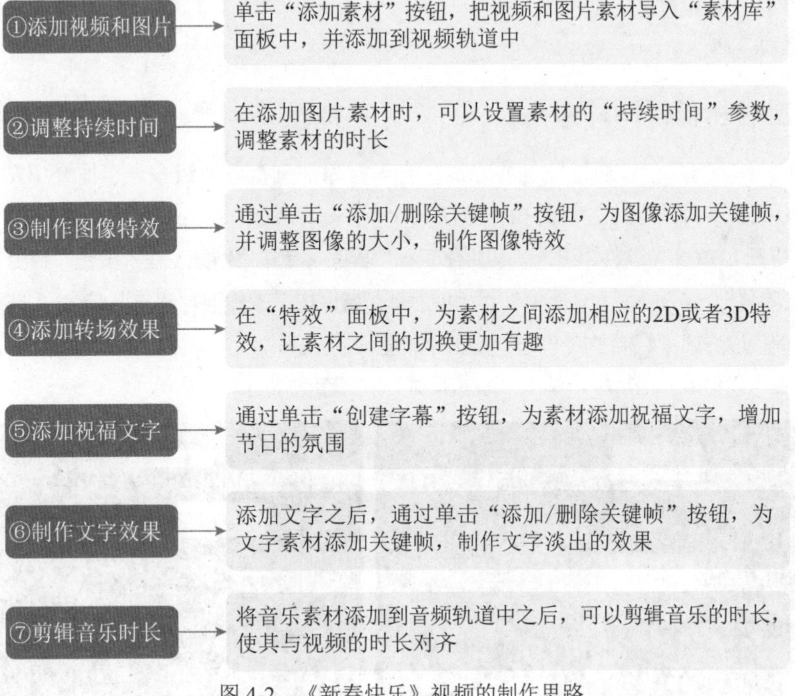

图 4-2 《新春快乐》视频的制作思路

4.1.4 知识讲解

在添加素材的时候，需要注意的是，在主视频轨道中，可以同时添加视频和图片素材，不需要分开添加。

除此之外，在 EDIUS X 中不仅可以在字幕轨道中添加文字，还可以在视频轨道中添加文字。在视频轨道中添加的文字，可以把它看成一个视频素材进行操作，用户可以在“视频布局”对话框中，调整相应的参数。

4.1.5 要点讲堂

在本章内容中，我们需要掌握如何在 EDIUS X 中制作图像动态特效与剪辑背景音乐时长，这是比较核心的步骤，下面介绍相应的内容。

❶ 在 EDIUS X 中，用户可以在“视频布局”对话框中，为图像添加关键帧，调整图像的大小，制作图像动态特效；还可以将特效滤镜复制粘贴到其他的素材中。

❷ 在 EDIUS X 中添加视频的背景音乐之后，可以通过单击“添加剪切点 - 选定轨道”按钮分割音频素材，并删除多余的音频素材，从而剪辑音乐的时长。

4.2 《新春快乐》制作流程

本节将为读者介绍节日影像视频的制作方法，包括添加视频和背景图片素材、调整素材的持续时间、制作图像动态特效、添加转场运动效果、添加新春祝福文字、制作文字淡出效果和剪辑背景音乐时长，希望读者能够熟练掌握。

4.2.1 添加视频和背景图片素材

扫码看视频

在 EDIUS X 中，用户可以通过拖曳的方式，将素材添加到视频轨道中。下面介绍在 EDIUS X 中添加视频和背景图片素材的操作方法。

STEP 01 ⋙ 打开 EDIUS X 软件，进入“初始化工程”界面，单击“新建工程”按钮，弹出“工程设置”对话框，❶输入工程名称；❷单击“文件夹”文本框右侧的■按钮，设置保存路径；❸在“预设列表”列表框中选择相应的工程预设选项；❹单击“确定”按钮，如图 4-3 所示。

STEP 02 ⋙ 在“素材库”面板中，单击“添加素材”按钮■，如图 4-4 所示。

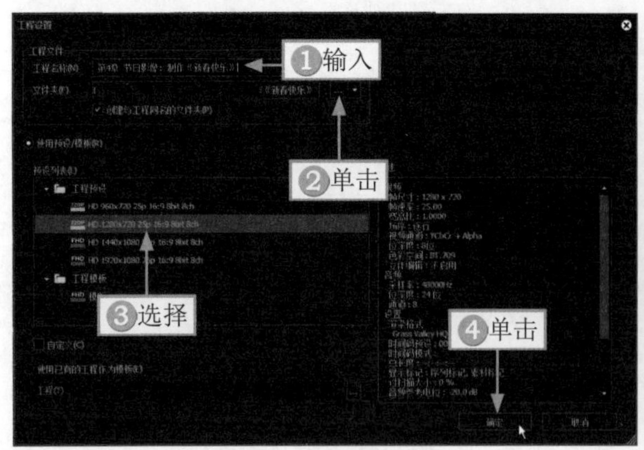

图4-3 设置工程文件

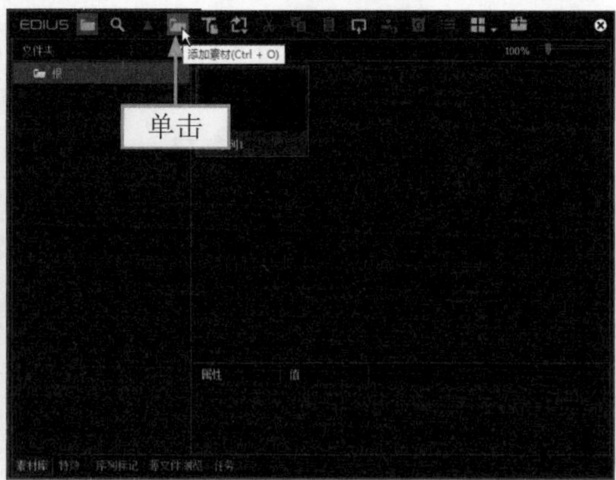

图4-4 单击“添加素材”按钮

STEP 03 ▶▶ 弹出“打开”对话框，❶在相应的文件夹中，按 Ctrl+A 组合键，全选所有的素材；❷单击“打开”按钮，如图 4-5 所示。

STEP 04 ▶▶ 将所有的素材导入“素材库”面板中，选择视频素材，如图 4-6 所示。

图 4-5　全选所有的素材

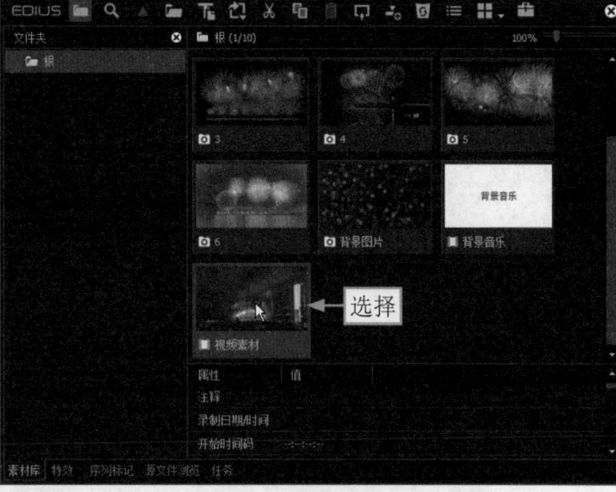

图 4-6　选择视频素材

STEP 05 ▶▶ 将视频素材拖曳至 1VA 主视频轨道中，在其后面，将背景图片素材也拖曳进来，如图 4-7 所示。

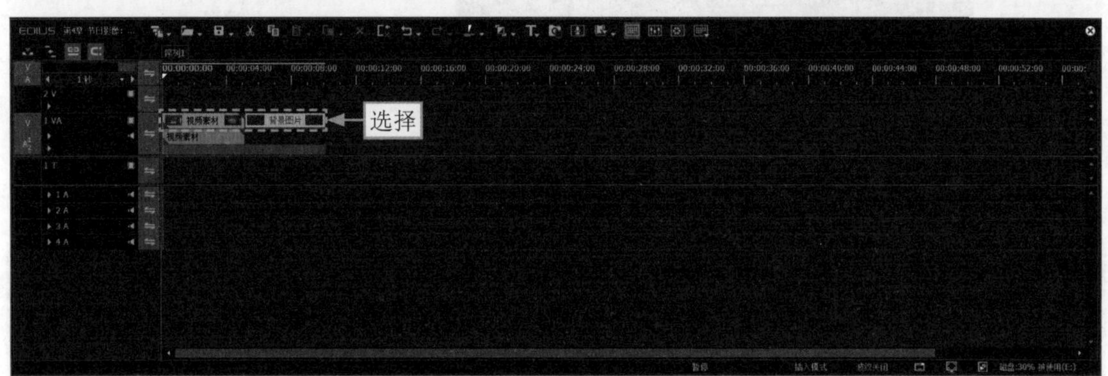

图 4-7　将视频素材和背景图片素材拖曳至 1VA 主视频轨道中

4.2.2　调整素材的持续时间

在 EDIUS X 中可以通过调整素材的“持续时间”参数，来改变素材的时长，不过需要输入完整的时长参数。下面介绍在 EDIUS X 中调整素材的持续时间的操作方法。

STEP 01 ▶▶ 在“素材库”面板中，选择第 1 段素材，如图 4-8 所示。

STEP 02 ▶▶ 将第 1 段素材拖曳至 2V 视频轨道中，使其起始位置与背景图片的起始位置对齐，如图 4-9 所示。

STEP 03 ▶▶ ❶选择第 1 段素材并右击；❷在弹出的快捷菜单中选择“持续时间”命令，如图 4-10 所示。

STEP 04 ▶▶ 弹出“持续时间”对话框，❶设置“持续时间”为 00:00:03:00，使图片的时长为 3s；❷单击“确定”按钮，如图 4-11 所示。

STEP 05 ▶▶ 使用同样的方法，将剩余的 5 段素材按顺序拖曳至 2V 视频轨道中，并设置每段素材的“持续时间”均为 00:00:03:00，如图 4-12 所示。

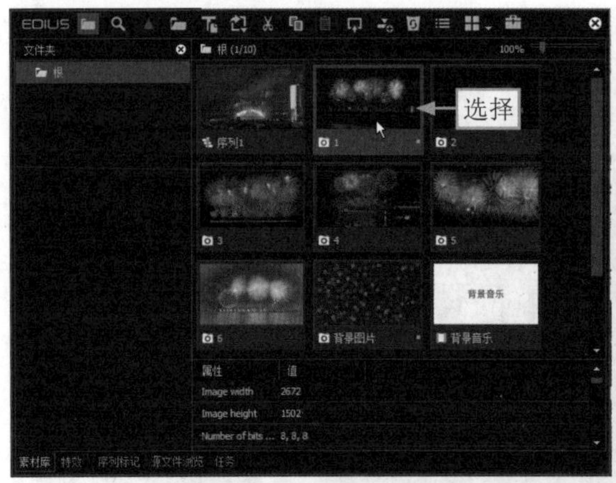

图 4-8　选择第 1 段素材

图 4-9　拖曳第 1 段素材至 2V 视频轨道中

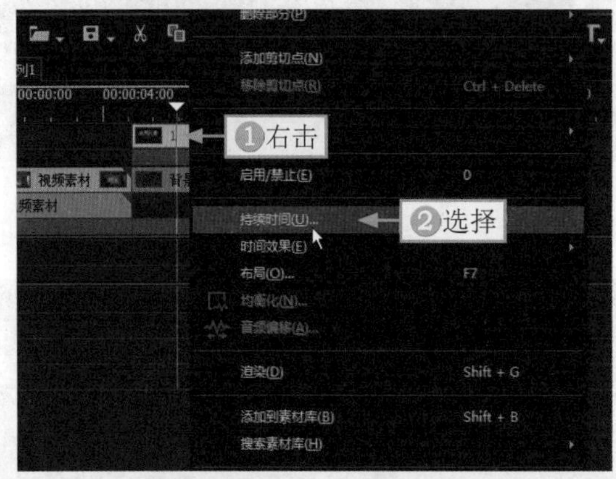

图 4-10　选择“持续时间”命令

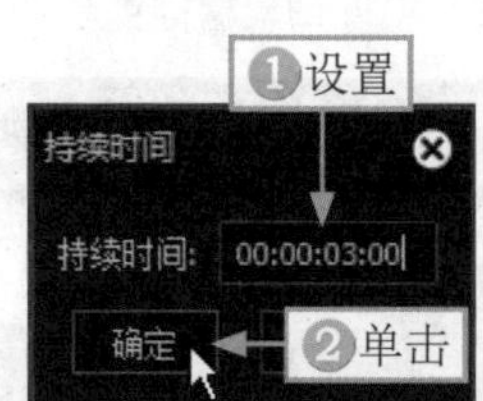

图 4-11　设置“持续时间”参数

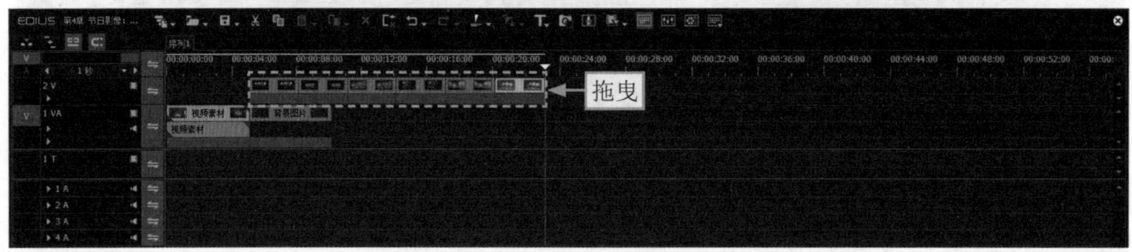

图 4-12　设置“持续时间”参数后的效果

4.2.3　制作图像动态特效

制作图像动态特效的目的是让图片素材不那么单调、乏味，增加视频的动感。下面介绍在 EDIUS X 中制作图像动态特效的操作方法。

STEP 01 ▶▶ ①拖曳时间滑块至第 1 段素材的中间位置；②选择第 1 段素材，如图 4-13 所示。

STEP 02 ▶▶ 在“信息”面板中，双击“视频布局”选项，如图 4-14 所示。

STEP 03 ▶▶ 弹出“视频布局”对话框，①选中“视频布局”复选框；②单击“添加 / 删除关键帧”按钮，添加关键帧，如图 4-15 所示。

STEP 04 ▶▶ ①拖曳时间滑块至第 1 段素材的起始位置；②缩小画面；③单击“确定”按钮，如图 4-16 所示，制作图像动态特效。

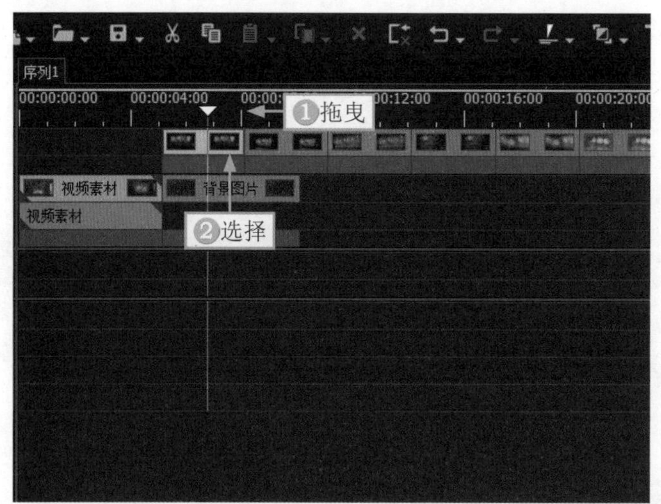

图 4-13　选择第 1 段素材

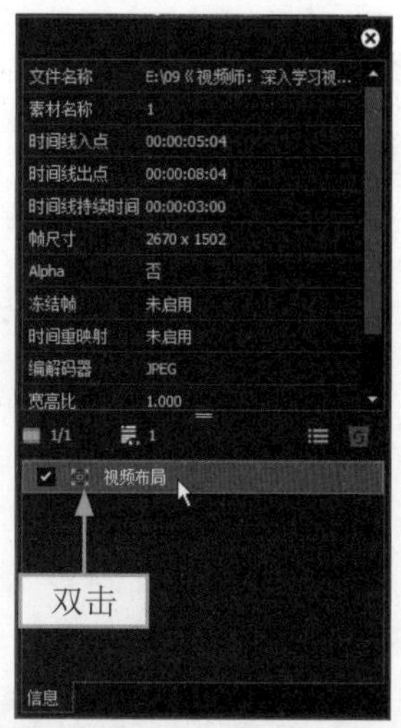

图 4-14　双击“视频布局”选项

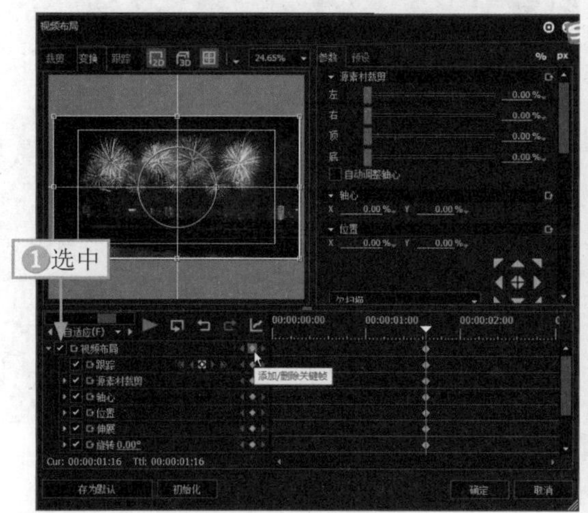

图4-15　添加关键帧　　　图4-16　缩小画面

STEP 05 ①选择第 1 段素材并右击；②在弹出的快捷菜单中选择“复制”命令，如图 4-17 所示。

STEP 06 ①选择第 2 段素材并右击；②在弹出的快捷菜单中选择“粘贴”｜“滤镜”命令，如图 4-18 所示，为第 2 段素材快速添加第 1 段素材中的动态特效。使用同样的方法，为剩余的 4 段素材都粘贴同样的动态特效。

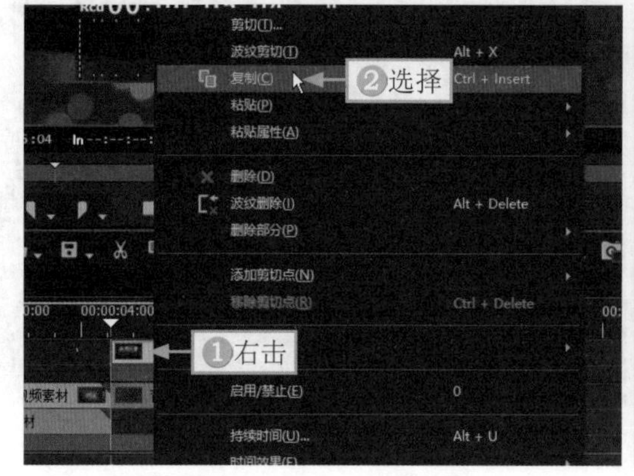

图 4-17　选择“复制”命令

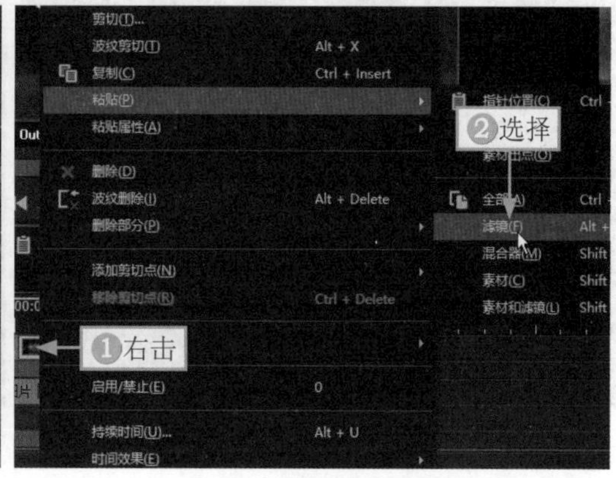

图 4-18　选择“滤镜”命令

专家指点

在EDIUS X中，可以通过复制、粘贴操作快速地添加滤镜特效。

4.2.4 添加转场运动效果

为素材之间添加2D或者3D转场效果，可以让素材之间的切换更加自然和流畅。下面介绍在EDIUS X中添加转场运动效果的操作方法。

STEP 01 切换至“特效”面板，在“转场”下方的2D转场组中，选择“推拉”转场效果，如图4-19所示。

STEP 02 按住鼠标左键将“推拉”转场效果拖曳至视频素材与背景图片素材之间的位置，然后释放鼠标左键，即可添加“推拉”转场效果，如图4-20所示。

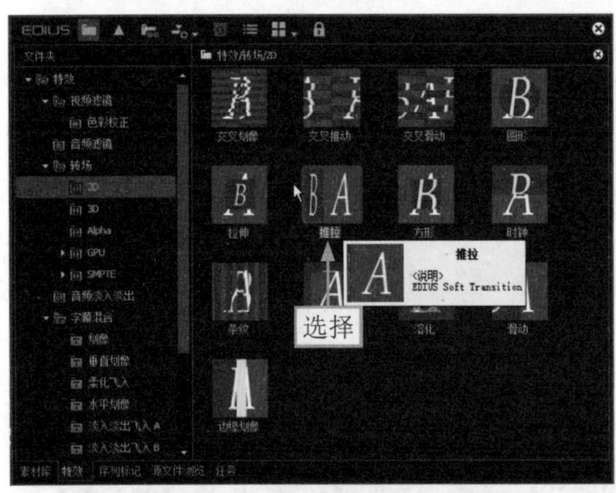

图4-19 选择“推拉”转场效果

图4-20 添加“推拉”转场效果

STEP 03 在“转场”下方的3D转场组中，选择“单门”转场效果，如图4-21所示。

STEP 04 按住鼠标左键将“单门”转场效果拖曳至第1段素材与第2段素材之间的位置，释放鼠标左键，即可添加“单门”转场效果，如图4-22所示。

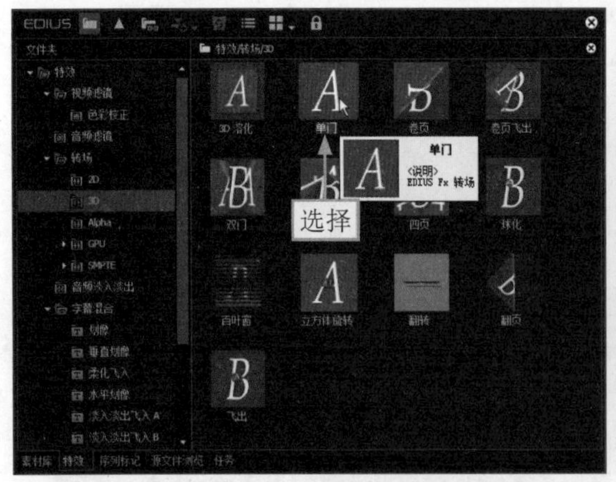

图4-21 选择“单门”转场效果

图4-22 添加“单门”转场效果

STEP 05 在“转场”下方的3D转场组中，选择“卷页”转场效果，如图4-23所示。

STEP 06 按住鼠标左键将“卷页”转场效果拖曳至第2段素材与第3段素材之间的位置，然后释放鼠标左键，即可添加“卷页”转场效果，如图4-24所示。

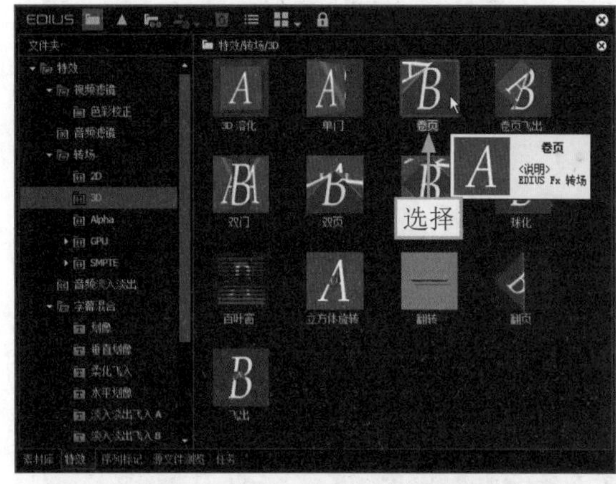

图4-23　选择“卷页”转场效果

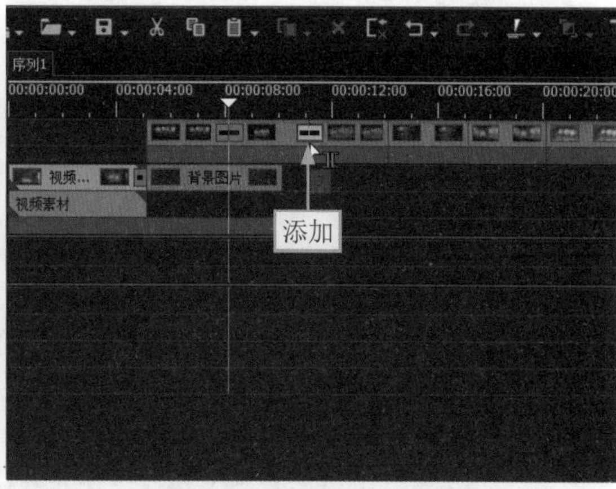

图4-24　添加“卷页”转场效果

STEP 07 在“转场”下方的3D转场组中，选择“双门”转场效果，如图4-25所示。

STEP 08 按住鼠标左键将“双门”转场效果拖曳至第3段素材与第4段素材之间的位置，然后释放鼠标左键，即可添加“双门”转场效果，如图4-26所示。

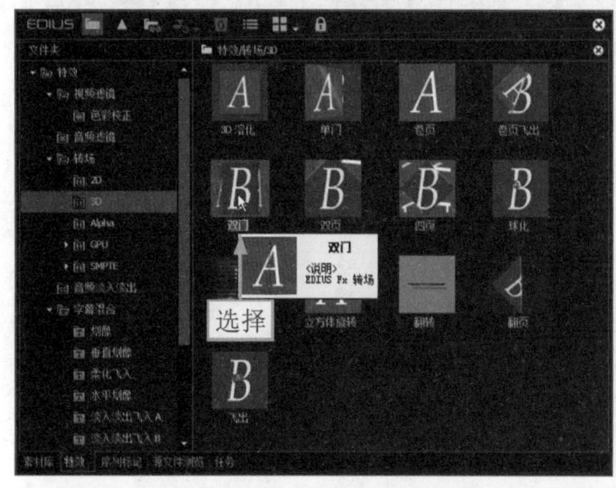

图4-25　选择“双门”转场效果

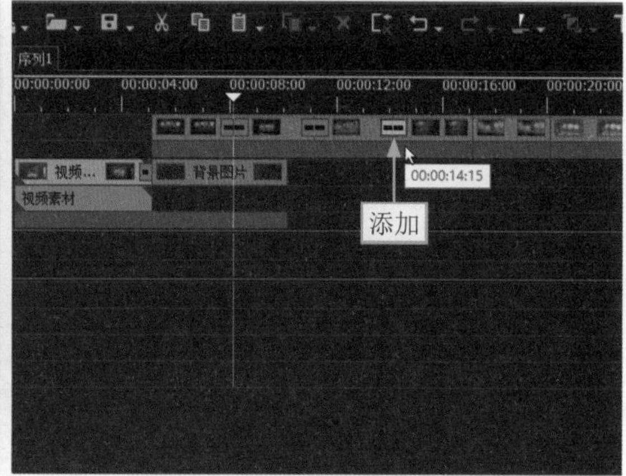

图4-26　添加“双门”转场效果

STEP 09 在“转场”下方的3D转场组中，选择“双页”转场效果，如图4-27所示。

STEP 10 按住鼠标左键将“双门”转场效果拖曳至第4段素材与第5段素材之间的位置，然后释放鼠标左键，即可添加“双页”转场效果，如图4-28所示。

STEP 11 在“转场”下方的3D转场组中，选择“四页”转场效果，如图4-29所示。

STEP 12 按住鼠标左键将“四页”转场效果拖曳至第5段素材与第6段素材之间的位置，然后释放鼠标左键，即可添加“四页”转场效果，如图4-30所示。

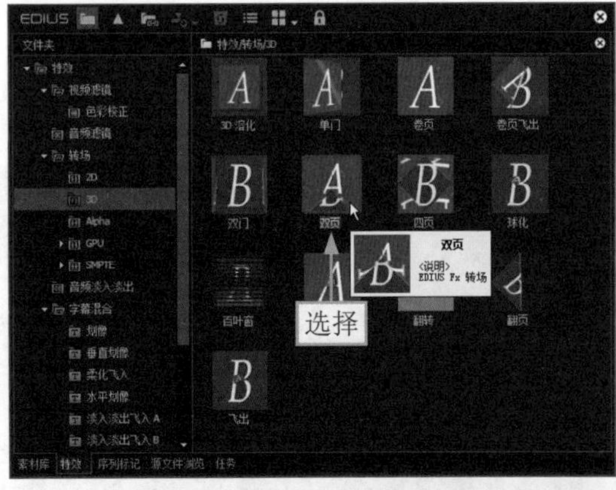

图 4-27　选择“双页”转场效果

添加

图 4-28　添加“双页”转场效果

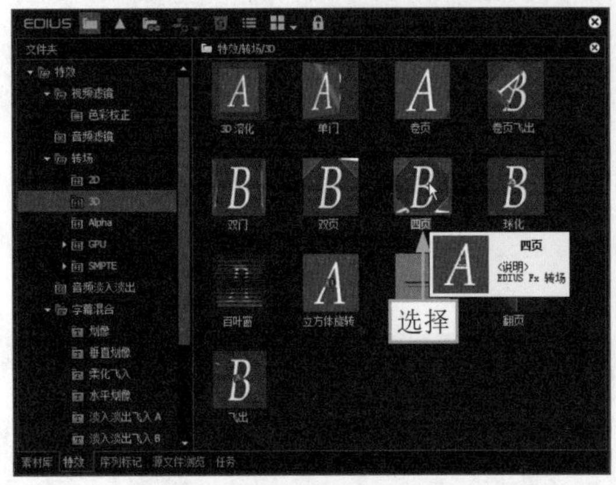

图 4-29　选择“四页”转场效果

图 4-30　添加“四页”转场效果

4.2.5　添加新春祝福文字

扫码看视频

为了让视频更有节日的氛围，可以为素材添加多段新春祝福文字，并设置相应的样式。下面介绍在 EDIUS X 中添加新春祝福文字的具体操作方法。

STEP 01 拖曳时间滑块至视频起始位置，①单击“创建字幕”按钮；②在弹出的下拉菜单中选择“在 1T 轨道上创建字幕”命令，如图 4-31 所示。

图4-31　选择“在1T轨道上创建字幕”命令

STEP 02 进入相应的面板，①在界面上方输入文字内容；②在下方选择一个文字样式；③选择合适的字体；④单击“粗体”按钮；⑤调整文字的位置，如图 4-32 所示。

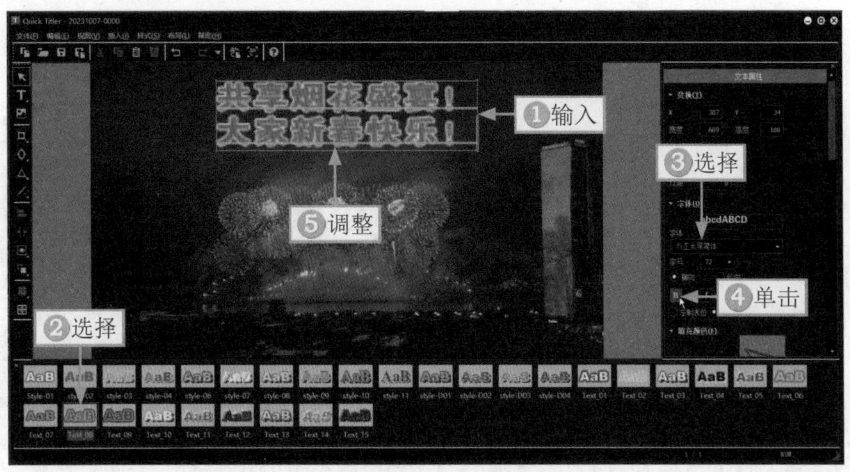

图 4-32　输入文字并设置

STEP 03 ①单击“阴影”复选框下方的色块；②在“色彩选择”对话框中选择黄色色块；③单击“确定”按钮，更改阴影颜色，如图 4-33 所示，选择“文件”|“保存”命令，保存文字。

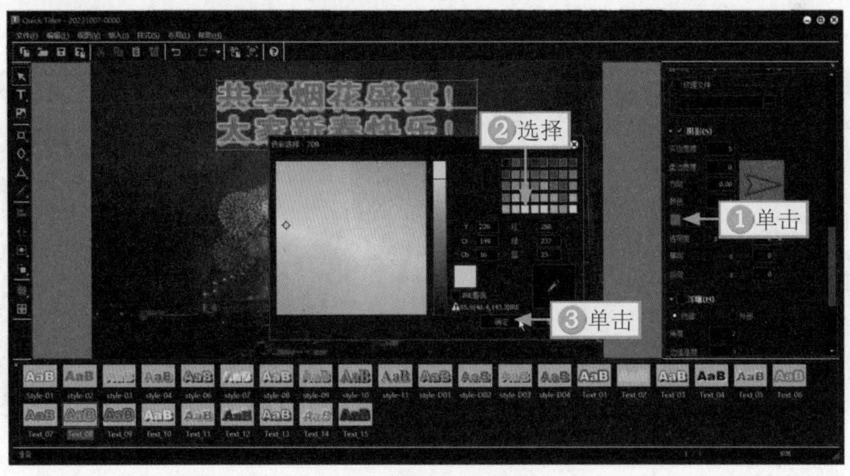

图4-33　设置文字颜色

STEP 04 ①拖曳时间滑块至视频素材的末尾位置；②单击“创建字幕”按钮；③在弹出的下拉菜单中选择“在 1T 轨道上创建字幕”命令，如图 4-34 所示。

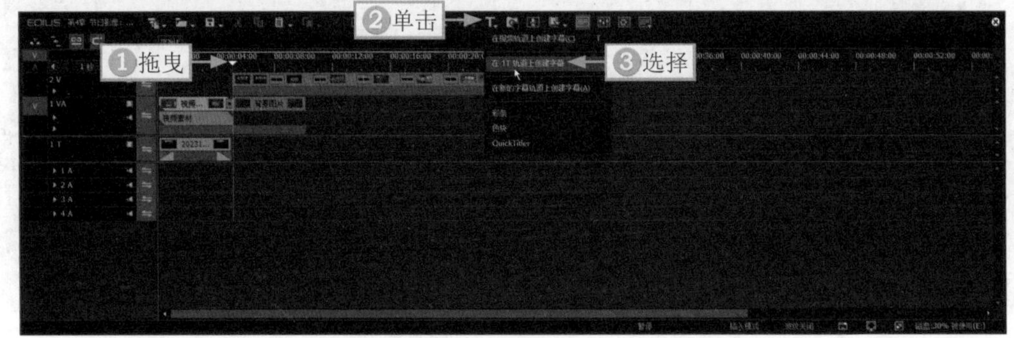

图4-34　选择“在1T轨道上创建字幕”命令

STEP 05 进入相应的面板，①在界面下方输入文字内容；②选择合适的字体；③调整文字的位置；④选择“文件”｜“保存”命令，如图4-35所示，保存文字。

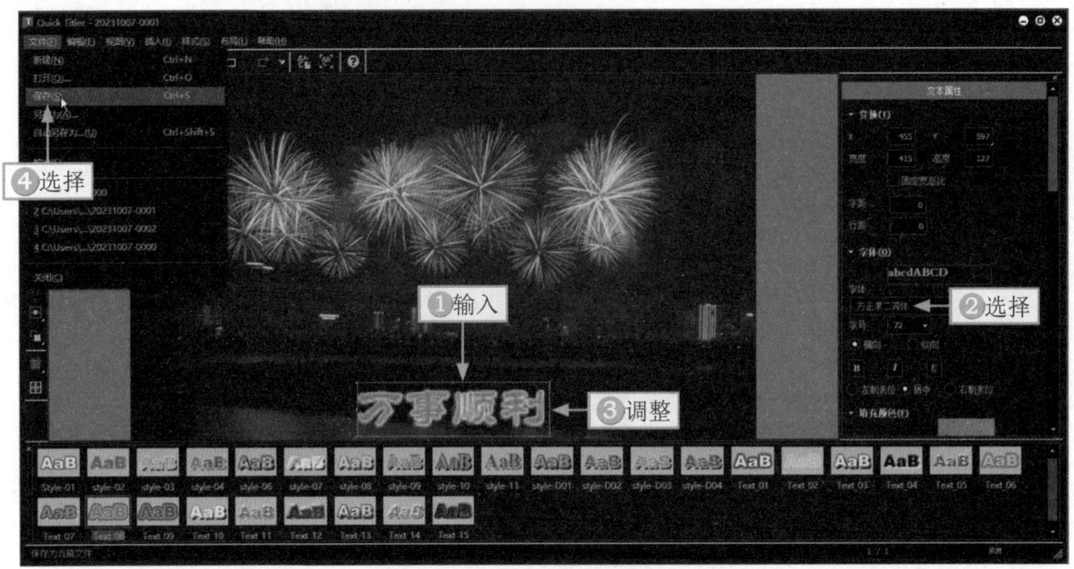

图4-35 输入文字并设置

STEP 06 调整文字的时长，使其末尾位置与第1段素材后面转场的起始位置对齐，如图4-36所示。

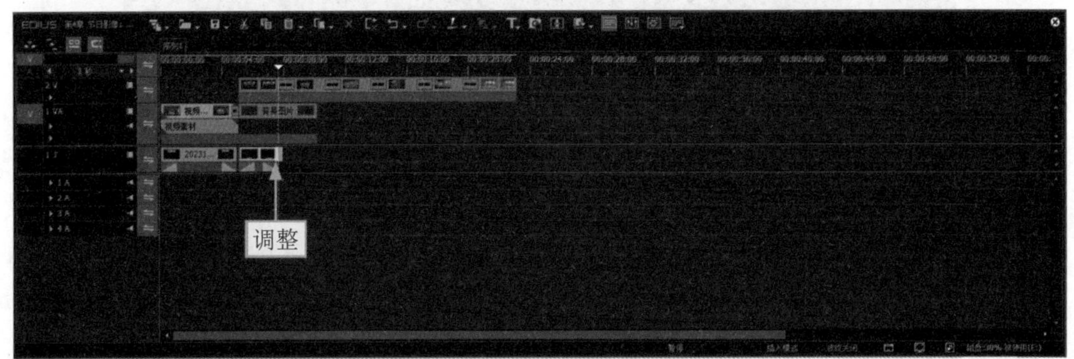

图4-36 调整文字的时长

STEP 07 使用同样的方法，为剩余的5段素材依次添加“富贵吉祥”“健康长寿”“一帆风顺”“金玉满堂”“吉星高照”文字，并调整每段文字的位置和时长，对齐相应素材，如图4-37所示。

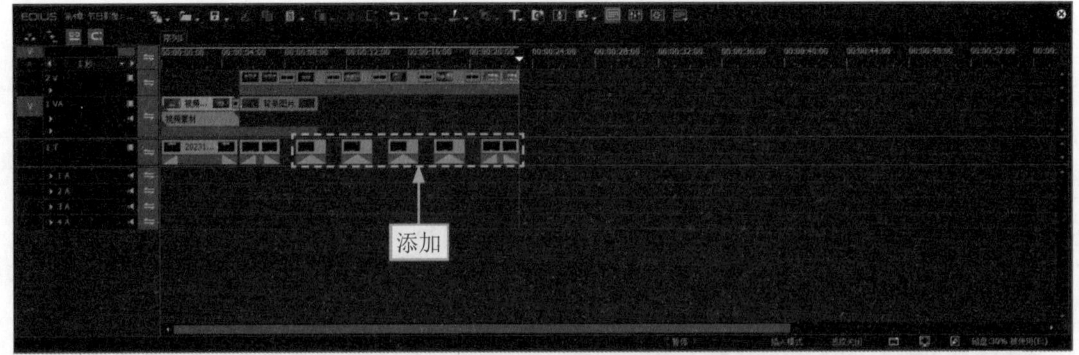

图4-37 调整每段文字的位置和时长

4.2.6 制作文字淡出效果

制作文字的淡出效果，可以让文字结束得更加自然。下面介绍在 EDIUS X 中制作文字淡出效果的操作方法。

STEP 01 ▶ ①调整背景图片素材的时长，使其末尾位置与第 6 段素材的末尾位置对齐；②单击“创建字幕”按钮T；③在弹出的下拉菜单中选择“在视频轨道上创建字幕”命令，如图 4-38 所示。

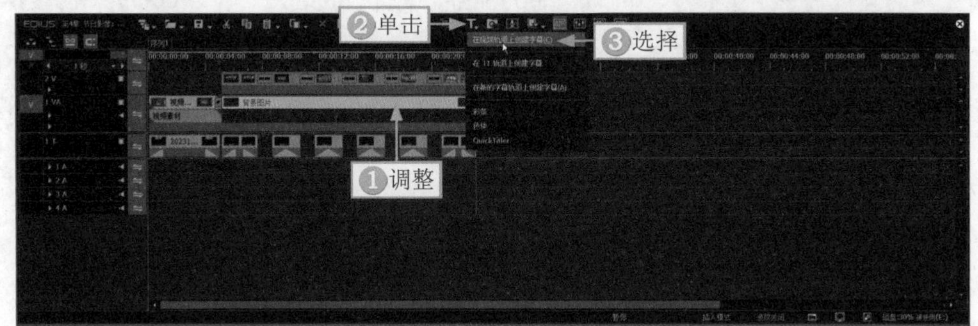

图 4-38 选择“在视频轨道上创建字幕”命令

STEP 02 ▶ 进入相应的面板，①在界面中输入文字内容；②单击“填充颜色”复选框下方的色块；③在“色彩选择”对话框中选择橙色色块；④单击“确定”按钮，更改文字颜色；⑤调整文字的位置，如图 4-39 所示，选择“文件” | “保存”命令，保存文字。

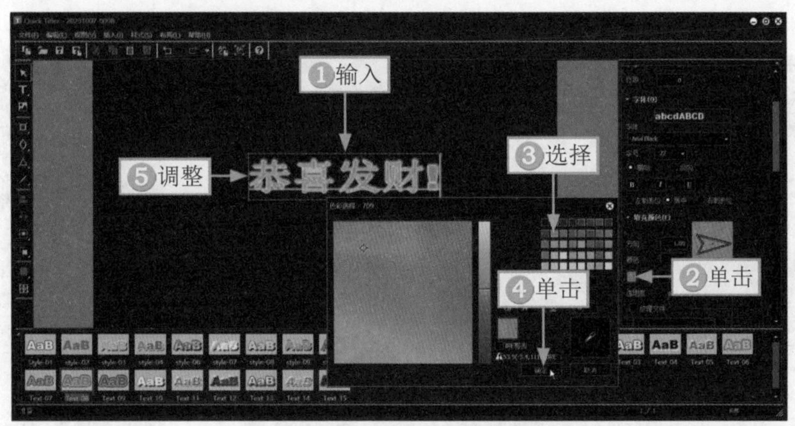

图4-39 输入文字并设置

STEP 03 ▶ ①调整视频文字的轨道位置，使其处于 2V 视频轨道中第 6 段素材的后面，并调整背景图片和视频文字素材的末尾位置，使其处于视频 00:00:25:15 的位置；②双击视频文字，如图 4-40 所示。

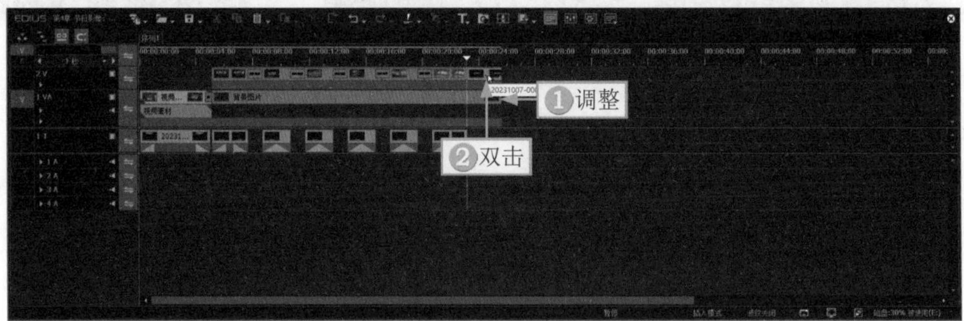

图 4-40 双击视频文字

STEP 04 进入相应的面板，❶在界面中再次输入文字内容，并调整文字的位置；❷选择"文件"｜"保存"命令，如图 4-41 所示，保存文字。

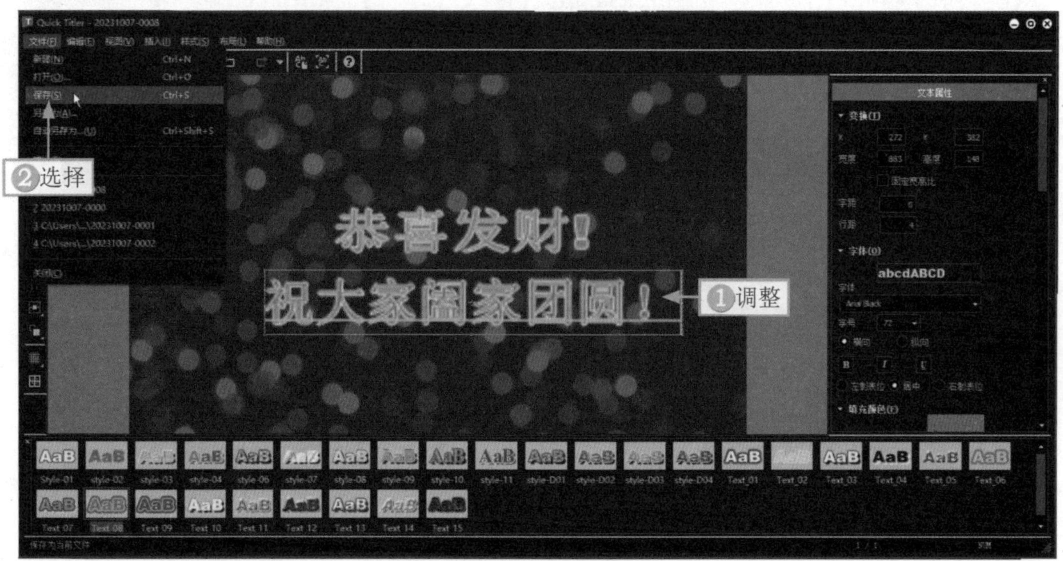

图4-41　输入文字并调整

STEP 05 添加文字内容之后，在视频文字素材的起始位置选择视频文字，如图 4-42 所示。

STEP 06 在"信息"面板中，双击"视频布局"选项，如图 4-43 所示。

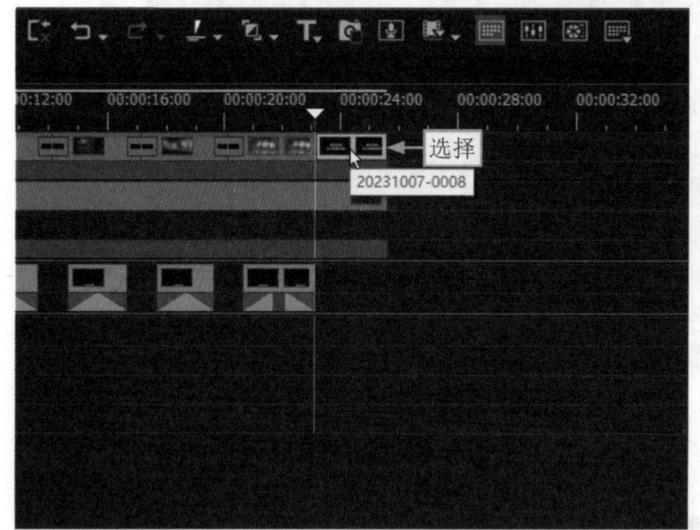

图 4-42　选择视频文字

图 4-43　双击"视频布局"选项

STEP 07 弹出"视频布局"对话框，❶选中"视频布局"复选框；❷单击"添加 / 删除关键帧"按钮，在起始位置添加关键帧，如图 4-44 所示。

STEP 08 ❶拖曳时间滑块至视频 00:00:23:24 的位置；❷放大文字画面，如图 4-45 所示。

STEP 09 ❶拖曳时间滑块至视频 00:00:24:19 的位置；❷缩小文字画面至初始大小；❸在"可见度和颜色"右侧单击"添加 / 删除关键帧"按钮，添加关键帧，如图 4-46 所示。

STEP 10 ❶拖曳时间滑块至视频文字末尾位置；❷设置"可见度和颜色"下方的"源素材"为 0.0%；❸单击"确定"按钮，如图 4-47 所示，制作文字淡出的效果。

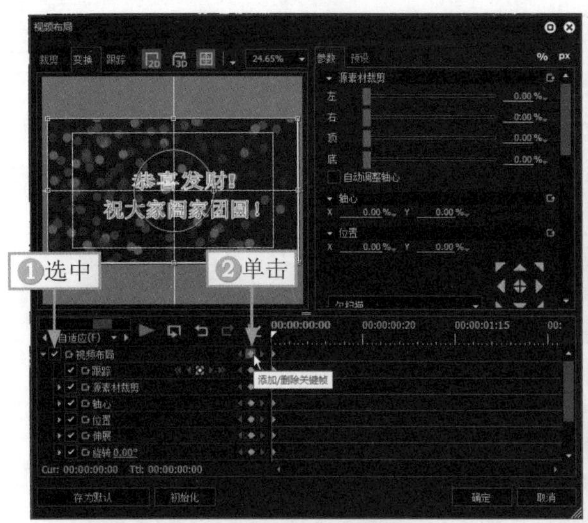

图4-44 添加关键帧

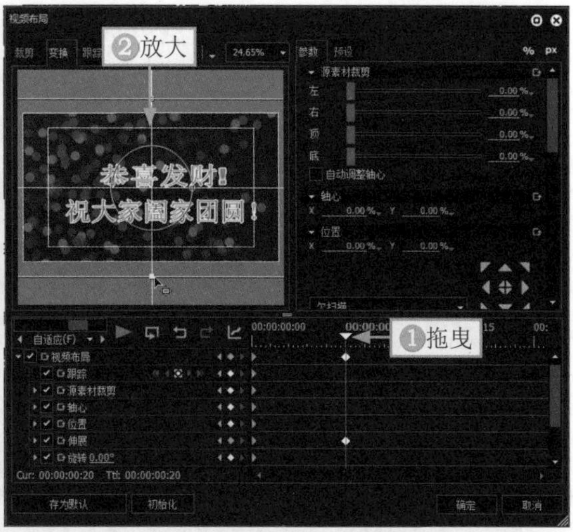

图4-45 放大文字画面

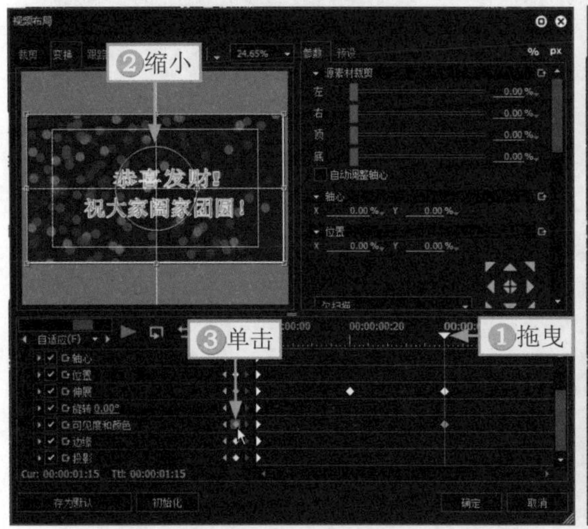

图4-46 添加关键帧

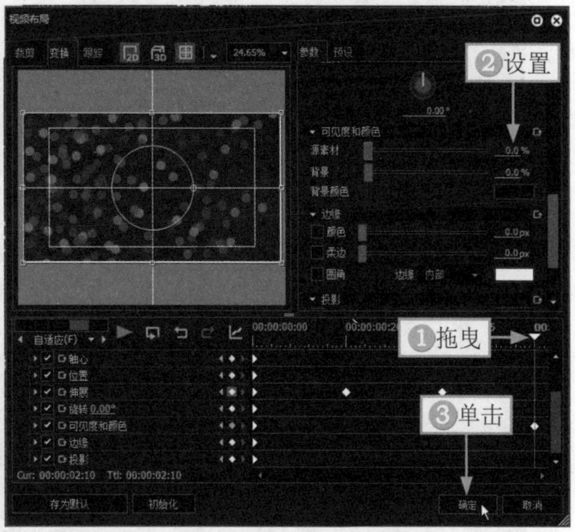

图4-47 制作文字淡出效果

4.2.7 剪辑背景音乐的时长

添加音频素材之后，可以通过单击“添加剪切点 - 选定轨道”按钮分割音频素材，再单击“删除”按钮，删除多余的音频素材。下面介绍在 EDIUS X 中剪辑背景音乐时长的操作方法。

STEP 01 在“素材库”面板中选择背景音乐素材，❶将背景音乐素材拖曳至 1VA 主视频轨道中，并右击鼠标；❷在弹出的快捷菜单中选择“连接 / 组”|“解锁”命令，如图 4-48 所示，把视频中的音频分离出来。

STEP 02 ❶选择分离后的视频素材；❷单击“删除”按钮，如图 4-49 所示，删除视频素材，只留下音频素材。

STEP 03 ❶将音频素材拖曳至 1A 音频轨道中；❷在背景图片素材的末尾位置单击“添加剪切点 - 选定轨道”按钮，如图 4-50 所示，分割音频素材。

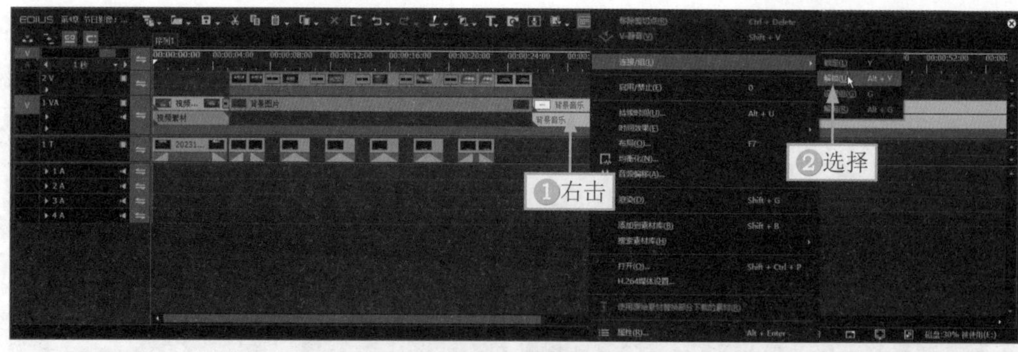

图 4-48　选择“解锁”命令

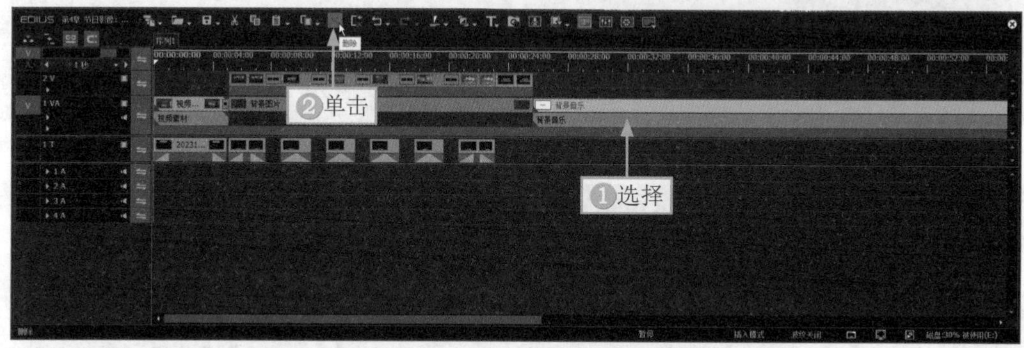

图4-49　删除视频素材

图4-50　分割音频素材

STEP 04 ▶▶ 默认选择分割后的第 2 段音频素材，单击“删除”按钮■，如图 4-51 所示，删除多余的音频素材，完成背景音乐的剪辑操作。

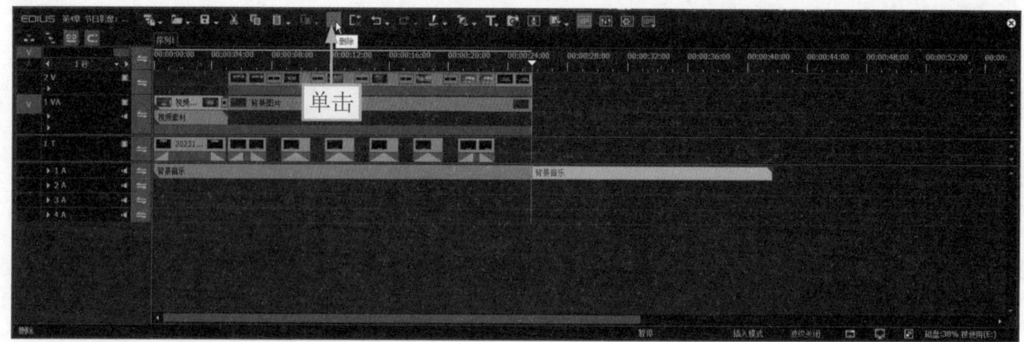

图4-51　删除多余的音频素材

第5章 旅行图集：制作《涠洲岛印象》

随着短视频平台和社交媒体的兴起与发展，单纯的图片已经不能满足人们追求视觉的需求了，动感、精彩的图片视频，会比静止的图片更能吸引观众的目光，聚集更多的流量，因为视频是自动播放的，会更加生动，图片则需要一张一张地滑动浏览。本章将介绍旅行图集视频的制作方法，帮助读者学会把图片制作成一段精美短视频的方法。

5.1 《涠洲岛印象》效果展示

在开始制作图集视频之前，我们首先需要准备好所需的照片、音乐、特效等素材。音乐和特效素材可以从互联网上搜集，但一定要保证照片的清晰度和音频的质感，这样才能让制作出来的视频高清又优质。

在制作《涠洲岛印象》视频之前，我们首先来欣赏本案例的视频效果，并了解案例的学习目标、制作思路、知识讲解和要点讲堂。

5.1.1 效果欣赏

《涠洲岛印象》旅行图集视频的画面效果如图 5-1 所示，主要展示的有图集片头、图集照片和片尾。

图 5-1 《涠洲岛印象》画面效果

5.1.2 学习目标

知识目标	掌握旅行图集视频的制作方法
技能目标	（1）掌握在EDIUS X中导入素材的操作方法 （2）掌握制作图集片头的操作方法 （3）掌握调整素材时长和画面的操作方法 （4）掌握添加音乐和转场的操作方法 （5）掌握添加星火炸开特效的操作方法 （6）掌握制作求关注片尾的操作方法
本章重点	制作求关注片尾效果
本章难点	制作图集片头效果
视频时长	10分43秒

5.1.3 制作思路

本案例首先介绍在 EDIUS X 中导入所有的素材，然后介绍制作图集片头、调整素材的时长和画面、添加音乐和转场、添加星火炸开特效和制作求关注片尾效果等内容。图 5-2 所示为本案例视频的制作思路。

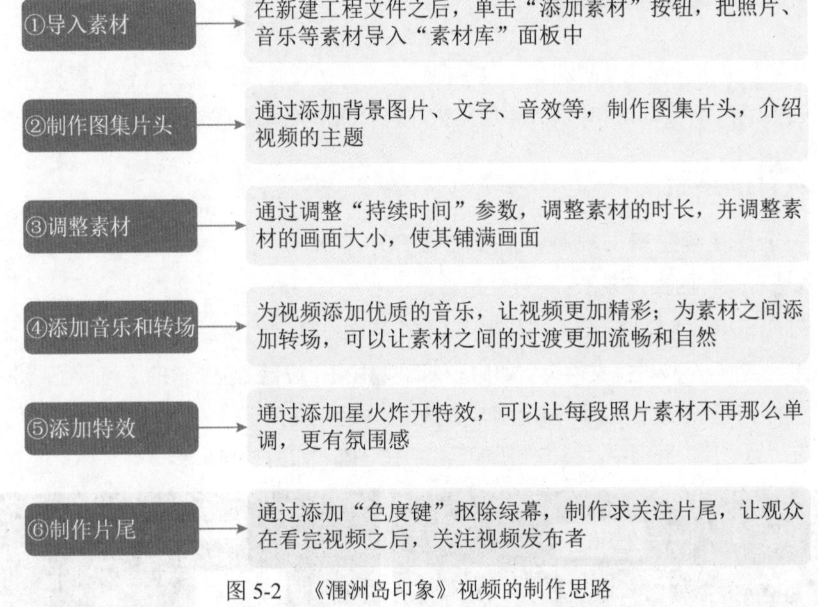

图 5-2 《涠洲岛印象》视频的制作思路

5.1.4 知识讲解

在制作图集视频的过程中，首先需要有创意，找到亮点。我们可以先将精华素材挑选出来，并调整其排布顺序，从而突出亮点，后期再添加特效和贴纸，让视频画面更加生动和有趣。此外，还可以在片头和片尾中增加视频内容的亮点。

音乐是不能忽略的重要元素，在 EDIUS X 中添加合适的背景音乐，可以让图集视频更具感染力。读者可以在互联网上下载合适的音乐素材，不过需要注意音乐素材的版权问题，最好不要作为商用，避免侵权。

在制作视频的过程中，需要考虑到视频整体的节奏和流畅度。可以添加合适的转场，让素材之间的切换自然、流畅。在制作过程中，可以对素材的时长进行调整，这样可以使视频节奏更加紧凑。

制作完图集视频后，我们可以将其导出并保存。根据需求，导出合适的格式视频。如果需要将视频分享到社交媒体或者短视频平台中，那么视频的容量不能太大，最好不超过50MB，这样分享会快捷一些。

5.1.5 要点讲堂

在本章内容中，我们需要掌握如何在EDIUS X中制作图集片头和求关注片尾效果，这是比较核心的步骤，下面介绍相应的内容。

❶ 在EDIUS X中，制作片头需要准备好背景素材，以及文字、贴纸、特效和音效素材。除了文字素材可以在EDIUS X中添加外，其他的素材都需要提前准备好。在添加特效的时候，需要用到“滤色模式”混合功能，这是一个重点学习内容。

❷ 在制作求关注片尾效果的时候，需要准备头像素材和绿幕素材，运用EDIUS X中的“色度键”功能抠除绿幕，得到头像框，最后再调整素材的大小和位置，从而制作出求关注片尾。

5.2 《涠洲岛印象》制作流程

本节将为大家介绍旅行图集《涠洲岛印象》视频的制作方法，包括导入所有的素材、制作图集片头、调整素材的时长和画面、添加音乐和转场、添加星火炸开特效和制作求关注片尾，希望读者能够熟练掌握。

5.2.1 导入所有的素材

本例制作的图集视频是横屏视频，需要先在EDIUS X中导入素材。下面介绍在EDIUS X中导入所有素材的操作方法。

STEP 01 打开EDIUS X软件，进入“初始化工程”界面，单击“新建工程”按钮，将弹出“工程设置”对话框，①输入工程名称；②单击“文件夹”文本框右侧的■按钮，设置工程文件的保存路径；③在“预设列表”列表框中选择相应的工程预设选项；④单击“确定”按钮，如图5-3所示。

STEP 02 在“素材库”面板中，单击“添加素材”按钮，如图5-4所示。

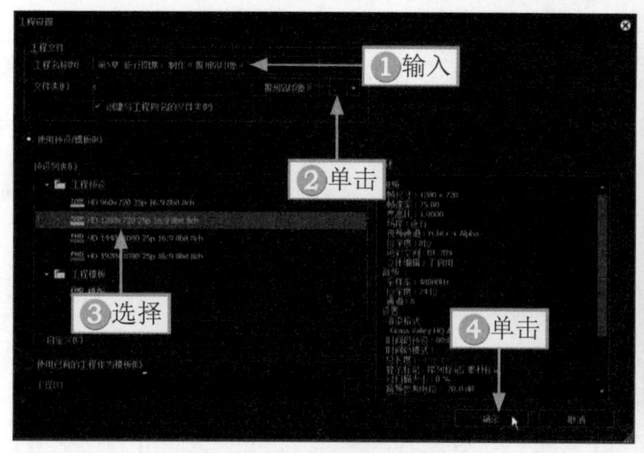

图5-3 设置工程文件

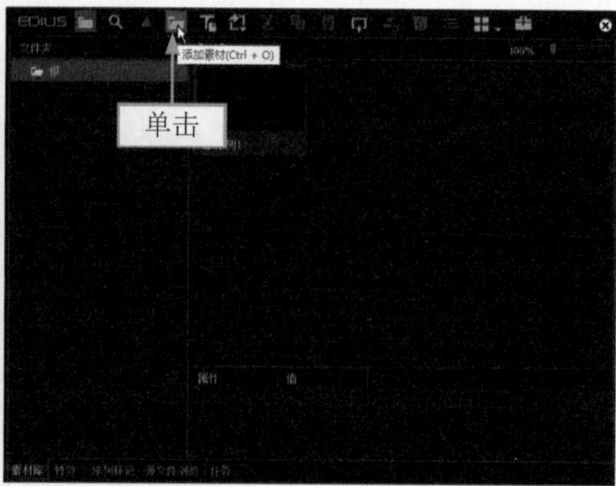

图5-4 单击“添加素材”按钮

STEP 03 弹出“打开”对话框，❶在相应的文件夹中，按Ctrl+A组合键，全选所有的素材；❷单击“打开”按钮，如图5-5所示。

STEP 04 将所有的素材导入“素材库”面板中，如图5-6所示。

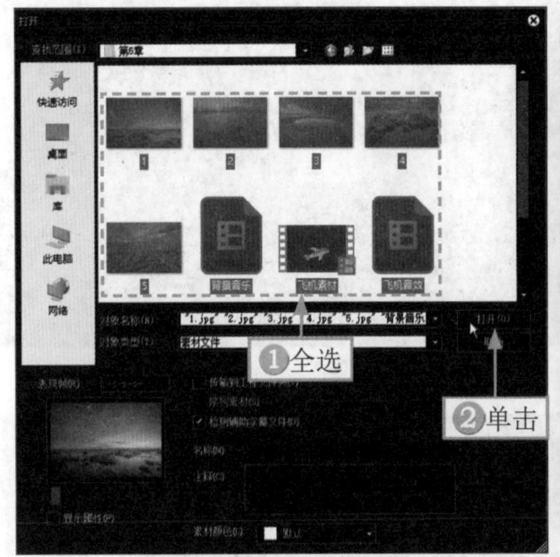

图5-5　全选所有的素材

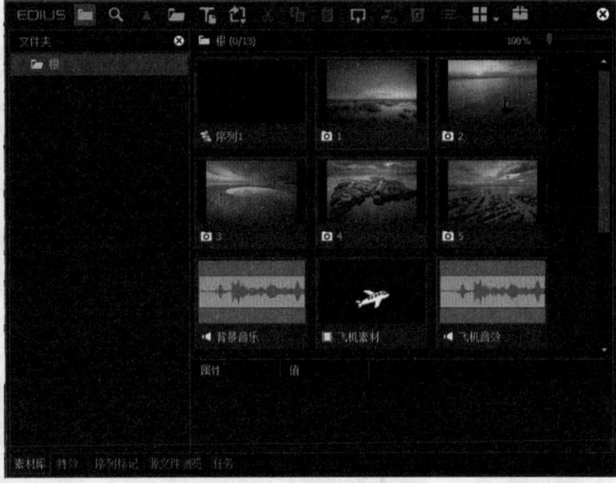

图5-6　将所有的素材导入“素材库”面板中

5.2.2　制作图集片头

一个有创意的片头可以为视频增色不少，甚至起到引导作用，能吸引观众继续浏览视频。下面介绍在EDIUS X中制作图集片头的操作方法。

STEP 01 ❶右击1T轨道；❷在弹出的快捷菜单中选择“添加”|“在下方添加字幕轨道”命令，如图5-7所示。

STEP 02 在“添加轨道”对话框中，❶设置“数量”为1；❷单击“确定”按钮，如图5-8所示，添加一条字幕轨道。

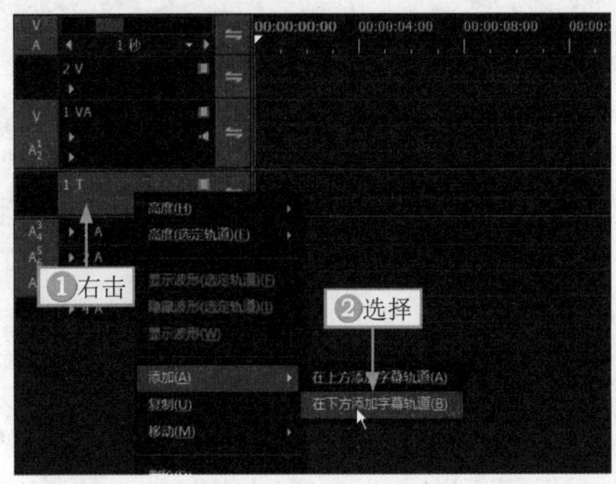

图5-7　选择“在下方添加字幕轨道”命令

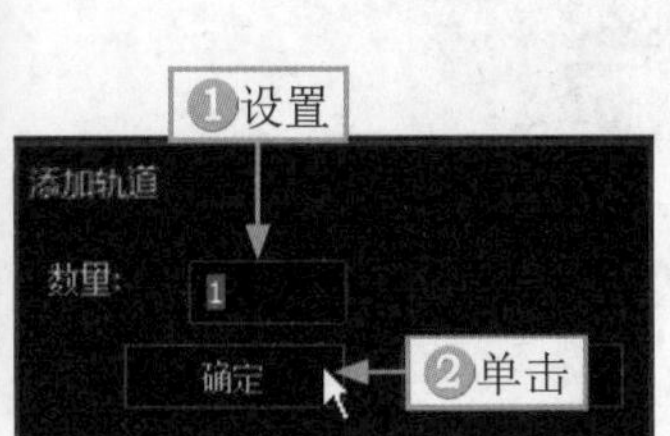

图5-8　设置添加轨道的数量

STEP 03 在“素材库”面板中选择“片头背景”素材，如图5-9所示。

STEP 04 拖曳“片头背景”素材至1VA主视频轨道中，如图5-10所示。

STEP 05 ❶单击“创建字幕”按钮；❷在弹出的快捷菜单中选择“在1T轨道上创建字幕”命令，如图5-11所示。

图5-9 选择“片头背景”素材

图5-10 拖曳“片头背景”素材至1VA主视频轨道中

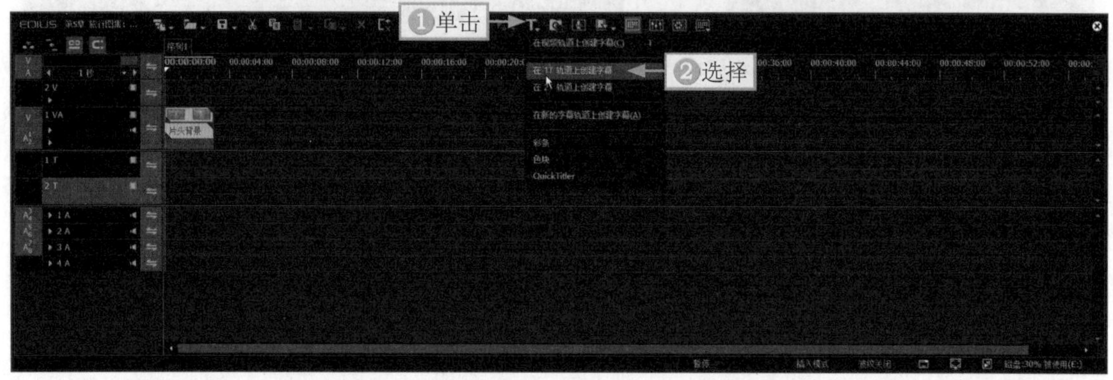

图 5-11 选择“在 1T 轨道上创建字幕”命令

STEP 06 进入相应的面板，①在界面中间输入文字内容；②在下方选择一个文字样式；③选择合适的字体；④调整文字的位置；⑤选择“文件”｜“保存”命令，如图 5-12 所示，保存文字。

图5-12 输入文字并设置

STEP 07 ①调整文字的时长，使其与“片头背景”素材的时长保持一致；②单击“创建字幕”按钮T；③在弹出的下拉菜单中选择“在 2T 轨道上创建字幕”命令，如图 5-13 所示。

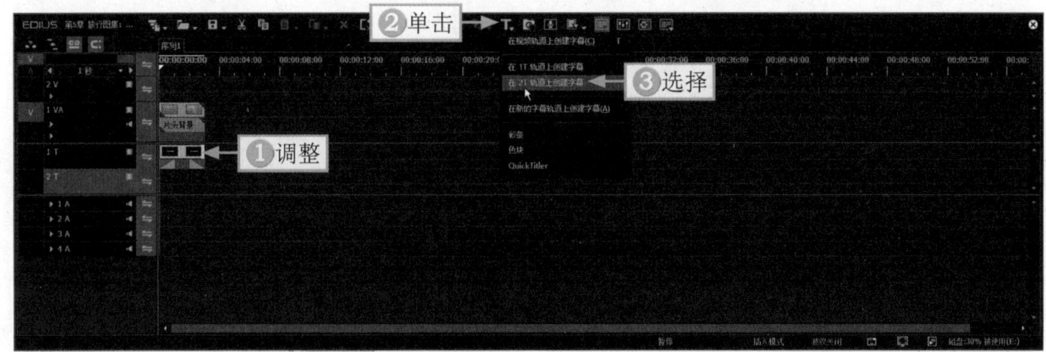

图 5-13 选择“在 2T 轨道上创建字幕”命令

STEP 08 进入相应的面板，①在界面右下方输入文字内容；②设置“字号”为 48；③调整文字的位置；④选择“文件” | “保存”命令，如图 5-14 所示，保存文字。

图5-14 输入文字并设置

STEP 09 在“素材库”面板中选择飞机素材，如图 5-15 所示。

STEP 10 ①拖曳飞机素材至 2V 视频轨道中；②调整第 2 段文字素材的时长，使其末尾位置与片头背景素材的末尾位置对齐，如图 5-16 所示。

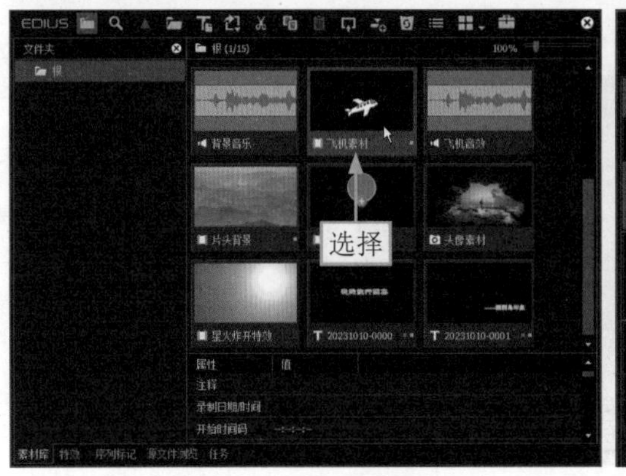

图 5-15 选择飞机素材

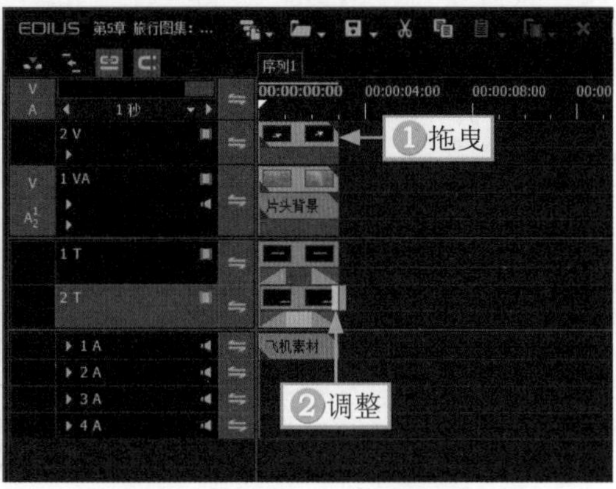

图 5-16 调整第 2 段文字素材的时长

STEP 11 切换至“特效”面板，在“键”下方选择“混合”选项，在其设置界面中选择“滤色模式”效果，如图 5-17 所示。

STEP 12 将“滤色模式”效果拖曳至 2V 视频轨道中飞机素材的下方，如图 5-18 所示，把飞机抠出来。

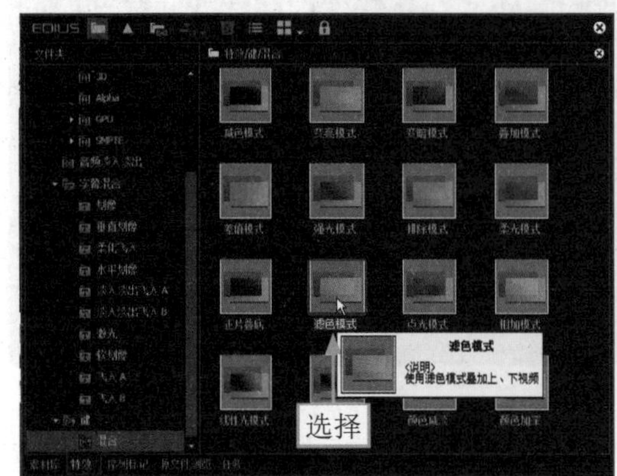

图5-17　选择“滤色模式”效果

图5-18　将“滤色模式”效果拖曳至飞机素材下方

STEP 13 选择飞机素材，在“信息”面板中，双击“视频布局”选项，如图 5-19 所示。

STEP 14 弹出“视频布局”对话框，①调整飞机素材的画面大小和位置，使其处于画面左下方；②单击“确定”按钮，如图 5-20 所示。

图5-19　双击“视频布局”选项

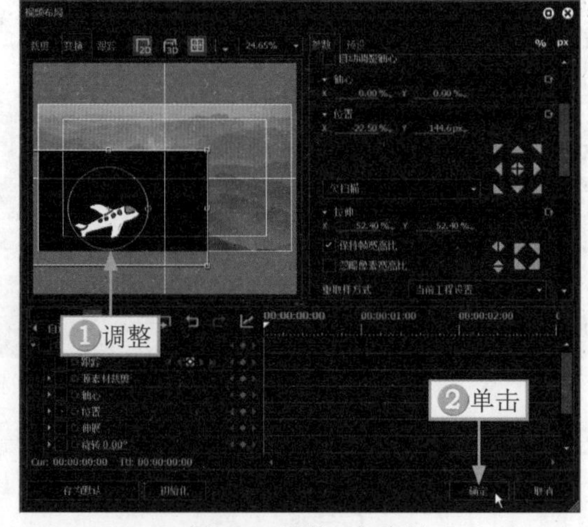

图5-20　调整飞机素材

STEP 15 在“素材库”面板中选择“飞机音效”素材，如图 5-21 所示。

图 5-21　选择“飞机音效”素材

STEP 16 将“飞机音效”素材拖曳至2A音频轨道中，并调整其时长，如图5-22所示。

图5-22　为片头素材添加飞机音效

5.2.3　调整素材的时长和画面

扫码看视频

图片素材拖曳至视频轨道中，系统默认的时长是5s，我们可以在EDIUS X中进行剪辑，调整素材的时长，还可以调整素材的画面，保持画面的统一和谐。下面介绍在EDIUS X中调整素材的时长和画面的操作方法。

STEP 01 在“素材库”面板中选择第1段素材，如图5-23所示。

STEP 02 ❶将第1段素材拖曳至1VA主视频轨道中，并右击；❷在弹出的快捷菜单中选择“持续时间”命令，如图5-24所示。

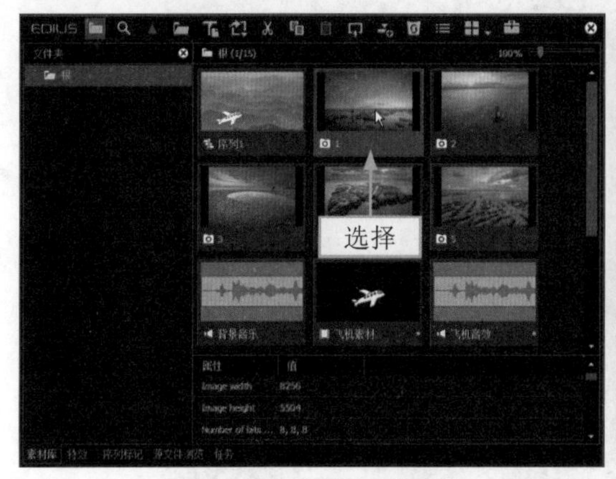

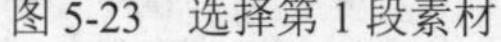

图5-23　选择第1段素材

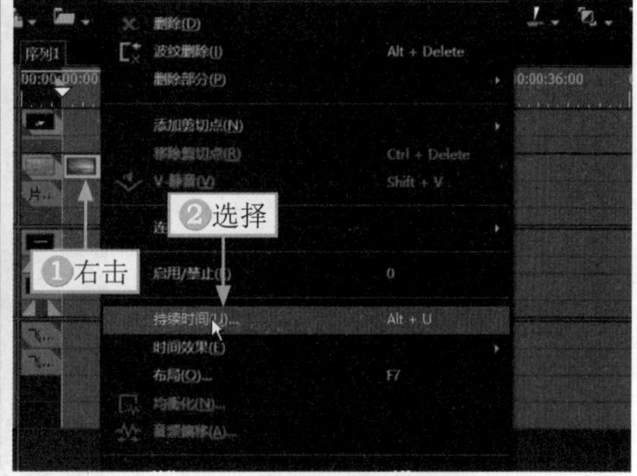

图5-24　选择“持续时间”命令

STEP 03 弹出“持续时间”对话框，❶设置“持续时间”为00:00:04:07；❷单击“确定”按钮，如图5-25所示。

STEP 04 ❶将第2段素材拖曳至1VA主视频轨道中，并右击；❷在弹出的快捷菜单中选择“持续时间”命令，如图5-26所示。

STEP 05 弹出“持续时间”对话框，❶设置“持续时间”为00:00:03:00；❷单击“确定”按钮，如图5-27所示。

STEP 06 使用同样的方法，将后面 3 段素材按顺序拖曳至 1VA 主视频轨道中，并设置每段素材的“持续时间”均为 00:00:03:00，选择第 5 段素材，如图 5-28 所示。

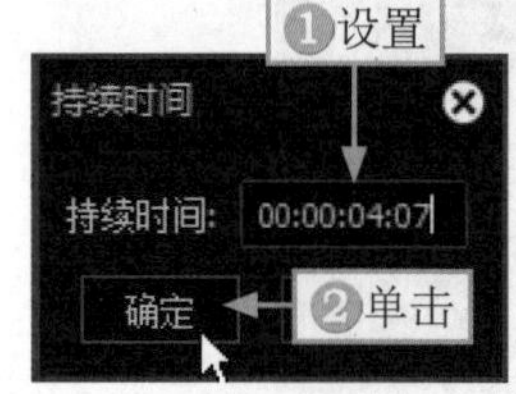

图 5-25 设置“持续时间”参数（1）

图 5-26 选择“持续时间”命令

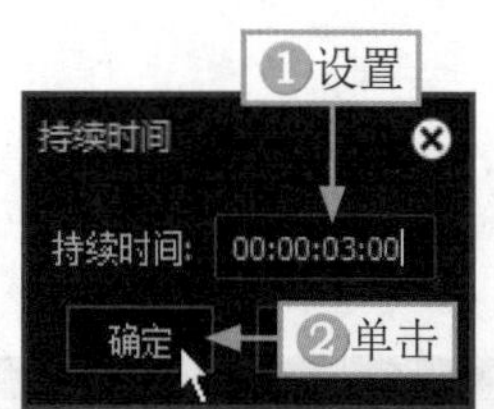

图 5-27 设置“持续时间”参数（2）

图 5-28 选择第 5 段素材

STEP 07 在“信息”面板中，双击“视频布局”选项，如图 5-29 所示。

STEP 08 弹出“视频布局”对话框，①放大素材画面；②单击“确定”按钮，如图5-30所示。使用同样的方法，对前面4段素材进行同样的画面放大操作。

图 5-29 双击“视频布局”选项

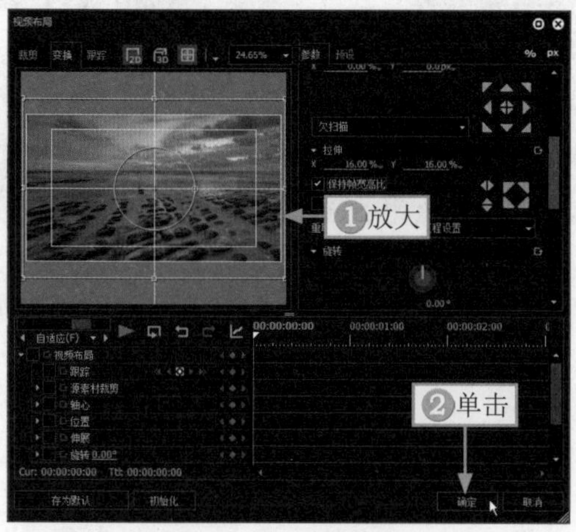

图 5-30 放大素材画面

5.2.4 添加音乐和转场

添加合适的音乐，可以让视频更有吸引力；为素材片段之间添加转场，可以让画面切换更加流畅些。下面介绍在 EDIUS X 中添加音乐和转场的操作方法。

STEP 01 在“素材库”面板中选择“背景音乐”素材，如图 5-31 所示。

STEP 02 将“背景音乐”素材拖曳至 1A 轨道中，添加背景音乐，如图 5-32 所示。

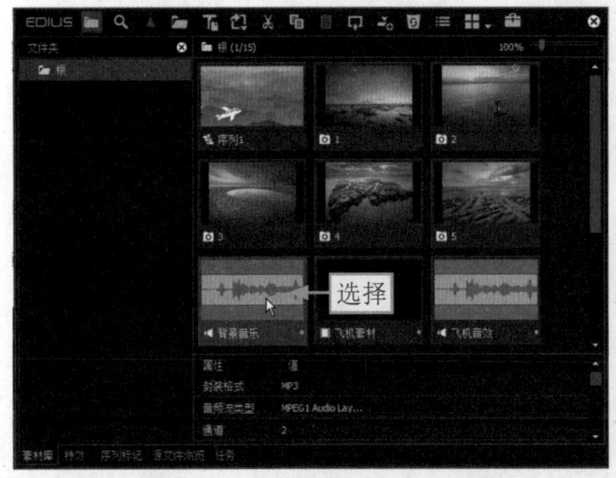

图 5-31　选择“背景音乐”素材

图 5-32　将“背景音乐”素材拖曳至 1A 轨道中

STEP 03 切换至“特效”面板，在“转场”下方的 2D 转场组中，选择“圆形”转场效果，如图 5-33 所示。

STEP 04 按住鼠标左键将“圆形”转场效果拖曳至第 1 段素材与第 2 段素材之间的位置，然后释放鼠标左键，即可添加“圆形”转场效果，如图 5-34 所示。

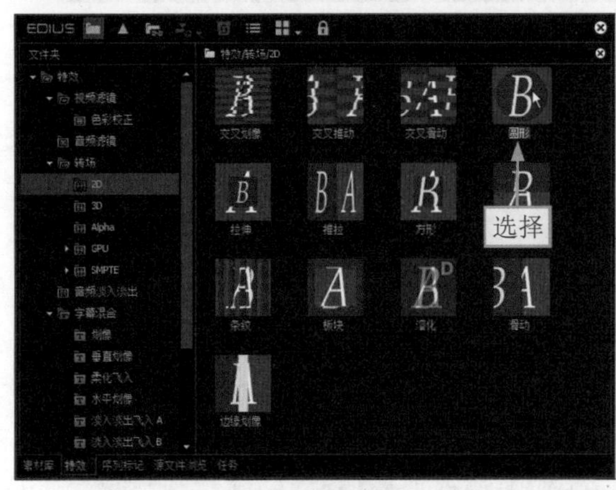
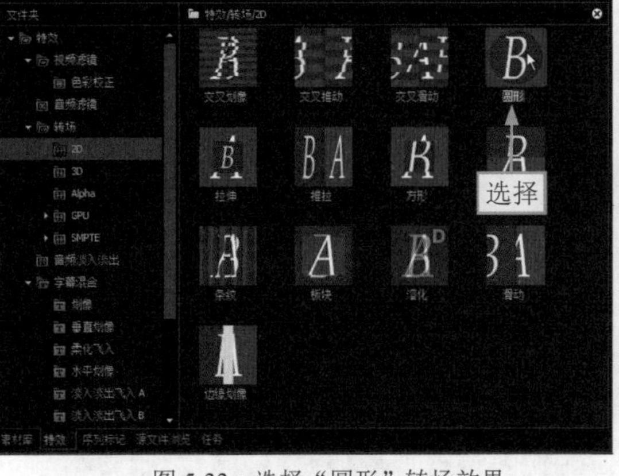

图 5-33　选择“圆形”转场效果

图 5-34　添加“圆形”转场效果

STEP 05 在“转场”下方的 3D 转场组中，选择“单门”转场效果，如图 5-35 所示。

STEP 06 按住鼠标左键将“单门”转场效果拖曳至第 2 段素材与第 3 段素材之间的位置，然后释放鼠标左键，即可添加“单门”转场效果，如图 5-36 所示。

STEP 07 在“转场”下方的 3D 转场组中，选择“立方体旋转”转场效果，如图 5-37 所示。

STEP 08 按住鼠标左键将“立方体旋转”转场效果拖曳至第 3 段素材与第 4 段素材之间的位置，然后释放鼠标左键，即可添加“立方体旋转”转场效果，如图 5-38 所示。

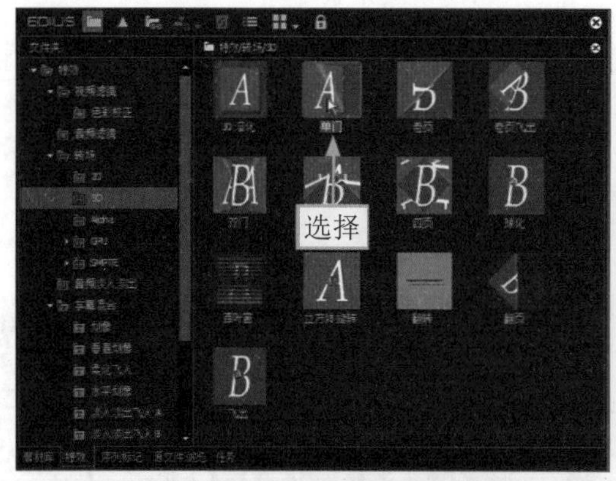

图 5-35 选择“单门”转场效果

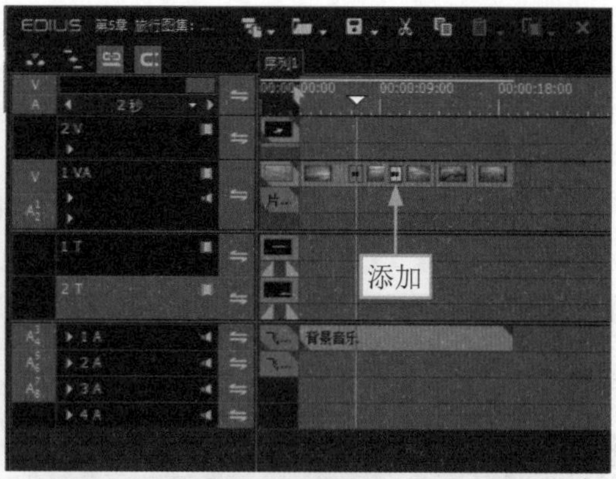

图 5-36 添加“单门”转场效果

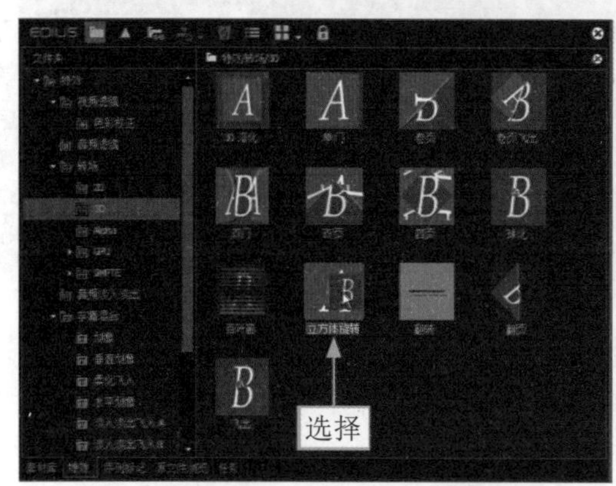

图 5-37 选择“立方体旋转”转场效果

图 5-38 添加“立方体旋转”转场效果

STEP 09 在“转场”下方的 3D 转场组中，选择“3D 溶化”转场效果，如图 5-39 所示。

STEP 10 按住鼠标左键将“3D 溶化”转场效果拖曳至第 4 段素材与第 5 段素材之间的位置，然后释放鼠标左键，即可添加“3D 溶化”转场效果，如图 5-40 所示。

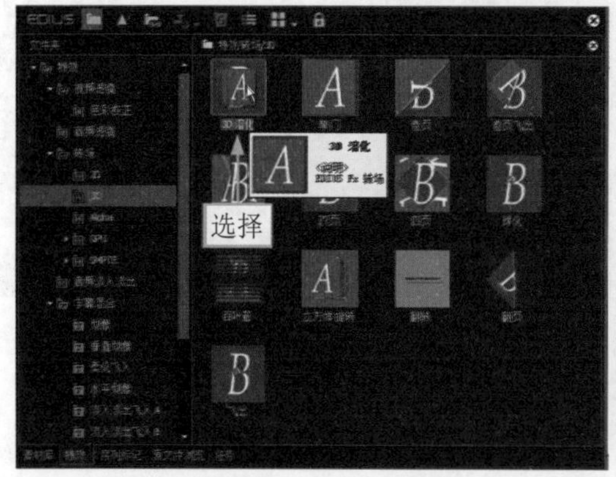

图 5-39 选择“3D 溶化”转场效果

图 5-40 添加“3D 溶化”转场效果

5.2.5 添加星火炸开特效

通过拖曳素材的方式，可以在 EDIUS X 中为视频添加特效，丰富画面内容，不过需要用到“混合模式”功能，才能把特效抠出来。下面介绍在 EDIUS X 中添加星火炸开特效的操作方法。

STEP 01 >>> 在“素材库”面板中选择“星火炸开特效”素材，如图 5-41 所示。

STEP 02 >>> ①将“星火炸开特效”素材拖曳至 2V 轨道中飞机素材的后面，并右击；②在弹出的快捷菜单中选择“连接 / 组”｜“解组”命令，如图 5-42 所示，把音频分离出来。

图 5-41 选择“星火炸开特效”素材

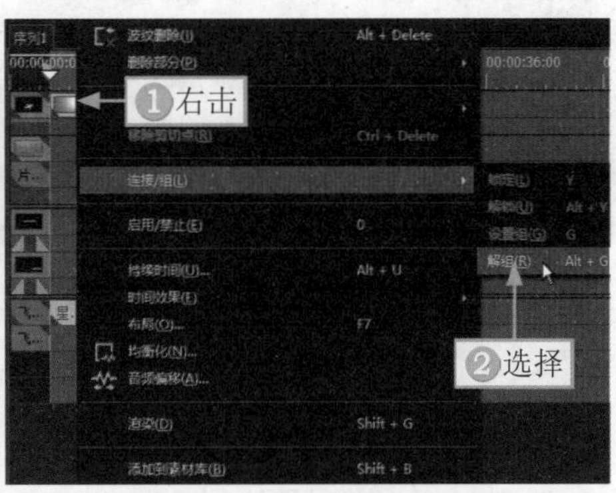

图 5-42 选择“解组”命令

STEP 03 >>> ①选择分离之后的音频；②单击“删除”按钮，如图 5-43 所示，删除音频素材。

STEP 04 >>> ①右击素材之间的间隙；②在弹出的快捷菜单中选择“删除间隙”命令，如图 5-44 所示，让素材对齐。

图 5-43 删除音频素材

图 5-44 选择“删除间隙”命令

STEP 05 >>> 切换至“特效”面板，在“键”下方选择“混合”选项，在其设置界面中选择“滤色模式”效果，如图 5-45 所示。

STEP 06 >>> 将“滤色模式”效果拖曳至 2V 视频轨道中“星火炸开特效”素材的下方，如图 5-46 所示，把特效素材抠出来。

图 5-45 选择“滤色模式”效果

图 5-46 将“滤色模式”效果拖曳至“星火炸开特效”素材下方

STEP 07 通过复制和粘贴的方式，将“星火炸开特效”素材粘贴到后面的 4 段素材中，如图 5-47 所示。

图 5-47　将“星火炸开特效”素材粘贴到后面的 4 段素材中

5.2.6　制作求关注片尾

为视频制作求关注片尾，可以提醒观众在看完视频之后关注发布者，从而进行引流。下面介绍在 EDIUS X 中制作求关注片尾的操作方法。

STEP 01 在“素材库”面板中选择头像素材，如图 5-48 所示。

STEP 02 ①将头像素材拖曳至 1VA 主视频轨道中第 5 段素材的后面；②将求关注片尾绿幕素材拖曳至 2V 视频轨道中，使其处于头像素材的上方；③选择头像素材，在求关注片尾绿幕素材的末尾位置单击“添加剪切点 - 选定轨道”按钮，如图 5-49 所示。

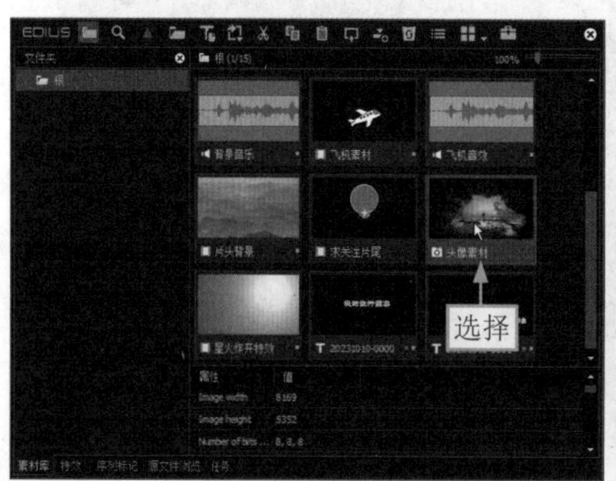

图 5-48　选择头像素材

图 5-49　单击“添加剪切点 - 选定轨道”按钮

STEP 03 分割素材之后，默认选择第 2 段头像素材，单击“删除”按钮，如图 5-50 所示，删除多余的素材。

STEP 04 在“特效”面板，在“键”选项设置界面中，选择“色度键”效果，如图 5-51 所示。

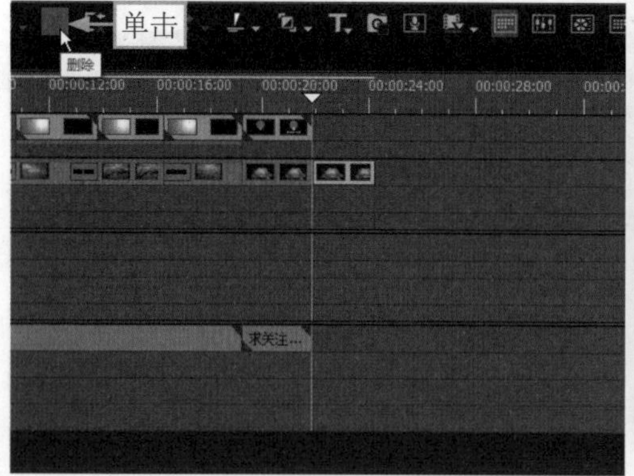

图 5-50　删除多余的素材

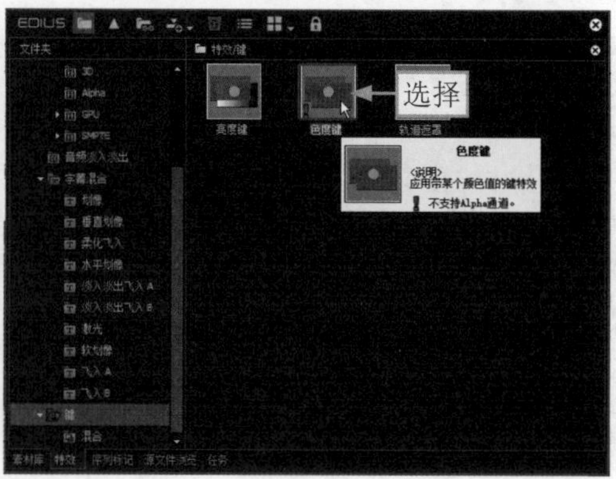

图 5-51　选择“色度键”效果

STEP 05 将“色度键”效果拖曳至2V视频轨道中求关注片尾绿幕素材的下方，如图5-52所示，抠除绿幕，选择头像素材。

STEP 06 在“信息”面板中，双击“视频布局”选项，如图5-53所示。

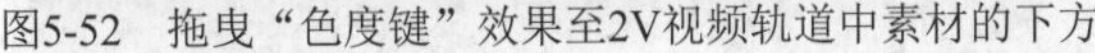

图5-52 拖曳“色度键”效果至2V视频轨道中素材的下方

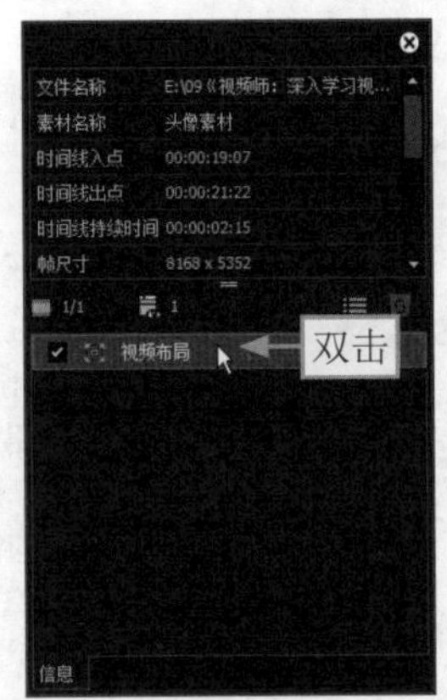

图5-53 双击“视频布局”选项

STEP 07 弹出“视频布局”对话框，①调整头像素材的画面大小和位置，使头像处于圆框之内；②单击“确定”按钮，如图5-54所示。

STEP 08 选择求关注片尾绿幕素材，双击“视频布局”选项，①在“视频布局”对话框中调整求关注片尾绿幕素材的画面大小和位置；②单击“确定”按钮，如图5-55所示。

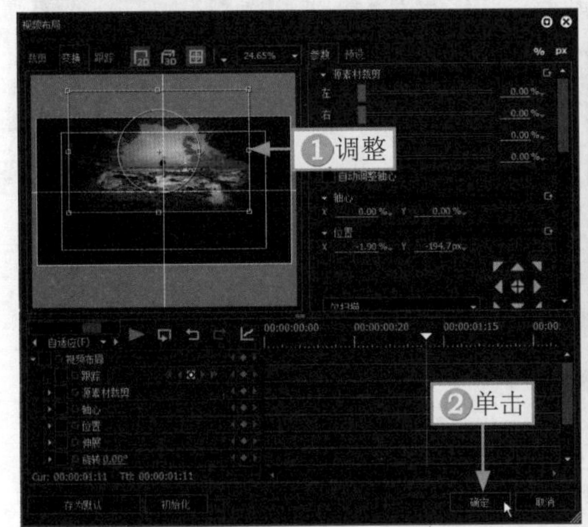

图5-54 调整头像素材的画面大小和位置

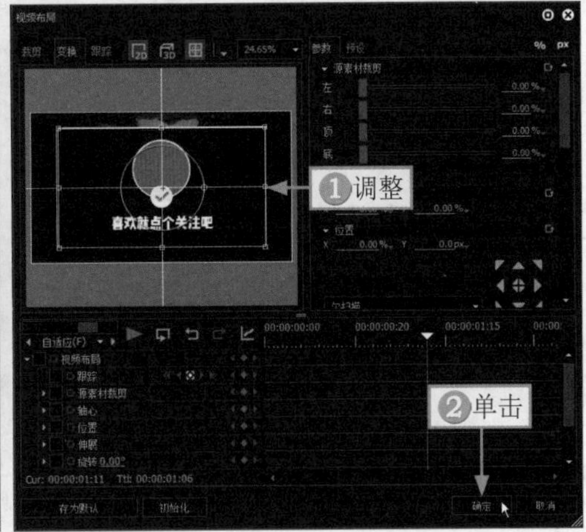

图5-55 调整求关注片尾绿幕素材

第6章 延时视频：制作《日转夜延时》

在EDIUS X中也能制作延时视频，在制作之前需要拍摄延时照片，延时照片一般都是几百张，因此拍摄用时需要几个小时。日转夜延时一般是金色黄昏时刻到蓝调时刻天空光线的变化效果，只要天气晴朗，日转夜的延时视频都非常漂亮，光线的变化极具视觉冲击力。本章主要介绍日转夜延时视频的后期制作方法。

6.1 《日转夜延时》效果展示

延时摄影能够将时间大量压缩，将几个小时中拍摄的画面，通过串联或者是抽掉帧数的方式，将其压缩，缩短时间播放，在视觉上带给人震撼感。所以延时视频的最终效果是浓缩的视频。

在制作《日转夜延时》视频之前，我们首先来欣赏本案例的视频效果，并了解案例的学习目标、制作思路、知识讲解和要点讲堂。

6.1.1 效果欣赏

《日转夜延时》视频的画面效果如图 6-1 所示，主要是把在一定时间内定时拍摄的照片，合成为一段延时视频。

图 6-1 《日转夜延时》画面效果

6.1.2 学习目标

知识目标	掌握延时视频的制作方法
技能目标	（1）掌握在EDIUS X中指定静帧的持续时间的操作方法 （2）掌握导入延时图片素材的操作方法 （3）掌握添加延时视频音乐的操作方法 （4）掌握添加标题和水印文字的操作方法
本章重点	指定静帧的持续时间和导入延时照片素材
本章难点	指定静帧的持续时间
视频时长	3分39秒

6.1.3 制作思路

本案例首先介绍在 EDIUS X 中指定静帧的持续时间，然后导入延时图片素材、添加延时视频音乐以及添加标题和水印文字。图 6-2 所示为本案例视频的制作思路。

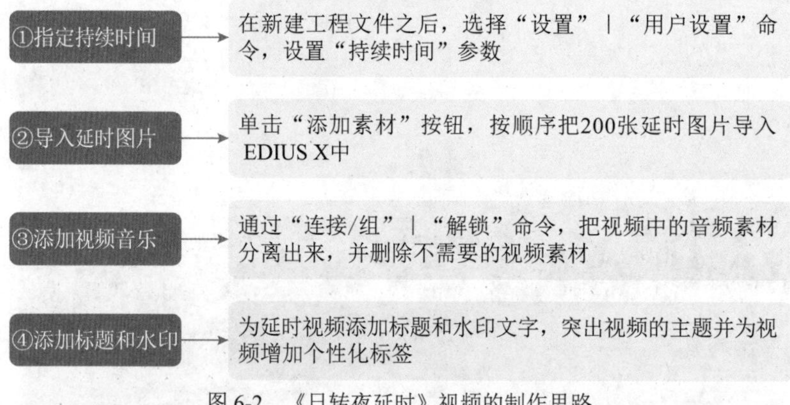

图 6-2 《日转夜延时》视频的制作思路

6.1.4 知识讲解

在前期拍摄完延时照片素材之后，需要按顺序将其保存至相应的文件夹中，不能乱序，否则会影响成品效果。为了让视频画面的色彩更加精美，可以在前期为照片进行批量调色，使视频画面更好看。由于本章的延时图片素材的色彩已经很靓丽了，所以省略了调色这一步骤。

为了让延时视频具有变化感，一定要选择慢速或连续变化的场景素材，比如选择日出日落、云彩飘动、花开花落、城市夜景灯光秀等延时照片素材。

6.1.5 要点讲堂

在本章内容中，我们需要掌握如何在 EDIUS X 中指定静帧的持续时间和导入延时照片素材，这是比较核心的步骤，下面介绍相应的内容。

❶ 在 EDIUS X 中，用户可以设置“持续时间”参数，把每张照片的时长设置为 00:00:00:01，那么 200 张图片合成的延时视频时长将会变成 8s 左右。

❷ 在导入延时图片的时候，一定要一次性导入所有的图片素材，在添加素材至视频轨道的时候，需要按照顺序导入，这样才能确保视频是流畅的。

6.2 《日转夜延时》制作流程

本节将为大家介绍延时视频的制作方法，包括指定静帧的持续时间、导入延时图片素材、添加延时视频音乐以及添加标题和水印文字，希望读者能够熟练掌握。

6.2.1 指定静帧的持续时间

指定静帧的持续时间，就是设置添加到视频轨道中素材的时长，比如原来默认的素材时长为5s，更改持续时间之后，时长就会变成指定的参数。下面介绍在EDIUS X中指定静帧的持续时间的操作方法。

STEP 01 打开EDIUS X软件，进入“初始化工程”界面，单击“新建工程”按钮，弹出“工程设置”对话框，①输入工程名称；②单击“文件夹”文本框右侧的■按钮，设置保存路径；③在“预设列表”列表框中选择相应的工程预设选项；④单击“确定”按钮，如图6-3所示。

STEP 02 在菜单栏中，选择“设置”｜“用户设置”命令，如图6-4所示。

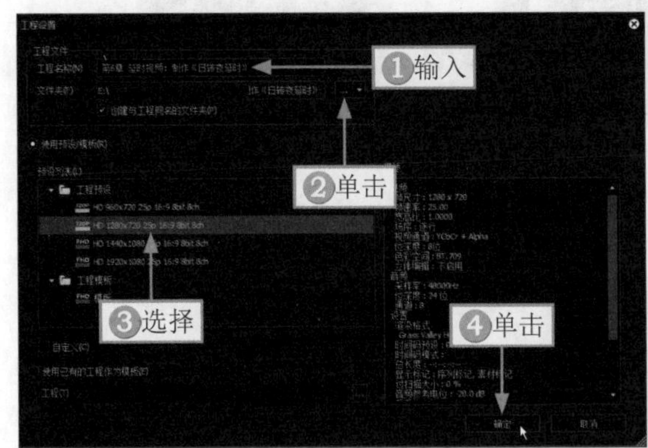

图6-3 设置工程文件

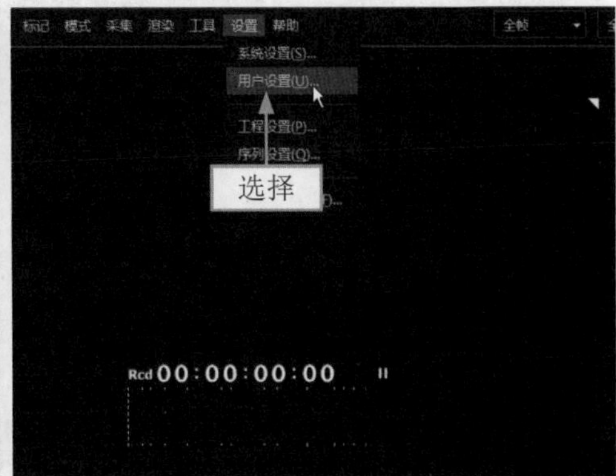

图6-4 选择“用户设置”命令

STEP 03 弹出“用户设置”对话框，①在左侧列表框中选择“源文件”下面的“持续时间”选项；②设置“持续时间”为00:00:00:01；③单击“确定”按钮，如图6-5所示，让导入的图片素材的时长均为00:00:00:01。

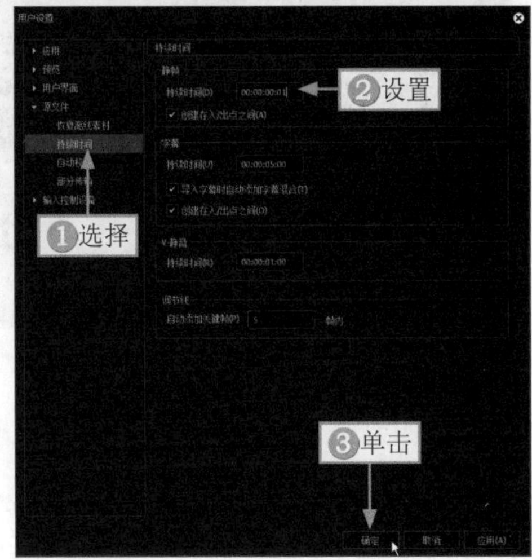

图6-5 设置“持续时间”参数

6.2.2 导入延时图片素材

延时视频一般都是由几百张图片制作而成的，需要按拍摄的时间顺序导入200张图片素材。下面介绍在EDIUS X中导入延时图片素材的操作方法。

STEP 01 在“素材库”面板中，单击“添加素材”按钮，如图6-6所示。

STEP 02 弹出“打开”对话框，①在相应的文件夹中，按Ctrl+A组合键，全选所有的延时图片素材；②单击“打开”按钮，如图6-7所示。

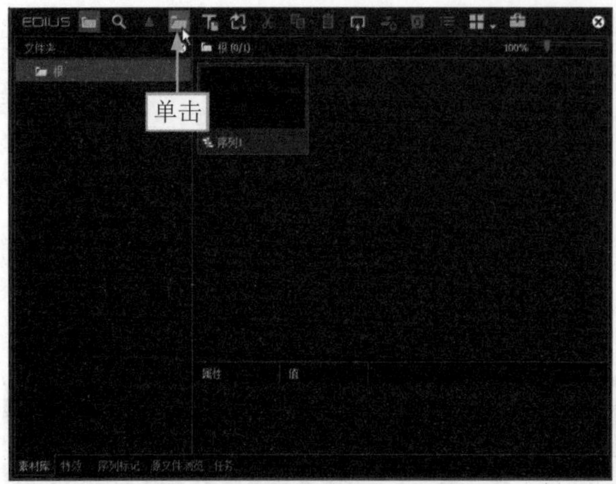

图6-6 单击“添加素材”按钮

图6-7 全选所有素材

STEP 03 将所有的素材导入“素材库”面板中，①按Ctrl+A组合键，全选导入的所有延时图片素材；②选择第1张延时图片，如图6-8所示。

STEP 04 将第1张延时图片拖曳至1VA主视频轨道中，即可把所有的延时图片素材都导入1VA主视频轨道中，如图6-9所示。

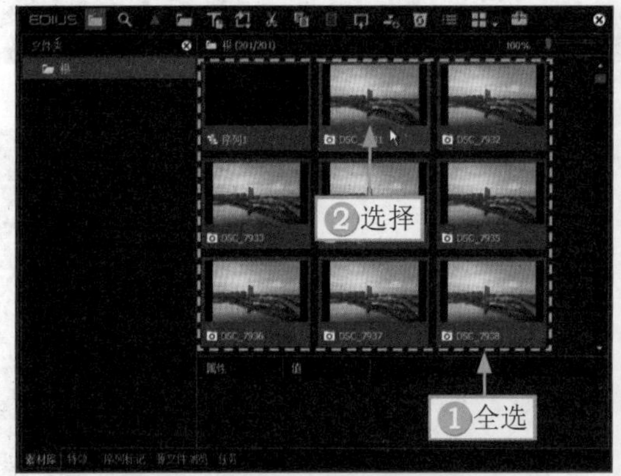

图6-8 选择第1张延时图片

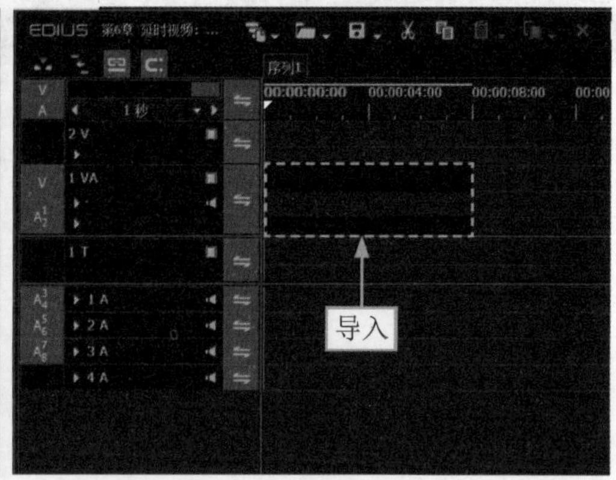

图6-9 把所有的延时图片素材都导入1VA主视频轨道中

6.2.3 添加延时视频音乐

不同的视频需要添加不同风格的音乐，我们可以为日转夜延时视频添加一段大气激昂的背景音乐。下面介绍在EDIUS X中添加延时视频音乐的操作方法。

STEP 01 在“素材库”面板中，单击“添加素材”按钮，如图 6-10 所示。

STEP 02 弹出“打开”对话框，①在相应的文件夹中，选择“背景音乐”和“水印文字”素材；②单击“打开”按钮，如图 6-11 所示。

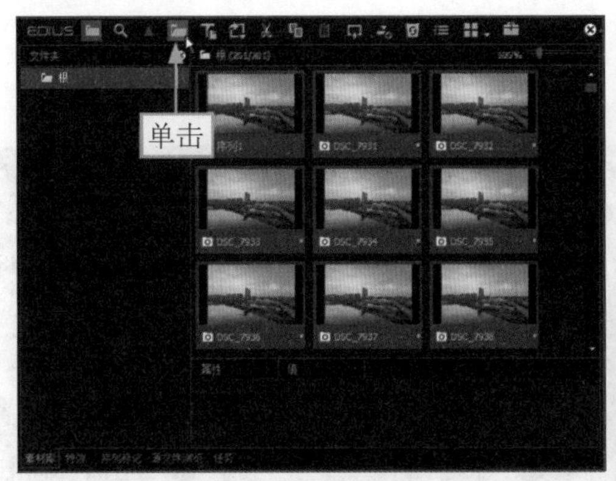

图 6-10　单击“添加素材”按钮

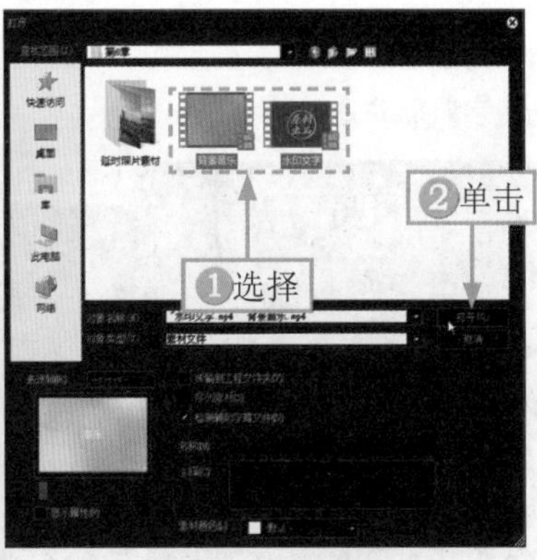

图 6-11　选择素材

STEP 03 将素材导入“素材库”面板中，选择“背景音乐”素材，如图 6-12 所示。

STEP 04 ①将“背景音乐”素材拖曳至 1VA 主视频轨道中延时图片素材的后面，并右击；②在弹出的快捷菜单中选择“连接 / 组”｜“解锁”命令，如图 6-13 所示，把音频素材分离出来。

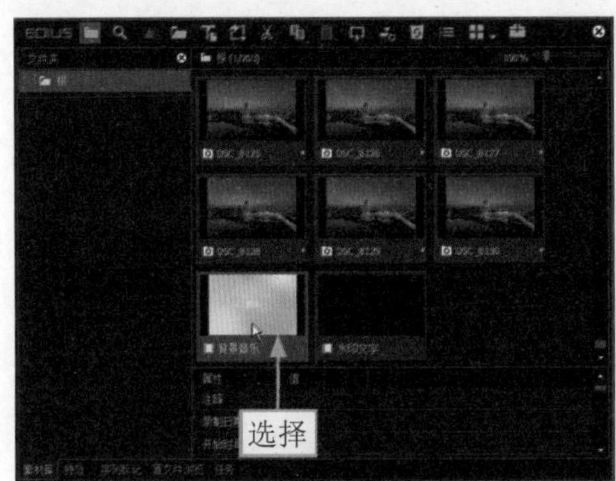

图 6-12　选择“背景音乐”素材

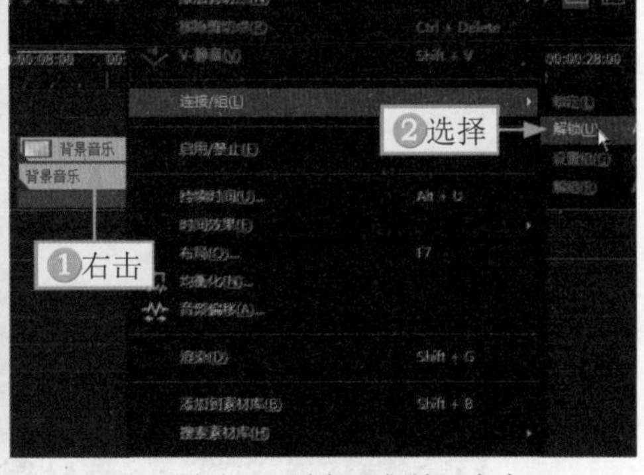

图 6-13　选择“解锁”命令

STEP 05 ①选择分离后的视频素材；②单击“删除”按钮，如图 6-14 所示，删除视频。

STEP 06 把音频素材拖曳至 1A 音频轨道中，并调整其时长，使其与 1VA 主视频轨道中素材的时长保持一致，如图 6-15 所示。

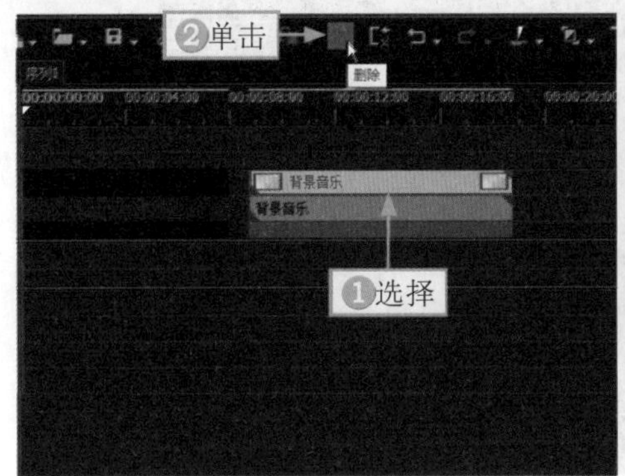

图6-14　删除视频

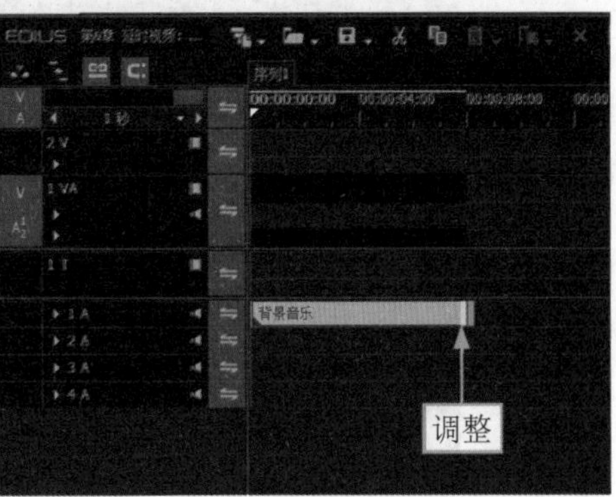

图6-15　调整音频素材的时长

6.2.4 添加标题和水印文字

为延时视频添加标题，可以展现视频的主题；添加水印文字，可以为视频增加个性化标签，增加原创性。下面介绍在 EDIUS X 中添加标题和水印文字的操作方法。

STEP 01 拖曳时间滑块至视频的起始位置，❶单击“创建字幕”按钮T；❷在弹出的下拉菜单中选择“在 1T 轨道上创建字幕”命令，如图 6-16 所示。

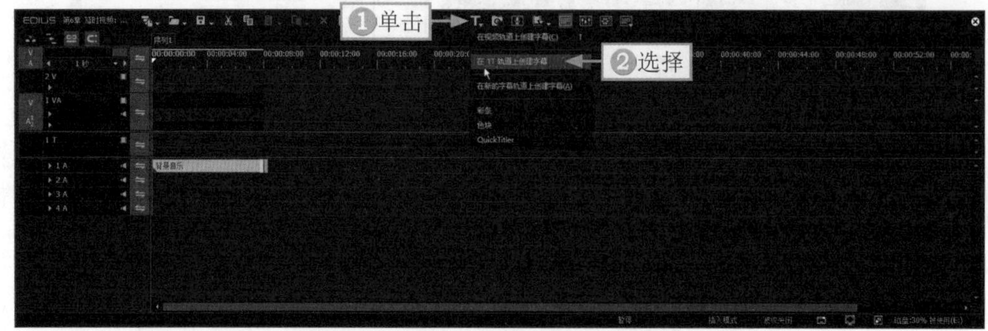

图 6-16 选择“在 1T 轨道上创建字幕”命令

STEP 02 进入相应的面板，❶在界面上方输入文字内容；❷在下方选择一个样式；❸设置“字号”为 48；❹选择合适的字体；❺调整文字的位置，如图 6-17 所示。

图 6-17 输入文字并设置

STEP 03 ❶取消选中“阴影”复选框，消除文字的阴影；❷选择“文件”|“保存”命令，如图 6-18 所示，保存文字。

图 6-18 选择“保存”命令

STEP 04 调整文字的时长，使其与视频的时长保持一致，如图 6-19 所示。

STEP 05 在“素材库”面板中选择“水印文字”素材，如图 6-20 所示。

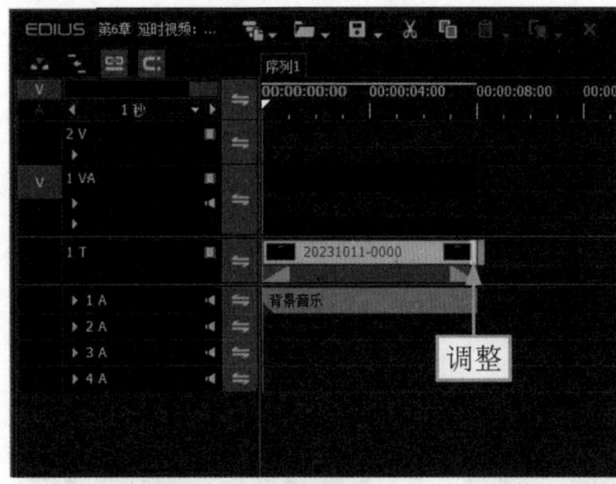

图 6-19　调整文字的时长

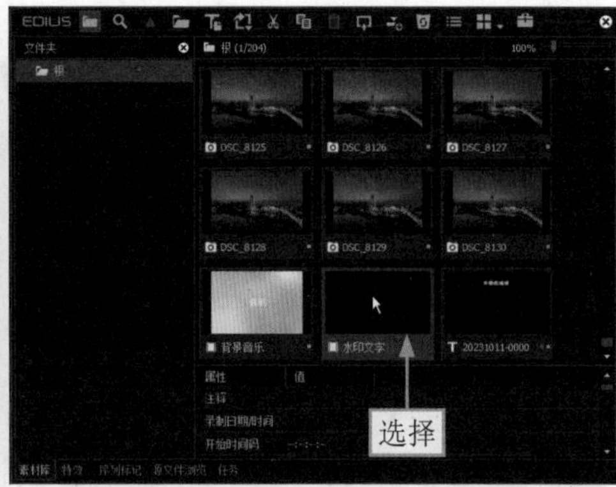

图 6-20　选择“水印文字”素材

STEP 06 ❶将“水印文字”素材拖曳至 2V 视频轨道中，并右击；❷在弹出的快捷菜单中选择“连接/组”|“解组”命令，如图 6-21 所示，把音频素材分离出来。

STEP 07 ❶选择分离出来的音频素材；❷单击“删除”按钮，如图 6-22 所示，删除音频。

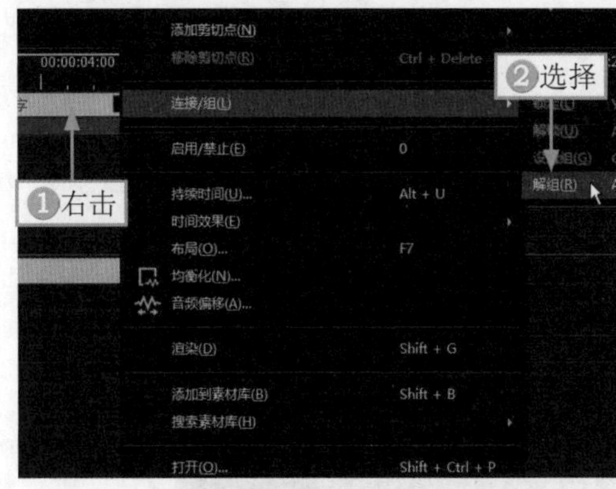

图 6-21　选择“解组”命令

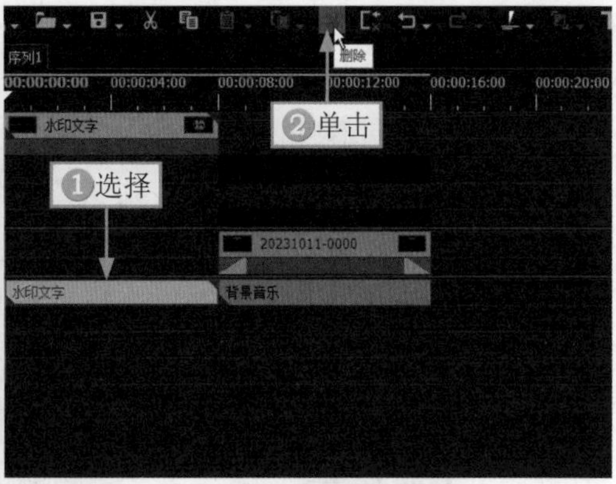

图 6-22　删除音频

STEP 08 ❶右击音频前面的间隙；❷在弹出的快捷菜单中选择“删除间隙”命令，如图 6-23 所示，使素材对齐。

STEP 09 切换至“特效”面板，在“键”下方选择“混合”选项，在其设置界面中选择“滤色模式”效果，如图 6-24 所示。

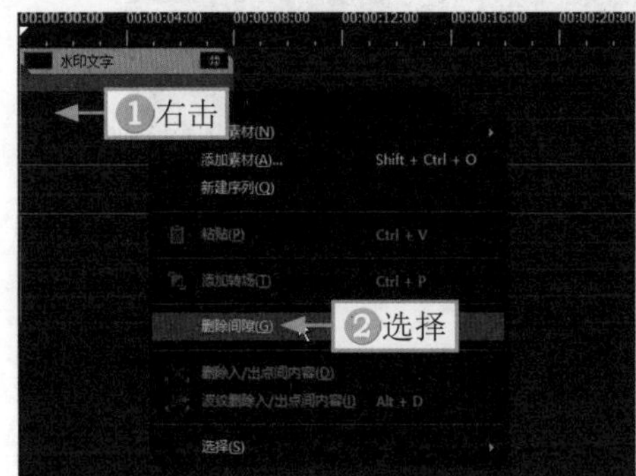

图 6-23　选择“删除间隙”命令

图 6-24　选择“滤色模式”效果

STEP 10 ❶将“滤色模式”效果拖曳至2V视频轨道中“水印文字”素材的下方，将文字抠出来；❷选择文字素材，如图6-25所示。

STEP 11 在“信息”面板中，双击“视频布局”选项，如图6-26所示。

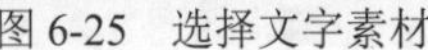

图6-25 选择文字素材

图6-26 双击“视频布局”选项

STEP 12 弹出“视频布局”对话框，❶调整水印文字的大小和位置，使其处于画面的左下角；❷单击“确定”按钮，如图6-27所示。

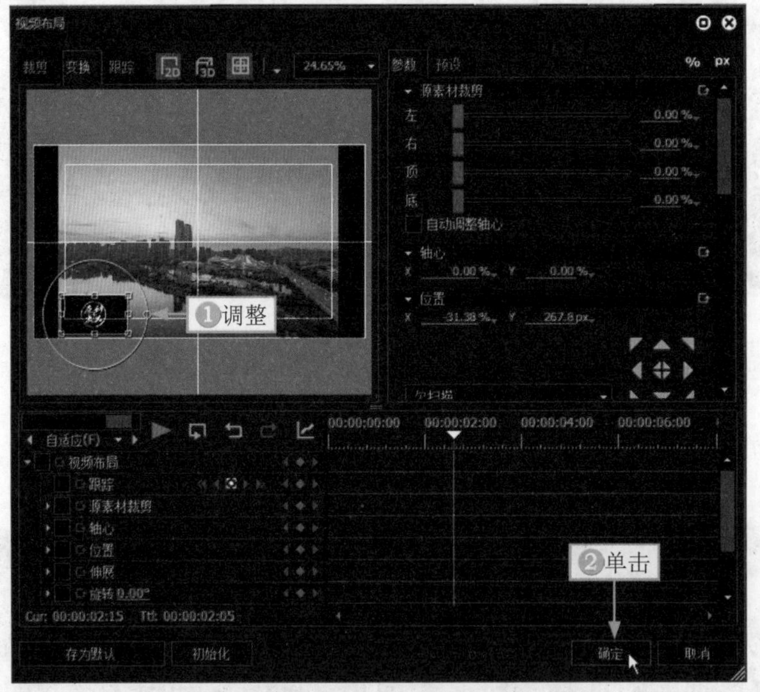

图6-27 调整水印文字的大小和位置

专家指点

在导入其他素材的时候，需要再次设置静帧的持续时间，比如设置持续时间为00:00:03:00或者00:00:05:00，3s和5s是比较常见的素材时长。

第7章 古装写真：制作《古风美人》

在EDIUS X中，可以为古装照片制作出一段写真视频，记录古风美人的容貌。在制作古风美人效果的时候，需要准备一组风格统一的古装写真照片和相应的特效素材。由于写真照片是竖图，所以需要设置竖屏的写真视频比例。我们还可以为视频添加歌词文字，让视频更有古风韵味。

7.1 《古风美人》效果展示

在制作古装写真视频的时候，我们需要根据特效素材的画面来调整古装照片素材的特效画面，再根据特效素材来制作相应时长的动画。为了让视频风格更加统一，最好选择风格类型相似或者一致的素材进行制作。

在制作《古风美人》视频之前，我们首先来欣赏本案例的视频效果，并了解案例的学习目标、制作思路、知识讲解和要点讲堂。

7.1.1 效果欣赏

《古风美人》古装写真视频的画面效果如图 7-1 所示，主要是把特效素材和写真照片结合的画面展示出来。

图 7-1 《古风美人》画面效果

7.1.2 学习目标

知识目标	掌握古装写真视频的制作方法
技能目标	（1）掌握在EDIUS X中设置写真视频比例的操作方法 （2）掌握导入白色背景图片的操作方法 （3）掌握为视频制作动感动画的操作方法 （4）掌握添加烟雾特效素材的操作方法 （5）掌握为视频添加歌词文字的操作方法
本章重点	为视频制作动感动画和添加烟雾特效素材
本章难点	为视频制作动感动画
视频时长	9分28秒

7.1.3 制作思路

本案例首先介绍在 EDIUS X 中设置写真视频比例，然后导入白色背景图片、为视频制作动感动画、添加烟雾特效素材和添加歌词文字。图 7-2 所示为本案例视频的制作思路。

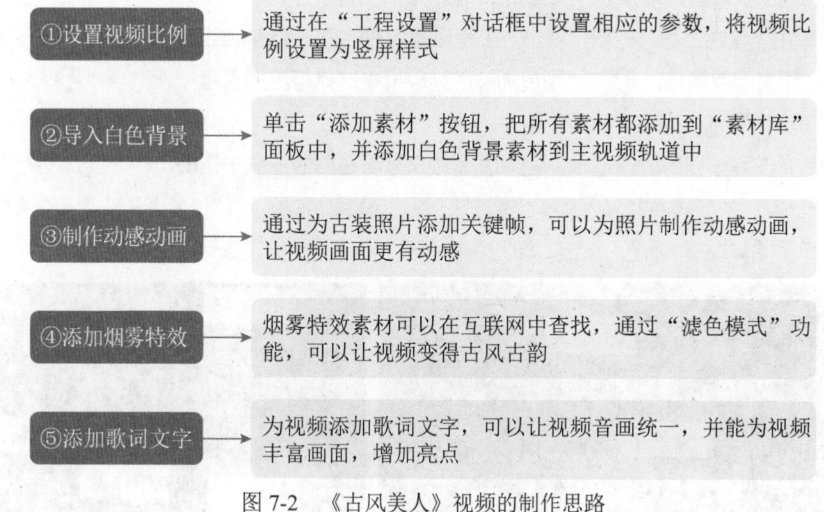

图 7-2 《古风美人》视频的制作思路

7.1.4 知识讲解

在设置视频比例的时候，需要在“工程设置”对话框中选中“自定义”复选框，这样才能成功地设置比例。除此之外，用户还需要根据视频的固定比例，调整素材画面，让视频边缘更加和谐。

为了让视频画面更加动感，可以添加关键帧，调整素材的画面，旋转素材的角度和调整素材的大小、位置，让画面有变化。

在添加文字的时候，可以调整文字的横纵方向。在竖屏视频中，可以添加纵向文字，让视频画面更加丰富。

7.1.5 要点讲堂

在本章内容中，我们需要掌握如何在 EDIUS X 中为视频制作动感动画和添加烟雾特效素材，这是比较核心的步骤，下面介绍相应的内容。

❶ 在 EDIUS X 中，用户可以在“视频布局”对话框中，为素材添加关键帧，调整素材的大小、位置和旋转角度，制作动感动画。

❷ 在添加烟雾特效素材之后，用户可以添加“滤色模式”效果，把素材抠出来，这样就能为视频添加烟雾特效。

7.2 《古风美人》制作流程

本节将为大家介绍古装写真视频的制作方法，包括设置写真视频的比例、导入白色背景图片、为视频制作动感动画、添加烟雾特效素材和添加歌词文字，希望读者能够熟练掌握。

7.2.1 设置写真视频的比例

在 EDIUS X 中可以设置竖屏的比例样式，这需要用户在建立工程文件时，就设置好相应的参数。下面介绍在 EDIUS X 中设置写真视频比例的操作方法。

STEP 01 ▶ 单击“新建工程”按钮，弹出“工程设置”对话框，❶输入工程名称；❷单击“文件夹”文本框右侧的■按钮，设置保存路径；❸在“预设列表”列表框中选择相应的工程预设选项；❹选中“自定义”复选框；❺单击“确定”按钮，如图 7-3 所示。

STEP 02 ▶ 在“工程设置”对话框中，❶单击“帧尺寸”右侧的下拉按钮■，在下拉列表中选择“自定义”选项；❷将比例设置为 720×1280；❸设置“宽高比”为“像素宽高比 1∶1”；❹设置“渲染格式”为“Grass Valley HQX 标准”；❺单击“确定”按钮，如图 7-4 所示，将视频比例设置为竖拍样式。

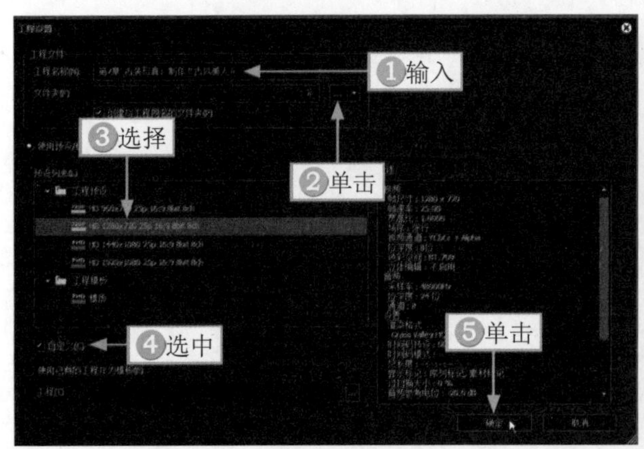

图 7-3 设置工程文件

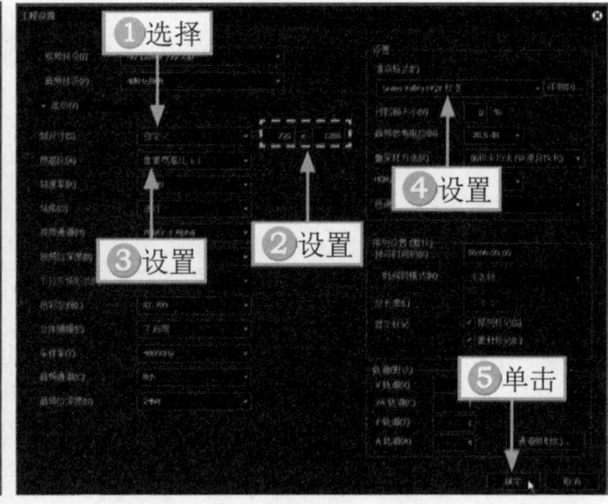

图 7-4 设置视频比例

7.2.2 导入白色背景图片

扫码看视频

为了让视频画面背景不变成黑色的，可以为视频导入白色背景的图片，使背景画面更好看。下面介绍在 EDIUS X 中导入白色背景图片的操作方法。

STEP 01 ▶ 在“素材库”面板中，单击“添加素材”按钮■，如图 7-5 所示。

STEP 02 ▶ 弹出“打开”对话框，❶在相应的文件夹中，按 Ctrl+A 组合键，全选所有的素材；❷单击“打开”按钮，如图 7-6 所示。

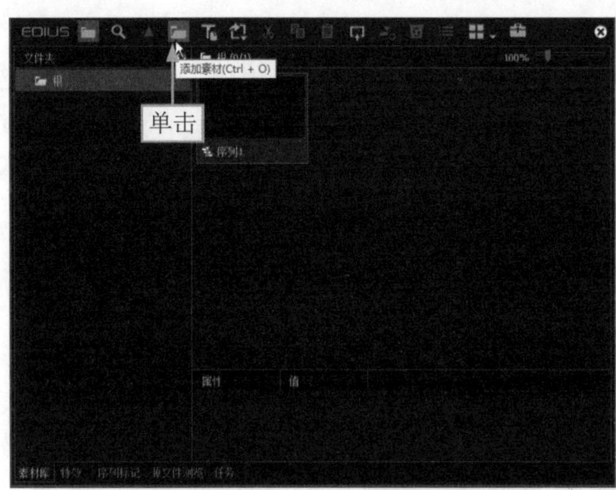

图 7-5　单击“添加素材”按钮

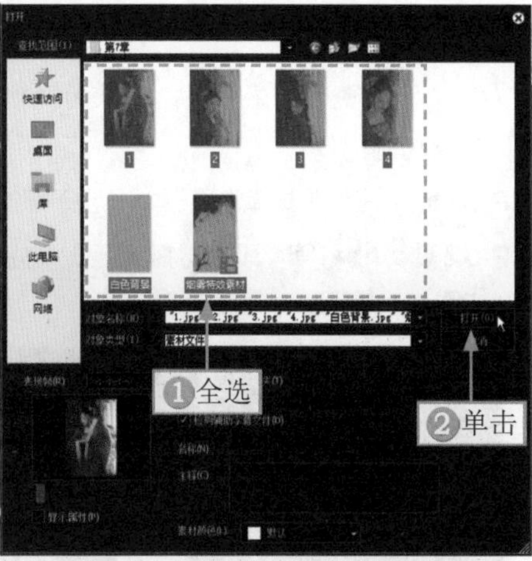

图 7-6　全选所有素材

STEP 03 将所有的素材导入“素材库”面板中，并选择“白色背景”素材，如图 7-7 所示。

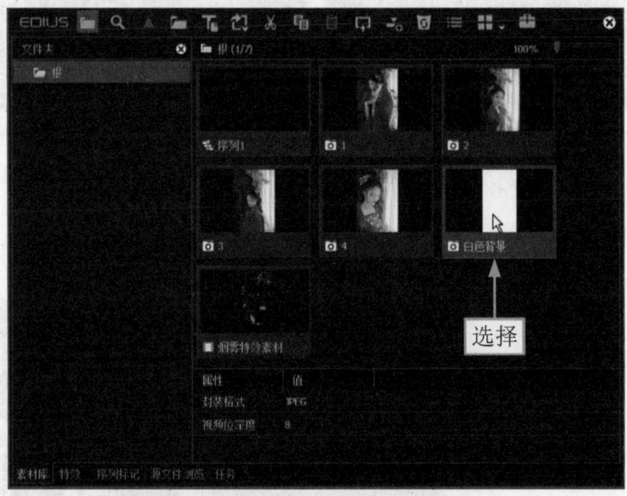

图 7-7　选择“白色背景”素材

STEP 04 将“白色背景”素材拖曳至 1VA 主视频轨道中，并设置时长为 15s，如图 7-8 所示。

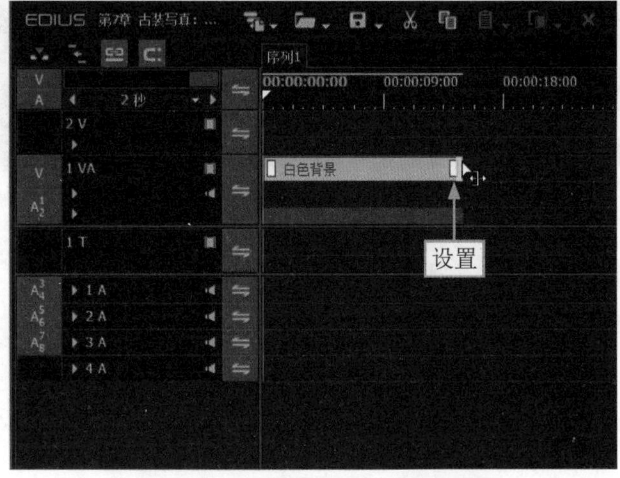

图 7-8　设置“白色背景”素材的时长

7.2.3 为视频制作动感动画

为了让素材变得动感一点，可以为视频制作动感动画。下面介绍在 EDIUS X 中为视频制作动感动画的操作方法。

STEP 01 在“素材库”面板中，选择第 1 段素材，如图 7-9 所示。

STEP 02 ❶将第 1 段素材拖曳至 2V 视频轨道中，并右击；❷在弹出的快捷菜单中选择“持续时间”命令，如图 7-10 所示。

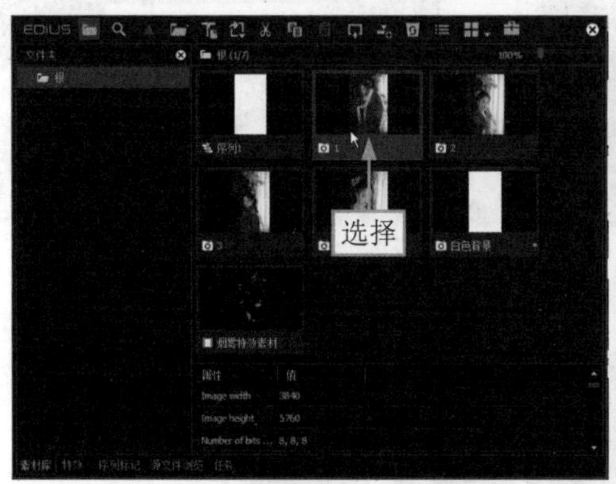

图 7-9 选择第 1 段素材

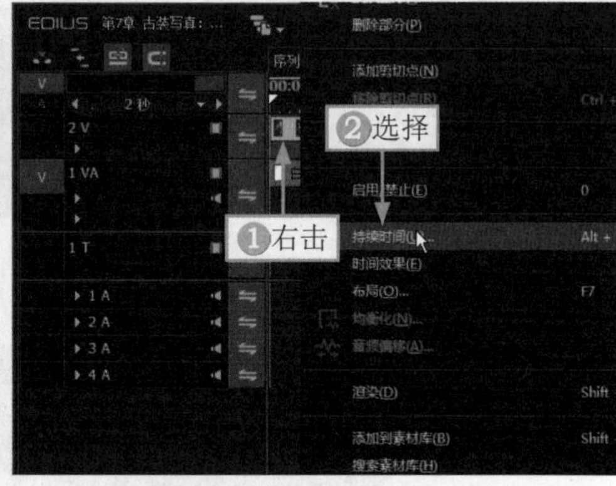

图 7-10 选择“持续时间”命令

STEP 03 在“持续时间”对话框中，❶设置“持续时间”为 00:00:05:19；❷单击“确定”按钮，如图 7-11 所示。

STEP 04 在“素材库”面板中，选择第 2 段素材，如图 7-12 所示。

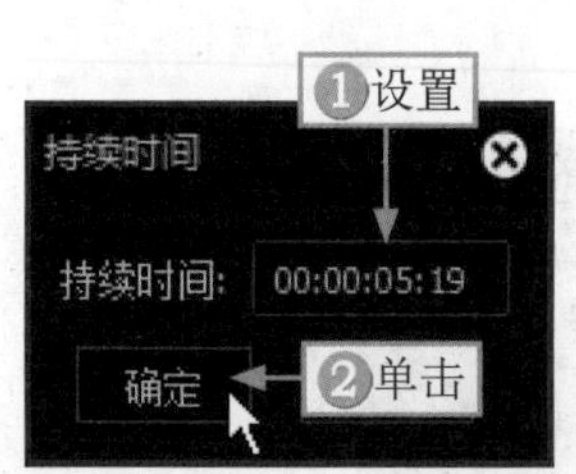

图7-11 设置“持续时间”参数

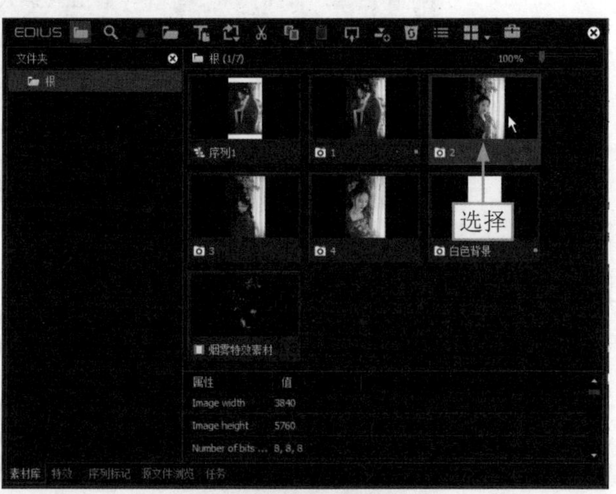

图7-12 选择第2段素材

STEP 05 ❶将第 2 段素材拖曳至 2V 视频轨道中第 1 段素材的后面，并右击；❷在弹出的快捷菜单中选择“持续时间”命令，如图 7-13 所示。

STEP 06 在“持续时间”对话框中，❶设置“持续时间”为 00:00:05:00；❷单击“确定”按钮，如图 7-14 所示。

STEP 07 把第 3 段素材拖曳至 2V 视频轨道中第 2 段素材的后面，再把第 4 段素材拖曳至 2V 视频轨道中第 3 段素材的后面，并调整第 4 段素材的时长，使其末尾位置与“白色背景”素材的末尾位置保持一致，如图 7-15 所示。

STEP 08 选择第 1 段素材，在“信息”面板中，双击“视频布局”选项，如图 7-16 所示。

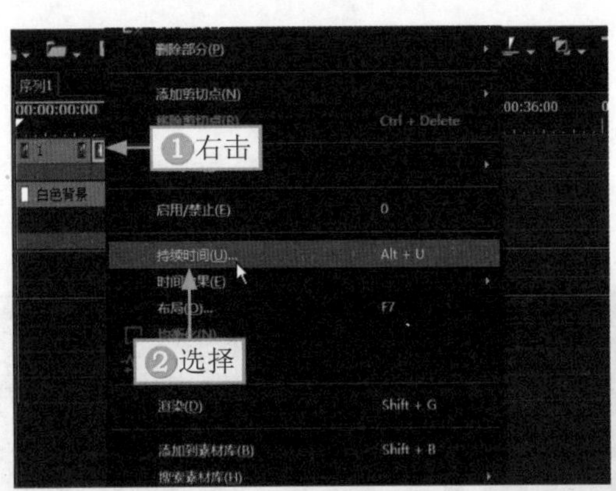

图 7-13 选择“持续时间”命令

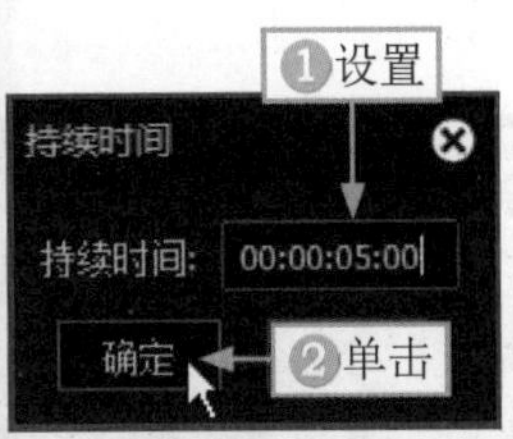

图 7-14 设置“持续时间”参数

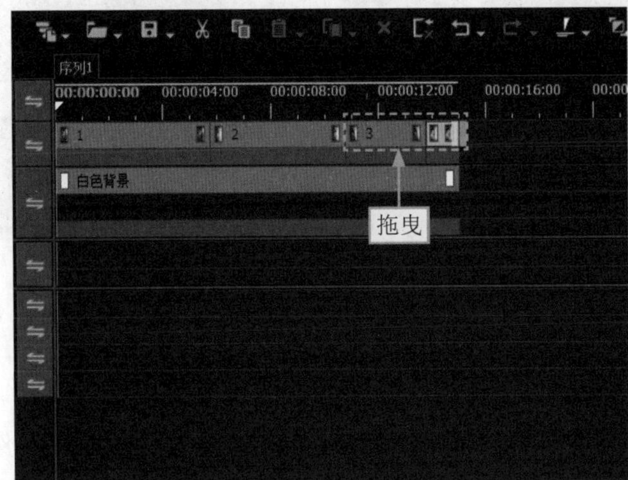

图 7-15 调整第 4 段素材的时长

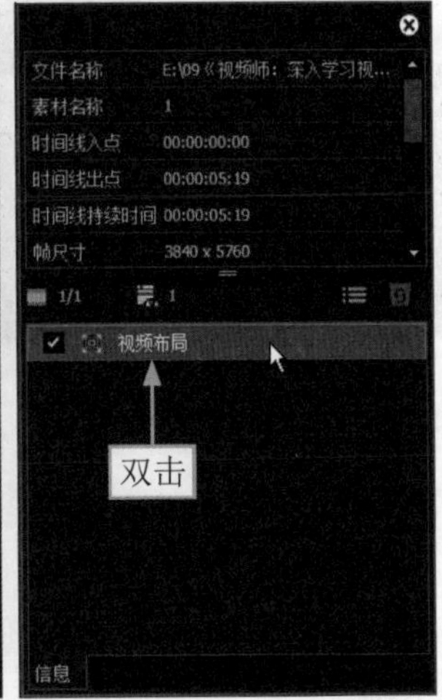

图 7-16 双击“视频布局”选项

STEP 09 ▶▶ 弹出“视频布局”对话框，①拖曳时间滑块至视频 00:00:01:00 的位置；②放大画面；③选中“视频布局”复选框；④单击“添加 / 删除关键帧”按钮，添加关键帧，如图 7-17 所示。

STEP 10 ▶▶ ①拖曳时间滑块至第 1 段素材的起始位置；②调整素材的位置和旋转角度；③单击“确定”按钮，如图 7-18 所示。

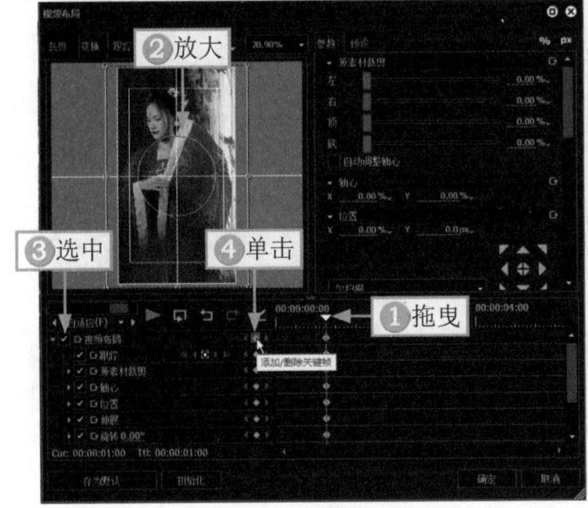

图7-17 添加关键帧

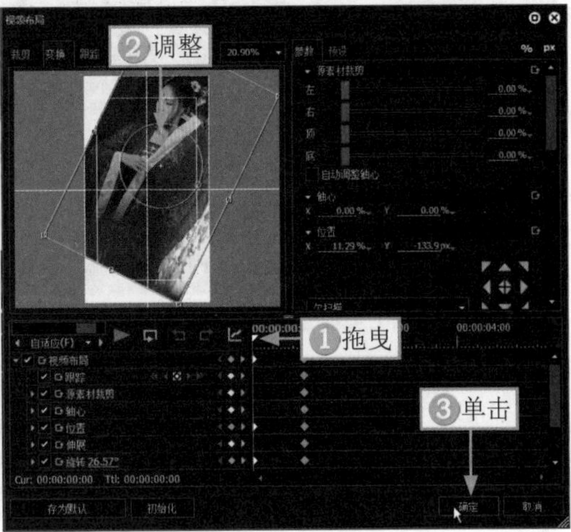

图7-18 调整素材

STEP 11 选择第 2 段素材，在“信息”面板中，双击“视频布局”选项，将弹出“视频布局”对话框，①拖曳时间滑块至视频 00:00:06:10 的位置；②选中“视频布局”复选框；③放大画面；④单击“添加 / 删除关键帧”按钮，添加关键帧，如图 7-19 所示。

STEP 12 ①拖曳时间滑块至第 2 段素材的起始位置；②调整素材的位置和旋转角度；③单击“确定”按钮，如图 7-20 所示。

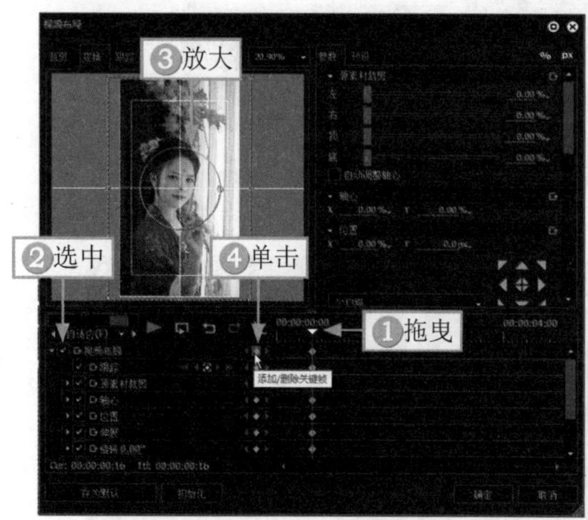

图7-19　添加关键帧

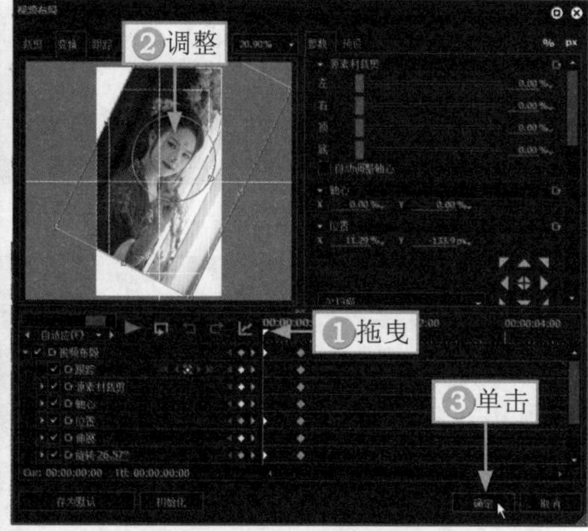

图7-20　调整素材

STEP 13 选择第 3 段素材，在“信息”面板中，双击“视频布局”选项，将弹出“视频布局”对话框，①拖曳时间滑块至视频的起始位置；②选中“视频布局”复选框；③放大画面；④单击“添加 / 删除关键帧”按钮，添加关键帧，如图 7-21 所示。

STEP 14 ①拖曳时间滑块至视频的 00:00:11:20 位置；②调整素材的位置；③单击“确定”按钮，如图 7-22 所示。

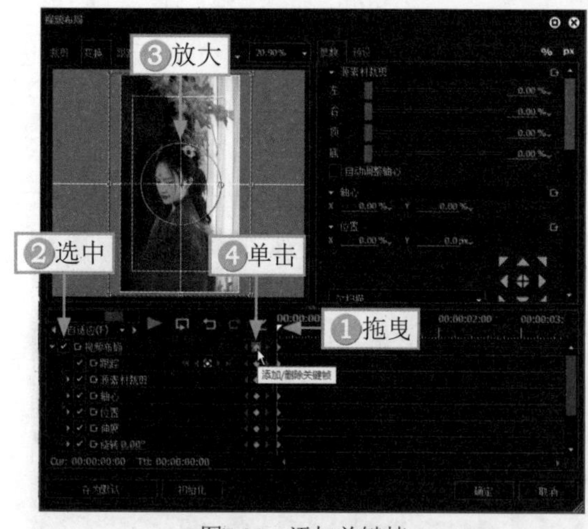

图7-21　添加关键帧

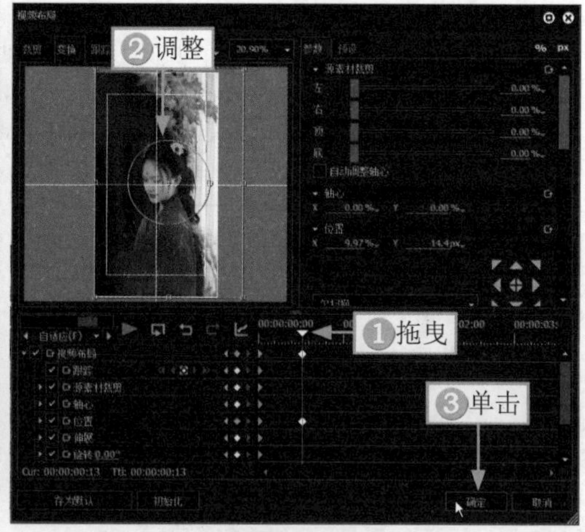

图7-22　调整素材

STEP 15 选择第 4 段素材，在“信息”面板中，双击“视频布局”选项，将弹出“视频布局”对话框，①拖曳时间滑块至视频的起始位置；②选中“视频布局”复选框；③放大画面；④单击“添加 / 删除关键帧”按钮，添加关键帧，如图 7-23 所示。

STEP 16 ①拖曳时间滑块至视频 00:00:14:00 的位置；②调整素材的位置；③单击“确定”按钮，如图 7-24 所示。

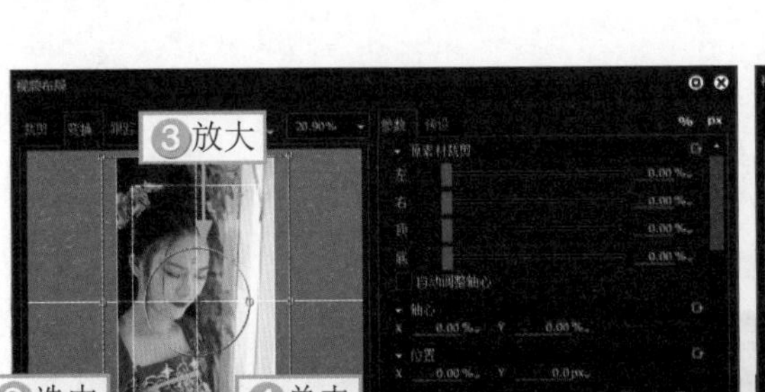

图7-23 添加关键帧

图7-24 调整素材

STEP 17 切换至“特效”面板，在“转场”下方选择 Alpha 选项，在其设置界面中选择“Alpha 自定义图像”效果，如图 7-25 所示。

STEP 18 把“Alpha 自定义图像”效果分别拖曳至第 1 段素材和第 2 段素材、第 2 段素材和第 3 段素材之间的位置，如图 7-26 所示。

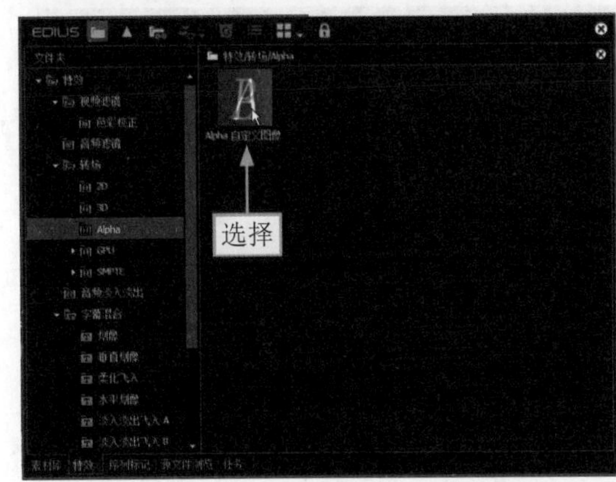

图7-25 选择“Alpha自定义图像”效果

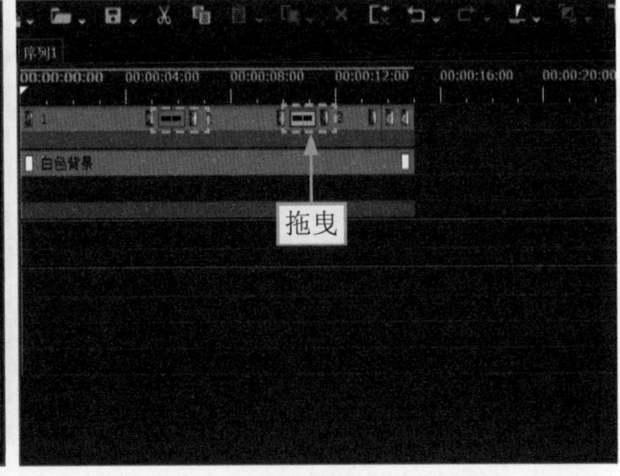

图7-26 拖曳“Alpha自定义图像”效果至相应的位置

专家指点

双击信息窗口中的“Alpha自定义图像”选项，将进入相应的对话框，这样可以设置自定义的转场效果。

7.2.4 添加烟雾特效素材

在添加烟雾特效素材的时候，需要选择符合视频风格的特效素材，比如有桃花和烟雾元素的素材，这样可以让视频更有古风韵味。下面介绍在 EDIUS X 中添加烟雾特效素材的操作方法。

STEP 01 ①右击2V轨道；②在弹出的快捷菜单中选择"添加"|"在上方添加视频轨道"命令，如图7-27所示。

STEP 02 弹出"添加轨道"对话框，①设置"数量"为1；②单击"确定"按钮，如图7-28所示，添加一条视频轨道。

图7-27 选择"在上方添加视频轨道"命令

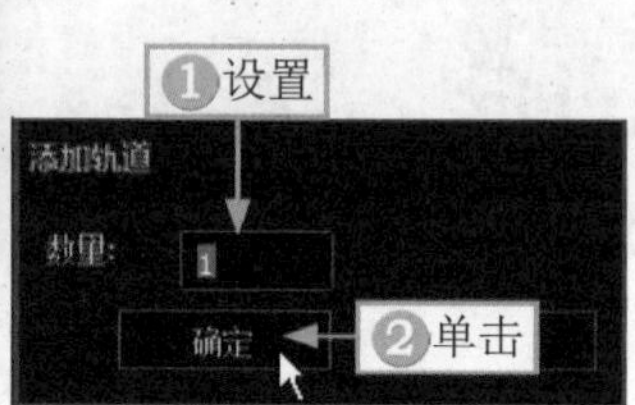

图7-28 设置添加轨道的数量

STEP 03 在"素材库"面板中选择烟雾特效素材，如图7-29所示。

STEP 04 将烟雾特效素材拖曳至3V轨道中，如图7-30所示。

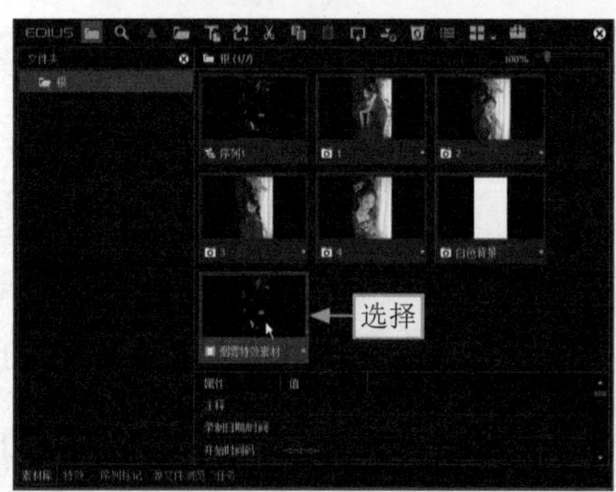

图7-29 选择烟雾特效素材

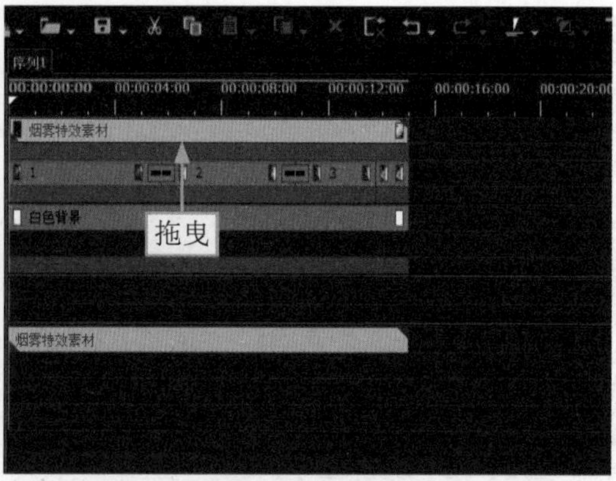

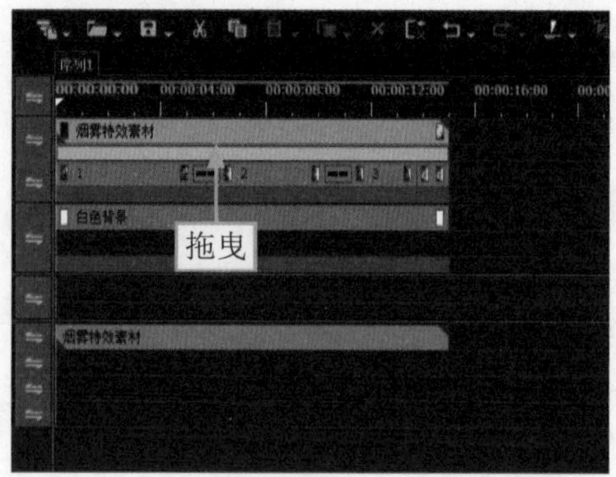

图7-30 把烟雾特效素材拖曳至3V轨道中

STEP 05 在"特效"面板中，在"键"下方选择"混合"选项，在其设置面板中选择"滤色模式"效果，如图7-31所示。

STEP 06 拖曳"滤色模式"效果至烟雾特效素材的下方，如图7-32所示。

图7-31 选择"滤色模式"效果

图7-32 拖曳"滤色模式"效果至烟雾特效素材的下方

STEP 07 >>> 选择烟雾特效素材，在“信息”面板中，双击“视频布局”选项，如图 7-33 所示。

STEP 08 >>> ❶稍微放大素材画面；❷单击“确定”按钮，如图 7-34 所示。

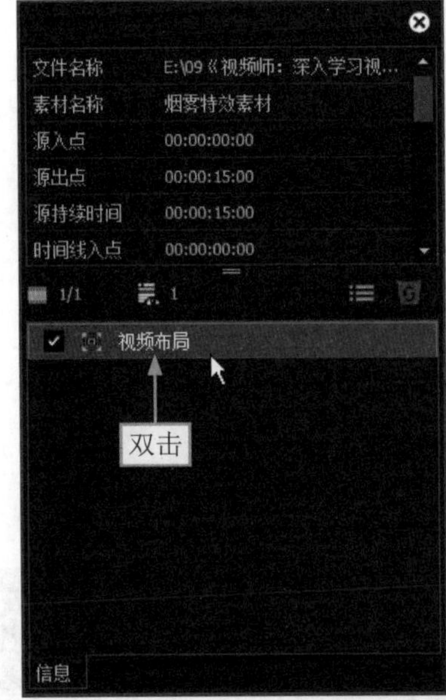

图 7-33 双击“视频布局”选项

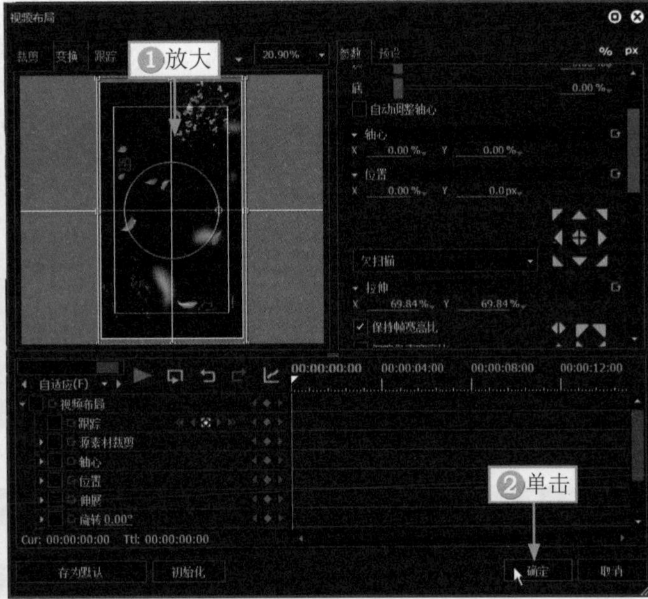

图 7-34 稍微放大素材画面

7.2.5 为视频添加歌词文字

通过单击“创建字幕”按钮，可以为视频添加歌词文字，并设置相应的文字样式。下面介绍在 EDIUS X 中为视频添加歌词文字的操作方法。

STEP 01 >>> 拖曳时间滑块至视频的起始位置，❶单击“创建字幕”按钮T；❷在弹出的下拉菜单中选择“在 1T 轨道上创建字幕”命令，如图 7-35 所示。

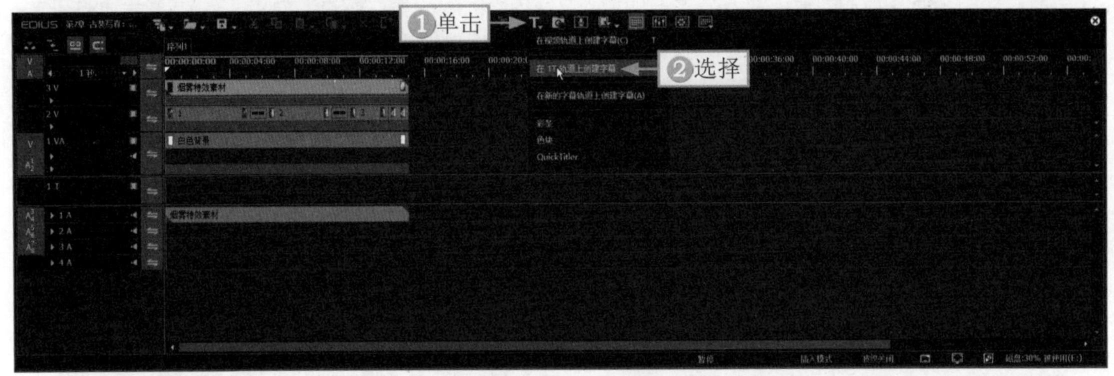

图 7-35 选择“在 1T 轨道上创建字幕”命令

STEP 02 >>> 进入相应的面板，❶在界面右侧输入文字内容；❷在下方选择一个样式；❸设置“字号”为 48；❹选择合适的字体；❺选中“纵向”单选按钮；❻调整文字的位置；❼选择“文件”｜“保存”命令，如图 7-36 所示，保存文字。

STEP 03 >>> ❶调整文字的时长；❷拖曳时间滑块至视频 00:00:04:15 的位置；❸单击“创建字幕”按钮T；❹在弹出的下拉菜单中选择“在 1T 轨道上创建字幕”命令，如图 7-37 所示。

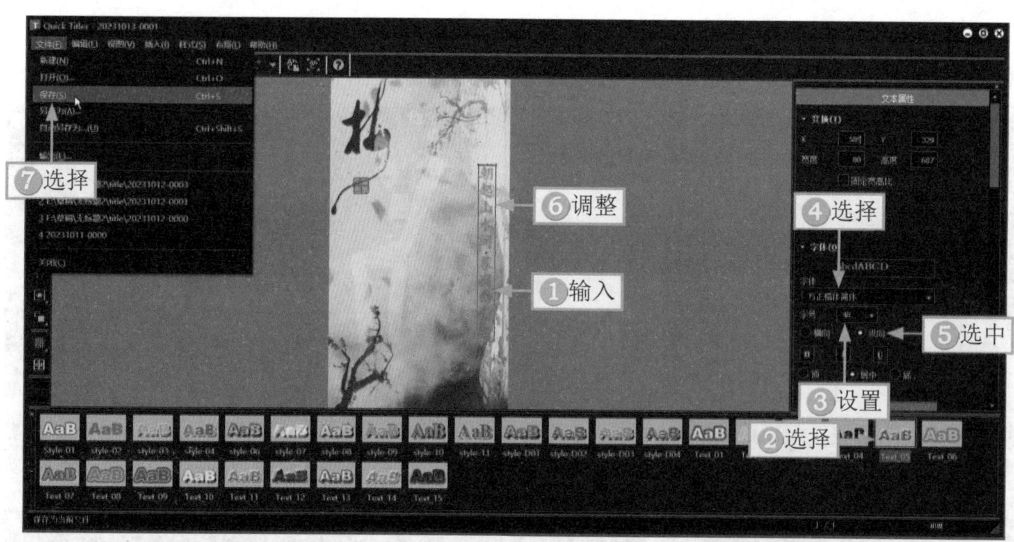

图 7-36　输入文字并设置

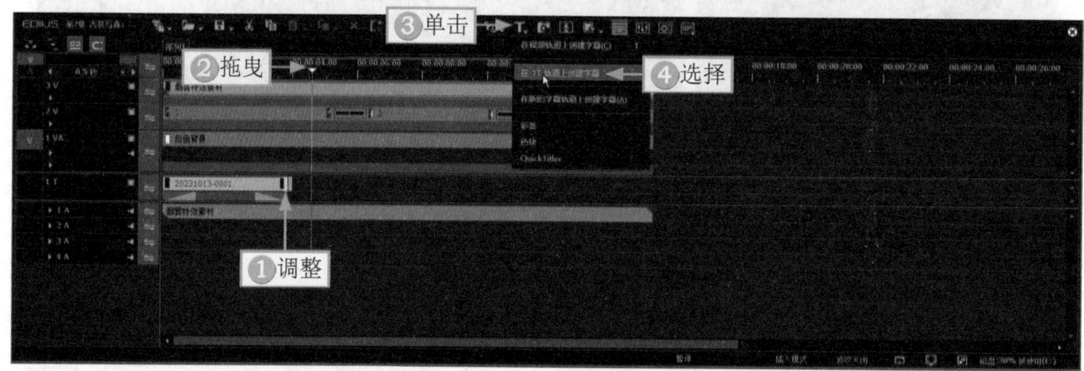

图 7-37　选择“在 1T 轨道上创建字幕”命令

STEP 04 进入相应的面板，①在界面右侧输入文字内容；②设置“字号”为 48；③选择合适的字体；④选中“纵向”单选按钮；⑤调整文字的位置；⑥选择“文件”｜“保存”命令，如图 7-38 所示，保存文字。

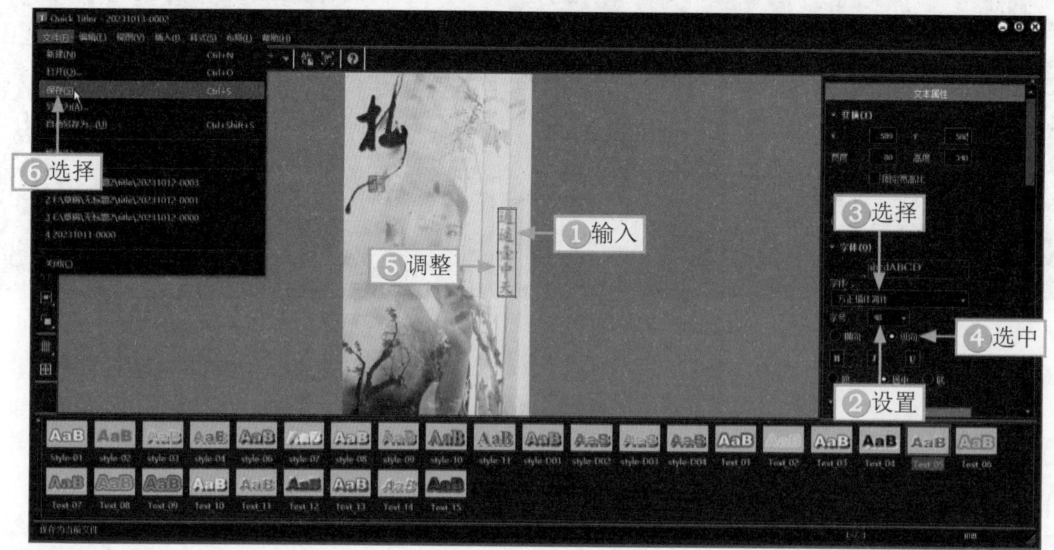

图 7-38　输入文字并设置

STEP 05 ▶▶ ❶调整文字的时长；❷拖曳时间滑块至视频 00:00:07:23 的位置；❸单击“创建字幕”按钮T；❹在弹出的下拉菜单中选择“在 1T 轨道上创建字幕”命令，如图 7-39 所示。

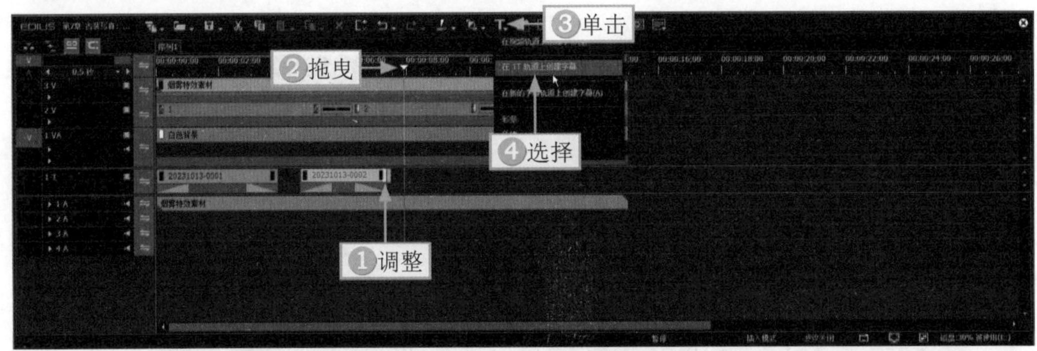

图 7-39　选择“在 1T 轨道上创建字幕”命令

STEP 06 ▶▶ 进入相应的面板，❶在界面右侧输入文字内容；❷设置“字号”为 48；❸选择合适的字体；❹选中“纵向”单选按钮；❺调整文字的位置；❻选择“文件”|“保存”命令，如图 7-40 所示，保存文字。

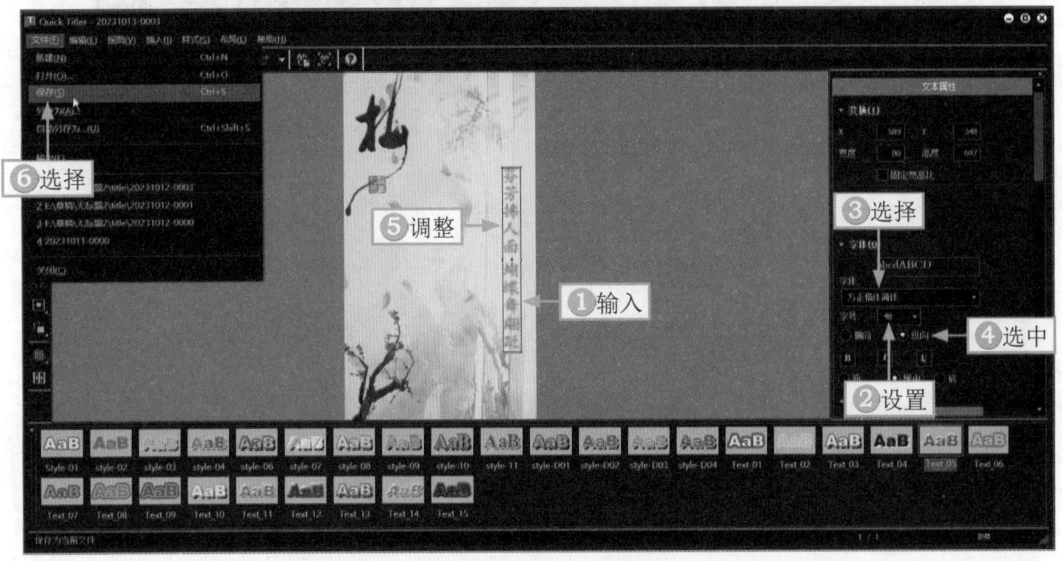

图 7-40　输入文字并设置

STEP 07 ▶▶ 拖曳时间滑块至视频 00:00:12:13 的位置，❶调整文字的时长；❷单击“创建字幕”按钮T；❸在弹出的下拉菜单中选择“在 1T 轨道上创建字幕”命令，如图 7-41 所示。

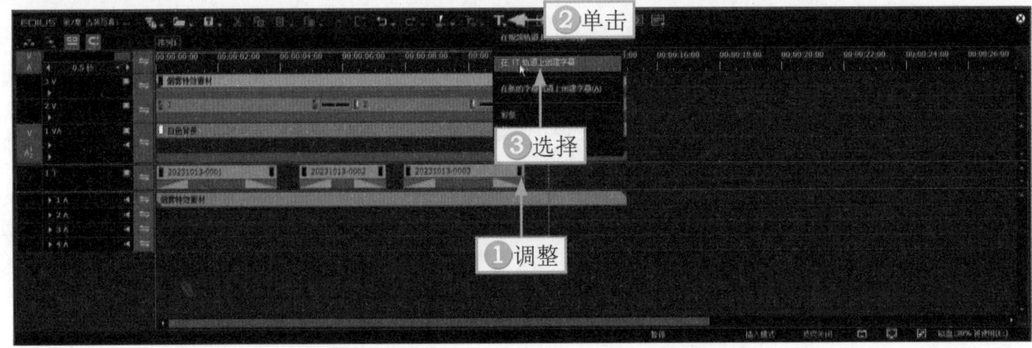

图 7-41　选择“在 1T 轨道上创建字幕”命令

STEP 08 ▶▶ 进入相应的面板，①在界面右侧输入文字内容；②设置“字号”为 48；③选择合适的字体；④选中“纵向”单选按钮；⑤调整文字的位置；⑥选择“文件”｜“保存”命令，如图 7-42 所示，保存文字，并调整文字的末尾位置，使其与烟雾特效素材的末尾位置对齐。

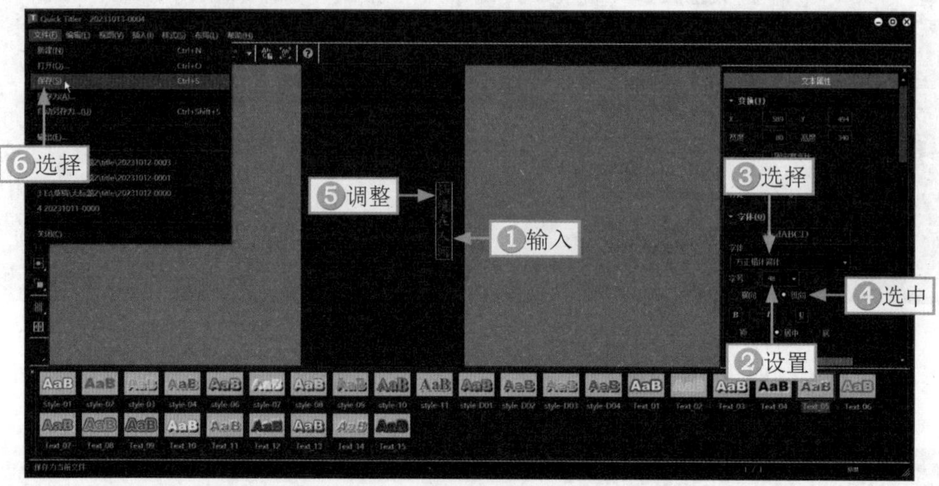

图 7-42 输入文字并设置

第8章 汽车宣传：制作《在路上》

制作汽车宣传视频的目的是为了宣传汽车，传递品牌理念，吸引观众购买产品。在制作视频时，需要根据汽车的卖点进行有针对性的宣传。比如，制作跑车宣传视频，就要展现酷炫的感觉，体现其速度感。而对于家用汽车来说，视频风格可以偏沉稳一点，让观众觉得有安全感和实用感。

8.1 《在路上》效果展示

对于汽车宣传视频来说，首先需要根据视频风格选择素材，然后再制作相应风格的视频。视频文案也是非常重要的，因为这是最能体现视频主题、品牌理念的元素。为了做出有风格、有态度的汽车宣传视频，还可以提炼其他宣传视频中的精华部分进行学习。

在制作《在路上》视频之前，我们首先来欣赏本案例的视频效果，并了解案例的学习目标、制作思路、知识讲解和要点讲堂。

8.1.1 效果欣赏

《在路上》汽车宣传视频的画面效果如图 8-1 所示，主要展示了镂空文字片头、航拍画面和品牌文案。

图 8-1 《在路上》画面效果

8.1.2 学习目标

知识目标	掌握汽车宣传视频的制作方法
技能目标	（1）掌握在EDIUS X中制作镂空文字片头的操作方法 （2）掌握改变视频播放速度的操作方法 （3）掌握添加转场和背景音乐的操作方法 （4）掌握制作广告文案宣传标语的操作方法 （5）掌握制作品牌水印片尾的操作方法 （6）掌握调整视频色调的操作方法
本章重点	改变视频播放速度和制作品牌水印片尾
本章难点	制作镂空文字片头
视频时长	13分11秒

8.1.3 制作思路

本案例首先介绍在 EDIUS X 中制作镂空文字片头，然后改变视频播放速度、添加转场和背景音乐、制作广告文案宣传标语、制作品牌水印片尾和调整视频色调。图 8-2 所示为本案例视频的制作思路。

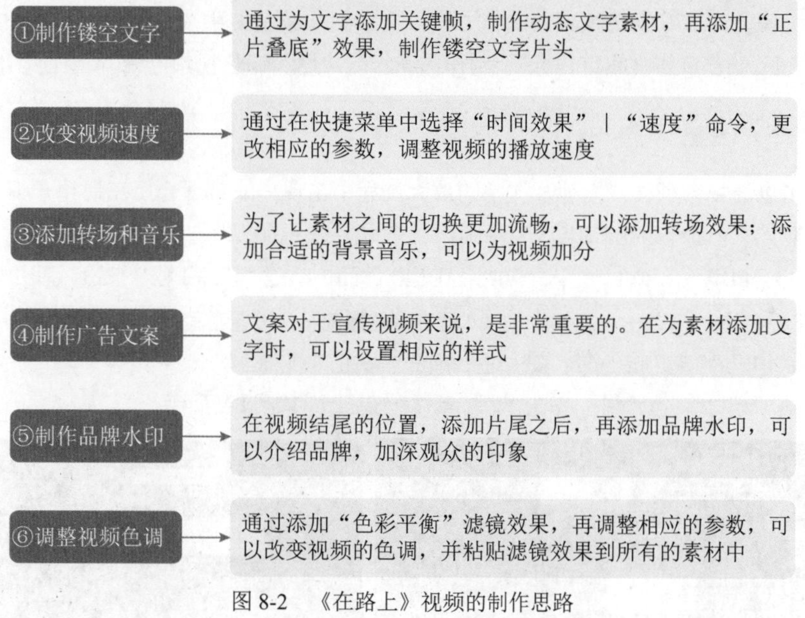

图 8-2 《在路上》视频的制作思路

8.1.4 知识讲解

在制作视频的时候，需要把所有的素材准备好，比如照片或者视频素材。对于照片素材，可以通过拖曳素材左右两侧边框的方式，在视频轨道中调整其时长。改变视频素材的时长，一是可以通过添加剪切点的方式分割素材，再删除多余的时长；二是可以通过更改视频的播放速度，改变视频的时长。

“正片叠底”效果和“滤色模式”效果，是相反的两种效果，在本章的制作文字镂空片头和制作品牌水印片尾中，分别有涉及。

8.1.5 要点讲堂

在本章内容中，我们需要掌握如何在 EDIUS X 中制作镂空文字片头和改变视频播放速度，这是比较核心的步骤，下面介绍相应的内容。

❶ 如何为文字添加关键帧？最重要的一步，就是要把文字添加到视频轨道中，而不是字幕轨道中。如何让文字素材变成镂空文字？需要为文字添加“正片叠底”效果，让文字变成透明状，过滤出视频画面。

❷ 在“素材速度”对话框中，“比率”参数是用来控制视频的速度快慢，方向可以设置视频的顺放或者倒放操作；“时延”是用来控制对应的时间长短；“处理选项”通过是否交错来处理抖动问题。快速播放效果的制作，比如可以设置“比率”参数到 500%，素材时间自动变为原来的 1/5；慢速播放的效果制作，比如可以设置“比率”参数到 20%，素材的时间自动变为原来长度的 5 倍；倒放效果的制作，可以选择“反方向”选项进行设置。

8.2 《在路上》制作流程

本节将为大家介绍汽车宣传视频的制作方法，包括制作镂空文字片头、改变视频的播放速度、添加转场和背景音乐、制作广告文案宣传标语、制作品牌水印片尾和调整视频色调，希望读者能够熟练掌握。

8.2.1 制作文字镂空片头

扫码看视频

镂空文字可以让视频画面慢慢地从文字的放大过程中出现，非常适合用在视频开头的位置，吸引观众。下面介绍在 EDIUS X 中制作镂空文字片头的操作方法。

STEP 01 打开EDIUS X软件，进入“初始化工程”界面，单击“新建工程”按钮，弹出“工程设置”对话框，❶输入工程名称；❷单击“文件夹”文本框右侧的■按钮，设置工程文件的保存路径；❸在“预设列表”列表框中选择相应的工程预设选项；❹单击“确定”按钮，如图8-3所示。

STEP 02 在“素材库”面板中，单击“添加素材”按钮，如图 8-4 所示。

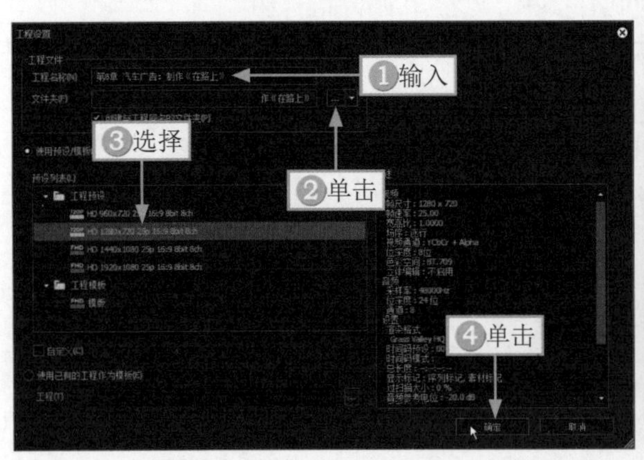

图 8-3 设置工程文件

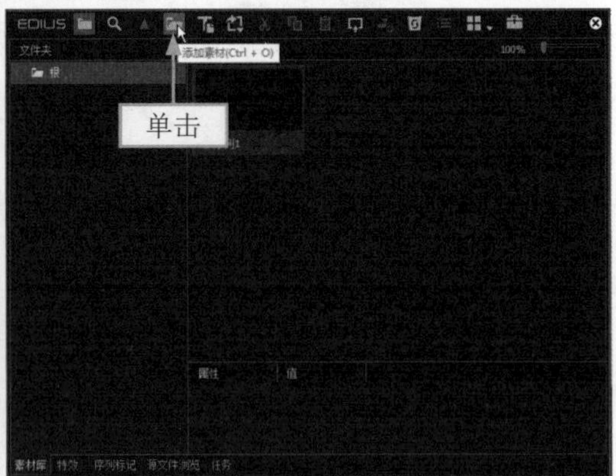

图 8-4 单击“添加素材”按钮

STEP 03 弹出“打开”对话框，❶在相应的文件夹中，按 Ctrl+A 组合键，全选所有的素材；❷单击“打开”按钮，如图 8-5 所示。

STEP 04 ▶▶ 将所有的素材导入“素材库”面板中，选择黑色背景素材，如图 8-6 所示。

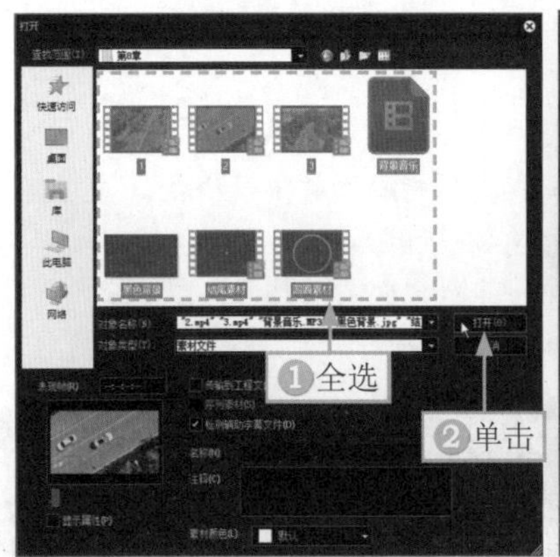

图8-5 全选所有素材

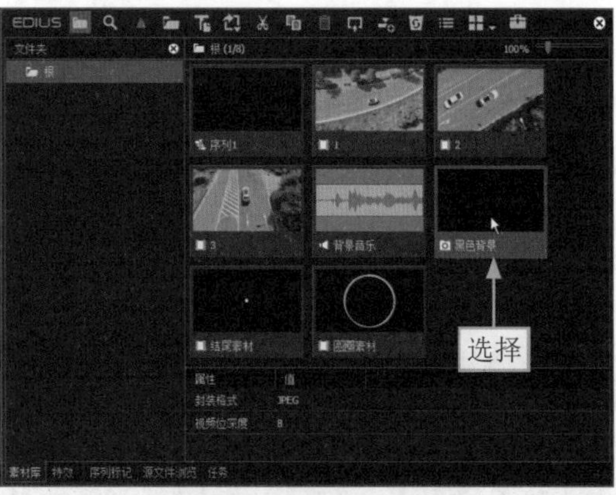

图8-6 选择黑色背景素材

STEP 05 ▶▶ ①将黑色背景素材拖曳至 1VA 主视频轨道中，并调整素材的时长为 7s；②单击“创建字幕”按钮；③在弹出的下拉菜单中选择“在视频轨道上创建字幕”命令，如图 8-7 所示。

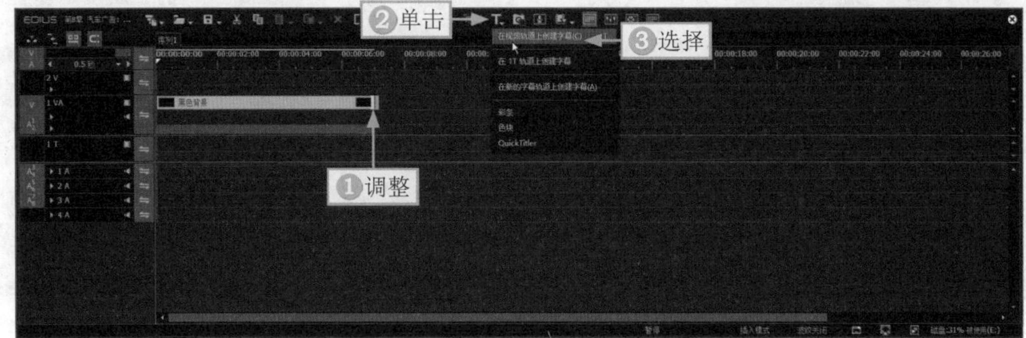

图 8-7 选择“在视频轨道上创建字幕”命令

STEP 06 ▶▶ 进入相应的面板，①在界面中间输入文字内容；②在下方选择一个文字样式；③设置“字距”参数为 5；④选择合适的字体；⑤单击“粗体”按钮；⑥调整文字的位置；⑦选择“文件”|“保存”命令，如图 8-8 所示，保存文字。

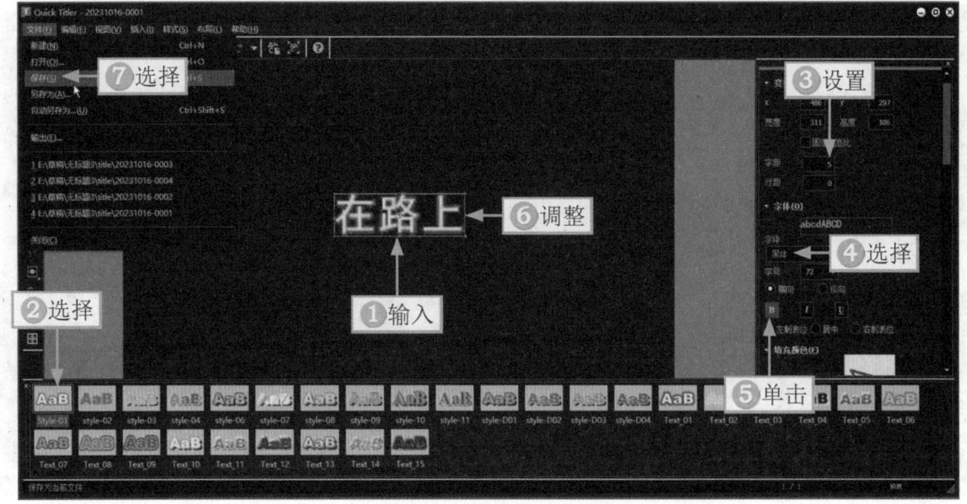

图 8-8 输入文字并设置

专家指点

在选择文字样式的时候，系统会默认选择上一次选择的文字样式，所以可以不用多次更改文字样式。

在轨道面板中创建的字幕效果，EDIUS X都会为字幕效果默认添加淡入淡出特效，使制作的字幕效果与视频更加融合在一起，保持画面的流畅程度。

STEP 07 调整文字的时长，使其与黑色背景素材的时长保持一致，如图 8-9 所示。

STEP 08 在“信息”面板中，双击“视频布局”选项，如图 8-10 所示。

图 8-9 调整文字的时长

图 8-10 双击“视频布局”选项

STEP 09 在“视频布局”对话框中：①放大位置；②选中“视频布局”复选框；③单击“位置”和“伸展”右侧的“添加 / 删除关键帧”按钮，添加关键帧，如图 8-11 所示。

STEP 10 ①拖曳时间滑块至 1s 左右的位置；②继续单击“位置”和“伸展”右侧的“添加 / 删除关键帧”按钮，添加关键帧，如图 8-12 所示。

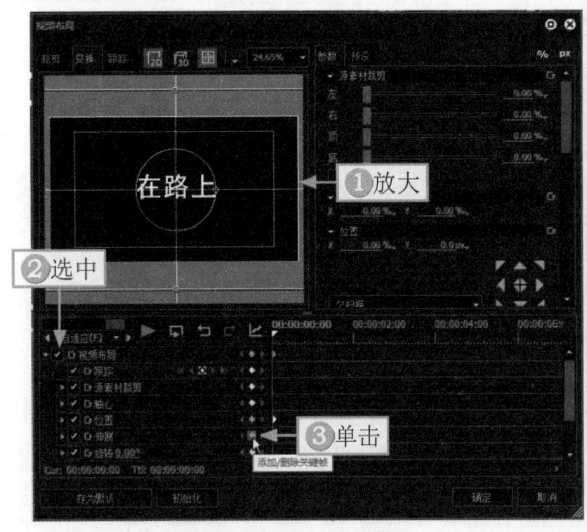

图 8-11 添加关键帧

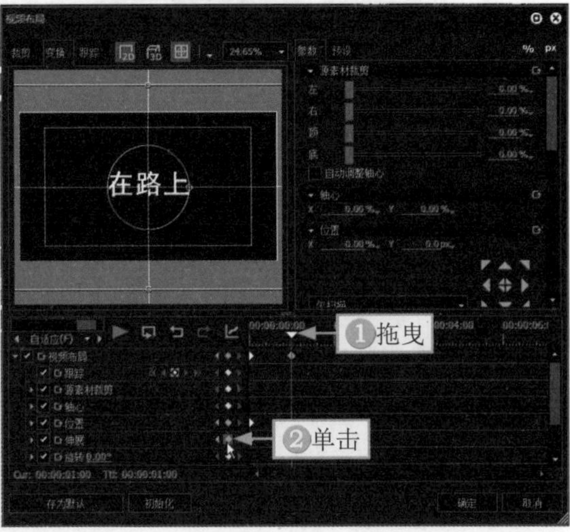

图 8-12 继续添加关键帧

STEP 11 ▶▶ ①拖曳时间滑块至 3s 左右的位置；②设置“拉伸”的 X 参数为 450%，放大文字，如图 8-13 所示。

STEP 12 ▶▶ ①拖曳时间滑块至 4s 左右的位置；②设置“拉伸”的 X 参数为 9999%，放大文字，并调整文字的位置，使白色文字占据画面；③单击“确定”按钮，如图 8-14 所示。

图8-13　放大文字

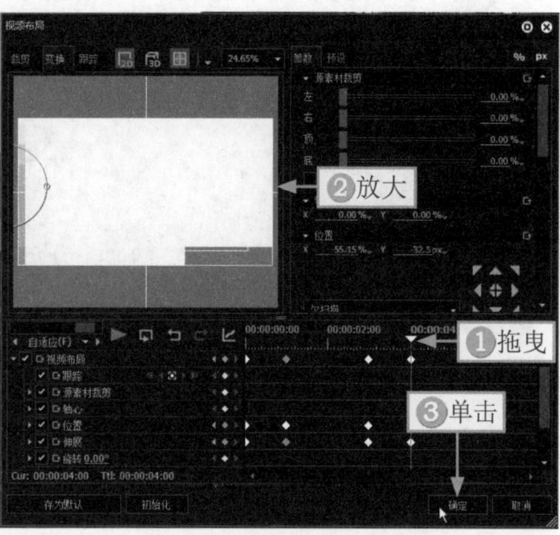

图8-14　放大文字并调整位置

专家指点

更改“位置”参数可以调整素材的位置，更改“拉伸”参数可以调整素材的大小。

STEP 13 ▶▶ 在菜单栏中，选择“文件” | “输出” | “输出到文件”命令，如图 8-15 所示。

STEP 14 ▶▶ 弹出“输出到文件”对话框，①选择 H.264/AVC 格式；②选择“输出器”为 H.264/AVC；③单击“输出”按钮，如图 8-16 所示，导出 MP4 格式的视频。

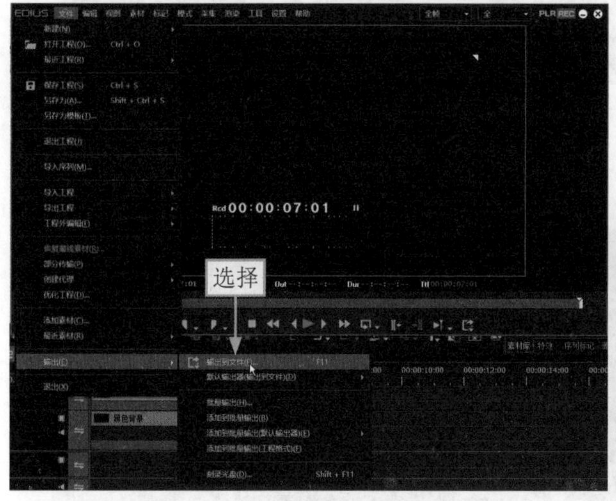

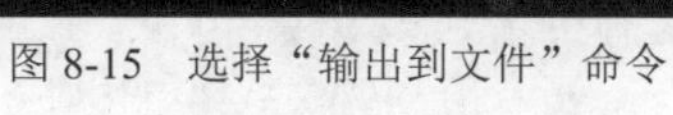

图 8-15　选择“输出到文件”命令

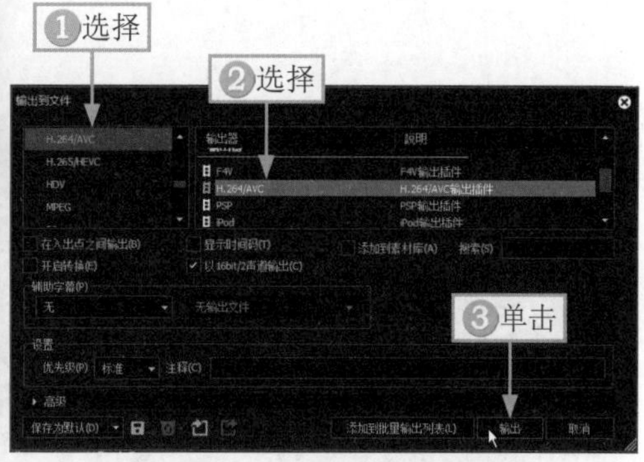

图 8-16　设置视频输出格式

STEP 15 ▶▶ 选择文字素材和黑色背景素材，单击“删除”按钮，如图 8-17 所示，删除所有的素材。

STEP 16 ▶▶ 在“素材库”面板中，单击“添加素材”按钮，如图 8-18 所示。

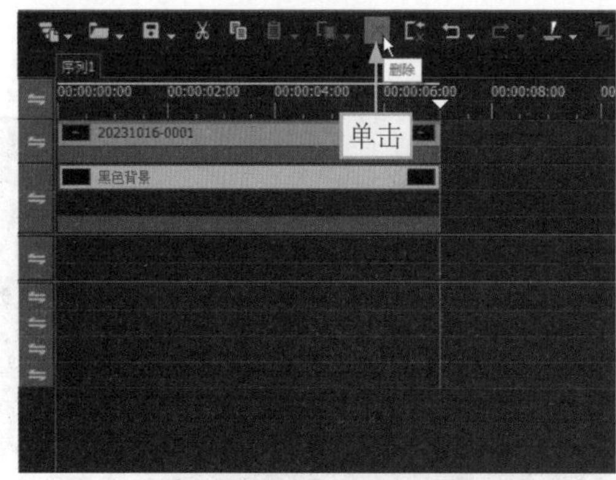

图 8-17　单击“删除”按钮

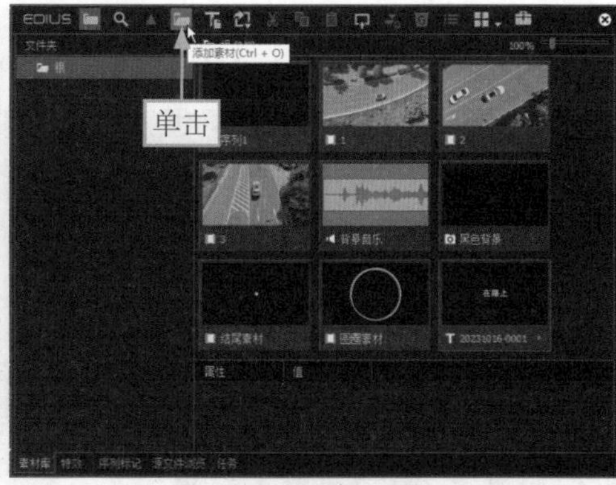

图 8-18　单击“添加素材”按钮

STEP 17 ▶▶ 弹出“打开”对话框，①在相应的文件夹中，选择刚才导出的片头文字素材；②单击“打开”按钮，如图 8-19 所示。

STEP 18 ▶▶ 成功将片头文字素材导入“素材库”面板中，如图 8-20 所示。

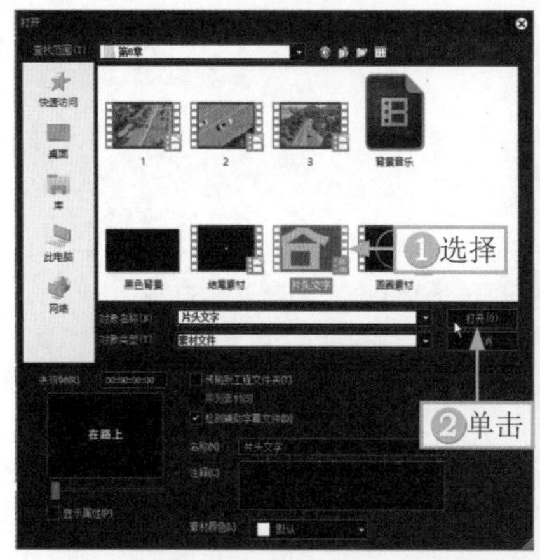

图8-19　选择片头文字素材

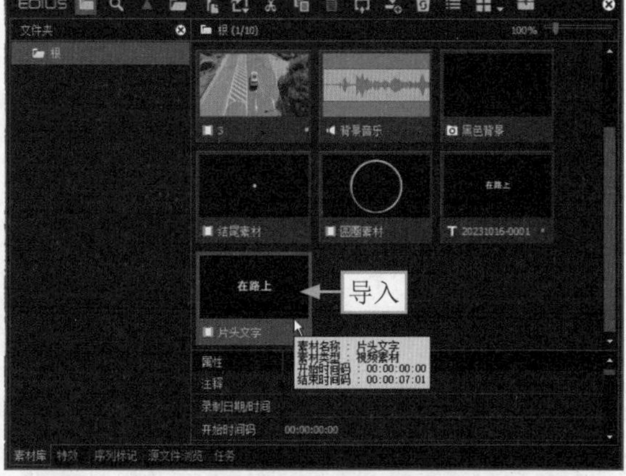

图8-20　将片头文字素材导入“素材库”面板中

STEP 19 ▶▶ 把“素材库”面板中的 3 段视频依次添加到 1VA 主视频轨道中，如图 8-21 所示。

STEP 20 ▶▶ 将片头文字素材拖曳至 2V 视频轨道中，如图 8-22 所示。

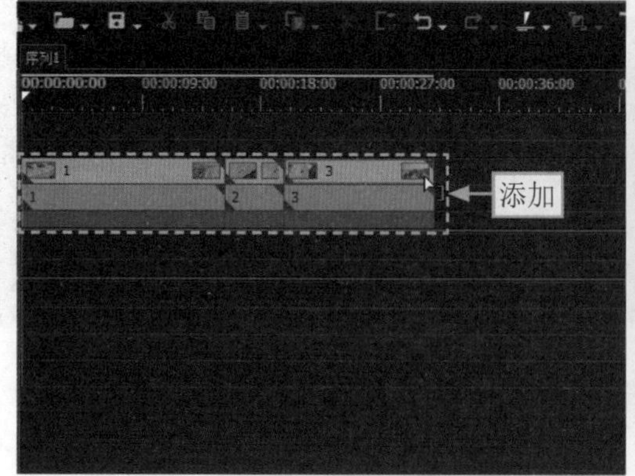

图 8-21　把素材添加到 1VA 主视频轨道中

图 8-22　将片头文字素材拖曳至 2V 视频轨道中

STEP 21 在“特效”面板中，选择“键”下方的“混合”选项，在其设置界面中选择“正片叠底”效果，如图 8-23 所示。

STEP 22 拖曳“正片叠底”效果至片头文字素材的下方，制作镂空文字，并调整片头文字素材的时长为 4s，如图 8-24 所示。

图 8-23　选择“正片叠底”效果

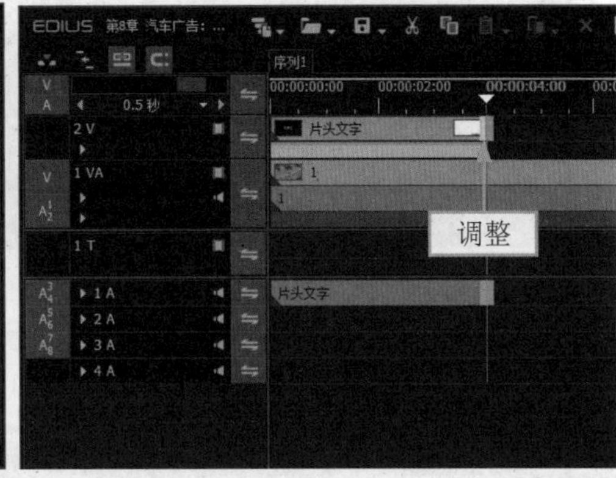

图 8-24　拖曳“正片叠底”效果至片头文字素材的下方

8.2.2　改变视频的播放速度

为了调整视频的时长，可以通过改变视频的播放速度进行调整，可以加快播放速度，也可以放慢播放速度。下面介绍在 EDIUS X 中改变视频播放速度的操作方法。

STEP 01 ①选择第 1 段视频素材，并右击；②在弹出的快捷菜单中选择“时间效果”|“速度”命令，如图 8-25 所示。

STEP 02 弹出“素材速度”对话框，①设置“比率”为 120.00%；②单击“确定”按钮，如图 8-26 所示，加快视频的播放速度。

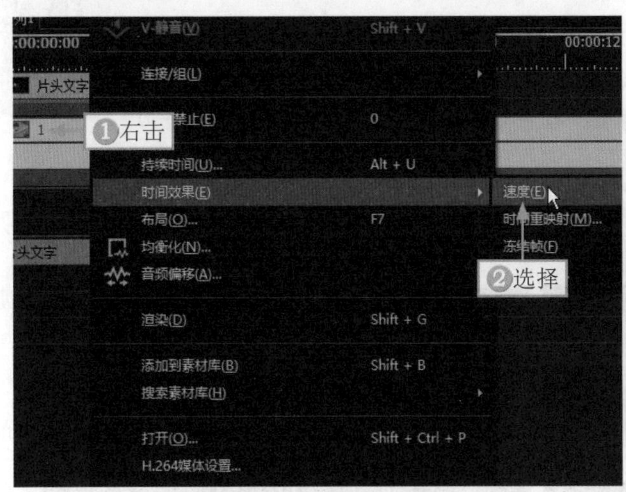

图8-25　选择“速度”命令

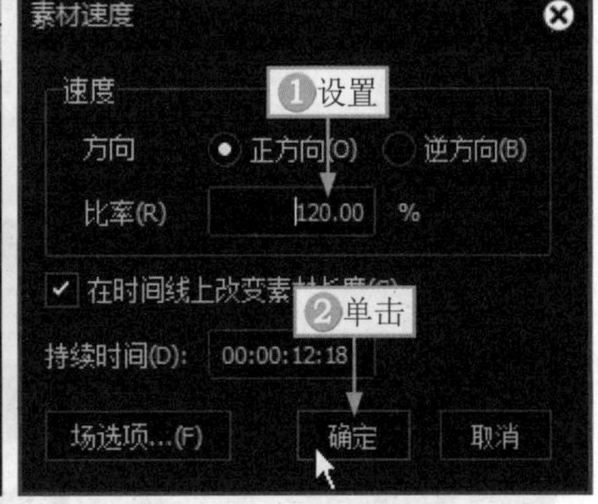

图8-26　设置素材速度

STEP 03 ①选择第3段视频素材，并右击；②在弹出的快捷菜单中选择“时间效果”|“速度”命令，如图8-27所示。

STEP 04 弹出“素材速度”对话框，①设置“比率”为 150.00%；②单击“确定”按钮，如图 8-28 所示，加快视频的播放速度。

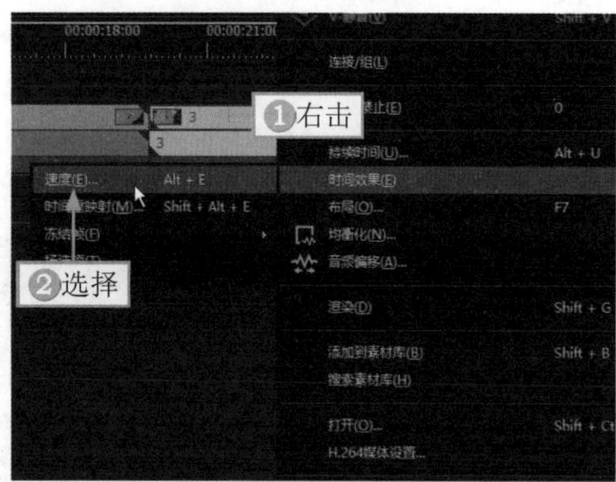

图8-27 选择“速度”命令

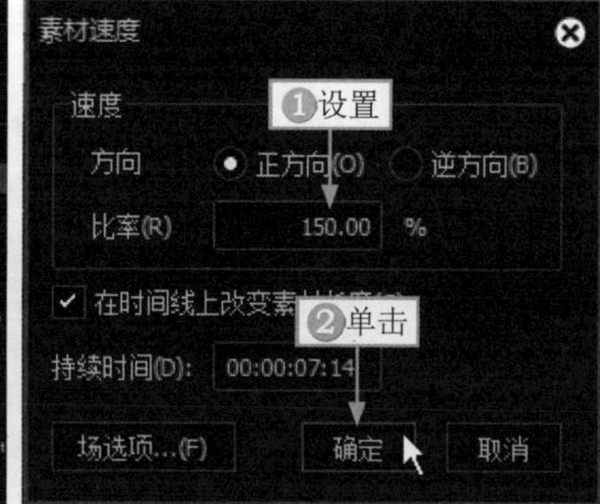

图8-28 设置素材速度

STEP 05 ❶设置第 1 段视频素材的时长为 8s；❷右击视频之间的间隙；❸在弹出的快捷菜单中选择“删除间隙”命令，如图 8-29 所示，让素材对齐。

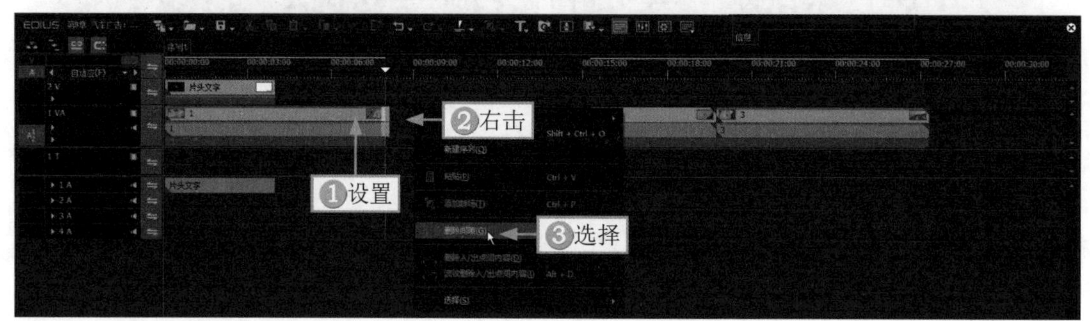

图 8-29 选择“删除间隙”命令

8.2.3 添加转场和背景音乐

扫码看视频

添加转场的作用是为了让素材之间的切换不那么单调，添加合适的背景音乐也可以为视频加分。下面介绍在 EDIUS X 中添加转场和背景音乐的操作方法。

STEP 01 切换至“特效”面板，选择“转场”下方的 3D 选项，在其设置界面中选择“卷页飞出”转场效果，如图 8-30 所示。

STEP 02 按住鼠标左键将其拖曳至第 1 段素材与第 2 段素材之间的位置，释放鼠标左键，即可添加“卷页飞出”转场效果，如图 8-31 所示。

图 8-30 选择“卷页飞出”转场效果

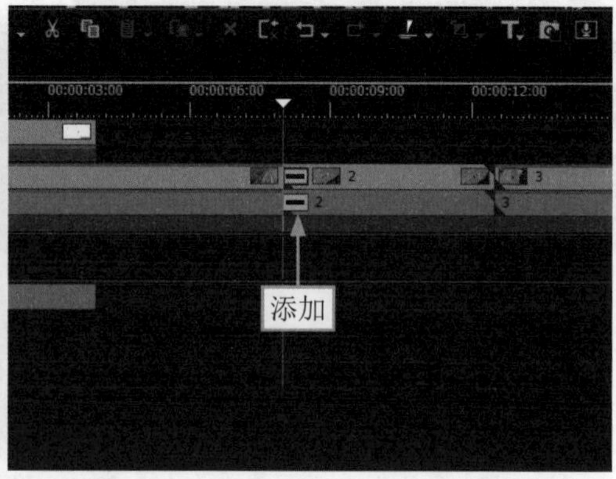

图 8-31 添加“卷页飞出”转场效果

STEP 03 ▶▶ 在 3D 转场设置界面中，选择“3D 溶化”转场效果，如图 8-32 所示。

STEP 04 ▶▶ 按住鼠标左键将其拖曳至第 2 段素材与第 3 段素材之间的位置，释放鼠标左键，即可添加“3D 溶化”转场效果，如图 8-33 所示。

图 8-32　选择“3D 溶化”转场效果

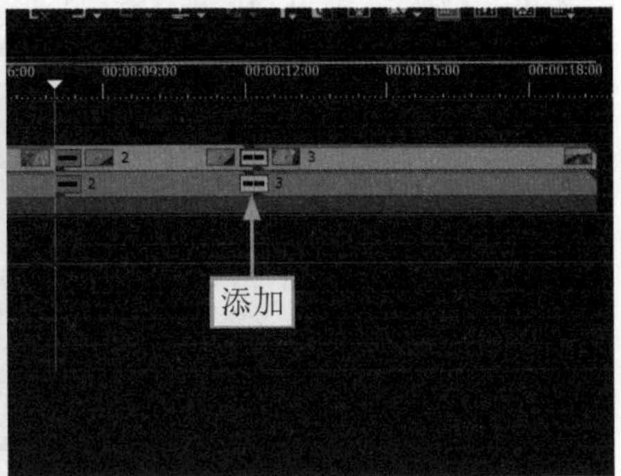

图 8-33　添加“3D 溶化”转场效果

STEP 05 ▶▶ 在“素材库”面板中选择背景音乐素材，如图 8-34 所示。

STEP 06 ▶▶ 将背景音乐素材拖曳至 2A 音频轨道中，并调整其时长，使其与视频的末尾位置保持一致，如图 8-35 所示。

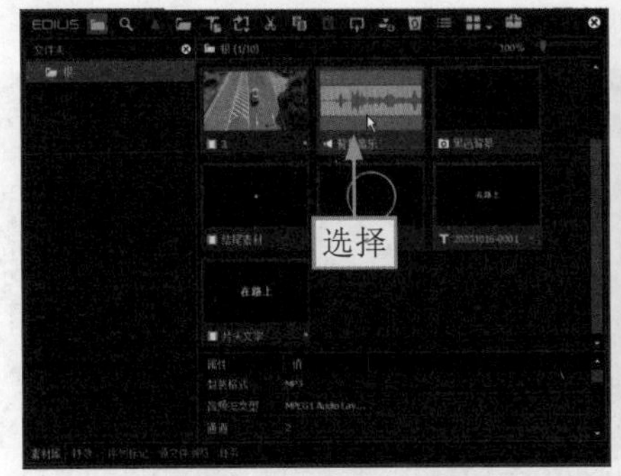

图 8-34　选择背景音乐素材

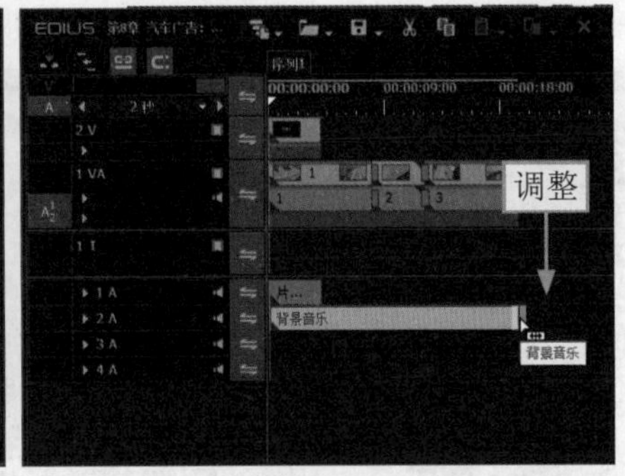

图 8-35　调整背景音乐的时长

8.2.4　制作广告文案宣传标语

文案对于宣传视频而言，是非常重要的元素，制作广告文案宣传标语，一定要简单、直白，让观众快速了解亮点。下面介绍在 EDIUS X 中制作广告文案宣传标语的操作方法。

STEP 01 ▶▶ ❶拖曳时间滑块至片头文字素材的末尾位置；❷单击“创建字幕”按钮；❸在弹出的下拉菜单中选择“在1T轨道上创建字幕”命令，如图8-36所示。

图8-36　选择“在1T轨道上创建字幕”命令

STEP 02 ⋙ 进入相应的面板，❶在界面下方输入文字内容；❷选择合适的字体；❸设置“字号”为 48；❹单击“粗体”按钮B；❺调整文字的位置；❻选择“文件”|“保存”命令，如图 8-37 所示，保存文字。

图 8-37 输入文字并设置

STEP 03 ⋙ ❶调整文字的时长，使其与第 1 段素材的末尾位置对齐；❷在第 1 段转场的结束位置单击“创建字幕”按钮T；❸在弹出的下拉菜单中选择“在 1T 轨道上创建字幕”命令，如图 8-38 所示。

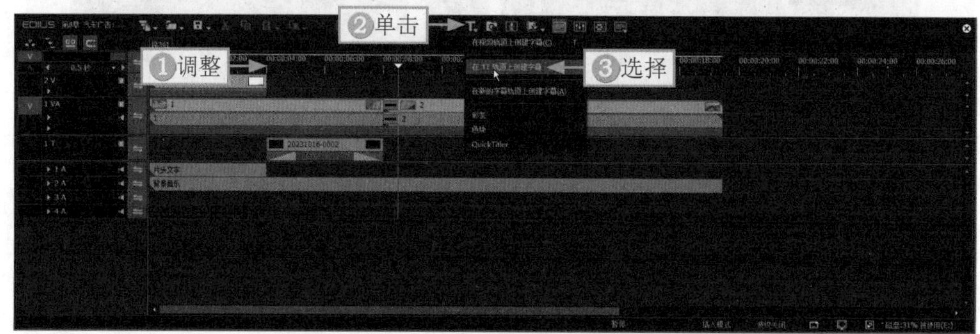

图 8-38 选择“在 1T 轨道上创建字幕”命令

STEP 04 ⋙ 进入相应的面板，❶在界面下方输入文字内容；❷选择合适的字体；❸设置“字号”为 48；❹单击“粗体”按钮B；❺调整文字的位置；❻选择“文件”|“保存”命令，如图 8-39 所示，保存文字。

图8-39 输入文字并设置

STEP 05 ▶▶ ①调整文字的时长，使其与第 2 段素材的末尾位置对齐；②在第 2 段转场的结束位置单击“创建字幕”按钮T；③在弹出的下拉菜单中选择“在 1T 轨道上创建字幕”命令，如图 8-40 所示。

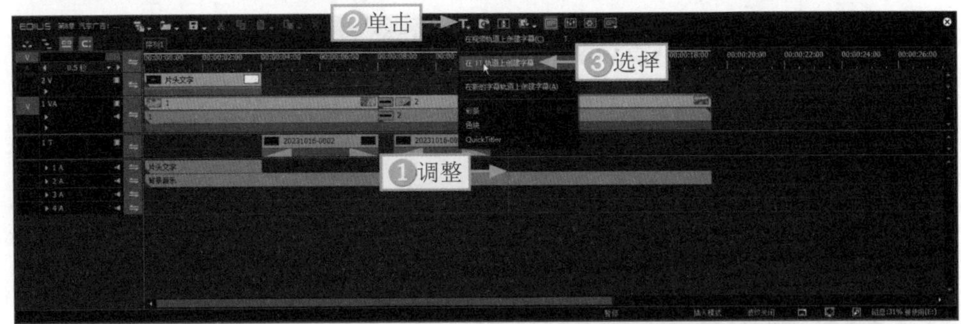

图 8-40 选择“在 1T 轨道上创建字幕”命令

STEP 06 ▶▶ 进入相应的面板，①在界面上方输入文字内容；②选择合适的字体；③设置“字号”为 48；④单击“粗体”按钮B；⑤调整文字的位置；⑥选择“文件” | “保存”命令，如图 8-41 所示，保存文字。

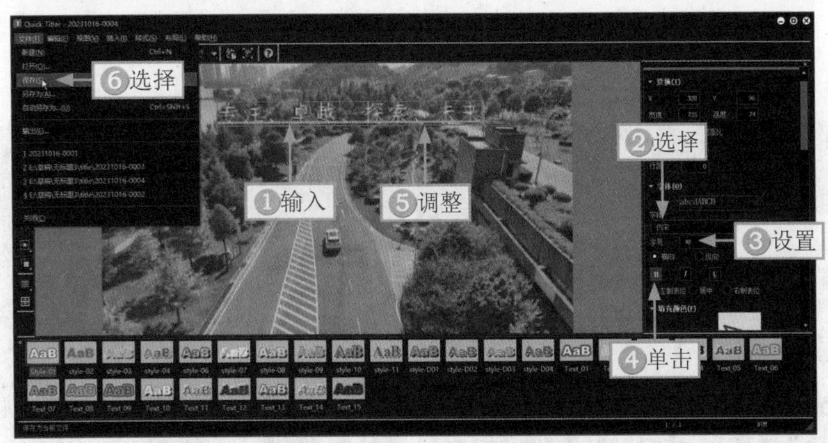

图8-41 输入文字并设置

8.2.5 制作品牌水印片尾

添加片尾，可以让观众知道视频已经结束。为视频制作品牌水印，可以让观众了解品牌的名称，达到宣传的效果。下面介绍在 EDIUS X 中制作广告文案宣传标语的操作方法。

STEP 01 ▶▶ ①调整文字的时长，使其对齐视频 16s 左右的位置；②在文字后面单击“创建字幕”按钮T；③在弹出的下拉菜单中选择“在 1T 轨道上创建字幕”命令，如图 8-42 所示。

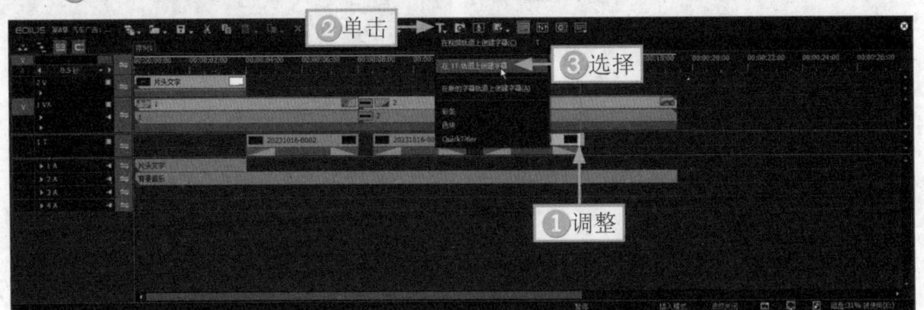

图 8-42 选择“在 1T 轨道上创建字幕”命令

STEP 02 进入相应的面板，①在界面中间输入文字内容；②选择合适的字体；③设置“字号”为 48；④单击“粗体”按钮B；⑤调整文字的位置；⑥选择“文件”|“保存”命令，如图 8-43 所示，保存文字。

图 8-43 输入文字并设置

STEP 03 调整文字的时长，使其与视频末尾的位置对齐，如图 8-44 所示。

STEP 04 在“素材库”面板中选择结尾素材，如图 8-45 所示。

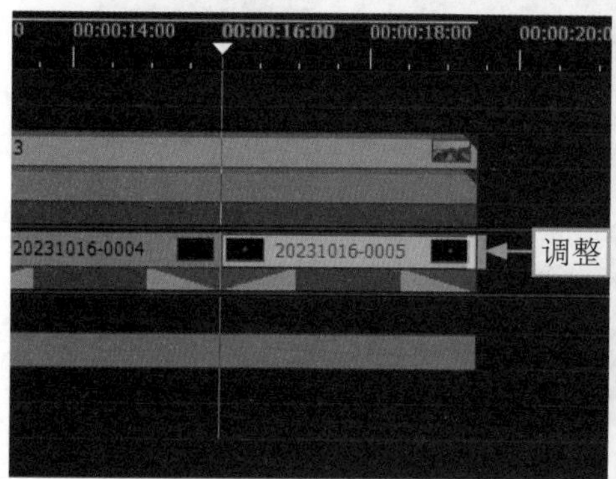

图 8-44 调整文字的时长

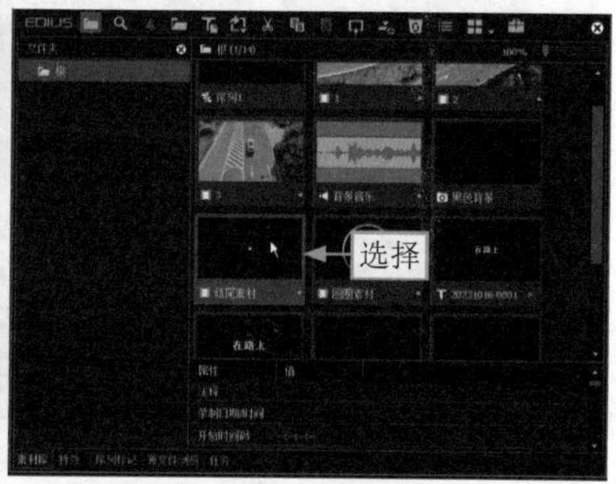

图 8-45 选择结尾素材

STEP 05 ①将结尾素材拖曳至 1VA 主视频轨道的后面位置；②将圆圈素材拖曳至 2V 视频轨道中；③调整文字的时长，如图 8-46 所示。

STEP 06 在“特效”面板中，选择“键”下方的“混合”选项，在其设置界面中选择“滤色模式”效果，如图 8-47 所示，抠除圆圈。

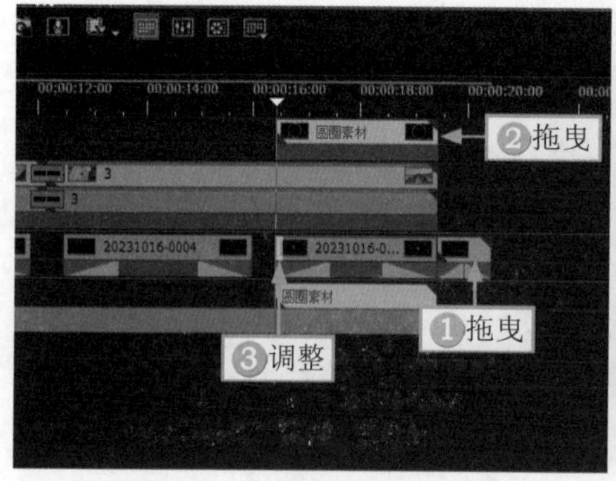

图 8-46 调整第 3 段文字的时长

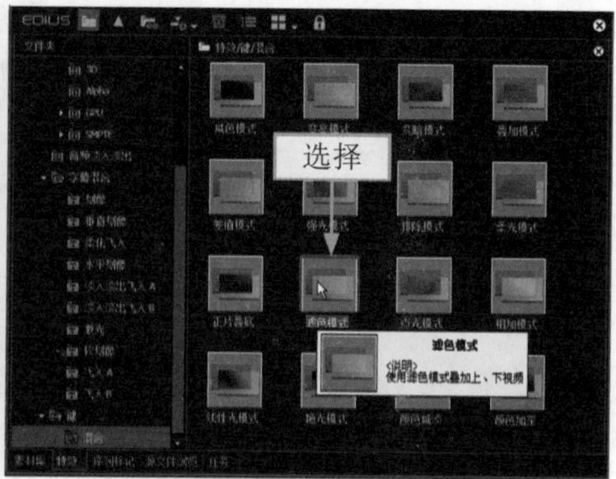

图 8-47 选择“滤色模式”效果

STEP 07 ▶▶ 拖曳“滤色模式”效果至圆圈素材的下方，抠除圆圈，并选择圆圈素材，如图 8-48 所示。

STEP 08 ▶▶ 在“信息”面板中，双击“视频布局”选项，如图 8-49 所示。

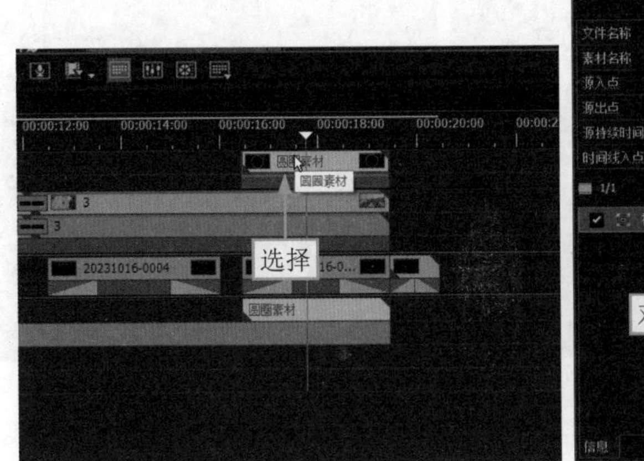

图 8-48 选择圆圈素材

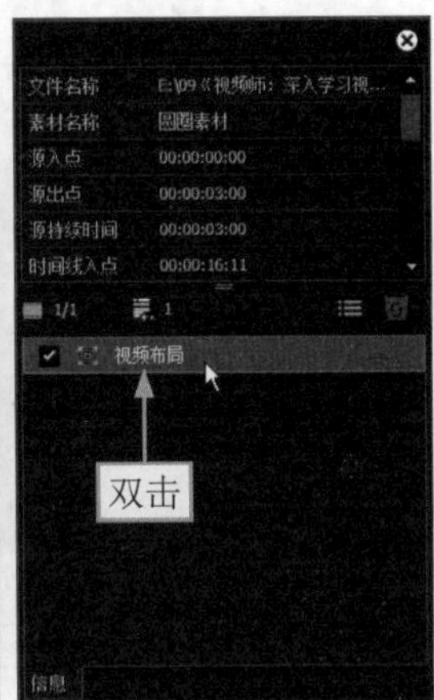

图 8-49 双击“视频布局”选项

STEP 09 ▶▶ 弹出“视频布局”对话框；❶缩小圆圈素材；❷单击“确定”按钮，把文字包裹在圆圈里，如图 8-50 所示，制作品牌水印。

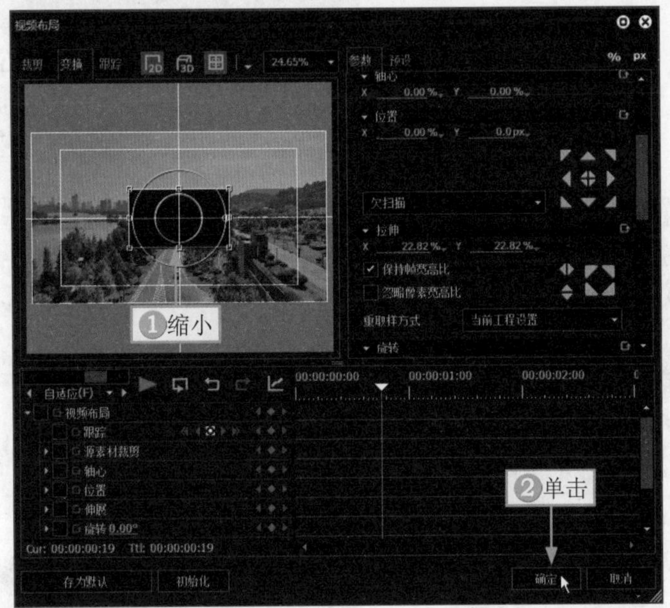

图 8-50 缩小圆圈素材

8.2.6 调整视频的色调

如果视频的色调不是很好看，可以为视频添加滤镜效果，进行调色。下面介绍在 EDIUS X 中调整视频色调的操作方法。

STEP 01 ▶▶ ❶单击“特效”标签，进入“特效”面板；❷在“视频滤镜”下方的“色彩校正”滤镜组中选择“色彩平衡”滤镜效果，如图 8-51 所示。

STEP 02 ▶▶ 在选择的滤镜效果上，按住鼠标左键将其拖曳至 1VA 主视频轨道中第 1 段视频素材的上方，释放鼠标左键，即可添加“色彩平衡”滤镜效果，如图 8-52 所示。

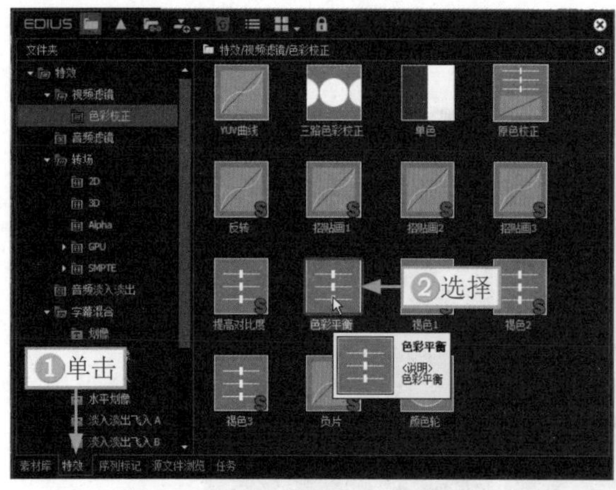

图 8-51　选择“色彩平衡”滤镜效果

图 8-52　添加“色彩平衡”滤镜效果

STEP 03 ▶▶ 在“信息”面板中，双击“色彩平衡”滤镜，如图 8-53 所示。

STEP 04 ▶▶ 弹出“色彩平衡”对话框，①设置“色度”参数为 -1、“青 - 红”参数为 -8；②单击“确定”按钮，调整视频画面的色调，使其偏冷色调，如图 8-54 所示。

图 8-53　双击“色彩平衡”滤镜

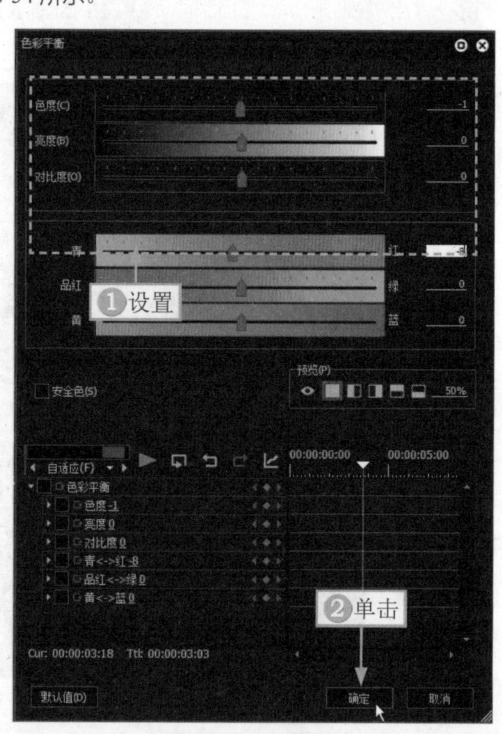

图 8-54　设置参数

STEP 05 ▶▶ ①选择第 1 段视频素材，并右击；②在弹出的快捷菜单中选择“复制”命令，如图 8-55 所示。

STEP 06 ▶▶ ①选择第 2 段视频素材，并右击；②在弹出的快捷菜单中选择“粘贴”|“滤镜”命令，如图 8-56 所示，快速为第 2 段视频素材调色。使用同样的方法，为第 3 段视频素材粘贴相同的滤镜效果。

STEP 07 ▶▶ 单击 1VA 主视频轨道左侧的“音频静音”按钮，关闭视频原声，使全局只有背景音乐的声音，如图 8-57 所示。

图 8-55 选择“复制”命令

图 8-56 选择“滤镜”命令

图 8-57 单击“音频静音”按钮

专家指点

在“色彩平衡”对话框中，用户不仅可以通过手动拖曳的方式来调整各参数值，还可以通过手动输入数值的方式，输入相应的参数值。

① “色度”参数滑块：拖曳该滑块，可以调整图像的色度值。

② “亮度”参数滑块：拖曳该滑块，可以调整图像的亮度值。

③ “对比度”参数滑块：拖曳该滑块，可以调整图像的对比度值。

④ “青-红”参数滑块：拖曳该滑块，可以调整图像的青色、红色值。

⑤ “品红-绿”参数滑块：拖曳该滑块，可以调整图像的品红、绿色值。

⑥ “黄-蓝”参数滑块：拖曳该滑块，可以调整图像的黄色、蓝色值。

第9章 情绪短片：制作《一个人的时光》

情绪短片是指视频带有情绪，如喜怒哀乐等情绪的视频。在情绪短片里，一般是让模特通过本身的表情和肢体动作传递情绪。在剪辑视频的时候，需要根据具体内容、具体情绪、具体表达来进行。为了传达出更具体的情绪，可以为视频添加台词音频，解说情绪，让观众慢慢体会和感受情绪。

9.1 《一个人的时光》效果展示

情绪短片在拍摄之后，前期只是一些片段和素材，可能情绪感不会很足，如何把视频的情绪传递给观众呢？需要在后期剪辑和制作的时候，为视频添加和制作出与情绪风格相切合的内容，让各素材片段之间的联系更紧密，视频主题更突出。

在制作《一个人的时光》视频之前，我们首先来欣赏本案例的视频效果，并了解案例的学习目标、制作思路、知识讲解和要点讲堂。

9.1.1 效果欣赏

《一个人的时光》情绪短片的画面效果如图 9-1 所示，主要展示了笔刷片头、台词字幕和字幕滚动片尾等内容。

图 9-1 《一个人的时光》画面效果

9.1.2 学习目标

知识目标	掌握情绪短片的制作方法
技能目标	（1）掌握在EDIUS X中制作笔刷开场片头的操作方法 （2）掌握添加台词音频和音乐的操作方法 （3）掌握添加视频边框特效的操作方法 （4）掌握复制和粘贴文案内容的操作方法 （5）掌握为夕阳视频进行调色的操作方法 （6）掌握制作字幕滚动片尾的操作方法
本章重点	制作笔刷开场片头和添加台词音频、音乐
本章难点	制作字幕滚动片尾
视频时长	13分51秒

9.1.3 制作思路

本案例首先介绍在 EDIUS X 中制作笔刷开场片头，然后添加台词音频和音乐、添加视频边框特效、复制和粘贴文案内容、为夕阳视频进行调色和制作字幕滚动片尾。图 9-2 所示为本案例视频的制作思路。

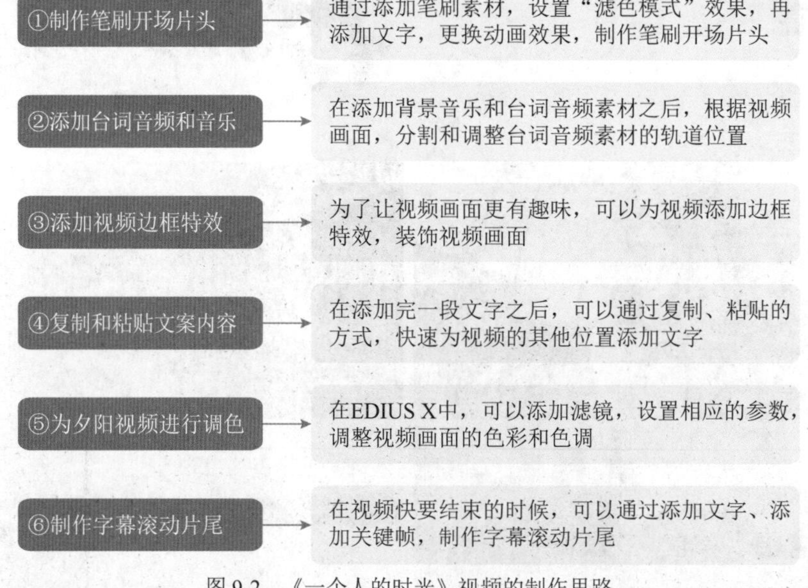

图 9-2 《一个人的时光》视频的制作思路

9.1.4 知识讲解

文字素材的动画效果可以删除和更改，在“特效”面板的“字幕混合”选项中，有许多类型的文字动画效果可供选择。在选择文字动画效果之后，还可以删除入场或者出场动画，也可以通过拖曳的方式，调整动画的时长。

为了让画面更有情绪，可以添加台词音频素材和背景音乐。如果只有背景音乐，情绪可能不够强烈，相反，如果只有台词，画面可能会变得干巴，所以需要台词与背景音乐相互配合，这样才能调动情绪。在剪辑的过程中，需要合理规划好台词音频的轨道位置，做到音画统一。

9.1.5 要点讲堂

在本章内容中，我们需要掌握如何在 EDIUS X 中复制、粘贴文案内容和制作字幕滚动片尾，这是比较核心的步骤，下面介绍相应的内容。

❶ 在 EDIUS X 中，用户可以复制文字，再把文字粘贴在其他轨道位置上，然后再更改文字内容，这样可以保证文字的样式不会变动，只需要更改文字内容即可，这种复制、粘贴文案的处理方式，可以提升剪辑效率。

❷ 在制作字幕片尾的时候，用户需要在视频轨道中添加文字，这样才可以添加关键帧，制作文字动画。

9.2 《一个人的时光》制作流程

本节将为大家介绍情绪短片的制作方法，包括制作笔刷开场片头、添加台词音频和音乐、添加视频边框特效、复制和粘贴文案内容、为夕阳视频进行调色和制作字幕滚动片尾，希望读者能够熟练掌握。

9.2.1 制作笔刷开场片头

扫码看视频

在添加笔刷素材之后，可以添加相应的文字，制作笔刷开场片头，不过需要设置相应的文字动画，让开场画面同步展示。下面介绍在 EDIUS X 中制作笔刷开场片头的操作方法。

STEP 01 单击“新建工程”按钮，弹出“工程设置”对话框，❶输入工程名称；❷单击“文件夹”文本框右侧的■按钮，设置保存路径；❸在“预设列表”列表框中选择相应的工程预设选项；❹单击“确定”按钮，如图 9-3 所示。

STEP 02 在“素材库”面板中，单击“添加素材”按钮，如图 9-4 所示。

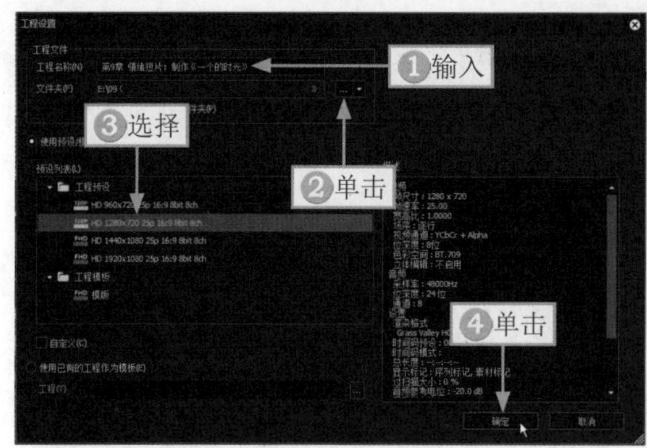

图9-3 设置工程文件

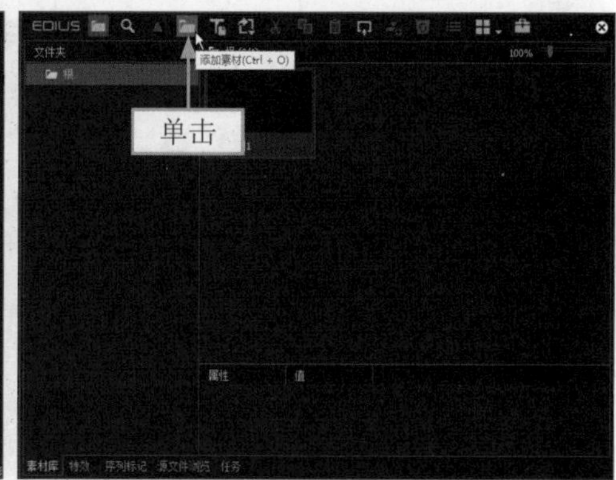

图9-4 单击“添加素材”按钮

STEP 03 弹出“打开”对话框，❶在相应的文件夹中，按 Ctrl+A 组合键，全选所有的素材；❷单击“打开”按钮，如图 9-5 所示。

STEP 04 把素材添加到“素材库”面板中，❶按住 Shift 键，选中 6 段视频素材；❷选择第 1 段视频素材，如图 9-6 所示。

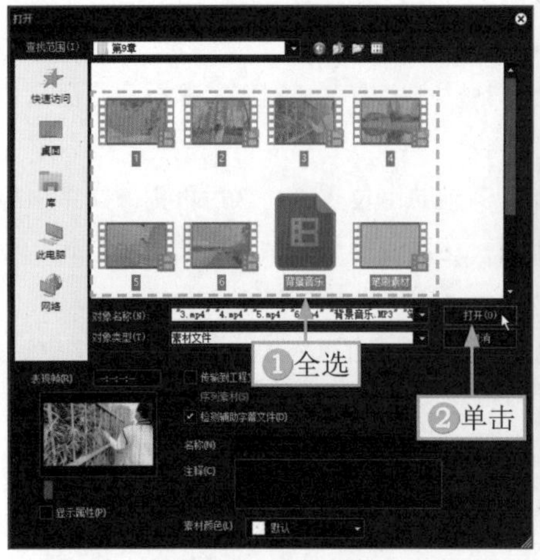

图 9-5　全选素材

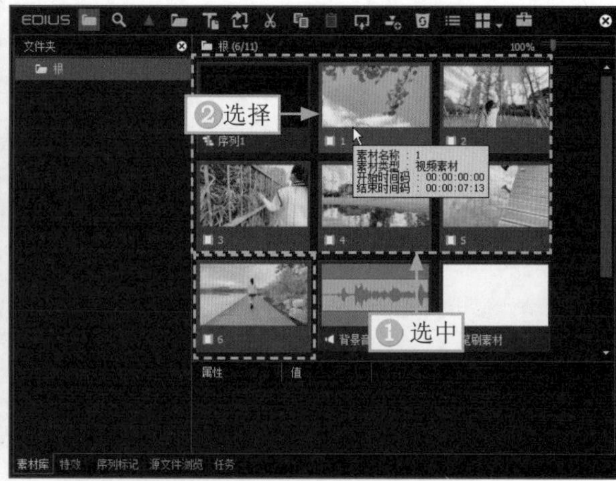

图 9-6　选择第 1 段视频素材

STEP 05 ▶▶ 将 6 段视频素材按顺序拖曳至 1VA 主视频轨道中，如图 9-7 所示。

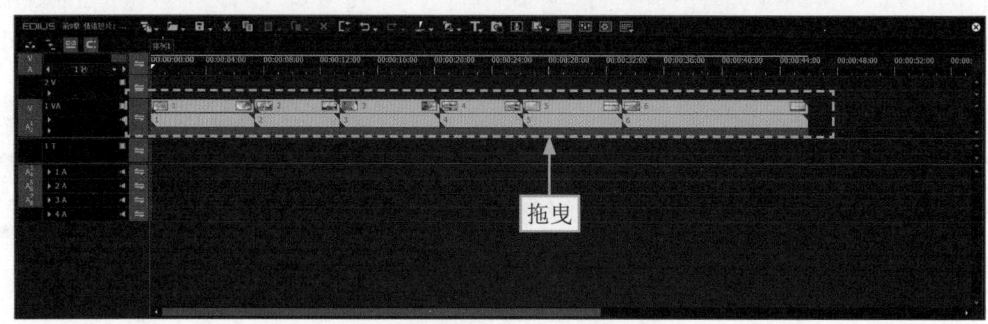

图 9-7　拖曳素材至 1VA 主视频轨道中

STEP 06 ▶▶ 在“素材库”面板中，选择笔刷素材，如图 9-8 所示。

STEP 07 ▶▶ 将笔刷素材拖曳至 2V 视频轨道中，如图 9-9 所示。

图 9-8　选择笔刷素材

图 9-9　将笔刷素材拖曳至 2V 视频轨道中

STEP 08 ▶▶ 在“特效”面板中，选择“键”下方的“混合”选项，在其设置界面中选择“滤色模式”效果，如图 9-10 所示。

STEP 09 ▶▶ 拖曳“滤色模式”效果至笔刷素材的下方，如图 9-11 所示，抠出效果。

STEP 10 ▶▶ ①拖曳时间滑块至视频 1s 左右的位置；②单击“创建字幕”按钮；③在弹出的下拉菜单中选择“在 1T 轨道上创建字幕”命令，如图 9-12 所示。

图9-10 选择“滤色模式”效果

图9-11 拖曳“滤色模式”效果至笔刷素材的下方

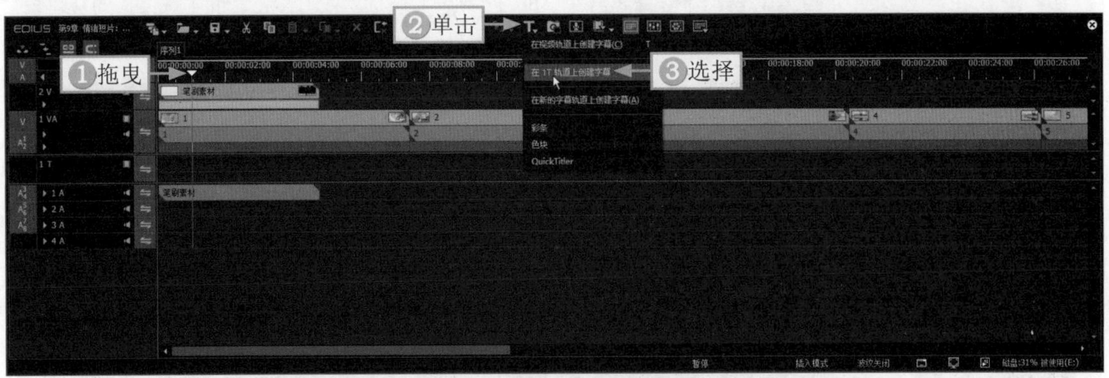

图 9-12 选择“在 1T 轨道上创建字幕”命令

STEP 11 进入相应的面板，①在界面中间输入文字内容；②在下方选择一个样式；③选择合适的字体；④调整文字的画面位置；⑤选择“文件”|“保存”命令，如图 9-13 所示，保存文字。

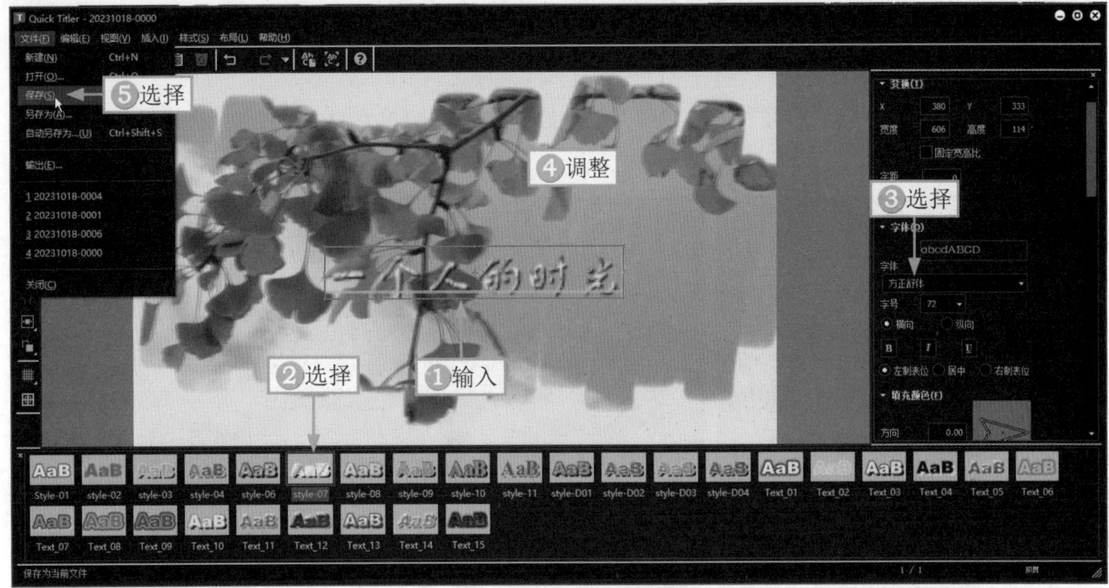

图 9-13 输入文字并设置

STEP 12 调整文字的时长，使其末尾位置与第 1 段素材的末尾位置对齐，如图 9-14 所示。

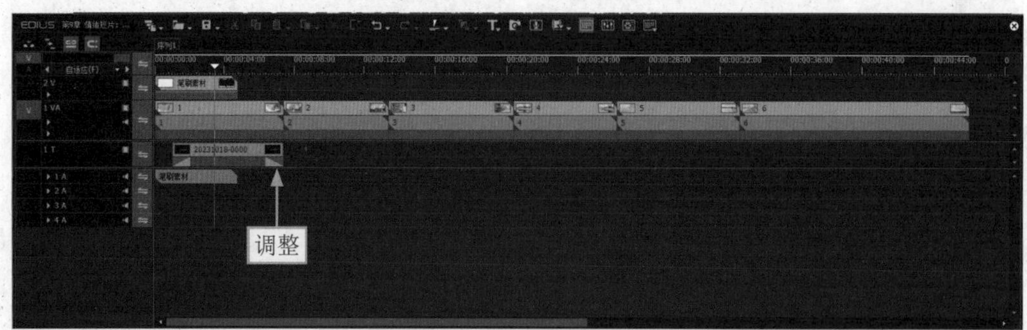

图 9-14　调整文字的时长

STEP 13 ①选择文字下方的动画效果；②单击“删除”按钮■，如图 9-15 所示，删除效果。

STEP 14 在“特效”面板中，选择“字幕混合”下方的“划像”选项，在其设置界面中选择“向右划像”效果，如图 9-16 所示。

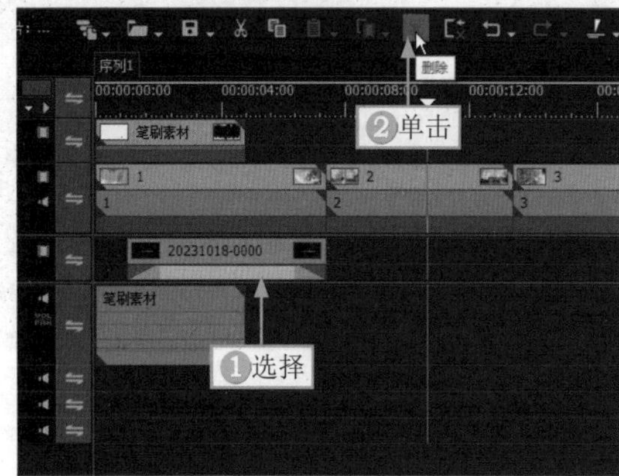

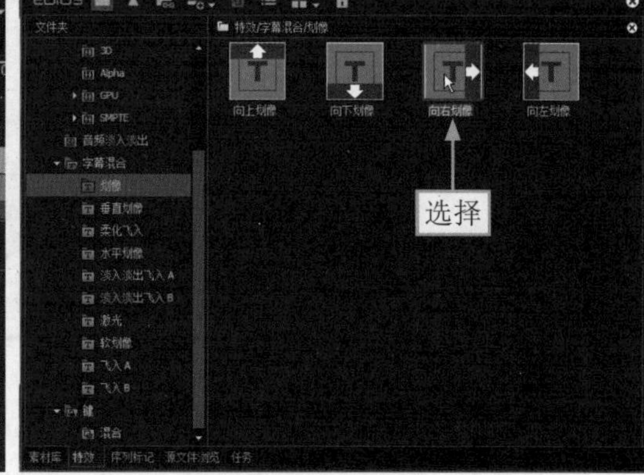

图 9-15　单击“删除”按钮　　图 9-16　选择“向右划像”效果

STEP 15 把“向右划像”效果拖曳至文字的下方，在“信息”面板中，选择第 2 个“向右划像”效果，如图 9-17 所示，按 Delete 键，删除效果。

STEP 16 向左拖曳文字下方的“向右划像”动画效果，至视频 00:00:02:24 的位置，增加效果的持续时间，如图 9-18 所示。

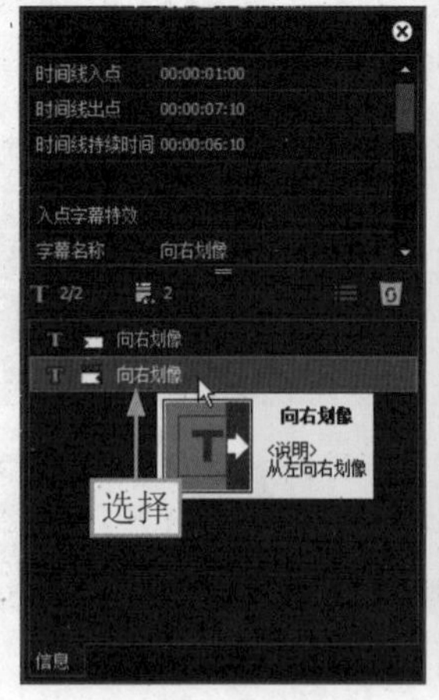

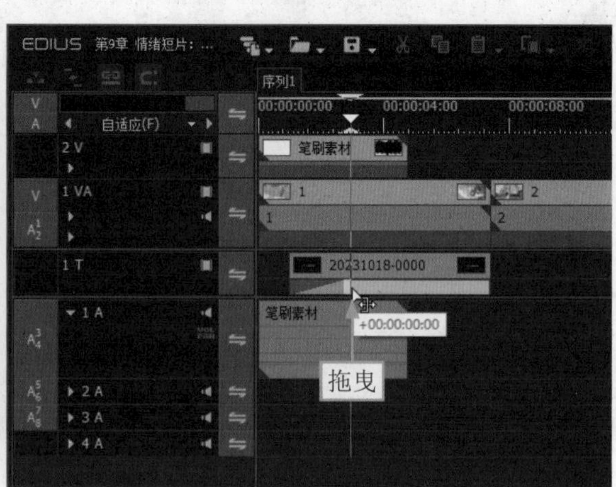

图 9-17　选择效果　　图 9-18　拖曳动画效果

9.2.2 添加台词音频和音乐

添加台词音频的作用是为了让画面更有情绪感，添加背景音乐也是为了烘托情绪。下面介绍在 EDIUS X 中添加台词音频和音乐的操作方法。

STEP 01 在"素材库"面板中，选择背景音乐素材，如图 9-19 所示。

STEP 02 将背景音乐素材拖曳至 2A 音频轨道中，并调整其时长，如图 9-20 所示。

图 9-19 选择背景音乐素材

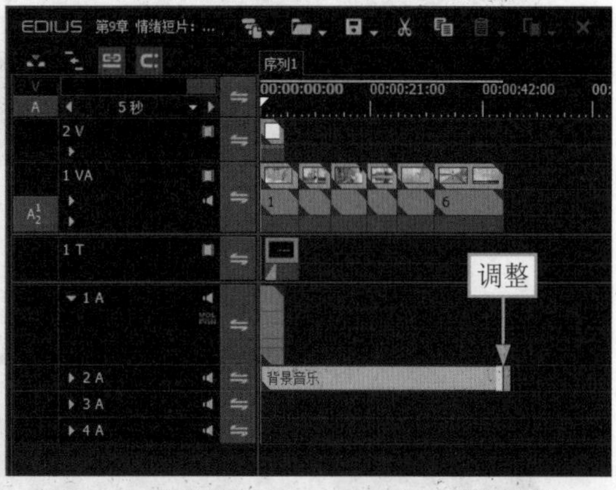

图 9-20 将背景音乐素材拖曳至 2A 音频轨道中

STEP 03 在"素材库"面板中，选择台词音频素材，如图 9-21 所示。

STEP 04 将台词音频素材拖曳至 1A 音频轨道中，使其起始位置与第 2 段素材的起始位置对齐，如图 9-22 所示。

图 9-21 选择台词音频素材

图 9-22 将台词音频素材拖曳至 1A 音频轨道中

STEP 05 ①选择台词音频素材；②拖曳时间滑块至第一句台词结束的位置；③单击"添加剪切点 - 选定轨道"按钮，如图 9-23 所示，分割音频素材。

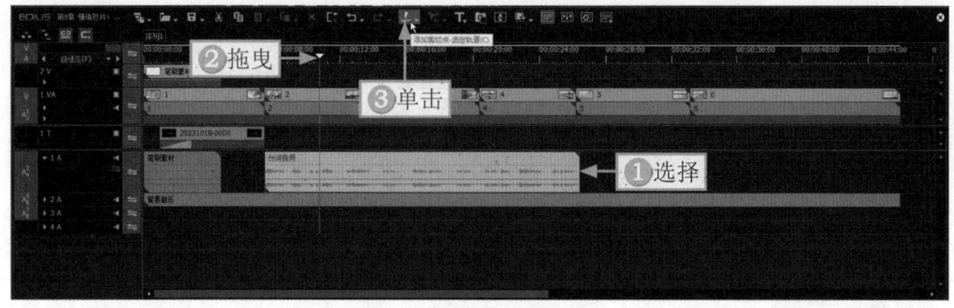

图9-23 分割音频素材（1）

STEP 06 ①调整分割后的音频素材的轨道位置，使其起始位置与第 3 段素材的起始位置对齐；②拖曳时间滑块至第 2 句台词结束的位置；③单击“添加剪切点 - 选定轨道”按钮，如图 9-24 所示，分割音频素材。

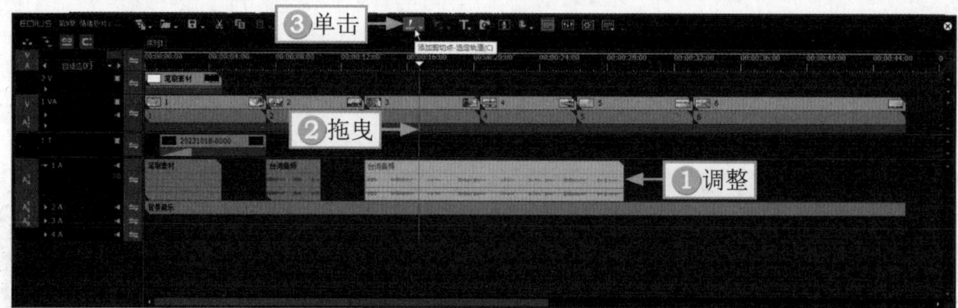

图9-24　分割音频素材（2）

STEP 07 ①调整分割后的音频素材的轨道位置，使其起始位置与第 4 段素材的起始位置对齐；②拖曳时间滑块至第 3 句台词结束的位置；③单击“添加剪切点 - 选定轨道”按钮，如图 9-25 所示，分割音频素材。

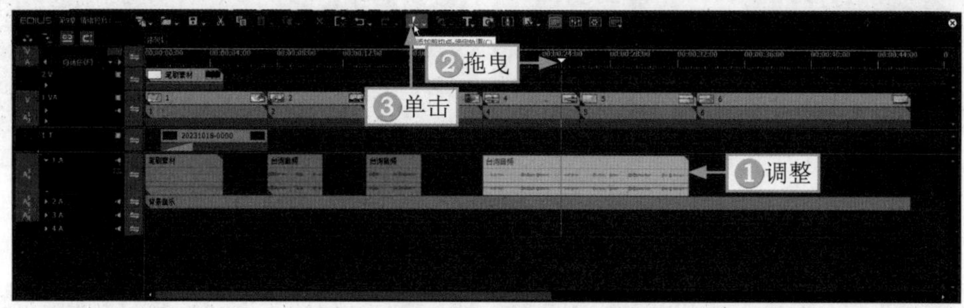

图 9-25　分割音频素材（3）

STEP 08 ①调整分割后的音频素材的轨道位置，使其起始位置与视频 27s 左右的位置对齐；②拖曳时间滑块至第 4 句台词结束的位置；③单击“添加剪切点 - 选定轨道”按钮，如图 9-26 所示，分割音频素材。

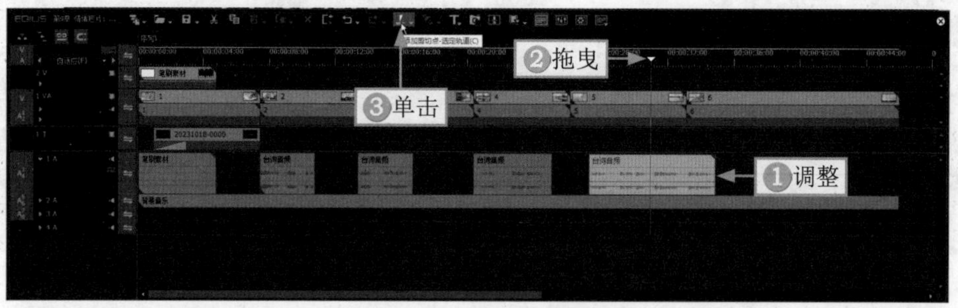

图 9-26　分割音频素材（4）

STEP 09 调整分割后的音频素材的轨道位置，使其起始位置与第 6 段素材的起始位置对齐，如图 9-27 所示。

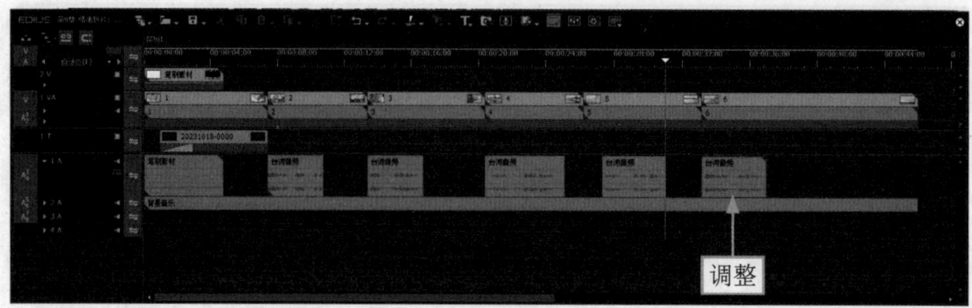

图9-27　调整轨道位置

9.2.3 添加视频边框特效

为了让视频画面形式更加多样、画面内容更丰富，可以为视频添加边框特效。下面介绍在 EDIUS X 中添加视频边框特效的操作方法。

STEP 01 在“素材库”面板中，选择边框特效素材，如图 9-28 所示。

STEP 02 ①将边框特效素材拖曳至 2V 视频轨道中，使其起始位置与第 2 段素材的起始位置对齐，并右击；②在弹出的快捷菜单中选择“连接 / 组”|“解组”命令，如图 9-29 所示，把视频和音频分离出来。

图 9-28 选择边框特效素材

图 9-29 选择“解组”命令

专家指点

视频素材就算没有声音，也会附带音频素材，需要解组处理。

STEP 03 ①选择分离出来的音频素材；②单击“删除”按钮■，如图 9-30 所示。

STEP 04 ①右击素材之间的间隙；②在弹出的快捷菜单中选择“删除间隙”命令，如图 9-31 所示，让素材对齐。

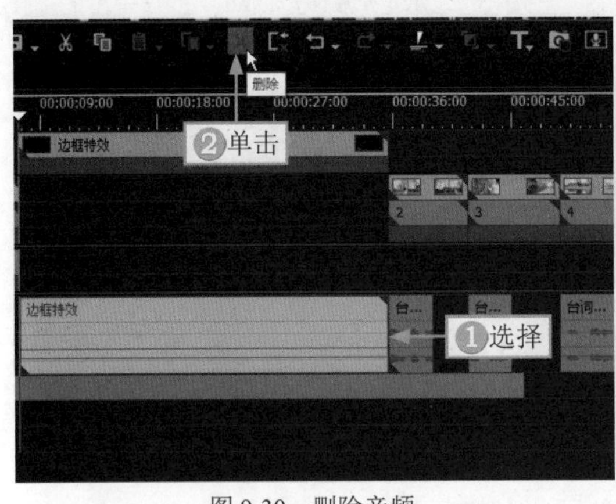

图 9-30 删除音频

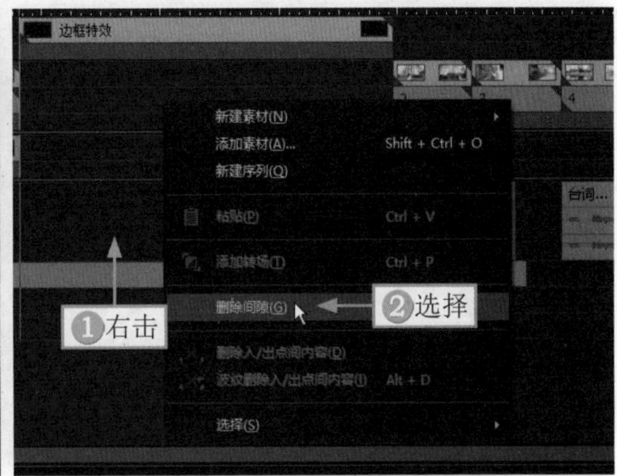

图 9-31 选择“删除间隙”命令

STEP 05 调整边框特效素材的末尾位置，使其与第 6 段素材的起始位置对齐，如图 9-32 所示。

STEP 06 在“特效”面板中，选择“键”下方的“混合”选项，在其设置界面中选择“滤色模式”效果，如图 9-33 所示。

STEP 07 拖曳“滤色模式”效果至边框特效素材的下方，如图 9-34 所示，抠出边框效果。

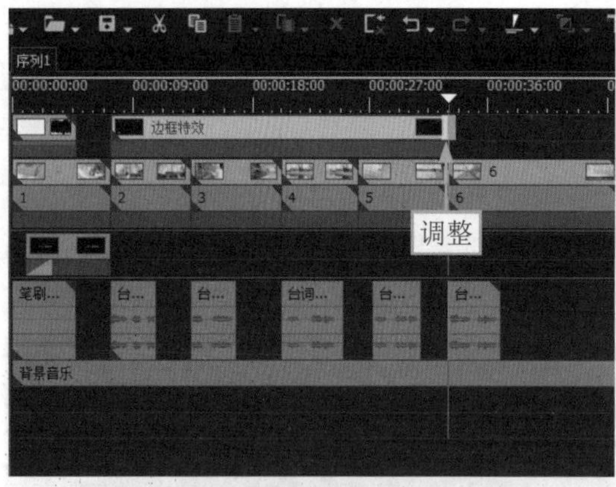

图 9-32　调整边框特效素材的末尾位置

图 9-33　选择“滤色模式”效果

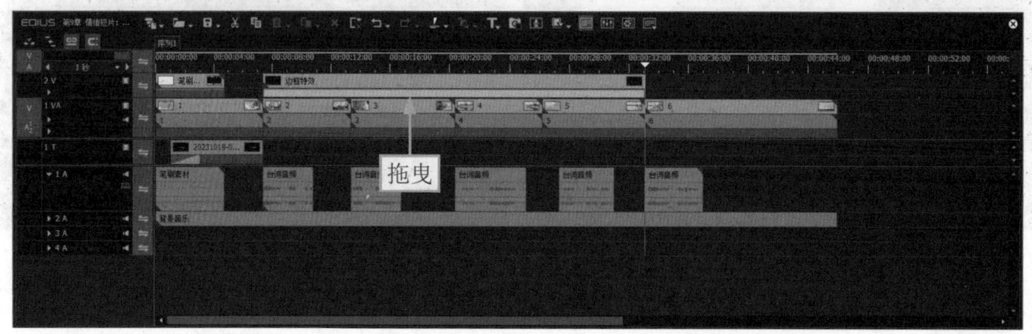

图 9-34　拖曳“滤色模式”效果至边框特效素材的下方

9.2.4　复制和粘贴文案内容

扫码看视频

为了提升视频剪辑的效率，可以通过复制和粘贴文案内容来快速为视频添加文字。下面介绍在 EDIUS X 中复制和粘贴文案内容的具体操作方法。

STEP 01 ①拖曳时间滑块至第 2 段素材的起始位置；②单击“创建字幕”按钮；③在弹出的下拉菜单中选择“在 1T 轨道上创建字幕”命令，如图 9-35 所示。

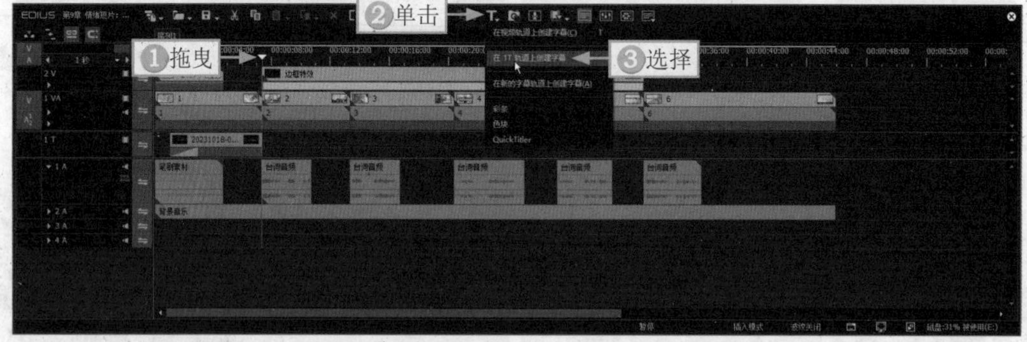

图 9-35　选择“在 1T 轨道上创建字幕”命令

STEP 02 进入相应的面板，①在界面下方输入文字内容；②选择样式和合适的字体；③设置“字号”为 36；④调整文字的位置，如图 9-36 所示。

STEP 03 ①取消选中“边缘”复选框；②单击“颜色”下方的白色色块；③弹出“色彩选择”对话框，选择黄色色块；④单击“确定”按钮，如图 9-37 所示，更改文字颜色。

图 9-36 调整文字的位置

图9-37 更改文字颜色

STEP 04 选择“文件” | “保存”命令，如图 9-38 所示，保存文字。

图 9-38 选择“保存”命令

STEP 05 ❶调整文字的时长，使其与第 1 段台词音频的时长保持一致，按 Ctrl+C 组合键，复制文字；❷拖曳时间滑块至第 3 段素材的起始位置；❸按 Ctrl+V 组合键，粘贴文字，并调整文字的时长，使其与第 2 段台词音频的时长保持一致，再双击文字素材，如图 9-39 所示。

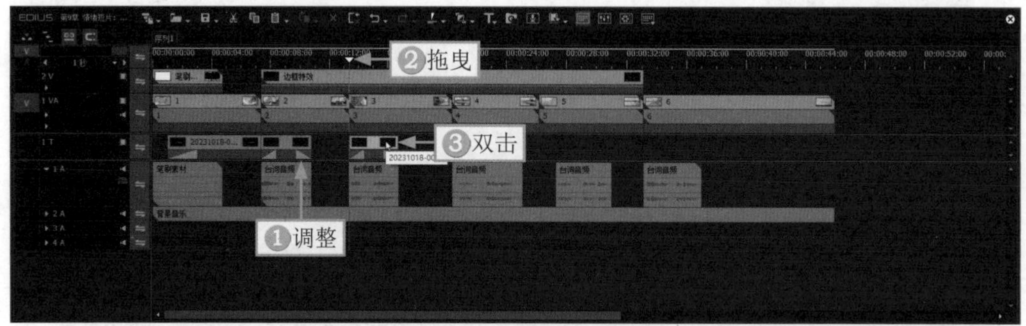

图 9-39　双击文字素材

STEP 06 进入相应的面板，❶双击文字并更改文字内容；❷选择“文件”|“另存为”命令，如图 9-40 所示。

图9-40　选择“另存为”命令

STEP 07 弹出“另存为”对话框，单击“保存”按钮，如图 9-41 所示，保存文字。

STEP 08 使用同样的方法，为剩余的台词音频复制、粘贴并修改相应的文字内容，如图 9-42 所示，使文字内容与台词音频的内容相对应。

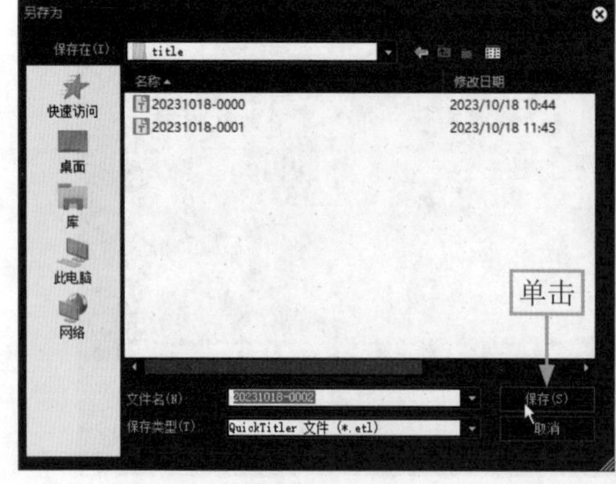

图9-41　保存文字

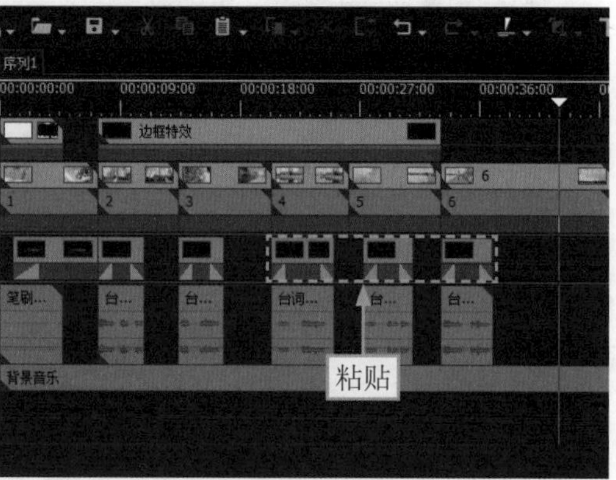

图9-42　复制并粘贴文案内容

9.2.5 为夕阳视频进行调色

为了让夕阳视频画面更好看，可以为视频进行调色，让画面色彩更加丰富、色调更加好看。下面介绍在 EDIUS X 中为夕阳视频进行调色的操作方法。

STEP 01 在"特效"面板中，选择"视频滤镜"下方的"色彩校正"选项，在其设置界面中选择"原色校正"滤镜，如图 9-43 所示。

STEP 02 将"原色校正"滤镜拖曳至第 6 段素材上方，如图 9-44 所示，添加滤镜。

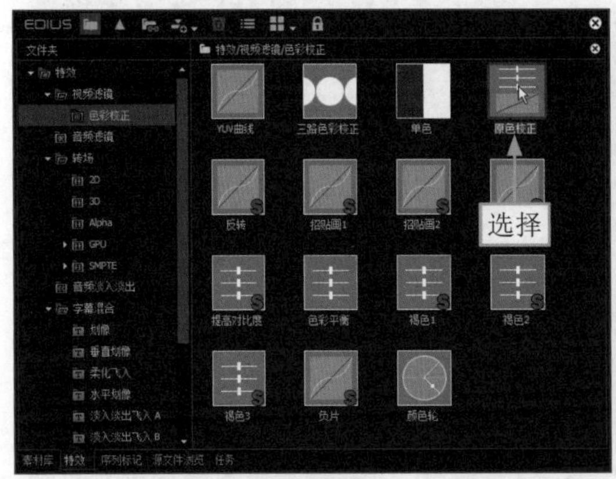

图 9-43 选择"原色校正"滤镜

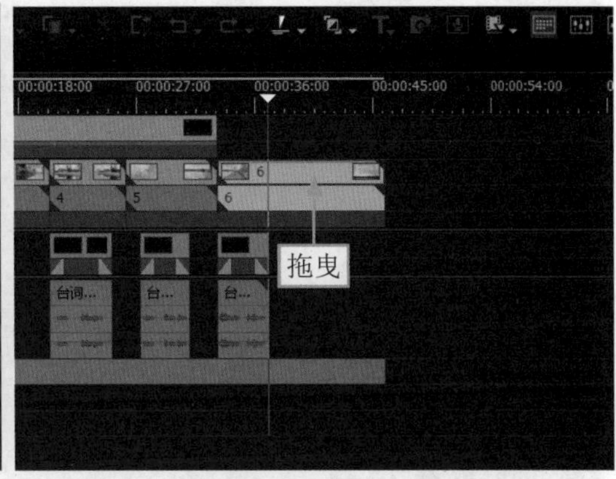

图 9-44 把"原色校正"滤镜拖曳至第 6 段素材上方

STEP 03 在"信息"面板中，双击"原色校正"滤镜，如图 9-45 所示。

STEP 04 弹出"原色校正"对话框，①设置"白平衡"下的"温度"为 -1、"色调"为 3；②设置"伽玛"下的 Y 为 7、R 为 24；③设置"增益"下的 Y 为 4、R 为 15，让画面色彩变得靓丽一些；④单击"确定"按钮，如图 9-46 所示。

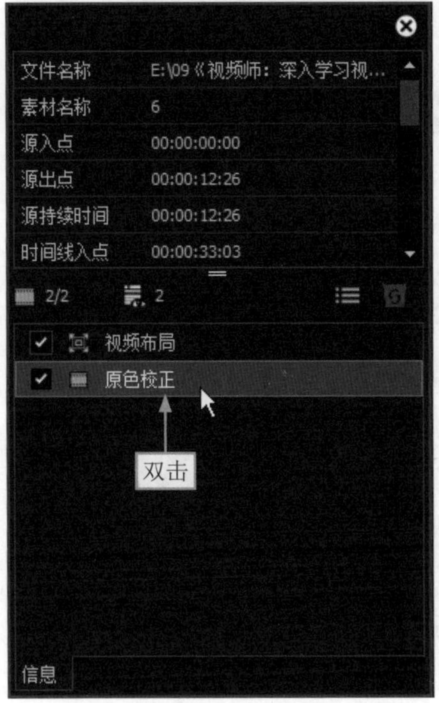

图9-45 双击"原色校正"滤镜

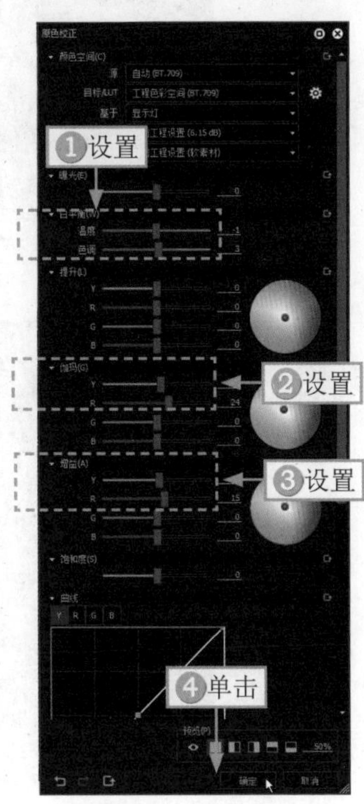

图9-46 设置参数

STEP 05 在“特效”面板中，选择“视频滤镜”下方的“色彩校正”选项，在其设置界面中选择“色彩平衡”滤镜，如图 9-47 所示。

STEP 06 将“色彩平衡”滤镜拖曳至第 6 段素材上方，在“信息”面板中，双击“色彩平衡”滤镜，如图 9-48 所示。

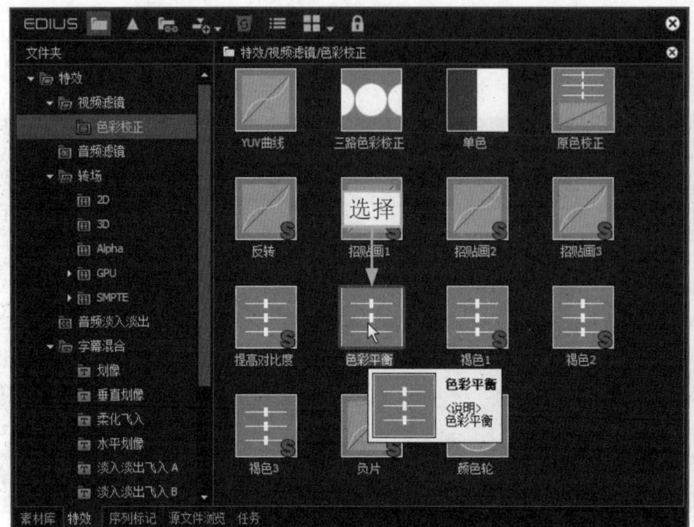

图 9-47 选择“色彩平衡”滤镜

图 9-48 双击“色彩平衡”滤镜

STEP 07 弹出“色彩平衡”对话框，❶设置“色度”为 19、“青 - 红”为 -3；❷单击“确定”按钮，调整视频画面的色调，让夕阳的色彩更加好看，如图 9-49 所示。

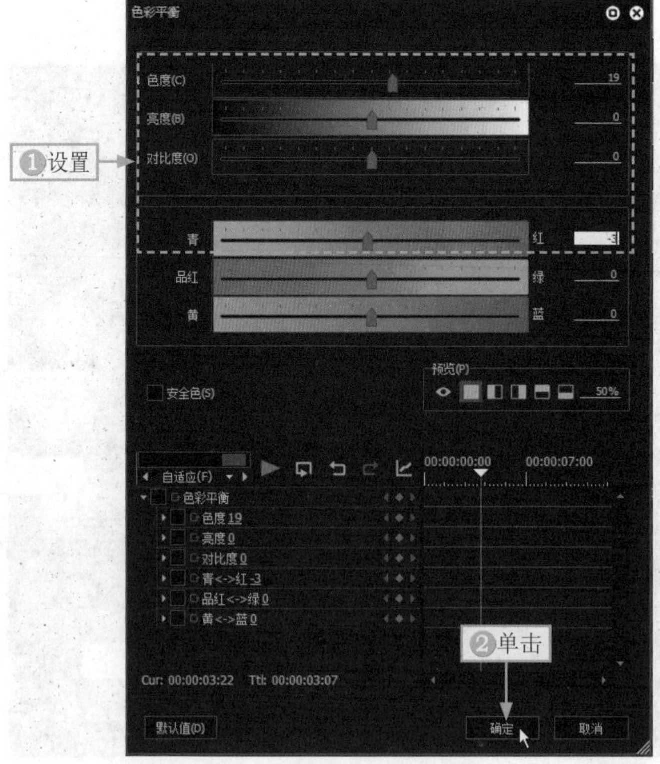

图 9-49 设置参数

9.2.6 制作字幕滚动片尾

字幕滚动片尾在一些影视剧的片尾中是比较常见的，主要用来介绍演出人员和工作人员。下面介绍在 EDIUS X 中制作字幕滚动片尾的操作方法。

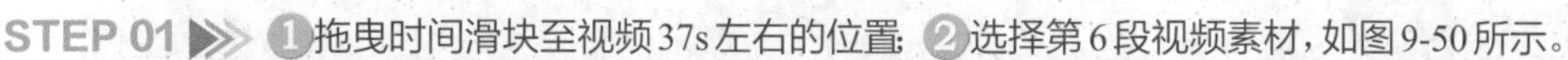

STEP 01 ▶ ❶拖曳时间滑块至视频 37s 左右的位置；❷选择第 6 段视频素材，如图 9-50 所示。

STEP 02 ▶ 在“信息”面板中，双击“视频布局”选项，如图 9-51 所示。

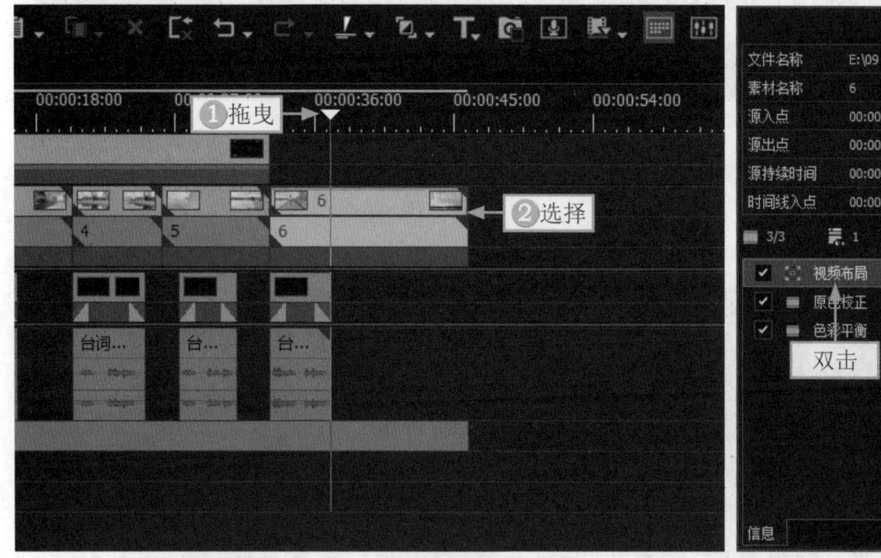

图 9-50 选择第 6 段视频素材

图 9-51 双击“视频布局”选项

STEP 03 ▶ 弹出“视频布局”对话框，❶选中“视频布局”复选框；❷单击“添加 / 删除关键帧”按钮，添加关键帧，如图 9-52 所示。

STEP 04 ▶ ❶拖曳时间滑块至视频 40s 左右的位置；❷缩小素材画面并调整其位置，使其处于画面的左下角；❸单击“确定”按钮，如图 9-53 所示。

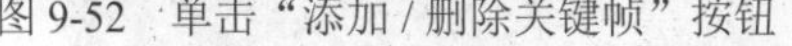

图 9-52 单击“添加 / 删除关键帧”按钮

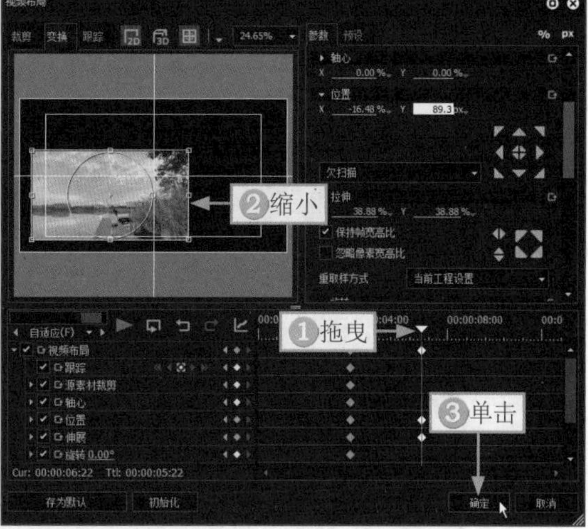

图 9-53 调整画面

STEP 05 ▶ ❶单击“创建字幕”按钮；❷在弹出的下拉菜单中选择“在视频轨道上创建字幕”命令，如图 9-54 所示。

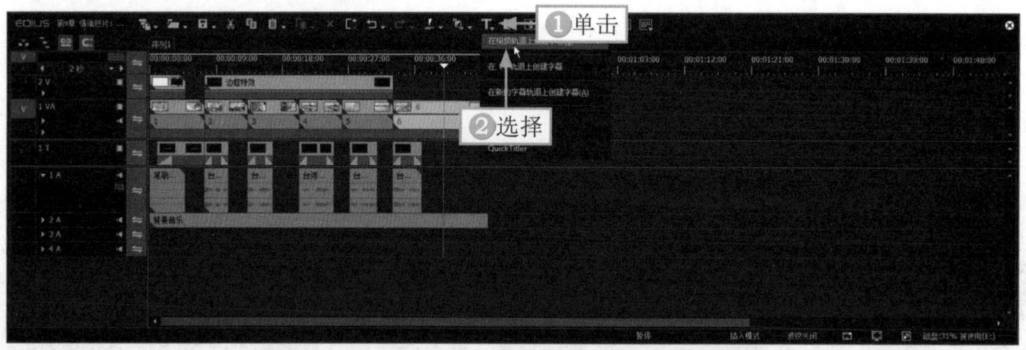

图 9-54　选择“在视频轨道上创建字幕”命令

STEP 06 ▶▶ 进入相应的面板，①在界面右侧输入文字内容；②选择合适的字体；③设置“字号”为 36；④选中“居中”单选按钮；⑤设置“字距”为 5、“行距”为 20；⑥选择“文件”｜“保存”命令，如图 9-55 所示，保存文字。

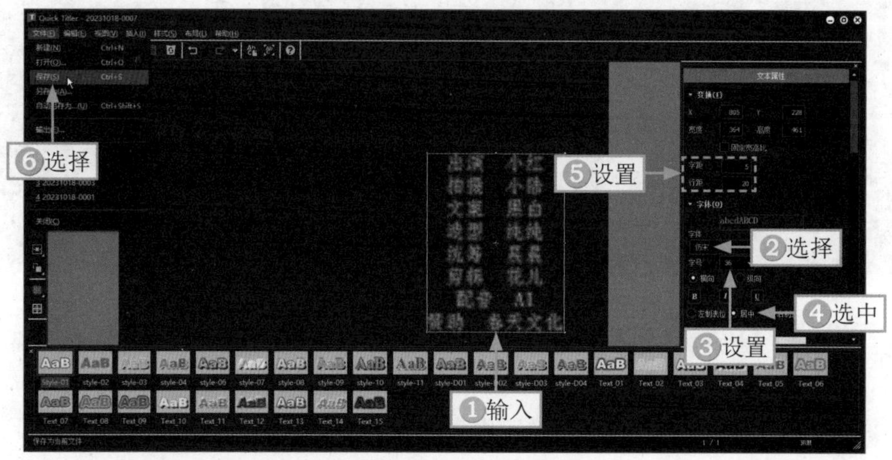

图9-55　输入文字并设置

STEP 07 ▶▶ 调整文字的轨道位置和时长，使其处于 2V 视频轨道中，文字的末尾位置对齐视频的末尾位置，并选择文字素材，如图 9-56 所示。

STEP 08 ▶▶ 在“信息”面板中，双击“视频布局”选项，如图 9-57 所示。

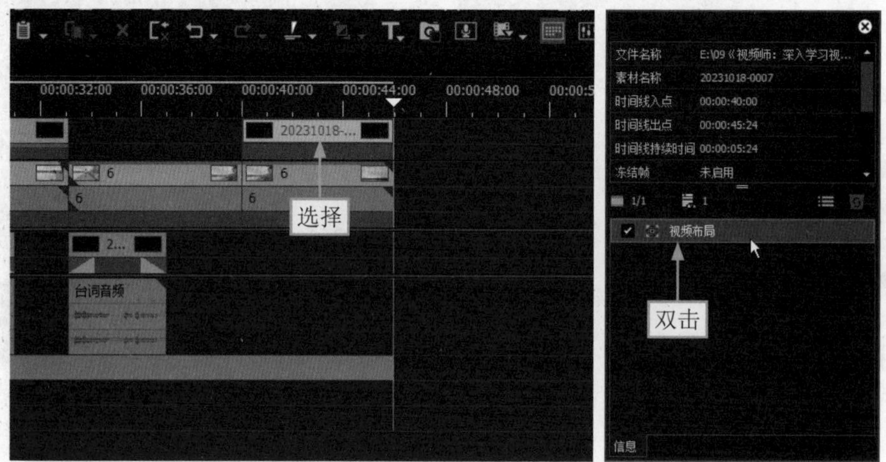

图 9-56　选择文字素材　　　　图 9-57　双击“视频布局”选项

STEP 09 ①拖曳时间滑块至文字素材的起始位置；②选中“视频布局”复选框；③单击“添加 / 删除关键帧”按钮，添加关键帧；④调整文本的位置，使文本中的第一条文字处于画面的右下方，如图 9-58 所示。

STEP 10 ①拖曳时间滑块至视频的末尾位置；②调整文本的位置，使文本中的最后一条文字处于画面的右上方；③单击“确定”按钮，如图 9-59 所示，制作字幕滚动片尾。

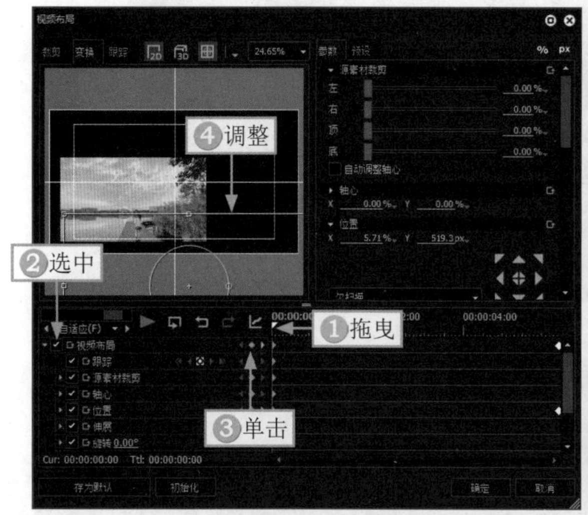

图9-58 调整文本的位置（1）

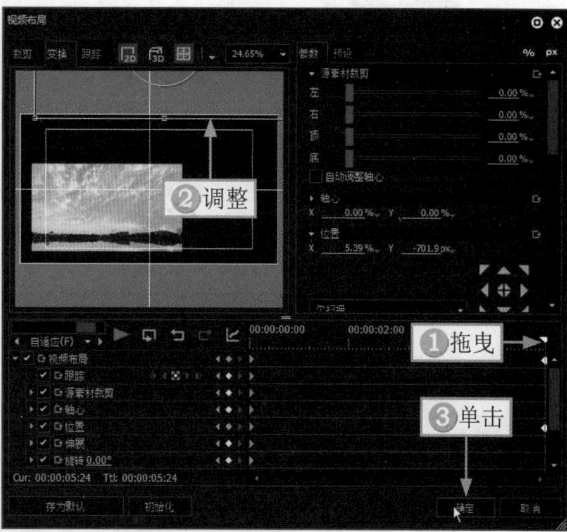

图9-59 调整文本的位置（2）

STEP 11 ①拖曳时间滑块至视频 40s 左右的位置；②单击“创建字幕”按钮；③在弹出的下拉菜单中选择“在 1T 轨道上创建字幕”命令，如图 9-60 所示。

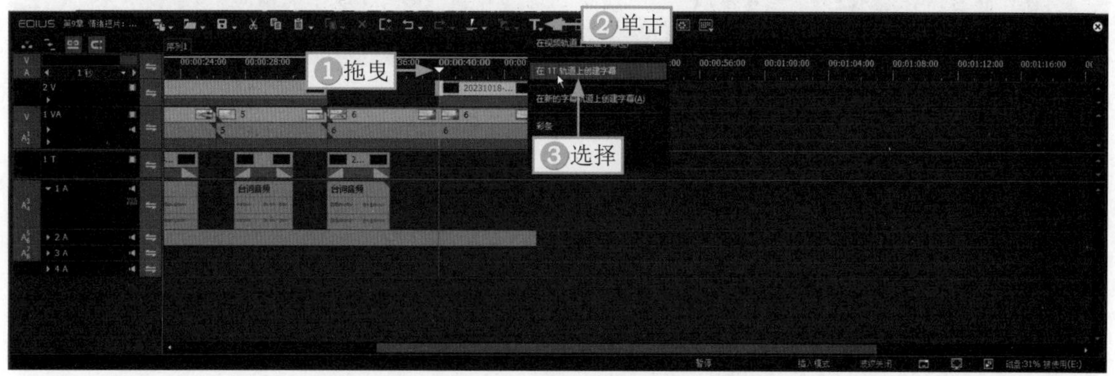

图 9-60 选择“在 1T 轨道上创建字幕”命令

STEP 12 进入相应的面板，①在视频画面上方输入文字内容；②在下方选择一个样式；③选择合适的字体；④设置“字号”为 48；⑤调整文字的画面位置；⑥选择“文件”|“保存”命令，如图 9-61 所示，保存文字。

STEP 13 调整文字的时长，使其末尾位置与视频的末尾位置对齐，如图 9-62 所示。

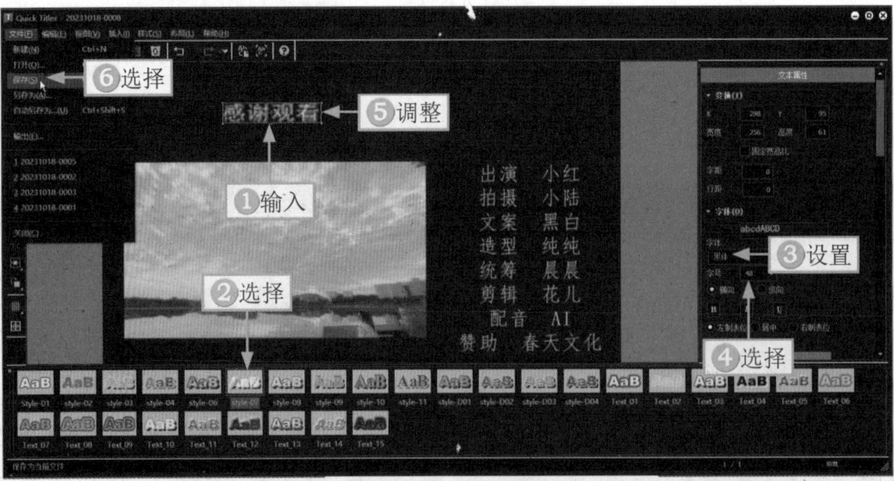

图 9-61　输入文字并设置

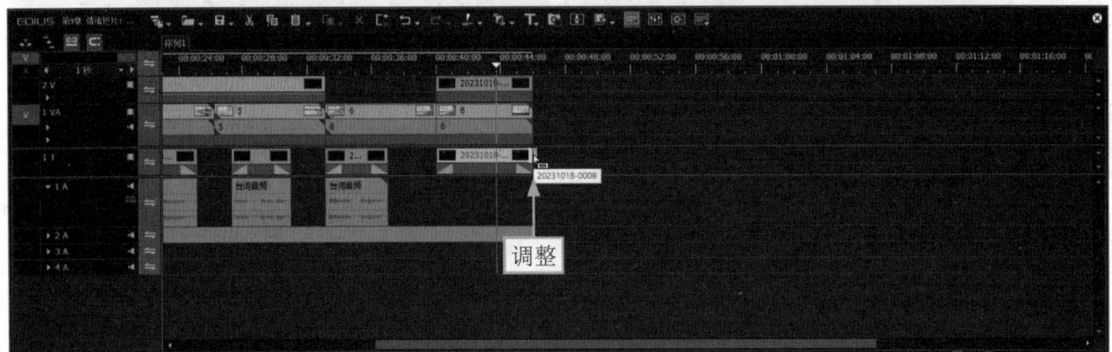

图 9-62　调整文字的时长

第10章 城市宣传：制作《欢迎大家来到长沙》

城市宣传片可以为城市招商引资，还能起到文旅推广和形象展示的作用。在素材选择上，可以多选取大全景、远景的视频画面，展示城市的宏大和包容性，城市宣传片可以不用太长，主要展示重点的城市文化符号，让观众发现城市的美，激发文化自信。本章将为读者介绍如何制作出眼前一亮的城市宣传片。

10.1 《欢迎大家来到长沙》效果展示

如何做出有吸引力的城市宣传片呢？一是可以用视频画面内容来堆叠，展示出城市的包容性；二是可以利用有反差感的视频内容，比如传统与科幻元素互相碰撞，创造出不一样的视觉效果；三是利用有共鸣的内容，比如方言、标志性地点等元素吸引观众。

在制作《欢迎大家来到长沙》视频之前，我们首先来欣赏本案例的视频效果，并了解案例的学习目标、制作思路、知识讲解和要点讲堂。

10.1.1 效果欣赏

《欢迎大家来到长沙》城市宣传视频的画面效果如图 10-1 所示，主要展示了变清晰特效片头、歌词字幕和闭幕动画等内容。

图 10-1 《欢迎大家来到长沙》画面效果

10.1.2 学习目标

知识目标	掌握城市宣传视频的制作方法
技能目标	（1）掌握在EDIUS X中添加素材和转场效果的操作方法 （2）掌握添加背景音乐的操作方法 （3）掌握为视频进行调色的操作方法 （4）掌握为视频添加字幕的操作方法 （5）掌握制作开场特效的操作方法 （6）掌握制作闭幕特效的操作方法
本章重点	为视频进行调色和制作开场特效
本章难点	制作闭幕特效
视频时长	15分56秒

10.1.3 制作思路

本案例首先介绍在 EDIUS X 中添加素材和转场效果，然后添加背景音乐、为视频进行调色、为视频添加字幕、制作开场特效和闭幕特效。图 10-2 所示为本案例视频的制作思路。

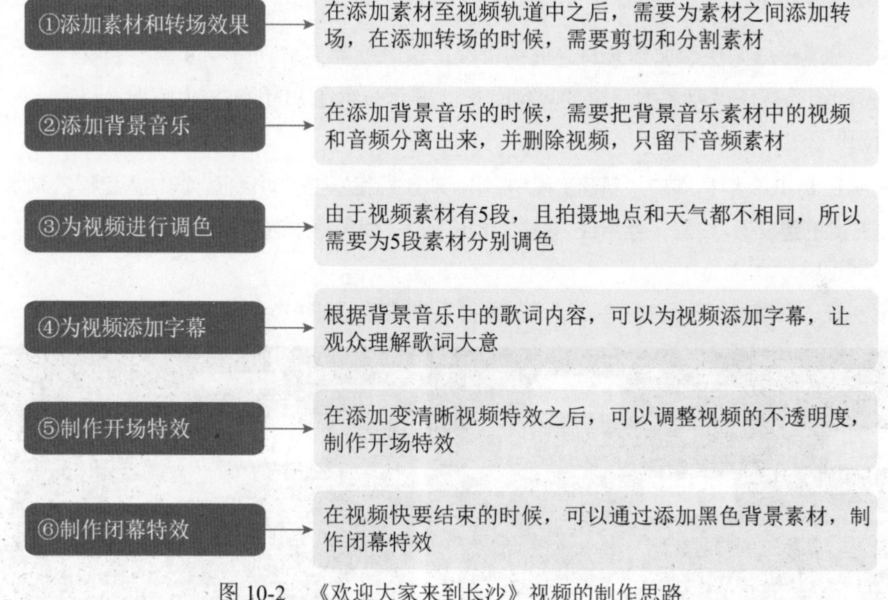

图 10-2 《欢迎大家来到长沙》视频的制作思路

10.1.4 知识讲解

在制作城市宣传片的时候，可以从两个方向入手。一是从技术流上，纯“炫技”，用各种运镜、转场特效，让人觉得眼花缭乱，赞不绝口。二是从内容上，在视频内容选择上，精心雕琢，让观众感受到一个城市的魅力和底蕴。

不过，无论是哪种视频制作方式，都需要用户先精心挑选素材，这样才能大放异彩。本章主要是以内容为主，技术为辅，宣传城市的魅力。

10.1.5 要点讲堂

在本章内容中，我们需要掌握如何在 EDIUS X 中制作开场特效和闭幕特效，这是比较核心的步骤，下面介绍相应的内容。

❶ 在 EDIUS X 中，可以为视频添加关键帧，让视频画面慢慢从暗色变成正常色，再添加相应的特效素材，让视频开头就能吸引观众的目光。

❷ 在视频快要结束的时候，通过添加黑色背景素材和关键帧，就能制作闭幕特效，让视频结束得更自然些。

10.2 《欢迎大家来到长沙》制作流程

本节将为大家介绍城市宣传视频的制作方法，包括添加素材和转场效果、添加背景音乐、为视频进行调色、为视频添加字幕、制作开场特效和闭幕特效，希望读者能够熟练掌握。

10.2.1 添加素材和转场效果

扫码看视频

有时候会出现转场无法添加到素材之间的情况，这时就需要剪切分割和删除素材连接的部分时长，因为转场需要占据一定的视频时长。下面介绍在 EDIUS X 中添加素材和转场效果的操作方法。

STEP 01 在 EDIUS X 中，单击“新建工程”按钮，弹出“工程设置”对话框，❶输入工程名称；❷单击“文件夹”文本框右侧的■按钮，设置保存路径；❸在“预设列表”列表框中选择相应的工程预设选项；❹单击“确定”按钮，如图 10-3 所示。

STEP 02 在“素材库”面板中，单击“添加素材”按钮，如图 10-4 所示。

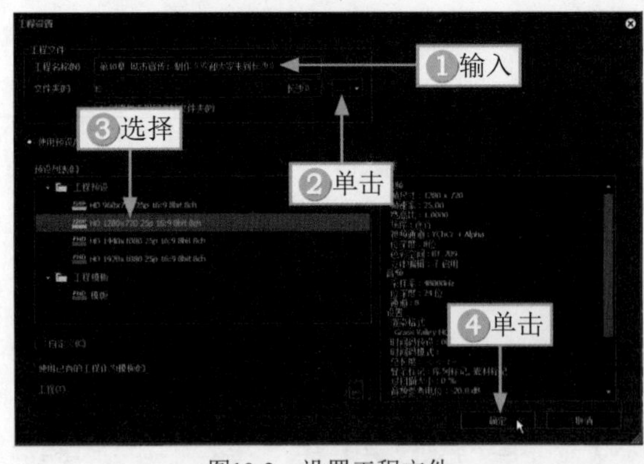

图10-3 设置工程文件

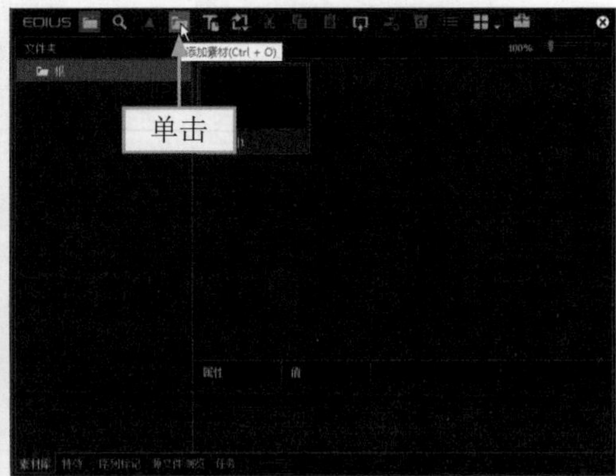

图10-4 单击“添加素材”按钮

STEP 03 弹出“打开”对话框，❶在相应的文件夹中，按 Ctrl+A 组合键，全选所有的素材；❷单击“打开”按钮，如图 10-5 所示。

STEP 04 把素材添加到“素材库”面板中，选择第 1 段视频素材，如图 10-6 所示。

STEP 05 将第 1 段视频素材拖曳至 1VA 主视频轨道中，❶拖曳时间滑块至视频末尾左右的位置；❷单击“添加剪切点 - 选定轨道”按钮，如图 10-7 所示，分割视频。

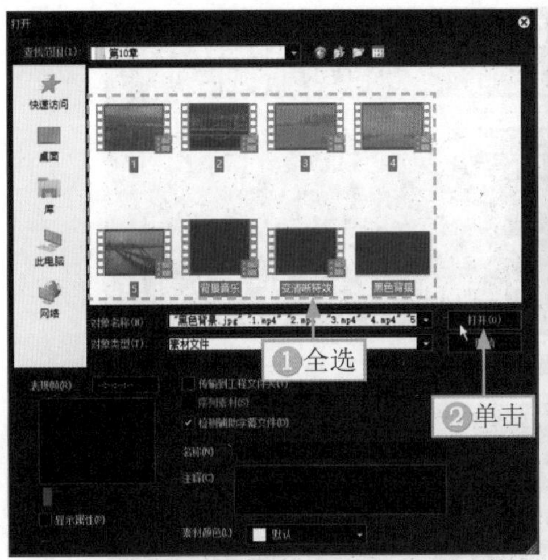

图 10-5　全选所有的素材

图 10-6　选择第 1 段视频素材

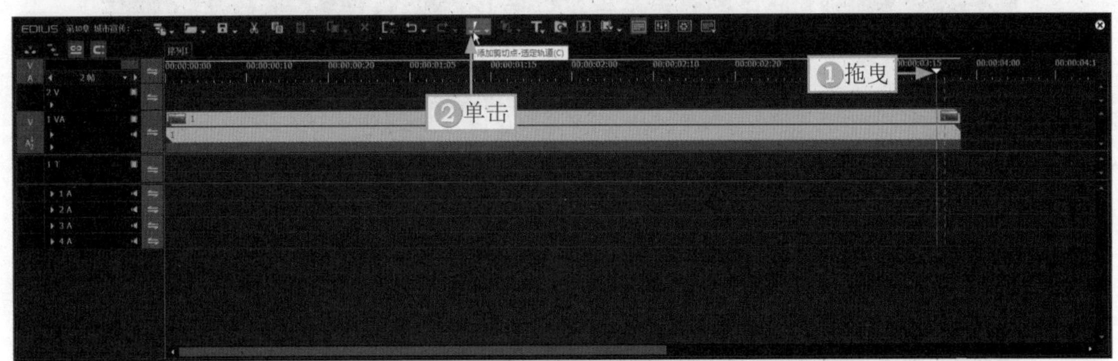

图10-7　分割视频

STEP 06 ①选择分割后的视频片段；②单击“删除”按钮，如图 10-8 所示，删除不需要的素材。

图 10-8　删除素材

STEP 07 将第 2 段视频素材拖曳至 1VA 主视频轨道中，①拖曳时间滑块至视频起始左右的位置；②单击“添加剪切点 - 选定轨道”按钮，如图 10-9 所示，分割视频。

STEP 08 ①选择分割后的视频片段；②单击“删除”按钮，如图 10-10 所示，删除不需要的素材。

STEP 09 拖曳第 2 段视频素材，使视频素材对齐，如图 10-11 所示。

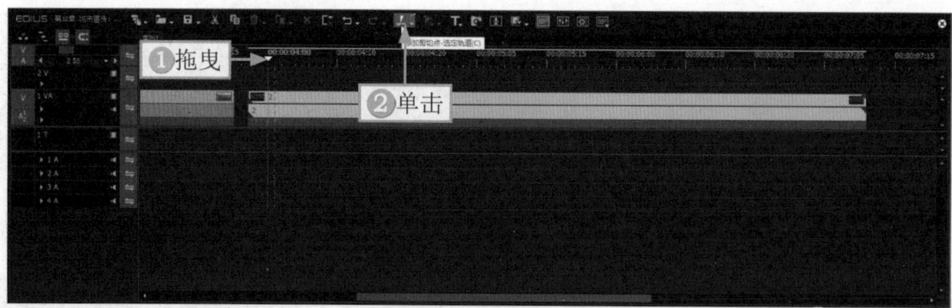

图 10-9　分割视频

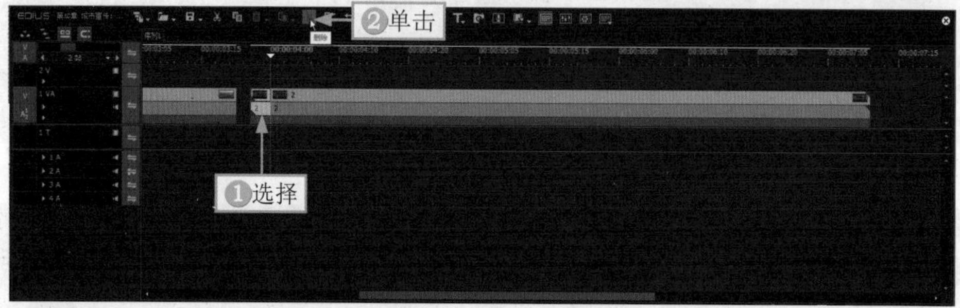

图 10-10　删除视频

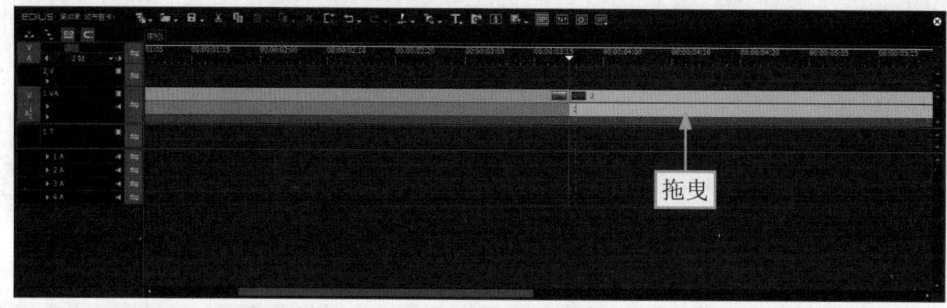

图 10-11　对齐视频素材

STEP 10 切换至“特效”面板，选择“转场”下方的 2D 选项，在其设置界面中选择“推拉”转场效果，如图 10-12 所示。

STEP 11 按住鼠标左键将其拖曳至第 1 段素材与第 2 段素材之间的位置，释放鼠标左键，即可添加“推拉”转场效果，如图 10-13 所示。使用同样的方法，把剩余的第 3 段和第 4 段视频素材拖曳至 1VA 主视频轨道中，并进行剪切和删除，最后再添加“推拉”转场效果。

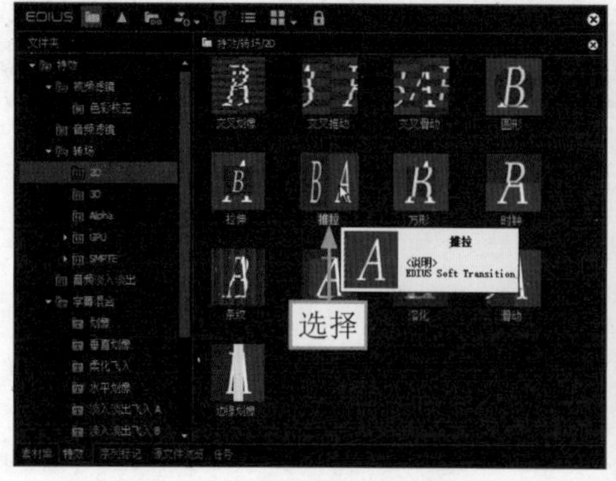

图 10-12　选择“推拉”转场效果

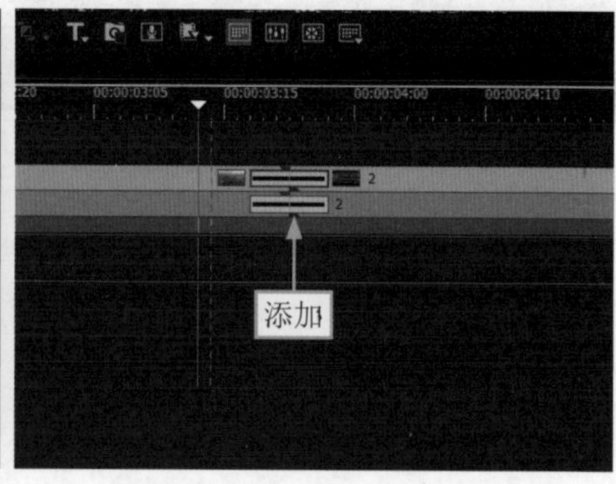

图 10-13　添加“推拉”转场效果

10.2.2 添加背景音乐

在视频中添加背景音乐时，需要把视频和音频分离出来，并删除视频部分。下面介绍在 EDIUS X 中添加背景音乐的操作方法。

STEP 01 在“素材库”面板中，选择背景音乐素材，如图 10-14 所示。

STEP 02 ①将背景音乐素材拖曳至 1A 音频轨道中，并右击；②在弹出的快捷菜单中选择“连接 / 组” | “解组”命令，如图 10-15 所示，将视频与音频分离出来。

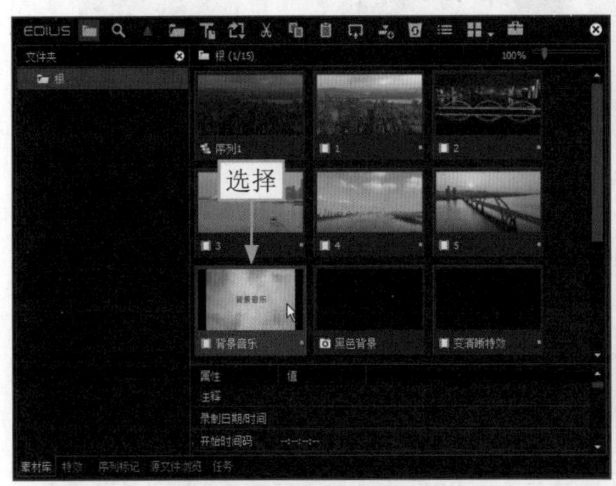

图 10-14 选择背景音乐素材

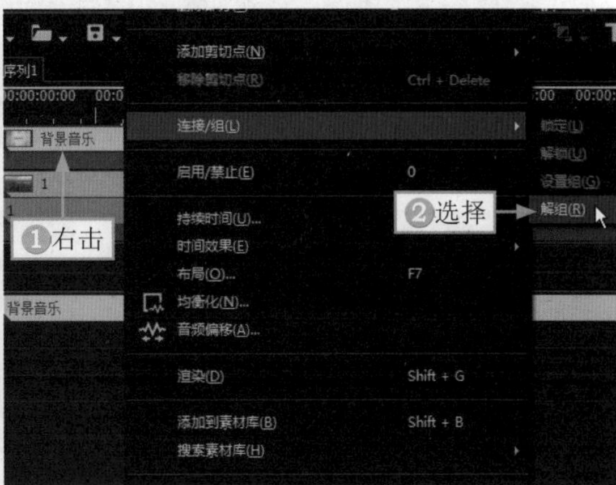

图 10-15 选择“解组”命令

STEP 03 ①选择视频素材；②单击“删除”按钮■，如图 10-16 所示，删除视频，使时间线面板中只有音频素材，并删除视频之间的间隙。

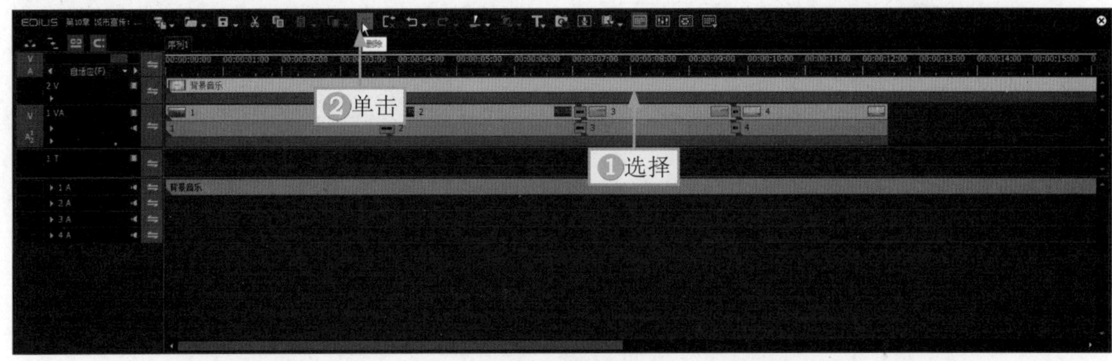

图 10-16 删除视频

STEP 04 ①将第 5 段视频素材拖曳至 1VA 主视频轨道中，并右击；②在弹出的快捷菜单中选择“时间效果” | “速度”命令，如图 10-17 所示。

STEP 05 弹出“素材速度”对话框，①选中“在时间线上改变素材长度”复选框；②设置“比率”参数为 70%；③单击“确定”按钮，如图 10-18 所示，放慢播放素材，增加视频的时长。

STEP 06 ①拖曳时间滑块至第 5 段视频起始左右的位置；②单击“添加剪切点 - 选定轨道”按钮，如图 10-19 所示，分割视频。

STEP 07 ①选择分割后的视频片段；②单击“删除”按钮■，如图 10-20 所示，删除不需要的素材。

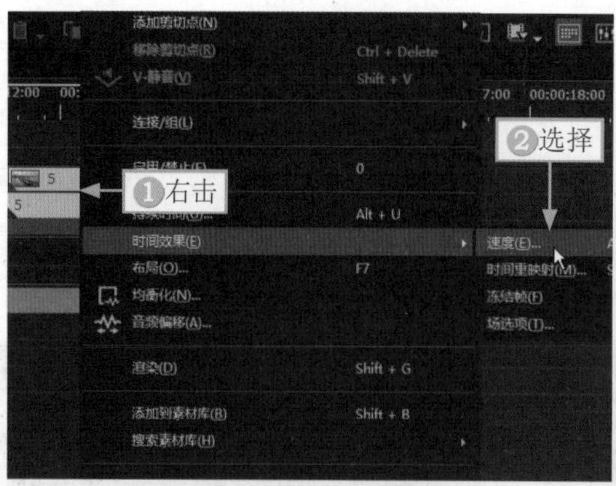

图10-17　选择“速度”命令

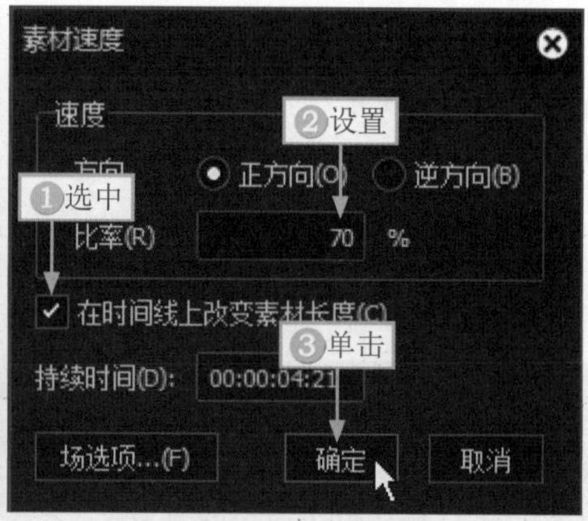

图10-18　设置素材速度

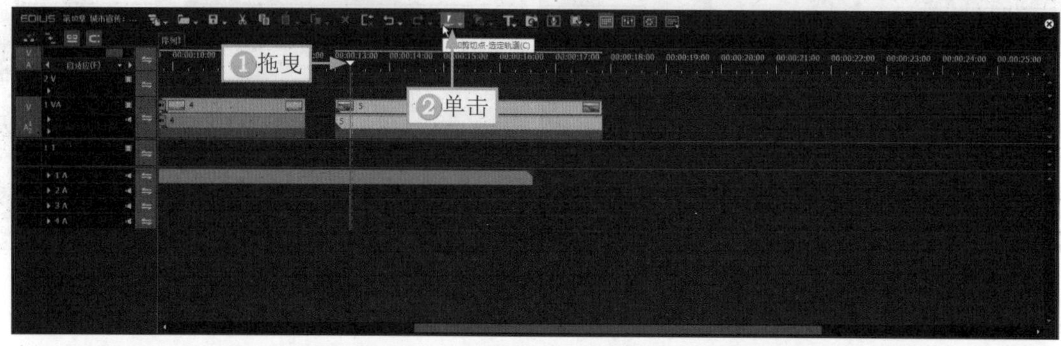

图 10-19　单击“添加剪切点 - 选定轨道”按钮

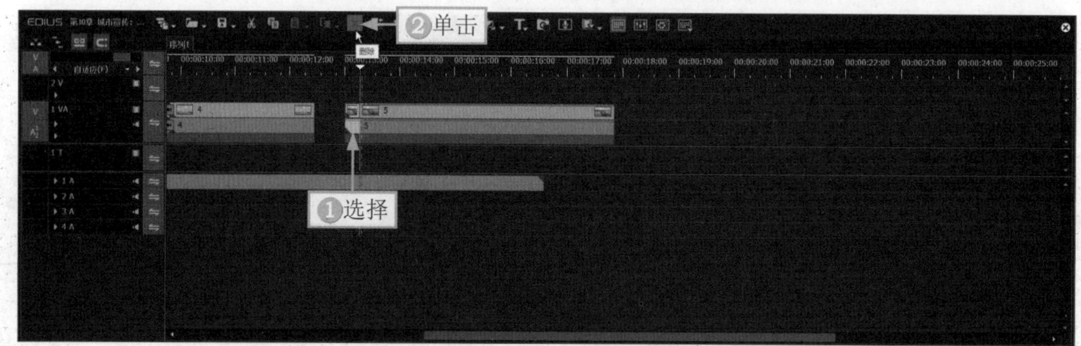

图 10-20　删除不需要的视频

STEP 08 拖曳第 5 段视频素材，使视频素材对齐，如图 10-21 所示。

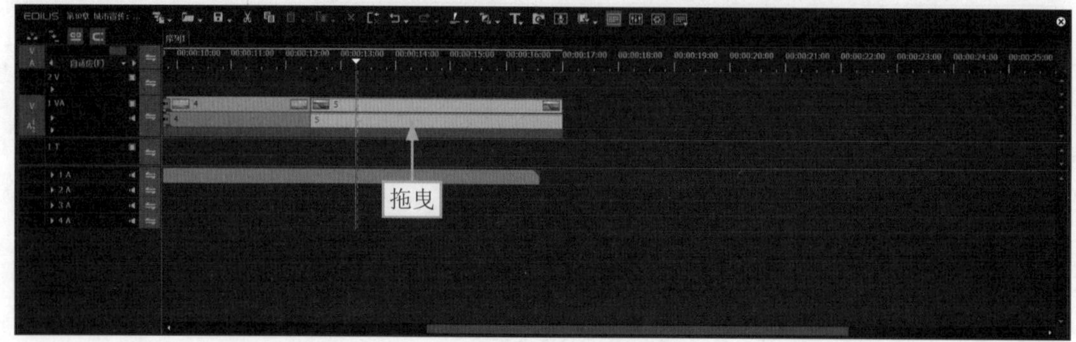

图10-21　对齐视频素材

STEP 09 切换至“特效”面板，选择“转场”下方的 2D 选项，在其设置界面中选择“推拉”转场效果，如图 10-22 所示。

STEP 10 按住鼠标左键将其拖曳至第 4 段素材与第 5 段素材之间的位置，释放鼠标左键，即可添加“推拉”转场效果，如图 10-23 所示。

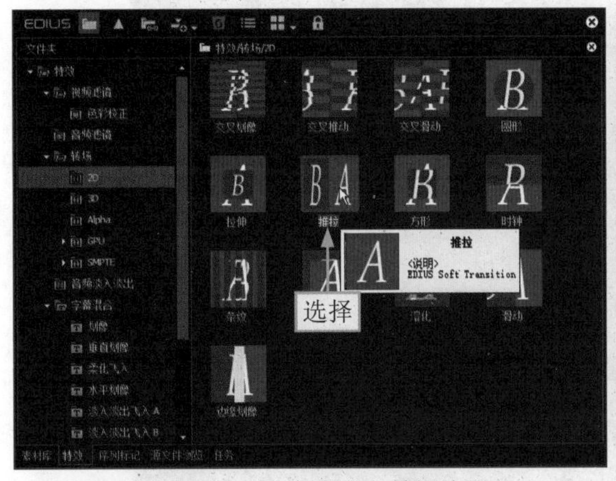

图 10-22 选择“推拉”转场效果

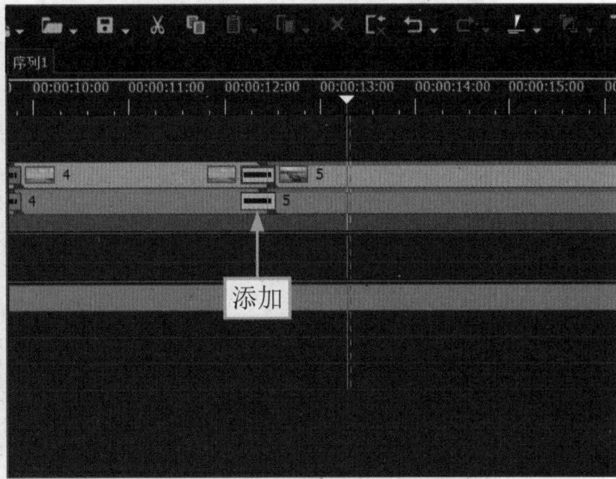

图 10-23 添加“推拉”转场效果

10.2.3 为视频进行调色

当画面色彩比较暗淡时，可以为视频进行调色，让视频画面色彩更加靓丽和好看。下面介绍在 EDIUS X 中为视频进行调色的具体操作方法。

STEP 01 在“特效”面板中，选择“视频滤镜”下方的“色彩校正”选项，在其设置界面中选择“色彩平衡”滤镜效果，如图 10-24 所示。

STEP 02 在选择的滤镜效果上，按住鼠标左键将其拖曳至 1VA 主视频轨道中第 1 段视频素材的上方，释放鼠标左键，即可添加“色彩平衡”滤镜效果，如图 10-25 所示。

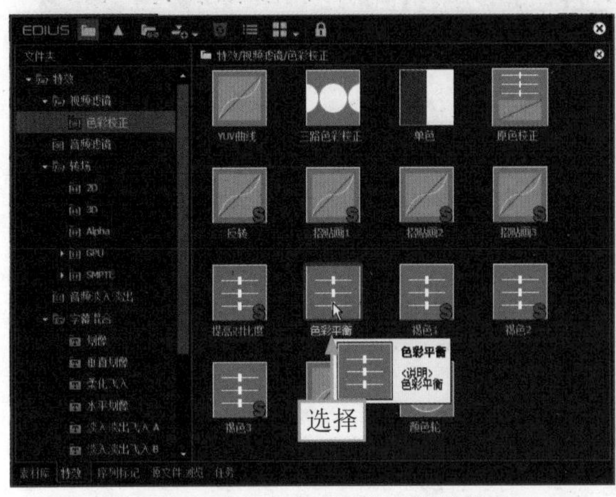

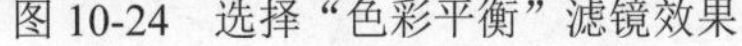

图 10-24 选择“色彩平衡”滤镜效果

图 10-25 添加“色彩平衡”滤镜效果

STEP 03 在“信息”面板中，双击“色彩平衡”滤镜，如图 10-26 所示。

STEP 04 弹出“色彩平衡”对话框，❶设置“色度”参数为 23、“青 - 红”参数为 10；❷单击“确定”按钮，让夕阳天空的色彩更加艳丽，如图 10-27 所示。

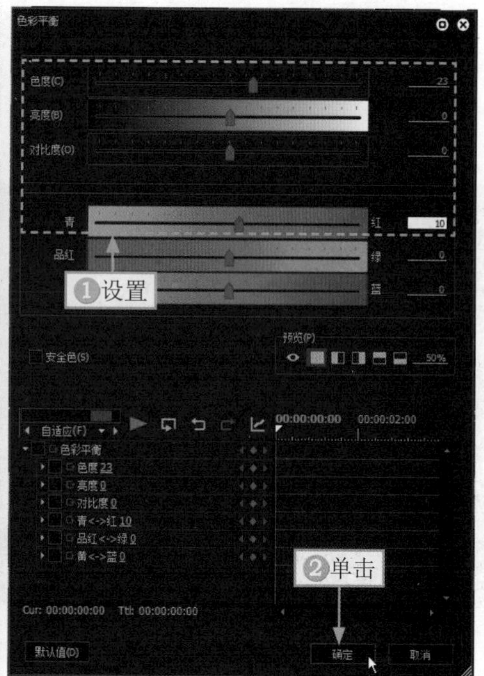

图10-26 双击“色彩平衡”滤镜

图10-27 设置参数

STEP 05 ▶▶ 在“特效”面板中，选择“视频滤镜”下方的“色彩校正”选项，在其设置界面中选择“色彩平衡”滤镜效果，如图 10-28 所示。

STEP 06 ▶▶ 在选择的滤镜效果上，按住鼠标左键将其拖曳至 1VA 主视频轨道中第 2 段视频素材的上方，释放鼠标左键，即可添加“色彩平衡”滤镜效果，如图 10-29 所示。

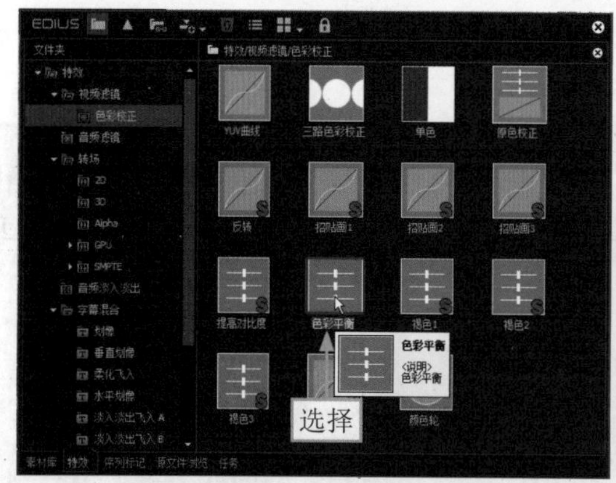

图10-28 选择“色彩平衡”滤镜效果

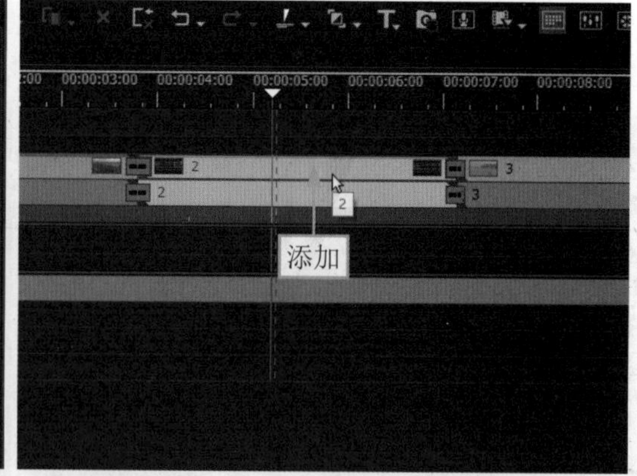

图10-29 添加“色彩平衡”滤镜效果

STEP 07 ▶▶ 在“信息”面板中，双击“色彩平衡”滤镜，如图 10-30 所示。

STEP 08 ▶▶ 弹出“色彩平衡”对话框，❶设置“色度”为 21、“亮度”为 -2、“对比度”为 4、“青 - 红”为 -13；❷单击“确定”按钮，让夜景画面更清晰，如图 10-31 所示。

STEP 09 ▶▶ 在“特效”面板中，选择“视频滤镜”下方的“色彩校正”选项，在其设置界面中选择“色彩平衡”滤镜效果，如图 10-32 所示。

STEP 10 ▶▶ 在选择的滤镜效果上，按住鼠标左键将其拖曳至 1VA 主视频轨道中第 3 段视频素材的上方，释放鼠标左键，即可添加“色彩平衡”滤镜效果，如图 10-33 所示。

图 10-30　双击“色彩平衡”滤镜

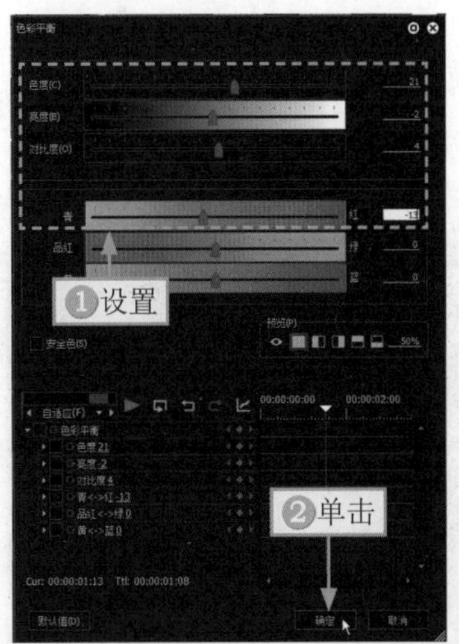

图 10-31　设置参数

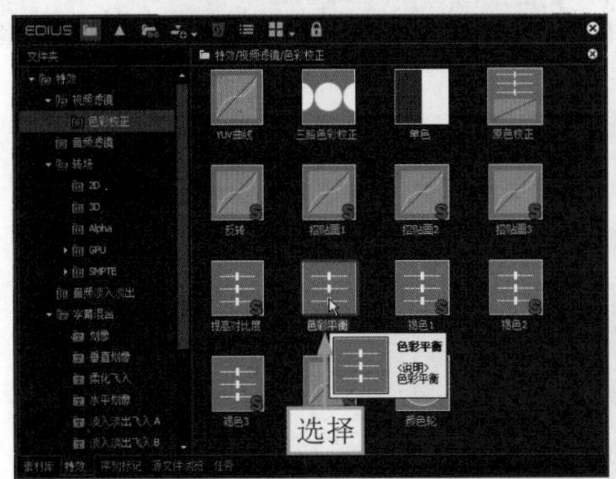

图 10-32　选择“色彩平衡”滤镜效果

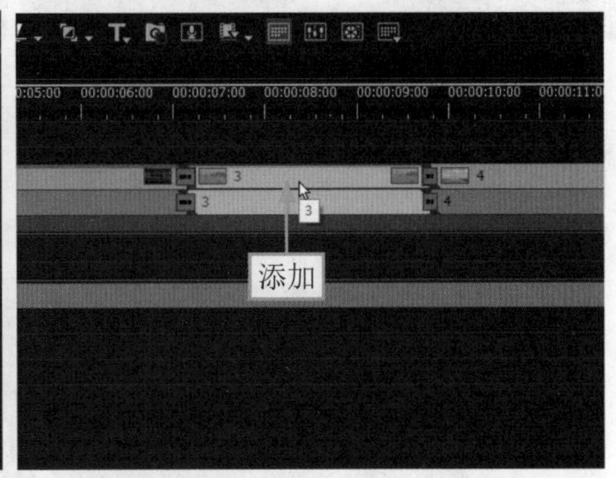

图 10-33　添加“色彩平衡”滤镜效果

STEP 11 ▶▶ 在“信息”面板中，双击“色彩平衡”滤镜，如图 10-34 所示。

STEP 12 ▶▶ 弹出“色彩平衡”对话框，❶设置“色度”为 18、“亮度”为 10、“对比度”为 12、“青 - 红”为 -17；❷单击“确定”按钮，提亮画面，如图 10-35 所示。

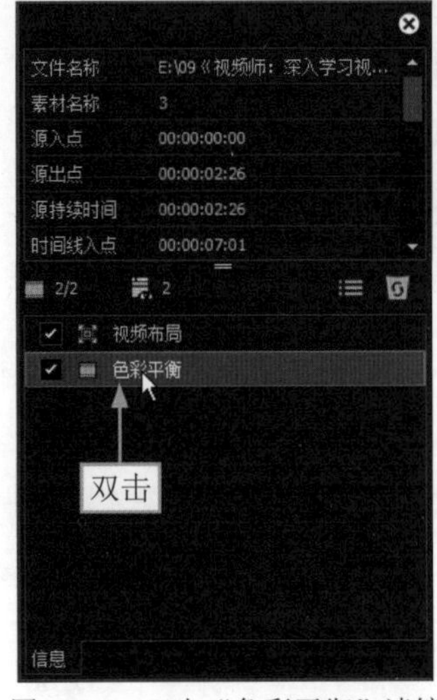

图 10-34　双击“色彩平衡”滤镜

图 10-35　设置参数

STEP 13 在“特效”面板中，选择“视频滤镜”下方的“色彩校正”选项，在其设置界面中选择“色彩平衡”滤镜效果，如图 10-36 所示。

STEP 14 在选择的滤镜效果上，按住鼠标左键将其拖曳至 1VA 主视频轨道中第 4 段视频素材的上方，释放鼠标左键，即可添加“色彩平衡”滤镜效果，如图 10-37 所示。

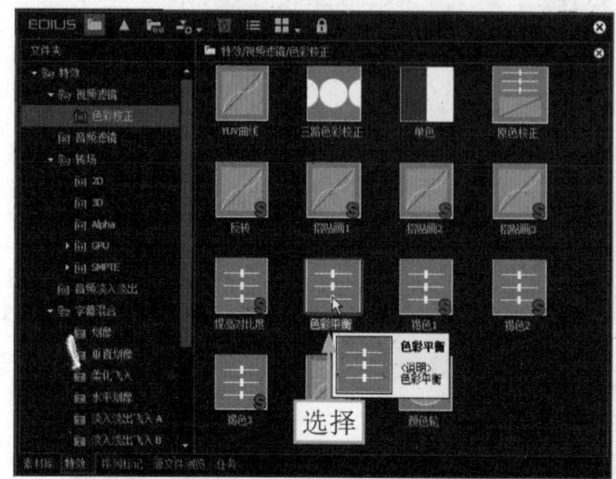

图 10-36　选择“色彩平衡”滤镜效果

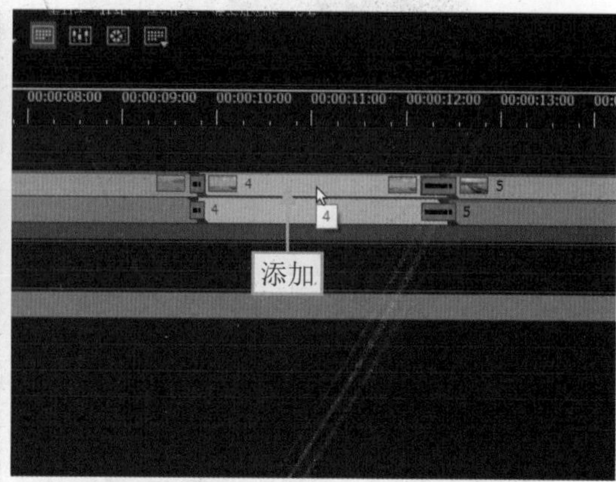

图 10-37　添加“色彩平衡”滤镜效果

STEP 15 在“信息”面板中，双击“色彩平衡”滤镜，如图 10-38 所示。

STEP 16 弹出“色彩平衡”对话框，❶设置“色度”为 22、“亮度”为 -2、“对比度”为 8、“青 - 红”为 -7；❷单击“确定”按钮，让视频画面更清晰，如图 10-39 所示。

图 10-38　双击“色彩平衡”滤镜

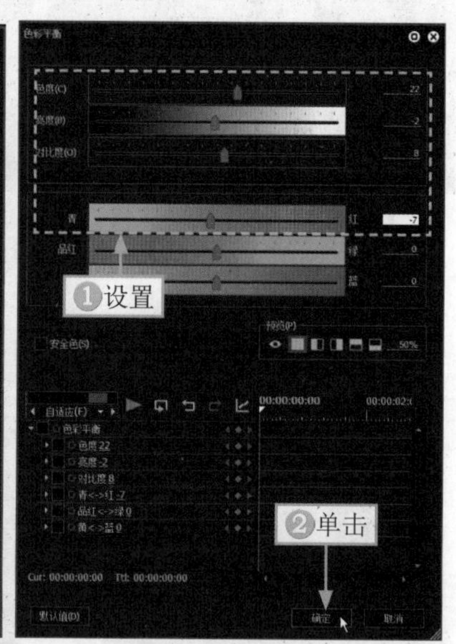

图 10-39　设置参数

STEP 17 在“特效”面板中，选择“视频滤镜”下方的“色彩校正”选项，在其设置界面中选择“色彩平衡”滤镜效果，如图 10-40 所示。

STEP 18 在选择的滤镜效果上，按住鼠标左键将其拖曳至 1VA 主视频轨道中第 5 段视频素材的上方，释放鼠标左键，即可添加“色彩平衡”滤镜效果，如图 10-41 所示。

STEP 19 在“信息”面板中，双击“色彩平衡”滤镜，如图 10-42 所示。

STEP 20 弹出“色彩平衡”对话框，❶设置“色度”为 33、“亮度”为 -5、“对比度”为 6、“青 - 红”为 12；❷单击“确定”按钮，让画面偏暖色调，让夕阳更加好看，如图 10-43 所示。

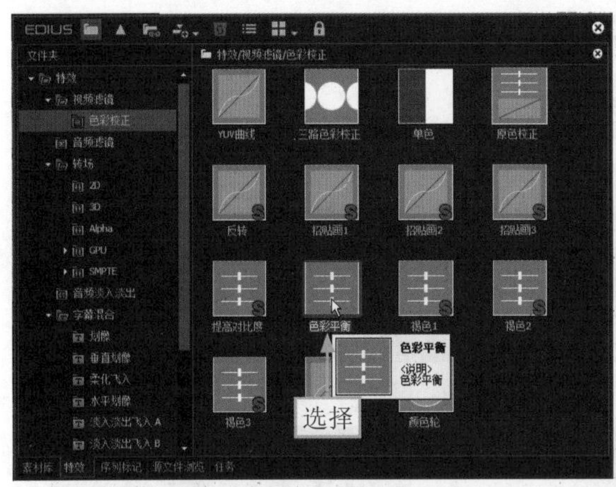

图 10-40　选择“色彩平衡”滤镜效果

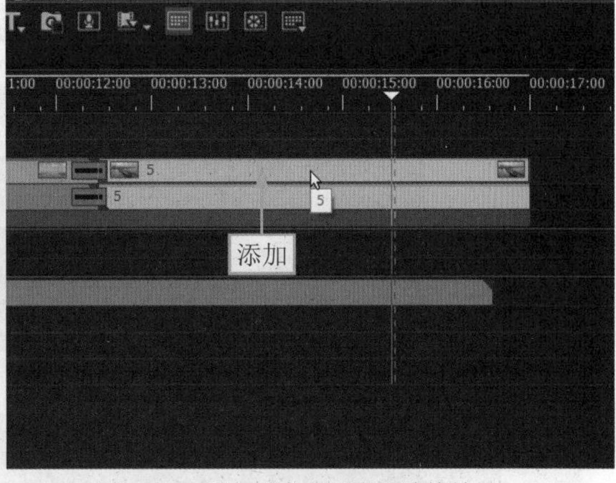

图 10-41　添加“色彩平衡”滤镜效果

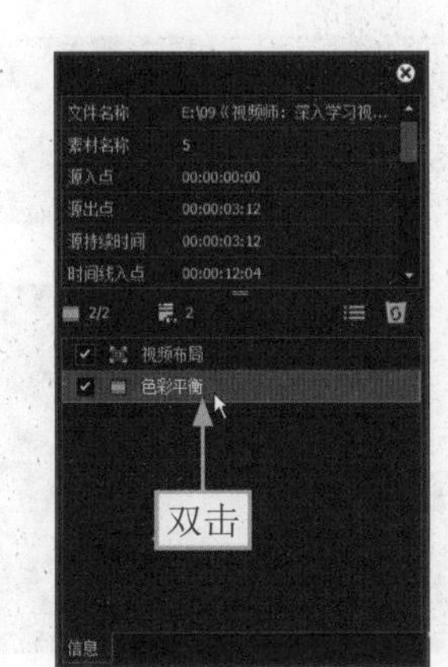

图 10-42　双击“色彩平衡”滤镜

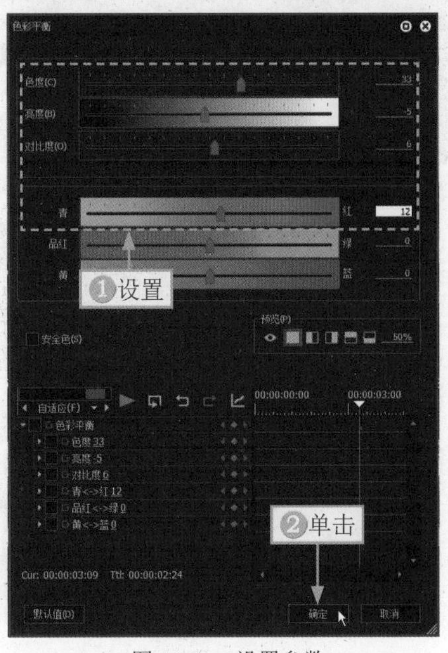

图 10-43　设置参数

10.2.4　为视频添加字幕

根据背景音乐的歌词内容，可以为视频添加字幕，让观众具有代入感。下面介绍在EDIUS X 中为视频添加字幕的具体操作方法。

STEP 01 ①右击1T 轨道；②在弹出的快捷菜单中选择“添加”|“在下方添加字幕轨道”命令，如图 10-44 所示。

STEP 02 弹出“添加轨道”对话框，①设置“数量”为 1；②单击“确定”按钮，如图 10-45 所示，添加一条字幕轨道。

STEP 03 在第 1 段视频的起始位置；①单击“创建字幕”按钮T；②在弹出的下拉菜单中选择“在 1T轨道上创建字幕”命令，如图 10-46 所示。

STEP 04 进入相应的面板，①在界面上方输入文字内容；②在下方选择一个样式；③选择合适的字体；④设置“字距”为 10；⑤调整文字的位置，如图 10-47 所示。

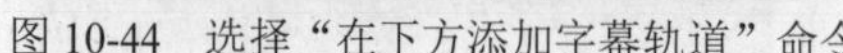

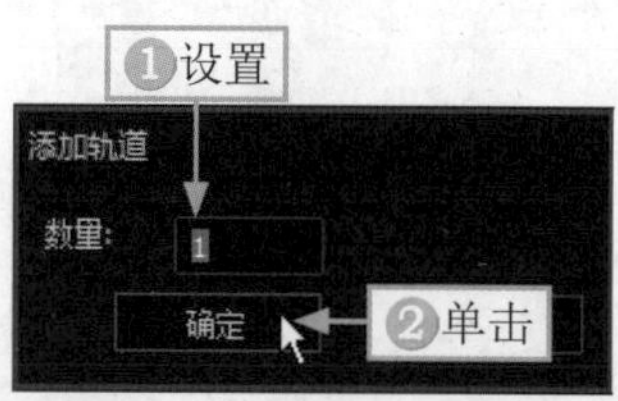

图 10-44 选择“在下方添加字幕轨道”命令

图 10-45 设置添加轨道的数量

图 10-46 选择“在 1T 轨道上创建字幕”命令

图 10-47 调整文字的位置

STEP 05 ▶▶ ①取消选中“边缘”复选框，消除边框；②选择“文件”|“保存”命令，如图 10-48 所示，保存文字。

图10-48 消除边框并保存文件

STEP 06 ①调整文字的时长，使其末尾位置与第 1 段素材的末尾位置对齐；②拖曳时间滑块至视频 00:00:01:20 的位置；③单击“创建字幕”按钮T；④在弹出的下拉菜单中选择“在 2T 轨道上创建字幕”命令，如图 10-49 所示。

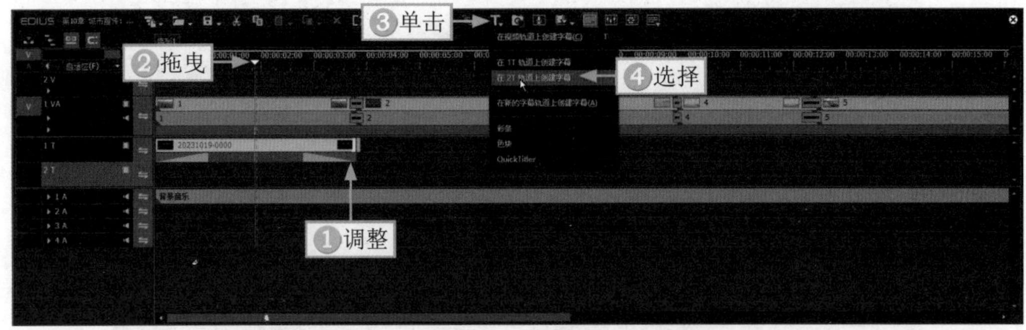

图 10-49 选择“在 2T 轨道上创建字幕”命令

STEP 07 进入相应的面板，①在界面中间输入文字内容；②选择合适的字体；③调整文字的位置；④选择“文件”|“保存”命令，如图 10-50 所示，保存文字。

图10-50 输入文字并设置

STEP 08 ①调整文字的时长，使其末尾位置与第 1 段素材的末尾位置对齐；②拖曳时间滑块至第 2 段素材的起始位置；③单击“创建字幕”按钮T；④在弹出的下拉菜单中选择“在 1T 轨道上创建字幕”命令，如图 10-51 所示。

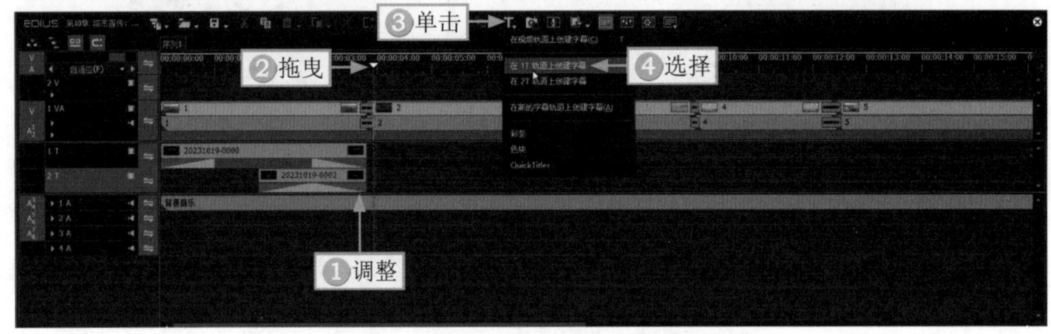

图10-51 选择“在1T轨道上创建字幕”命令

STEP 09 ▶▶ 进入相应的面板，①在界面下方输入文字；②选择字体；③设置“字号”为 36；④调整文字的位置；⑤选择“文件”|“保存”命令，如图 10-52 所示，保存文字。

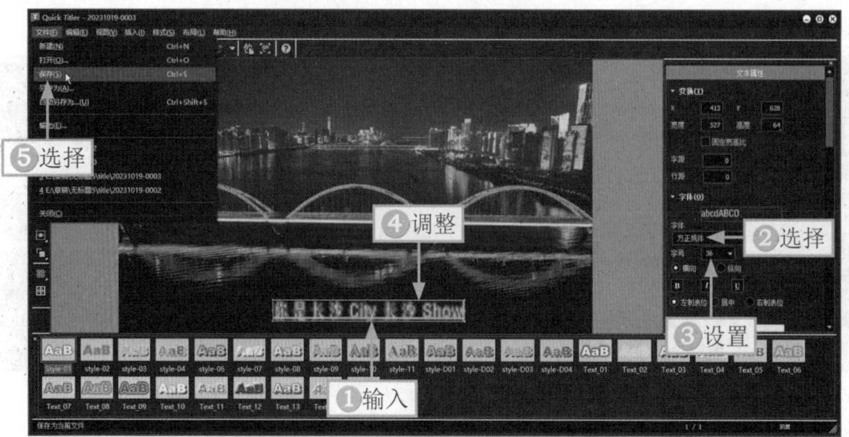

图 10-52　输入文字并设置

STEP 10 ▶▶ ①调整文字的时长，使其末尾位置与第 2 段素材的末尾位置对齐，按 Ctrl+C 组合键，复制文字；②拖曳时间滑块至第 3 段素材的起始位置；③按 Ctrl+V 组合键，粘贴文字，并调整文字时长，使其与第 3 段视频素材的时长保持一致，再双击文字素材，如图 10-53 所示。

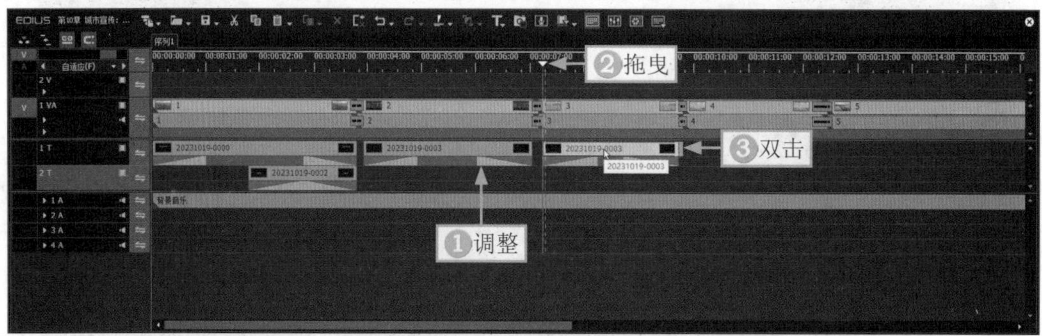

图 10-53　双击文字素材

STEP 11 ▶▶ 进入相应的面板，①双击文字并更改文字内容；②选择“文件”|“自动另存为”命令，如图 10-54 所示，保存文字。

图 10-54　选择“自动另存为”命令

STEP 12 使用同样的方法，为剩余的 2 段视频素材复制、粘贴并修改相应的文字内容，如图 10-55 所示，使文字内容与背景音乐的歌词内容相对应。

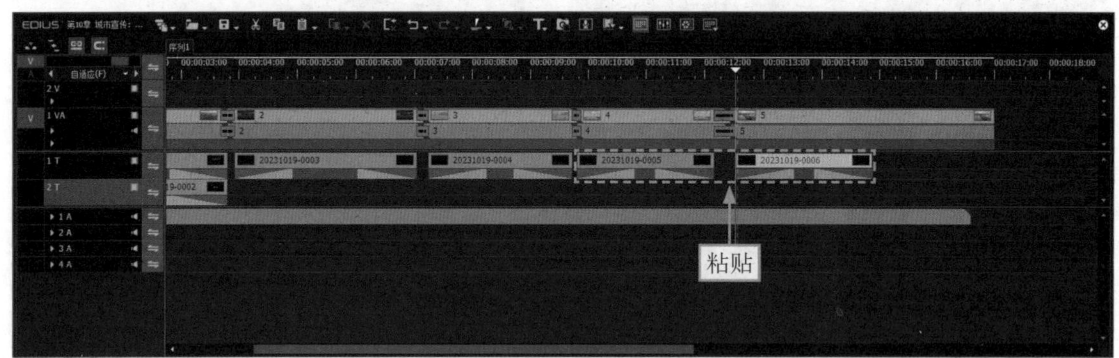

图 10-55　复制、粘贴并修改相应的文字内容

10.2.5　制作开场特效

为了让视频一开始就能吸引观众，可以为视频制作开场特效。下面介绍在 EDIUS X 中制作开场特效的操作方法。

STEP 01 在“素材库”面板中，选择变清晰特效素材，如图 10-56 所示。

STEP 02 ❶拖曳变清晰特效素材至 2V 视频轨道中，并右击；❷在弹出的快捷菜单中选择“连接 / 组”|“解组”命令，如图 10-57 所示，把视频和音频分离出来。

图 10-56　选择变清晰特效素材

图 10-57　选择“解组”命令

STEP 03 ❶选择分离出来的音频素材；❷单击“删除”按钮，如图 10-58 所示，删除音频。

STEP 04 ❶右击轨道中的间隙；❷在弹出的快捷菜单中选择“删除间隙”命令，如图 10-59 所示，让素材对齐。

STEP 05 在“特效”面板中，选择“键”下方的“混合”选项，在其设置界面中选择“滤色模式”效果，如图 10-60 所示。

STEP 06 ❶拖曳“滤色模式”效果至变清晰特效素材的下方，抠出特效；❷选择第 1 段视频素材，如图 10-61 所示。

STEP 07 在“信息”面板中，双击“视频布局”选项，如图 10-62 所示。

STEP 08 弹出“视频布局”对话框，在第 1 段视频的起始位置，❶选中“可见度和颜色”复选框；❷单击“添加 / 删除关键帧”按钮，添加关键帧；❸设置“源素材”为 50.0%，降低画面的不透明度，如图 10-63 所示。

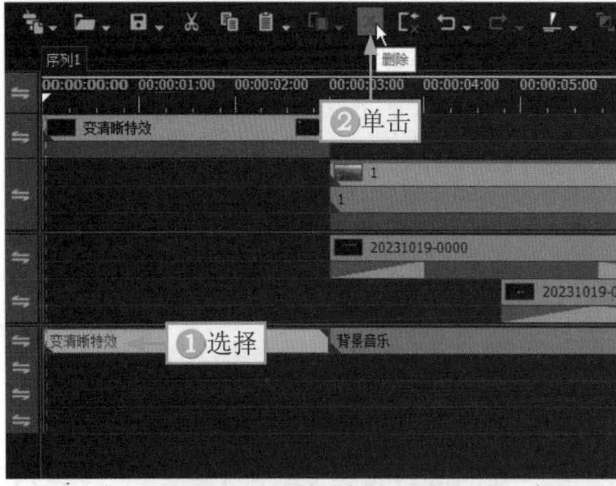

图 10-58　删除音频

图 10-59　选择“删除间隙”命令

图 10-60　选择“滤色模式”效果

图 10-61　选择第 1 段视频素材

图 10-62　双击“视频布局”选项

图 10-63　降低画面的不透明度

STEP 09 ▶▶ ❶拖曳时间滑块至视频 00:00:01:10 的位置；❷设置“源素材”为 100.0%，还原画面的不透明度；❸单击“确定”按钮，制作出清晰开场的效果，如图 10-64 所示。

图 10-64　还原画面的不透明度

10.2.6　制作闭幕特效

当视频快要结束的时候，可以为视频制作闭幕特效，让视频结束得更加自然些。下面介绍在 EDIUS X 中制作闭幕特效的操作方法。

STEP 01 ▶▶ 在“素材库”面板中，选择黑色背景素材，如图 10-65 所示。

STEP 02 ▶▶ ❶将黑色背景素材拖曳至 2V 视频轨道中，并右击；❷在弹出的快捷菜单中选择“持续时间”命令，如图 10-66 所示。

图 10-65　选择黑色背景素材

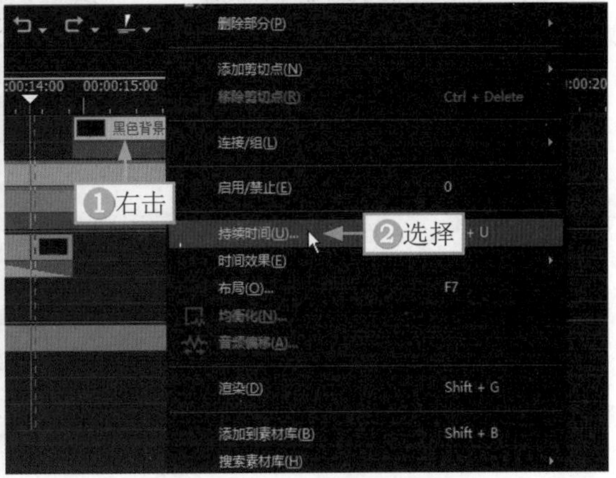

图 10-66　选择“持续时间”命令

STEP 03 弹出“持续时间”对话框，❶设置“持续时间”为 00:00:02:00；❷单击“确定”按钮，让素材的时长为 2s，如图 10-67 所示。

STEP 04 ❶右击 2V 轨道；❷在弹出的快捷菜单中选择“添加”｜“在上方添加视频轨道”命令，如图 10-68 所示。

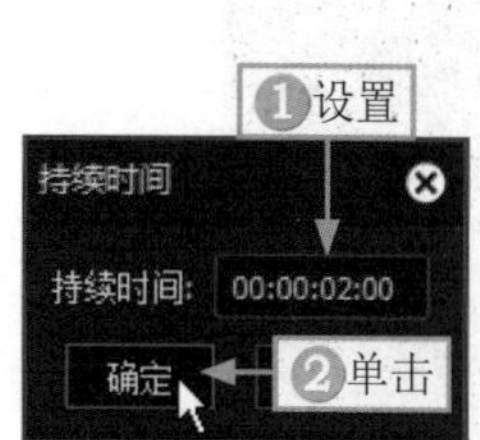

图 10-67　设置“持续时间”参数

图 10-68　选择“在上方添加视频轨道”命令

STEP 05 在“添加轨道”对话框中，❶设置“数量”为 1；❷单击“确定”按钮，如图 10-69 所示，添加一条视频轨道。

STEP 06 复制黑色背景素材至 3V 视频轨道中，并调整其轨道位置，选择 3V 视频轨道中的黑色背景素材，如图 10-70 所示。

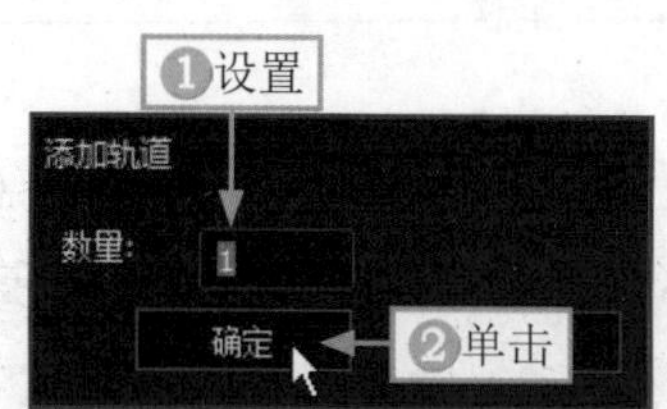

图 10-69　设置添加轨道的数量

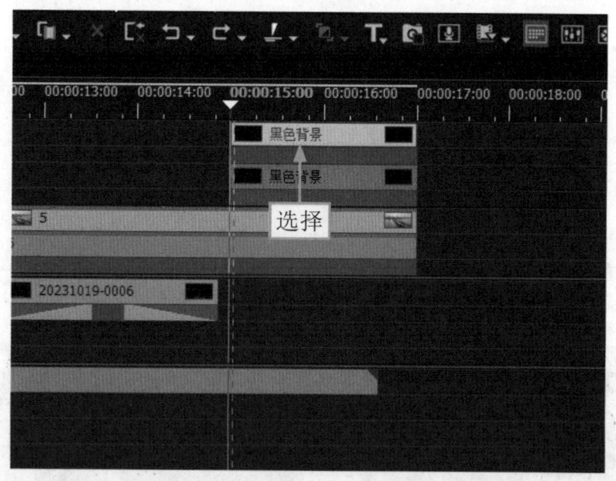

图 10-70　选择 3V 视频轨道中的黑色背景素材

STEP 07 在“信息”面板中，双击“视频布局”选项，如图 10-71 所示。

STEP 08 弹出“视频布局”对话框，在素材的起始位置，❶调整画面的位置，使其处于视频画面的最上方，❷选中“视频布局”复选框；❸单击“添加 / 删除关键帧”按钮，添加关键帧，如图 10-72 所示。

STEP 09 ❶拖曳时间滑块至素材的末尾位置；❷调整画面的位置，使画面的最下方处于视频中间的位置；❸单击“确定”按钮，如图 10-73 所示。

STEP 10 选择 2V 视频轨道中的黑色背景素材，如图 10-74 所示，在“信息”面板中，双击“视频布局”选项。

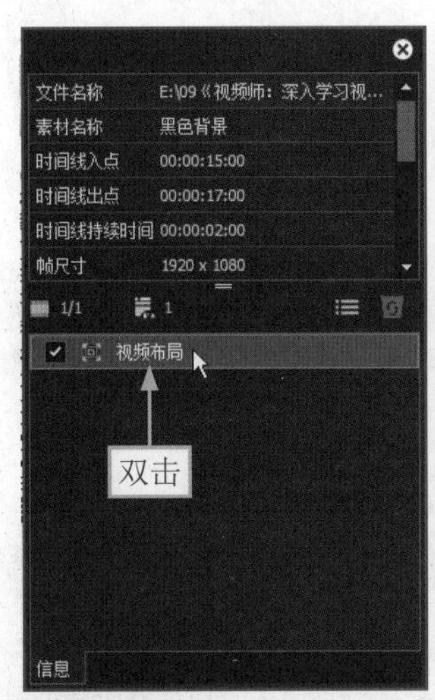

图 10-71　双击“视频布局”选项

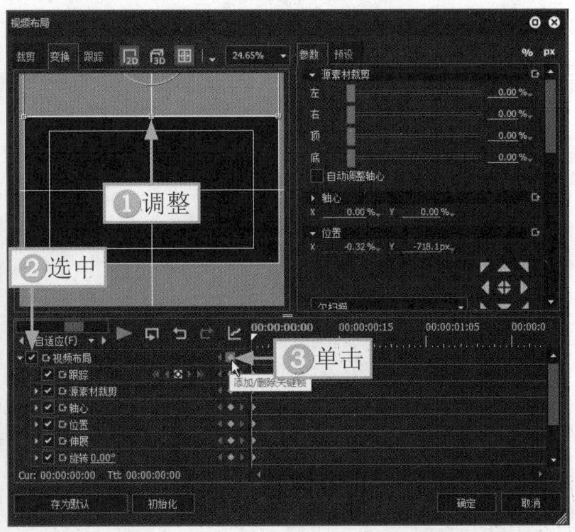

图 10-72　单击“添加 / 删除关键帧”按钮

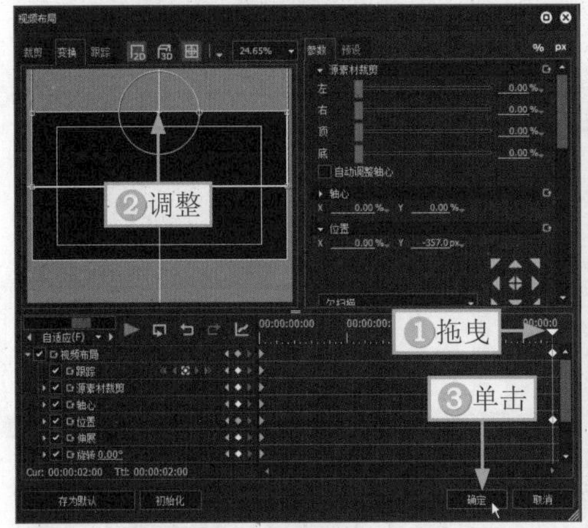

图 10-73　调整画面位置（1）

图 10-74　选择 2V 视频轨道中的黑色背景素材

STEP 11 弹出“视频布局”对话框，在素材的起始位置，①调整画面的位置，使其处于视频画面的最下方；②选中“视频布局”复选框；③单击“添加 / 删除关键帧”按钮，添加关键帧，如图 10-75 所示。

STEP 12 ①拖曳时间滑块至素材的末尾位置；②调整画面的位置，使画面的最上方处于视频中间的位置；③单击“确定”按钮，如图 10-76 所示，制作闭幕特效。

图10-75　调整画面位置（2）

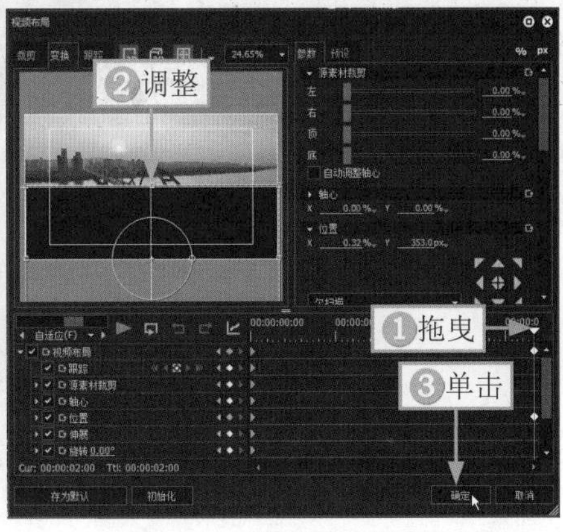

图10-76　调整画面位置（3）

11

VIDEOGRAPHER

第11章 综艺预告：制作《记忆中的古街》

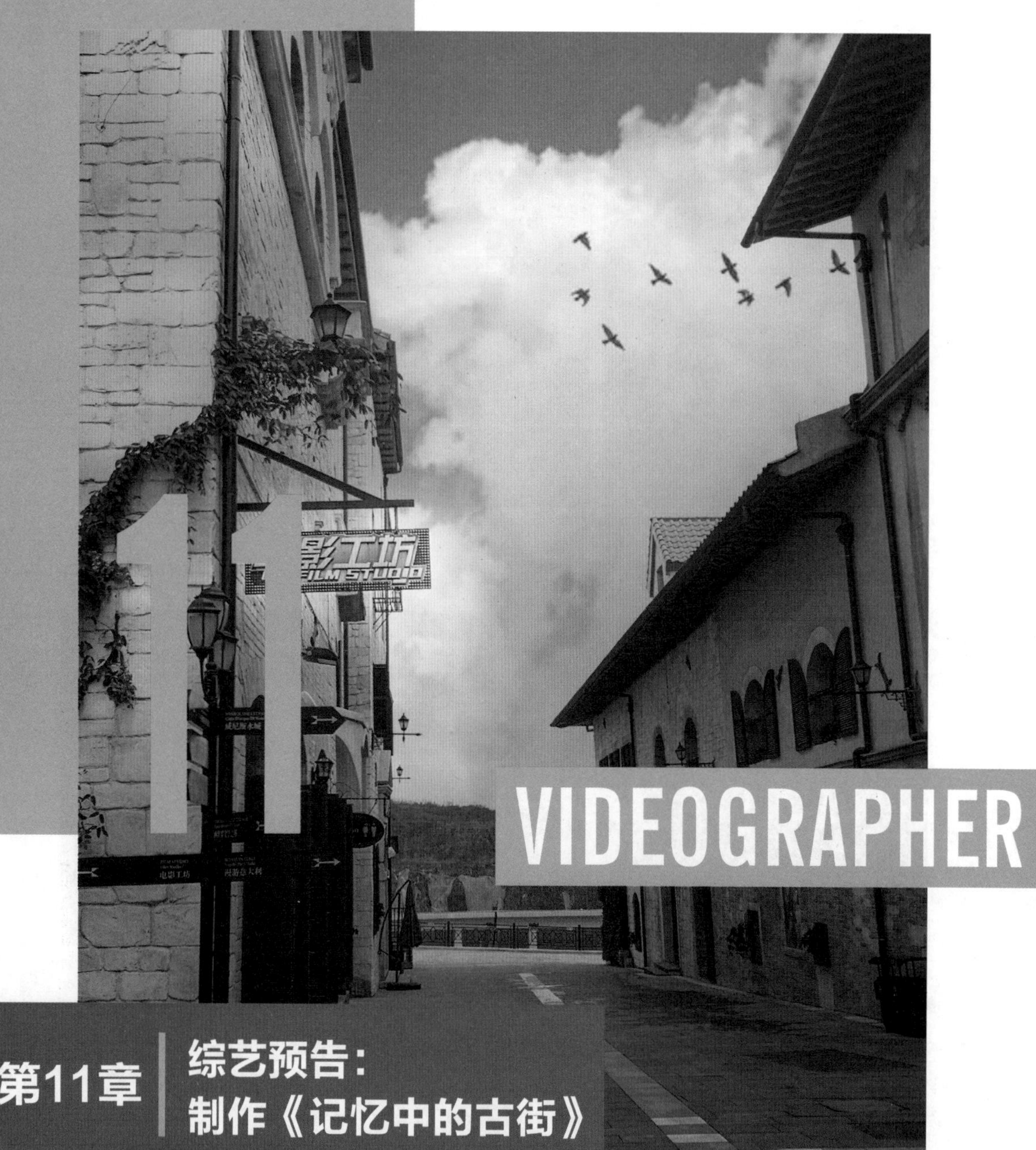

如何把几分钟的音乐适配到几十秒的预告短片中？如何用简短的几句话把故事逻辑梳理出来？如何简化内容？如何排布预告片中的音效和音乐？剪辑预告片的目的是让观众提前感受和体验内容，让观众对正片产生兴趣，预告片也应该尽量传递出重点信息。综艺预告是预告剪辑中的一部分，如何剪辑出具有吸引力的预告片呢？本章将为大家介绍相应的剪辑技巧。

11.1 《记忆中的古街》效果展示

预告片剪辑不同于影视剪辑，综艺预告片剪辑不需要讲述很多的故事内容，如果预告片专注于讲述故事，那么就会出现单调、无聊的情况，观众也会提不起兴趣。在剪辑预告片的时候，一定要记住把最精彩的片段展示出来，把最重要的信息提炼出来。

在制作《记忆中的古街》视频之前，我们首先来欣赏本案例的视频效果，并了解案例的学习目标、制作思路、知识讲解和要点讲堂。

11.1.1 效果欣赏

《记忆中的古街》综艺预告的画面效果如图11-1所示，主要展示了综艺栏目片头、综艺精彩片段和播出时段、赞助商等内容。

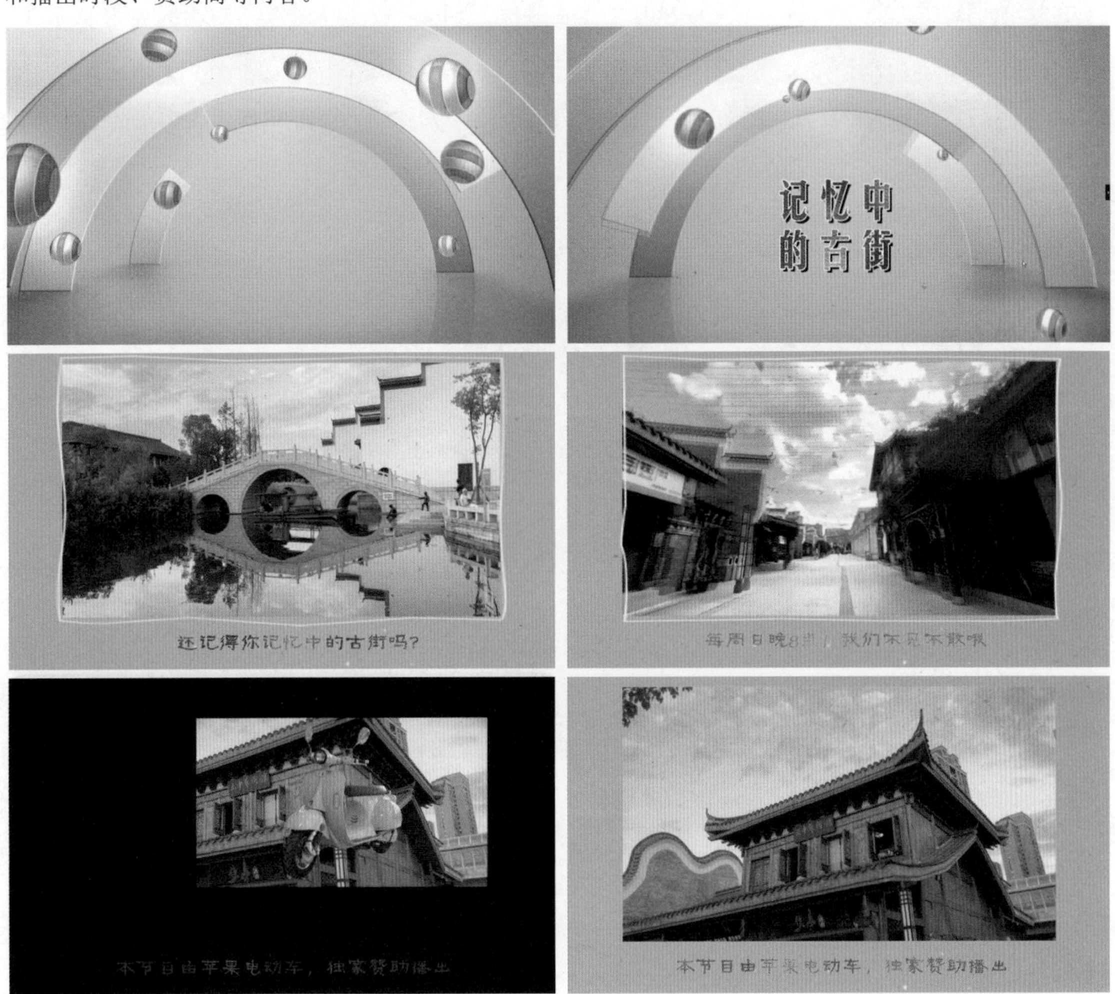

图11-1 《记忆中的古街》画面效果

11.1.2 学习目标

知识目标	掌握综艺预告视频的制作方法
技能目标	（1）掌握在EDIUS X中制作综艺片头的操作方法 （2）掌握添加背景调整画面的操作方法 （3）掌握添加综艺人声与音乐的操作方法 （4）掌握添加文案字幕的操作方法 （5）掌握添加赞助商广告的操作方法 （6）掌握添加视频边框特效的操作方法 （7）掌握调整视频对比度的操作方法
本章重点	添加背景调整画面和添加综艺人声与音乐
本章难点	添加赞助商广告
视频时长	15分06秒

11.1.3 制作思路

本案例首先介绍在 EDIUS X 中制作综艺片头，然后添加背景调整画面、添加综艺人声与音乐、添加文案字幕、添加赞助商广告、添加视频边框特效和调整视频对比度。图 11-2 所示为本案例视频的制作思路。

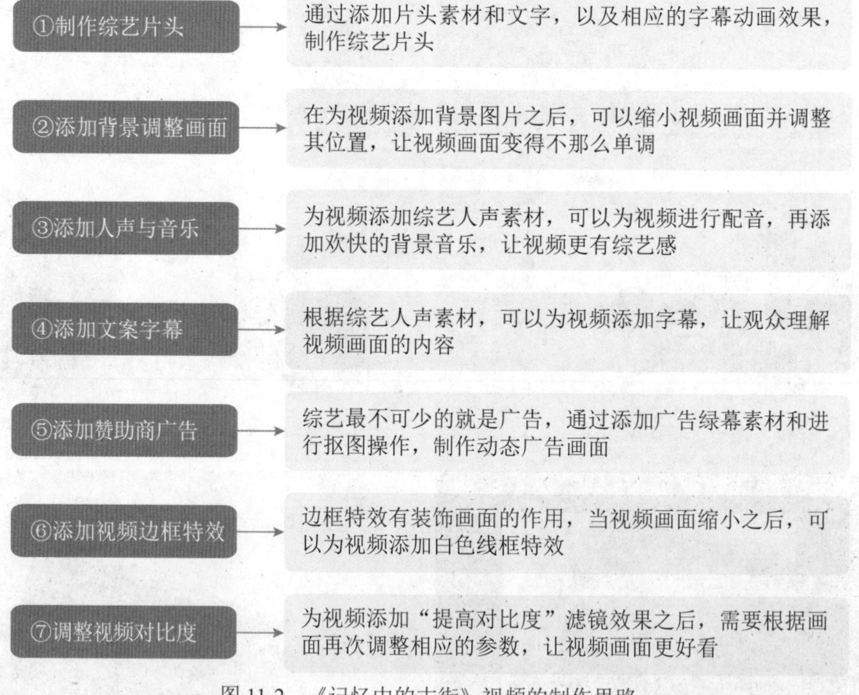

图 11-2 《记忆中的古街》视频的制作思路

11.1.4 知识讲解

色彩在综艺节目中是比较重要的表现元素之一，为了突出色彩的刺激作用，往往会使用一些比较亮丽的色彩，比如红色、黄色、橙色等饱和度较高的色彩。为了让画面更加酷炫，也会使用对比色来吸引观众的注意力，比如冷暖对比色，用于丰富画面内容。

在剪辑视频之前，需要选择色彩为视频定调。例如，本章的视频画面主要是以黄色为基调，片头素材和背景都为黄色。在字幕颜色的选择上，选择了蓝色，这与黄色背景正好形成了冷暖色对比。

剪辑综艺，必不可少的还有贴纸和音效。贴纸可以烘托人物和装饰环境，还能增强画面的空间深度，平衡构图和美化画面。音效也非常重要，不仅可以丰富内容，还可以加强节目的表现力。

11.1.5 要点讲堂

在本章内容中，我们需要掌握如何在EDIUS X中添加背景调整画面和添加综艺人声与音乐，这是比较核心的步骤，下面介绍相应的内容。

❶ 在EDIUS X中添加背景图片时，需要把背景图片放在主视频轨道中，这样在其他视频轨道中添加视频，就不会被背景图片遮挡住画面。在调整视频画面大小之后，可以通过复制和粘贴的方式，进行快速操作，统一所有视频的画面大小和位置。

❷ 如果背景音乐的音量大于人声的音量，就需要适当降低背景音乐的音量，这样视频才能准确地传递出信息，提升观看体验。

11.2 《记忆中的古街》制作流程

本节将为大家介绍综艺预告视频的制作方法，包括制作综艺片头、添加背景调整画面、添加综艺人声与音乐、添加文案字幕、添加赞助商广告、添加视频边框特效和调整视频对比度，希望读者能够熟练掌握。

11.2.1 制作综艺片头

在添加片头素材之后，我们需要添加节目字幕，制作综艺片头，介绍视频主题。下面介绍在EDIUS X中制作综艺片头的操作方法。

STEP 01 在EDIUS X中，单击“新建工程”按钮，弹出“工程设置”对话框，❶输入工程名称；❷单击“文件夹”文本框右侧的■按钮，设置保存路径；❸在“预设列表”列表框中选择相应的工程预设选项；❹单击“确定”按钮，如图11-3所示。

STEP 02 在“素材库”面板中，单击“添加素材”按钮，如图11-4所示。

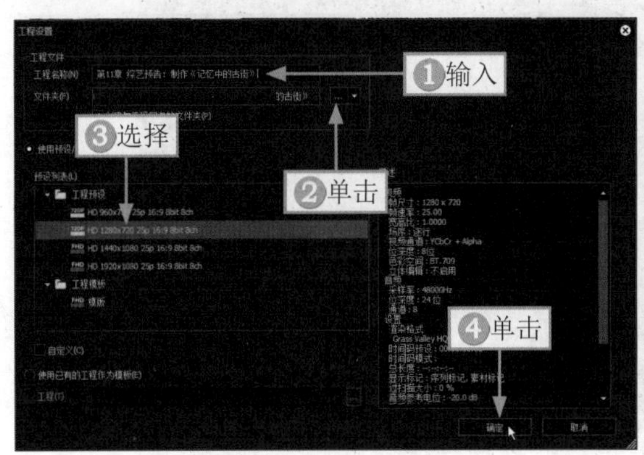

图11-3 设置工程文件

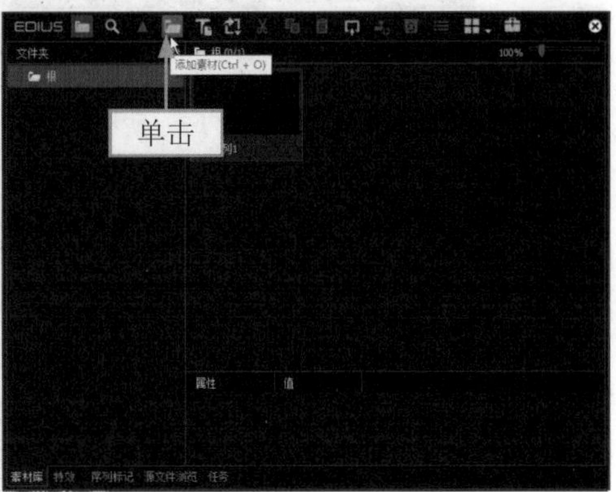

图11-4 单击“添加素材”按钮

STEP 03 弹出“打开”对话框，①在相应的文件夹中，按 Ctrl+A 组合键，全选所有的素材；②单击“打开”按钮，如图 11-5 所示。

STEP 04 把素材添加到“素材库”面板中，选择片头素材，如图 11-6 所示。

STEP 05 ①将片头素材拖曳至 1VA 主视频轨道中；②单击“创建字幕”按钮；③在弹出的下拉菜单中选择“在 1T 轨道上创建字幕”命令，如图 11-7 所示。

图 11-5　全选所有的素材

图 11-6　选择片头素材

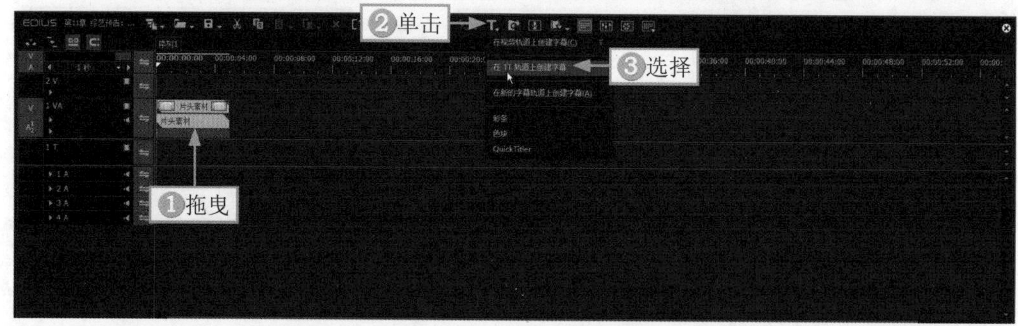

图 11-7　选择“在 1T 轨道上创建字幕”命令

STEP 06 进入相应的面板，①在界面中输入文字内容；②在下方选择一个样式；③选择合适的字体；④调整文字的位置；⑤选择“文件”|“保存”命令，如图 11-8 所示，保存片头文字。

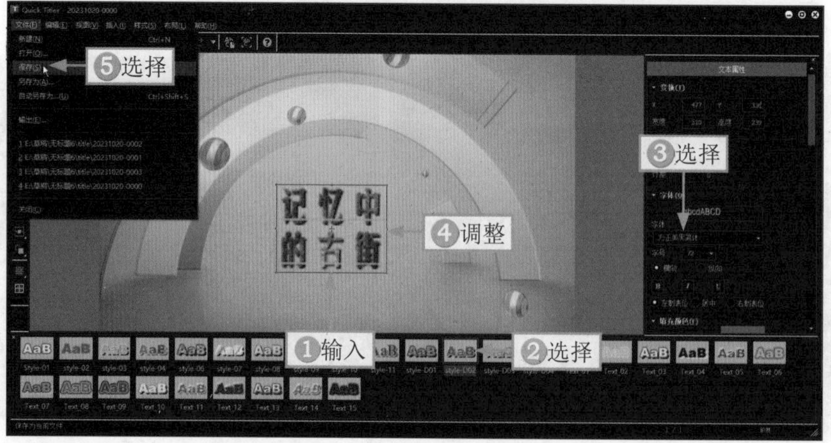

图 11-8　输入文字并设置

STEP 07 ▶ ①选择文字下面的字幕动画效果；②单击“删除”按钮■，如图 11-9 所示，删除动画。

STEP 08 ▶ 切换至“特效”面板，选择“字幕混合”下方的“柔化飞入”选项，在其设置界面中选择“向下软划像”效果，如图 11-10 所示。

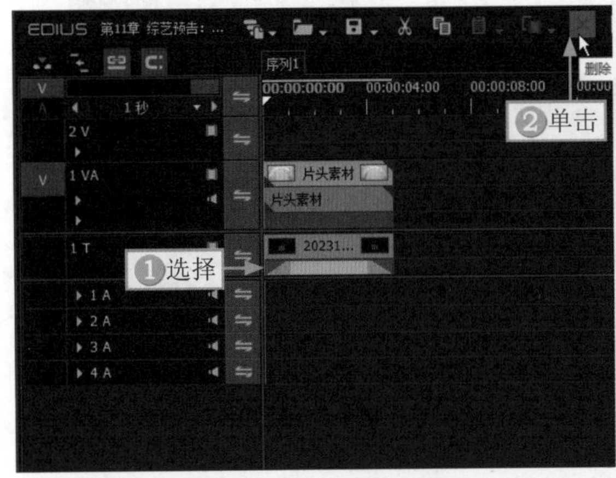

图 11-9 单击“删除”按钮

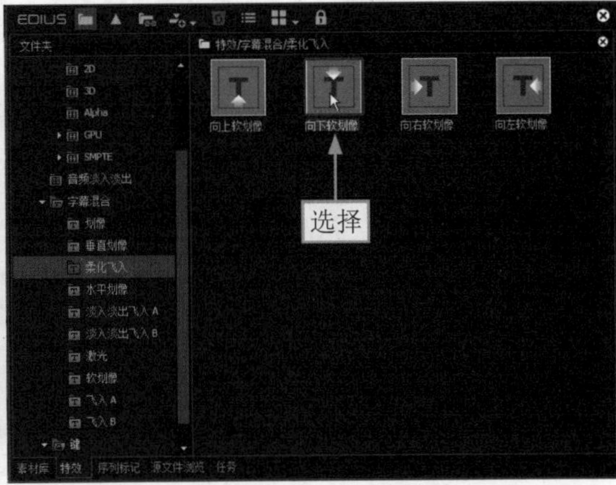

图 11-10 选择“向下软划像”效果

STEP 09 ▶ 拖曳“向下软划像”效果至文字素材下方的入场区域，如图 11-11 所示，添加动画。

STEP 10 ▶ 在“字幕混合”下方的“柔化飞入”选项中，选择“向上软划像”效果，如图 11-12 所示。

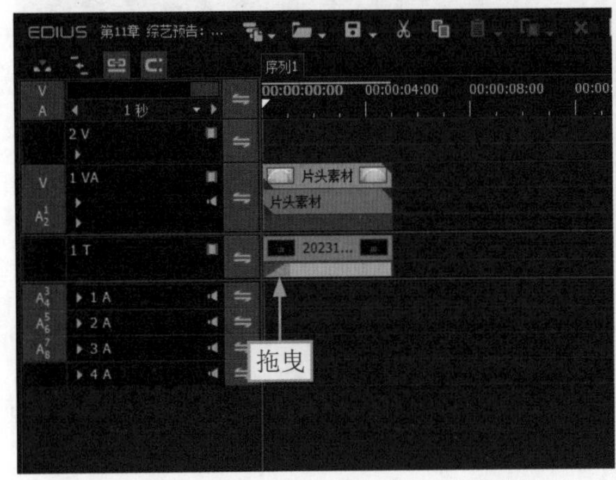

图11-11 拖曳“向下软划像”效果至文字素材下方

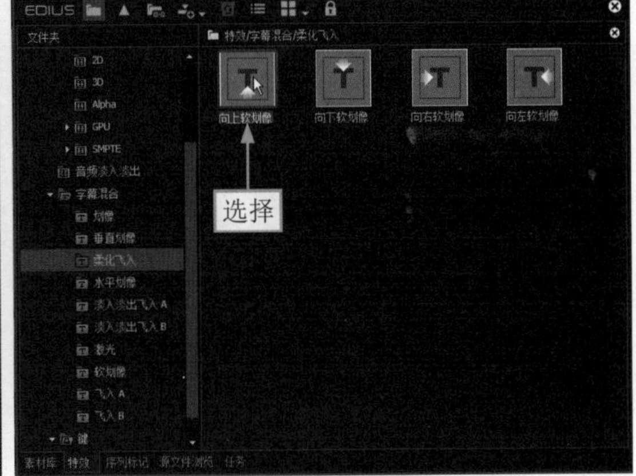

图11-12 选择“向上软划像”效果

STEP 11 ▶ ①拖曳“向上软划像”效果至文字素材下方的出场区域，添加动画；②选择片头素材，如图 11-13 所示。

STEP 12 ▶ 在“信息”面板中，双击“视频布局”选项，如图 11-14 所示。

STEP 13 ▶ 弹出“视频布局”对话框，①拖曳时间滑块至视频 00:00:04:00 的位置；②选中“可见度和颜色”复选框；③单击“添加 / 删除关键帧”按钮，添加关键帧，如图 11-15 所示。

STEP 14 ▶ ①拖曳时间滑块至视频 00:00:05:00 的位置；②设置“源素材”为 0.0%；③单击“确定”按钮，如图 11-16 所示，制作画面慢慢变黑的出场效果。

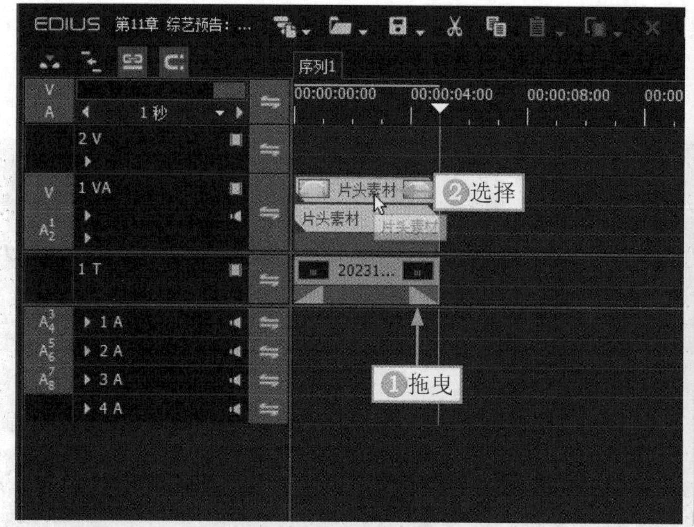

图 11-13　选择片头素材

图 11-14　双击“视频布局”选项

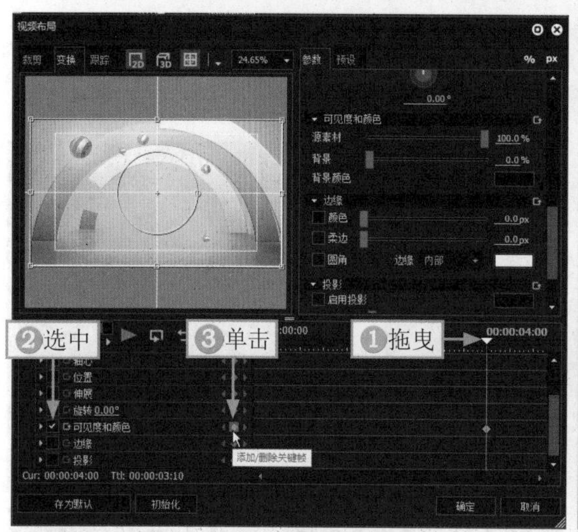

图 11-15　单击“添加 / 删除关键帧”按钮

图 11-16　设置“源素材”参数

11.2.2　添加背景调整画面

扫码看视频

添加背景的目的是让画面缩小后，背景不是黑色的。颜色鲜艳的背景，可以吸引观众的视线。下面介绍在 EDIUS X 中添加背景调整画面的操作方法。

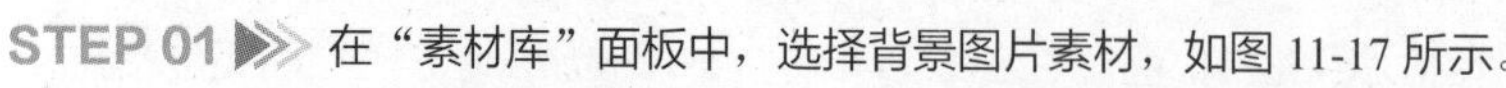

STEP 01 在“素材库”面板中，选择背景图片素材，如图 11-17 所示。

STEP 02 将背景图片素材拖曳至 1VA 主视频轨道中，如图 11-18 所示。

STEP 03 ①将第 1 段视频素材拖曳至 2V 视频轨道中，使其起始位置与背景图片素材的起始位置对齐，并右击；②在弹出的快捷菜单中选择“连接 / 组”|“解组”命令，如图 11-19 所示，把视频和音频分离出来。

STEP 04 ①选择音频素材；②单击“删除”按钮，如图 11-20 所示，删除音频素材。

STEP 05 使用同样的方法，将第 2 段视频素材和第 3 段视频素材拖曳至 2V 视频轨道中，并删除音频素材，设置第 2 段视频素材的时长为 00:00:03:17，调整背景图片的时长，使其末尾位置与第 3 段视频素材的末尾位置对齐，如图 11-21 所示。

图 11-17　选择背景音乐素材

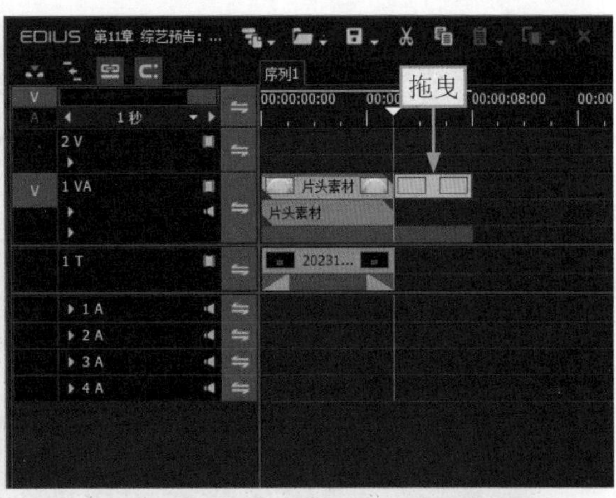

图 11-18　将背景图片素材拖曳至 1VA 主视频轨道中

图 11-19　选择“解组”命令

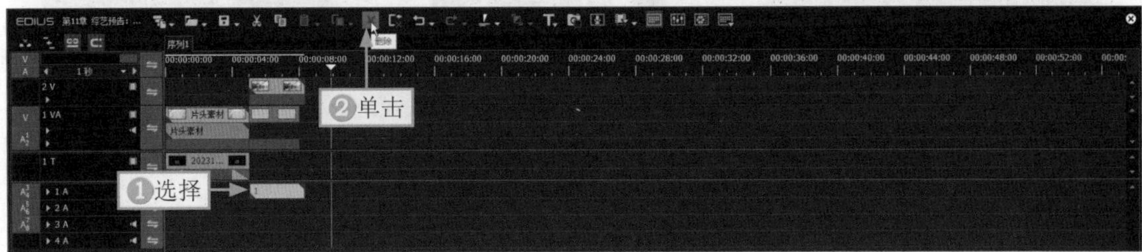

图 11-20　删除音频素材

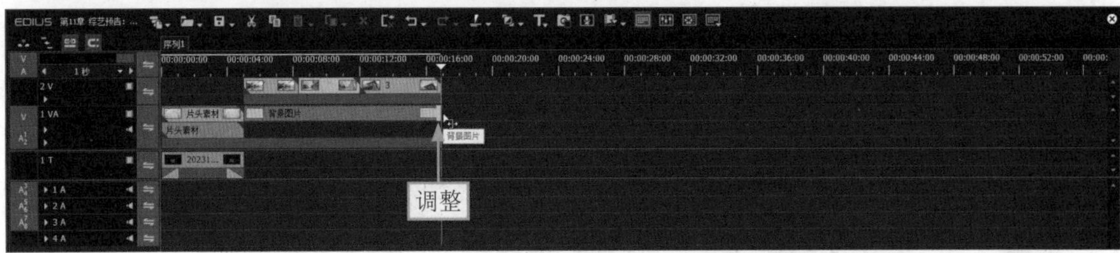

图 11-21　调整背景图片的时长

STEP 06 选择第 1 段视频素材，如图 11-22 所示。

STEP 07 在“信息”面板中，双击“视频布局”选项，如图 11-23 所示。

STEP 08 弹出“视频布局”对话框，❶缩小视频画面并调整其位置；❷单击“确定”按钮，如图 11-24 所示。

STEP 09 ❶选择第 1 段视频素材并右击；❷在弹出的快捷菜单中选择“复制”命令，如图 11-25 所示。

图 11-22 选择第 1 段视频素材

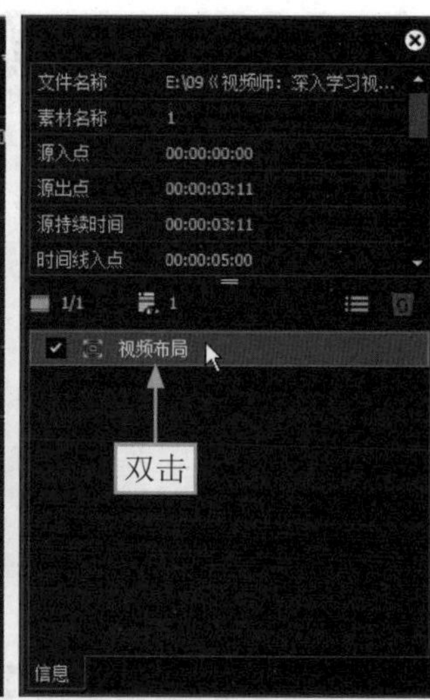

图 11-23 双击“视频布局”选项

图 11-24 调整视频画面

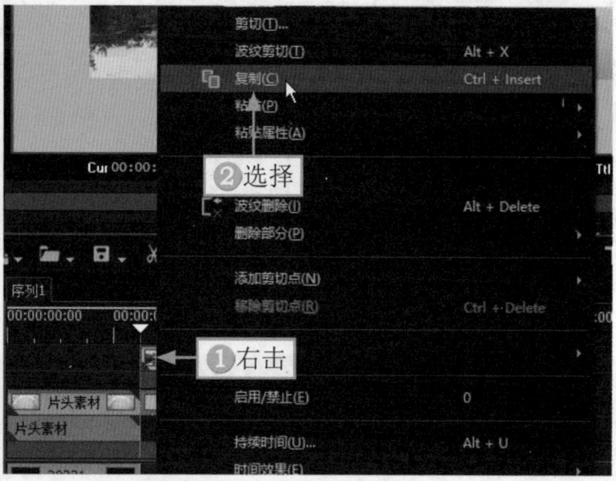

图 11-25 选择“复制”命令

STEP 10 ≫ ①选择第 2 段视频素材并右击；②在弹出的快捷菜单中选择“粘贴” | “滤镜”命令，如图 11-26 所示，快速调整第 2 段视频素材的画面大小和位置。

STEP 11 ≫ ①选择第 3 段视频素材并右击；②在弹出的快捷菜单中选择“粘贴” | “滤镜”命令，如图 11-27 所示，快速调整第 3 段视频素材的画面大小和位置。

图 11-26 选择“滤镜”命令（1）

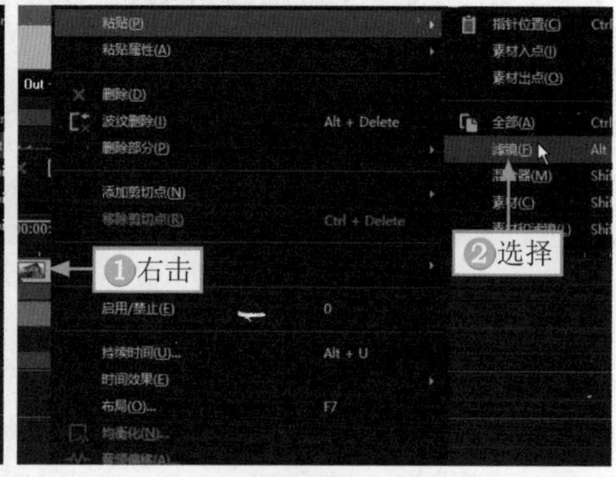

图 11-27 选择“滤镜”命令（2）

11.2.3 添加综艺人声与音乐

当画面色彩比较暗淡时，可以为视频进行调色，让视频画面色彩更加靓丽和好看。下面介绍在 EDIUS X 中添加综艺人声与音乐的具体操作方法。

STEP 01 在“素材库”面板中，选择欢快背景音素材，如图 11-28 所示。

STEP 02 拖曳背景音素材至 1A 音频轨道中，并调整其时长，使其末尾位置与视频的末尾位置对齐，如图 11-29 所示。

图 11-28 选择欢快背景音素材

图 11-29 拖曳背景音素材至 1A 音频轨道中

STEP 03 在“素材库”面板中，选择综艺人声素材，如图 11-30 所示。

STEP 04 拖曳综艺人声素材至 2A 音频轨道中，使其起始位置与第 1 段素材的起始位置对齐，如图 11-31 所示。

STEP 05 ❶单击 2A 音频轨道右侧的▶按钮，展开音频素材，根据音频素材内容；❷在第 1 段文案结束的位置单击“添加剪切点 - 选定轨道”按钮，如图 11-32 所示，分割音频素材。

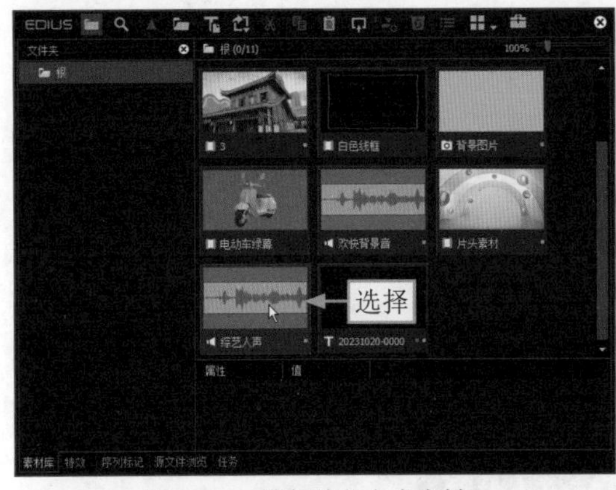

图 11-30 选择综艺人声素材

图 11-31 拖曳综艺人声素材至 2A 音频轨道中

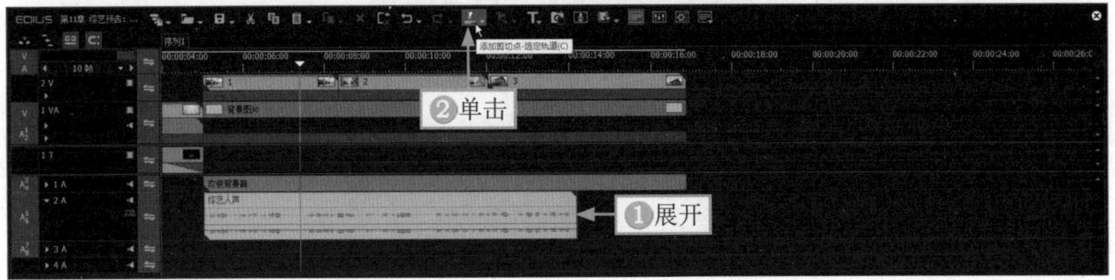

图 11-32 单击“添加剪切点 - 选定轨道”按钮（1）

STEP 06 ▶▶ 调整第 2 段综艺人声素材的轨道位置，使其起始位置与第 2 段视频素材的起始位置对齐，在第 2 段文案结束的位置单击“添加剪切点 - 选定轨道”按钮，如图 11-33 所示，继续分割音频素材。

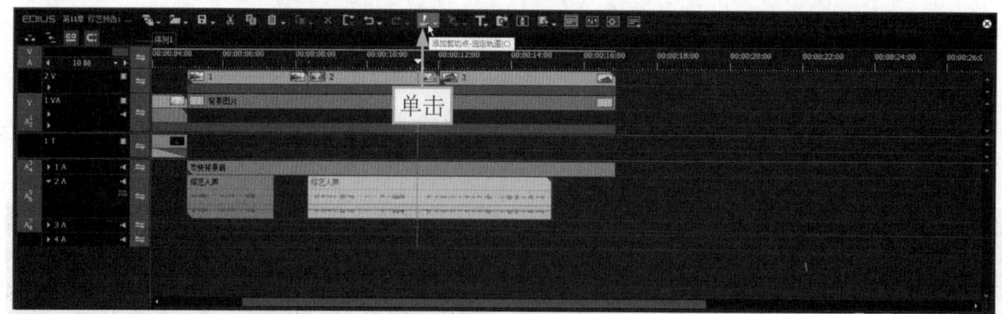

图 11-33　单击“添加剪切点 - 选定轨道”按钮（2）

STEP 07 ▶▶ ①调整第 3 段综艺人声素材的轨道位置，使其起始位置与第 3 段视频素材的起始位置对齐；②单击 1A 音频轨道右侧的按钮，展开音频素材；③单击“切换调音台显示”按钮，如图 11-34 所示。

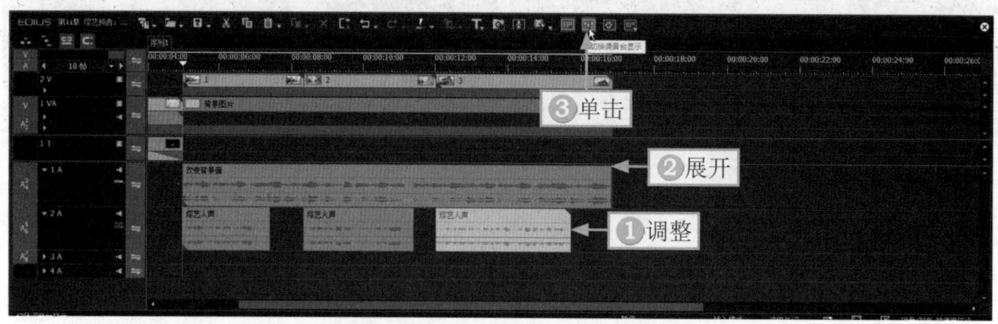

图 11-34　单击“切换调音台显示”按钮

STEP 08 ▶▶ 在“调音台”面板中，①单击按钮并选择“素材”选项；②设置音量参数为-8.0，降低一点背景音乐的音量，如图11-35所示。

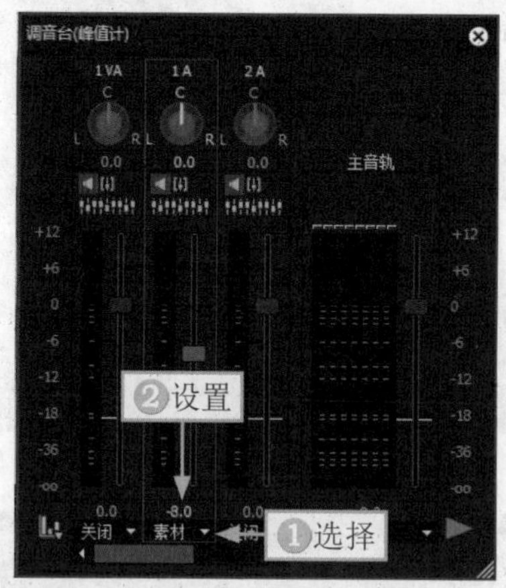

图11-35　设置音量参数

11.2.4　添加文案字幕

在添加综艺人声和音乐之后，需要根据文案为视频添加字幕，让观众更好地理解画面内容。下面介绍在 EDIUS X 中添加文案字幕的具体操作方法。

STEP 01 ▶▶ 在第 1 段视频的起始位置；①单击“创建字幕”按钮T；②在弹出的下拉菜单中选择“在 1T 轨道上创建字幕”命令，如图 11-36 所示。

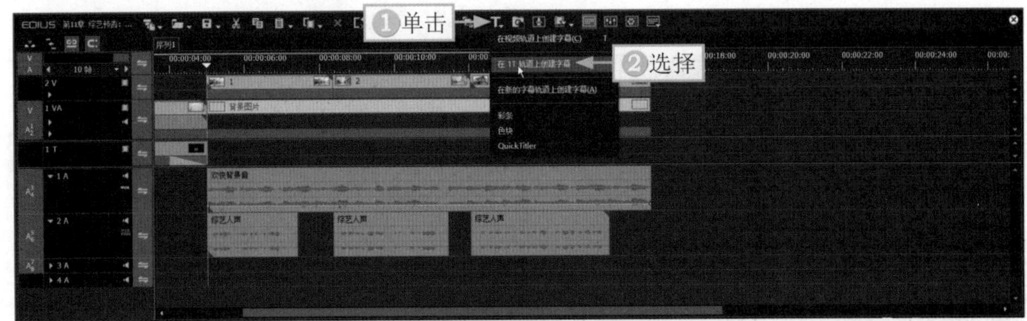

图 11-36 选择“在 1T 轨道上创建字幕”命令

STEP 02 ▶▶ 进入相应的面板，①在界面下方输入文字内容；②选择合适的字体；③设置“字号”为 36；④单击“粗体”按钮B；⑤调整文字的位置，如图 11-37 所示。

图 11-37 调整文字的位置

STEP 03 ▶▶ ①取消选中“边缘”和“阴影”复选框，消除文字边框和阴影；②选择“文件”|“保存”命令，如图 11-38 所示，保存文字。

图 11-38 选择“保存”命令

STEP 04 ①调整文字的时长，使其末尾位置与第 1 段人声素材的末尾位置对齐，按 Ctrl+C 组合键，复制文字；②拖曳时间滑块至第 2 段人声素材的起始位置；③按 Ctrl+V 组合键，粘贴文字，并调整文字的时长，使其与第 2 段人声素材的时长对齐，再双击文字素材，如图 11-39 所示。

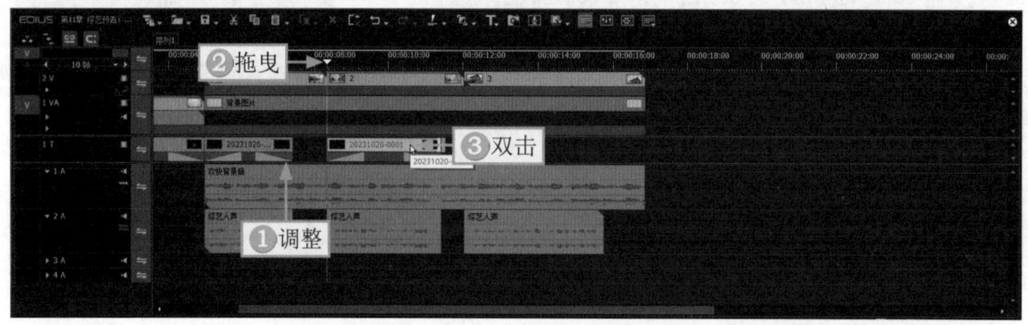

图 11-39　双击文字素材

STEP 05 进入相应的面板，①双击文字并更改文字内容；②选择“文件” | “自动另存为”命令，如图 11-40 所示，保存文字。

图 11-40　选择“自动另存为”命令

STEP 06 ①按 Ctrl+C 组合键，复制文字；②拖曳时间滑块至第 3 段人声素材的起始位置；③按 Ctrl+V 组合键，粘贴文字，并调整文字的时长，使其与第 3 段人声素材的时长对齐，再双击文字素材，如图 11-41 所示。

图 11-41　双击文字素材

STEP 07 进入相应的面板，①双击文字并更改文字内容；②选择“文件”｜“自动另存为”命令，如图 11-42 所示，保存文字。

图 11-42　选择“自动另存为”命令

11.2.5　添加赞助商广告

综艺少不了的就是冠名赞助商广告，部分广告商只有一个 LOGO（徽标或者商标），所以需要制作相应的动画来突出。下面介绍在 EDIUS X 中添加赞助商广告的具体操作方法。

STEP 01 ①右击 2V 轨道；②在弹出的快捷菜单中选择“添加”｜“在上方添加视频轨道”命令，如图 11-43 所示。

STEP 02 在“添加轨道”对话框中，①设置“数量”为 1；②单击“确定”按钮，如图 11-44 所示，添加一条视频轨道。

图 11-43　选择“在上方添加视频轨道”命令

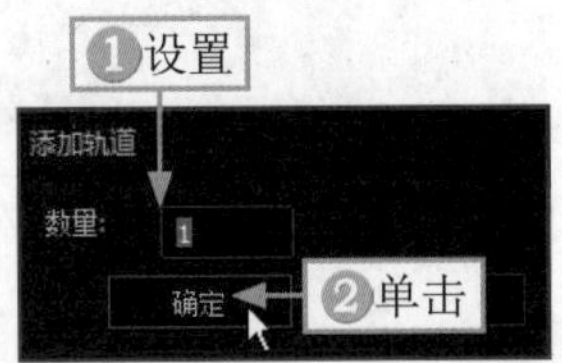

图 11-44　设置添加轨道的数量

STEP 03 在“素材库”面板中选择电动车绿幕素材，如图 11-45 所示。

STEP 04 ①将电动车绿幕素材拖曳至 3V 视频轨道中，使其起始位置与第 3 段视频素材的的起始位置对齐，并右击；②在弹出的快捷菜单中选择“连接 / 组”｜“解组”命令，如图 11-46 所示，把视频和音频素材分离出来。

图 11-45　选择电动车绿幕素材

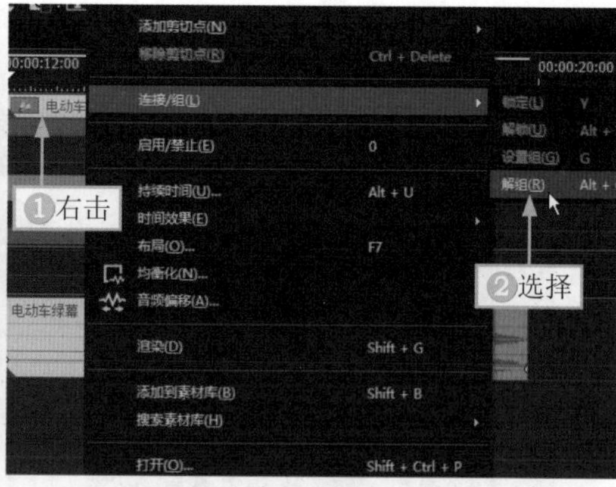

图 11-46　选择"解组"命令

STEP 05 ▶▶ ①选择音频素材；②单击"删除"按钮■，如图 11-47 所示，删除音频。

STEP 06 ▶▶ ①右击视频之间的间隙；②在弹出的快捷菜单中选择"删除间隙"命令，如图 11-48 所示，使视频对齐。

图 11-47　删除音频

图 11-48　选择"删除间隙"命令

STEP 07 ▶▶ 在"特效"面板中选择"键"选项，在其设置界面中选择"色度键"效果，如图 11-49 所示。

STEP 08 ▶▶ 将"色度键"效果拖曳至 3V 视频轨道中电动车绿幕素材的下方，抠除绿幕，并选择电动车绿幕素材，如图 11-50 所示。

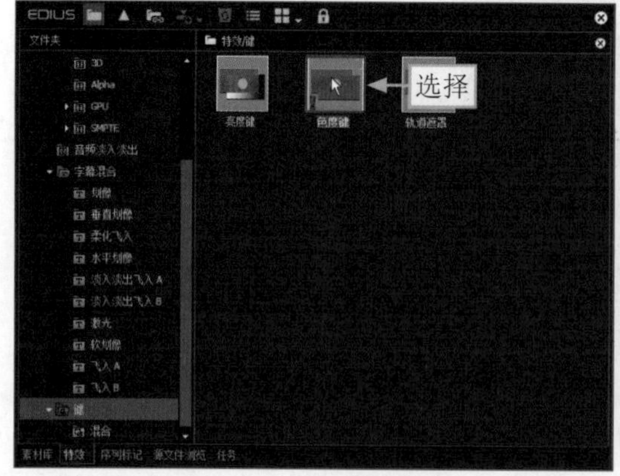

图 11-49　选择"色度键"效果

图 11-50　选择电动车绿幕素材

STEP 09 ▶▶ 在“信息”面板中，双击“视频布局”选项，如图 11-51 所示。

STEP 10 ▶▶ 弹出“视频布局”对话框，①拖曳时间滑块至第 3 段视频素材的起始位置；②选中“视频布局”复选框；③单击“添加 / 删除关键帧”按钮，添加关键帧；④调整素材的大小和位置，使其处于画面的右上角，如图 11-52 所示。

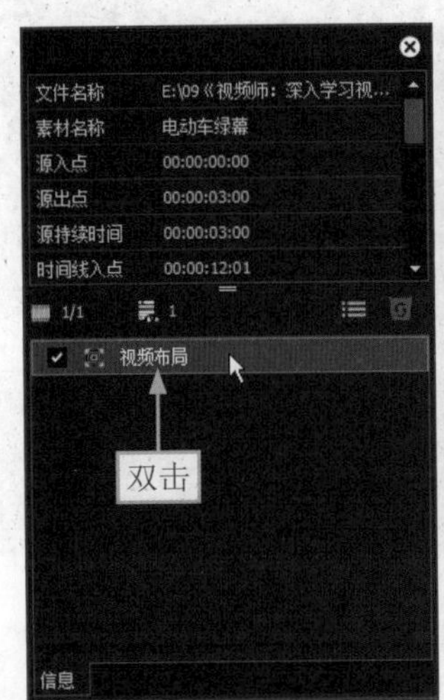

图 11-51　双击“视频布局”选项

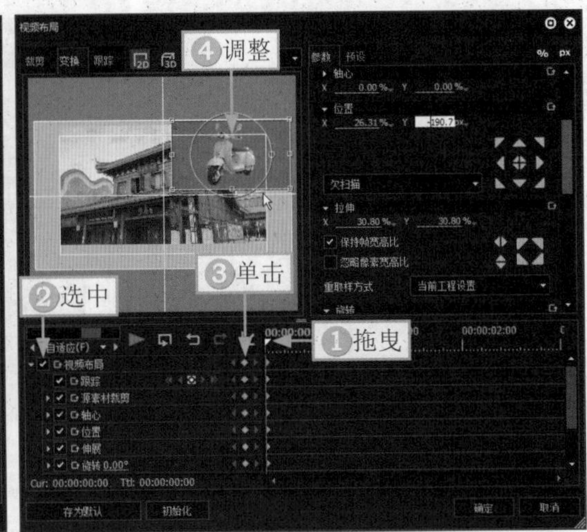

图 11-52　调整素材的大小和位置（1）

STEP 11 ▶▶ ①拖曳时间滑块至视频 00:00:13:00 的位置；②调整素材的大小和位置，使其处于画面中间，如图 11-53 所示。

STEP 12 ▶▶ ①拖曳时间滑块至视频 00:00:15:00 的位置；②调整素材的大小，使其覆盖画面；③单击“确定”按钮，如图 11-54 所示，制作动画，添加广告。

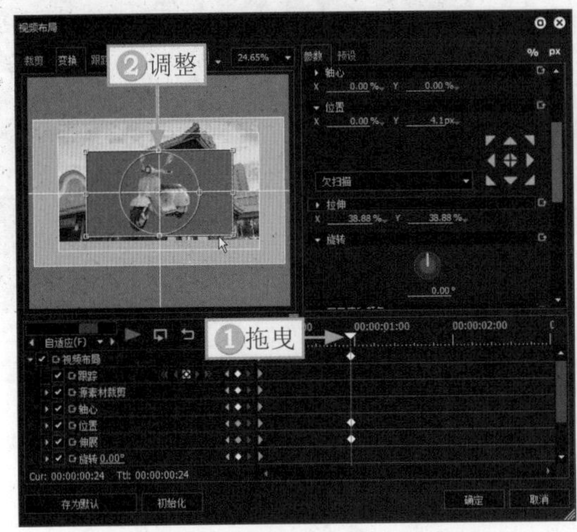

图 11-53　调整素材的大小和位置（2）

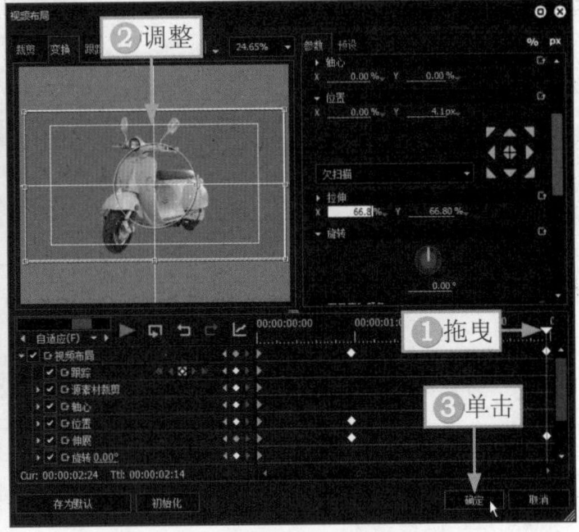

图 11-54　调整素材的大小和位置（3）

11.2.6　添加视频边框特效

边框特效有着装饰画面的作用，如果特效素材的时长不够长，也可以调整素材的播放速度，增加素材的时长。下面介绍在 EDIUS X 中添加视频边框特效的操作方法。

STEP 01 ▶▶ 在“素材库”面板中，选择白色线框素材，如图 11-55 所示。

STEP 02 ▶▶ ①将白色线框素材拖曳至 3V 视频轨道中，使其起始位置与第 1 段视频素材的的起始位置对齐，并右击；②在弹出的快捷菜单中选择“连接 / 组”｜“解组”命令，如图 11-56 所示，把视频和音频素材分离出来。

图 11-55　选择白色线框素材　　　图 11-56　选择“解组”命令

STEP 03 ▶▶ ①选择音频素材；②单击“删除”按钮■，如图 11-57 所示，删除音频。

STEP 04 ▶▶ ①右击素材之间的间隙；②在弹出的快捷菜单中选择“删除间隙”命令，如图 11-58 所示，使素材对齐。

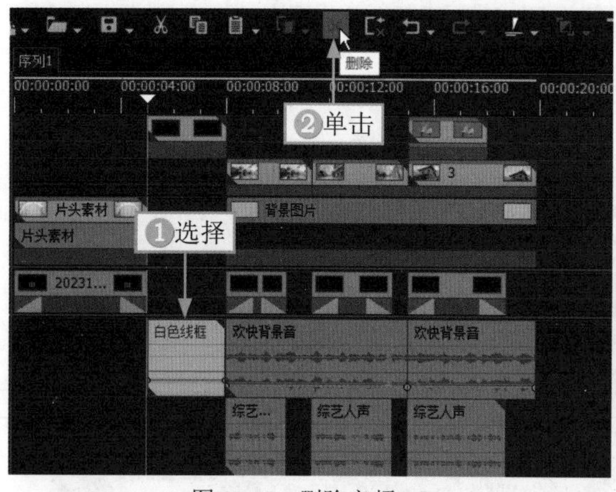

图 11-57　删除音频

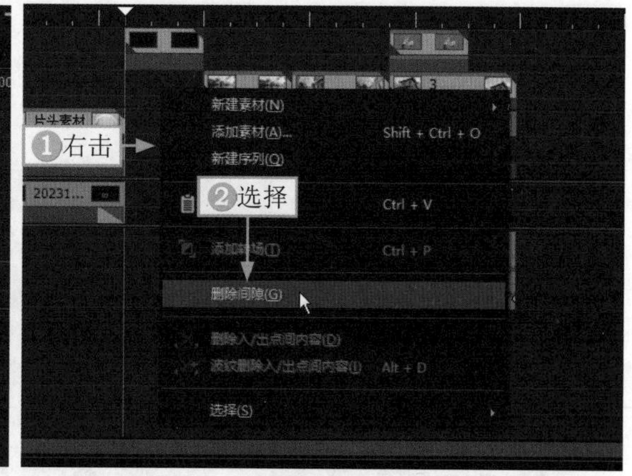

图 11-58　选择“删除间隙”命令

STEP 05 ▶▶ ①选择白色线框素材并右击；②在弹出的快捷菜单中选择“时间效果”｜“速度”命令，如图 11-59 所示。

STEP 06 ▶▶ 弹出“素材速度”对话框，①设置“持续时间”为 00:00:03:17；②单击“确定”按钮，如图 11-60 所示，调整素材的时长。

STEP 07 ▶▶ 在“特效”面板中，选择“键”下方的“混合”选项，在其设置界面中选择“滤色模式”效果，如图 11-61 所示。

STEP 08 ▶▶ 拖曳“滤色模式”效果至白色线框素材的下方，抠出特效，并选择白色线框素材，如图 11-62 所示。

STEP 09 ▶▶ 在“信息”面板中，双击“视频布局”选项，如图 11-63 所示。

STEP 10 ▶▶ 弹出“视频布局”对话框，①调整画面的大小和位置；②单击“确定”按钮，如图 11-64 所示。

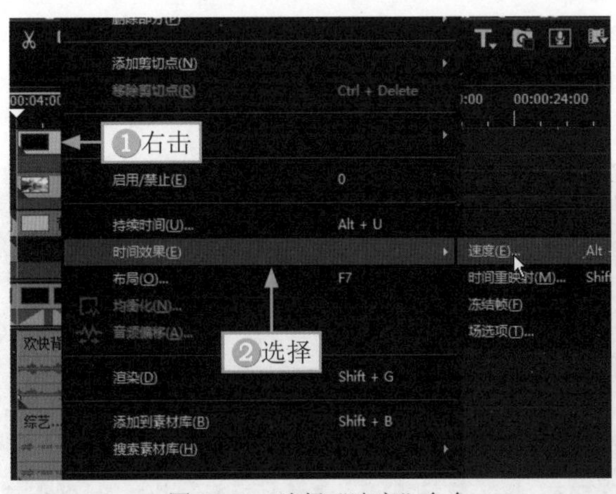

图 11-59　选择“速度”命令

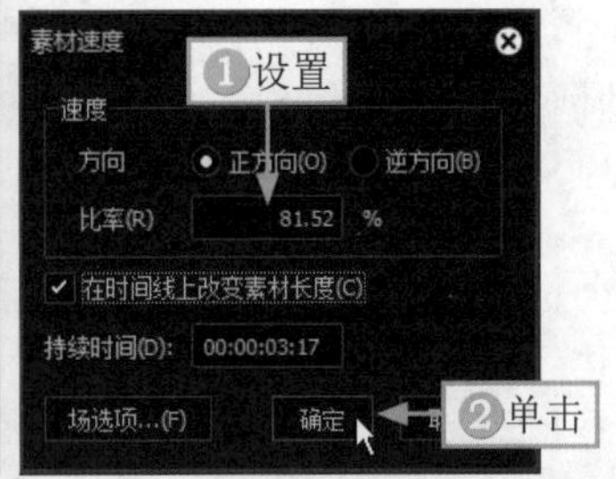

图 11-60　设置素材速度

图 11-61　选择“滤色模式”效果

图 11-62　选择白色线框素材

图 11-63　双击“视频布局”选项

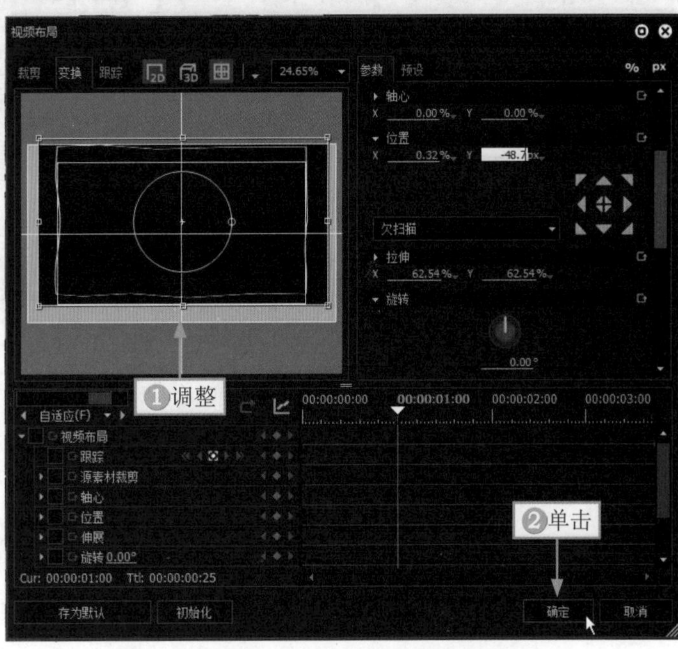

图 11-64　调整画面的大小和位置

STEP 11 ▶ 按Ctrl+C组合键，复制白色线框素材，①调整白色线框素材的时长，使其末尾位置与第1段素材的末尾位置对齐；②拖曳时间滑块至第2段素材的起始位置，按Ctrl+V组合键，粘贴白色线框，为两段素材都添加边框特效，如图11-65所示。

图 11-65　为两段素材都添加边框特效

11.2.7　调整视频对比度

扫码看视频

提高视频对比度的目的是让视频画面更加清晰，色彩更加鲜艳。下面介绍在 EDIUS X 中调整视频对比度的具体操作方法。

STEP 01 ▶ 在“特效”面板中，选择“视频滤镜”下方的“色彩校正”选项，在其滤镜组中选择“提高对比度”滤镜效果，如图 11-66 所示。

STEP 02 ▶ 将“提高对比度”滤镜效果拖曳至 2V 视频轨道中第 2 段素材上，如图 11-67 所示。

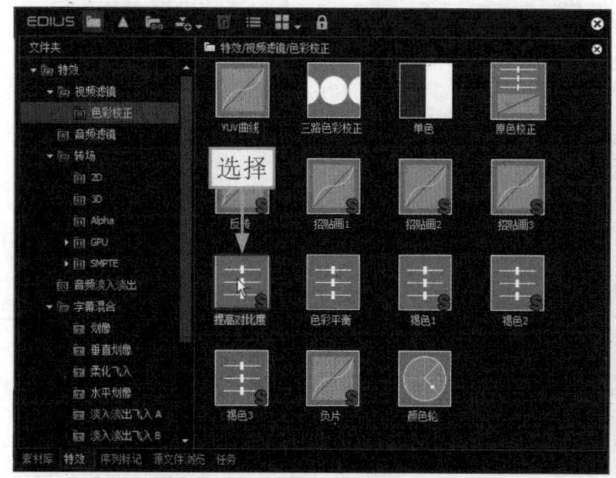

图 11-66　选择“提高对比度”滤镜效果

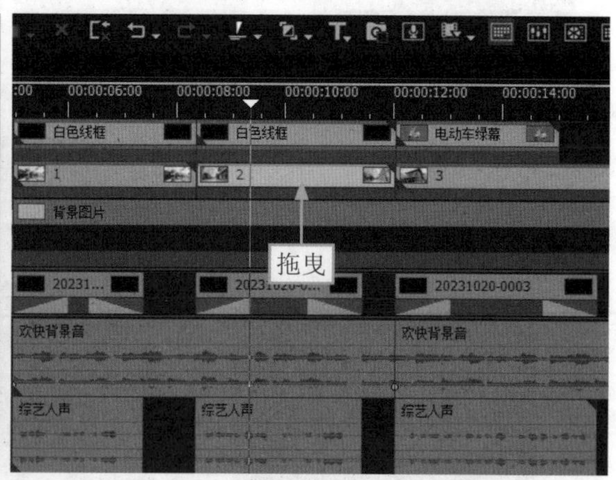

图 11-67　将“提高对比度”滤镜效果拖曳至相应的位置

STEP 03 ▶ 添加滤镜效果，在“信息”面板中，双击“色彩平衡”滤镜，如图 11-68 所示。

STEP 04 ▶ 在“色彩平衡”对话框中，①设置“色度”为 33、“亮度”为 -4、“对比度”为 18；②单击“确定”按钮，让画面变得更清晰，如图 11-69 所示。

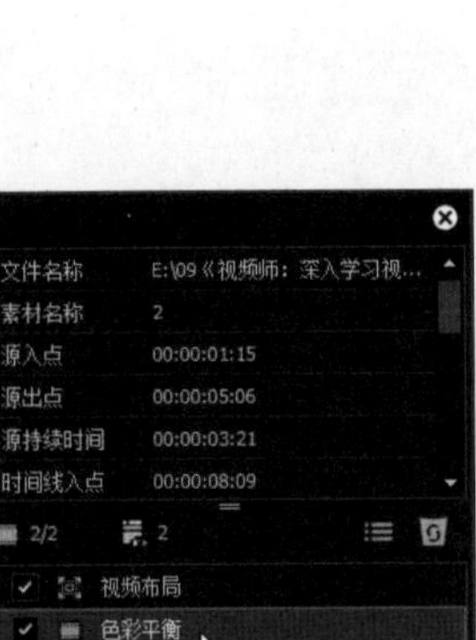

图 11-68　双击“色彩平衡”滤镜

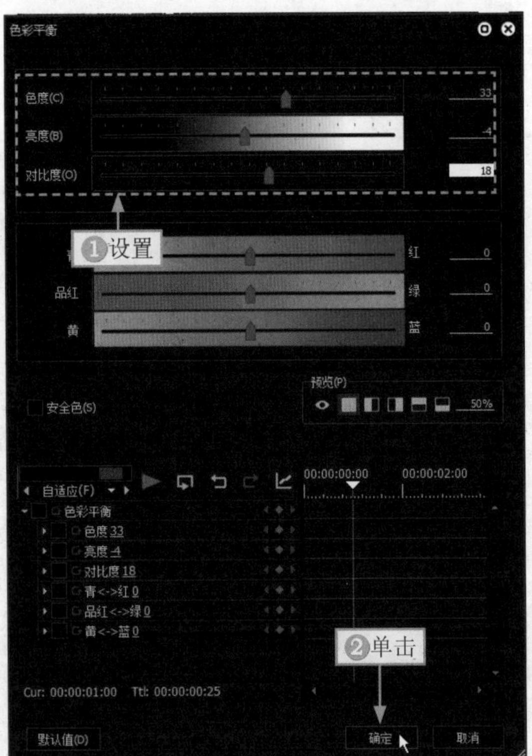

图 11-69　设置参数

第12章 婚纱视频：制作《佳偶天成》

婚纱照片是一种静态画面的记录，而婚纱视频，则是以动态的形式来记录美好，用视频可以记录此刻的心情、氛围和乐趣。时间会消逝，而影像永远存在，一段短视频，可以让你在每次浏览时都能重现美好的记忆，那么如何制作婚纱视频呢?本章将为大家介绍相应的制作技巧。

12.1 《佳偶天成》效果展示

在制作婚纱视频时，需要根据婚纱素材的类型，来确定视频的风格，本章的婚纱素材比较唯美，因此视频风格是偏温情向的。除此之外，还需要统一素材的比例尺寸，不然会影响视频风格的统一。

在制作《佳偶天成》视频之前，我们首先来欣赏本案例的视频效果，并了解案例的学习目标、制作思路、知识讲解和要点讲堂。

12.1.1 效果欣赏

《佳偶天成》婚纱视频的画面效果如图12-1所示，主要展示了精美的婚纱画面、画中画特效、字幕等内容。

图12-1 《佳偶天成》画面效果

12.1.2 学习目标

知识目标	掌握婚纱视频的制作方法
技能目标	（1）掌握在EDIUS X中导入婚纱视频素材的操作方法 （2）掌握制作婚纱视频片头的操作方法 （3）掌握制作视频画中画特效的操作方法 （4）掌握添加视频转场特效的操作方法 （5）掌握制作视频字幕运动特效的操作方法 （6）掌握添加婚纱视频背景音乐的操作方法
本章重点	制作婚纱视频片头和制作视频画中画特效
本章难点	制作视频画中画特效
视频时长	13分38秒

12.1.3 制作思路

本案例首先介绍在EDIUS X中导入婚纱视频素材，然后制作婚纱视频片头、制作视频画中画特效、添加视频转场特效、制作视频字幕运动特效和添加婚纱视频背景音乐。图12-2所示为本案例视频的制作思路。

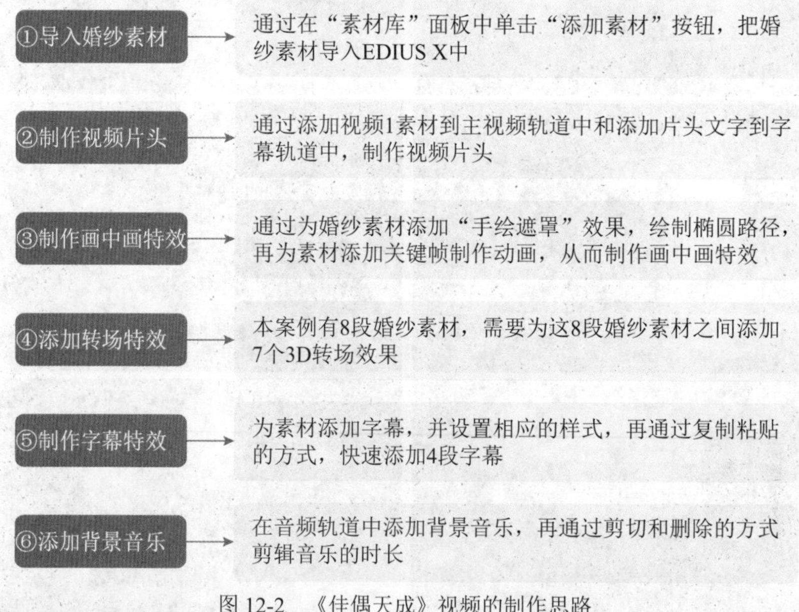

图12-2 《佳偶天成》视频的制作思路

12.1.4 知识讲解

在添加婚纱照片素材至视频轨道中时，需要在“用户设置”界面中设置素材的持续时间。在本案例中，素材的持续时间为5s，在导入照片素材之后，每段素材的默认时长都为5s。如果后期有其他的时长要求，则需要手动调整时长。

对于导入EDIUS X中的素材，不要在源文件夹删除素材，不然导入在EDIUS X中的素材就会失效，要确保源文件链接统一且稳定。

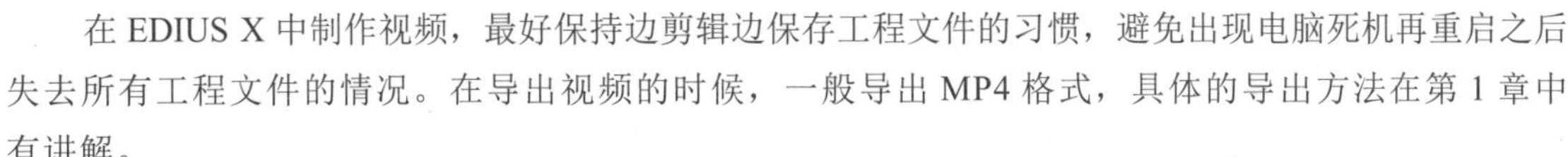

在 EDIUS X 中制作视频，最好保持边剪辑边保存工程文件的习惯，避免出现电脑死机再重启之后失去所有工程文件的情况。在导出视频的时候，一般导出 MP4 格式，具体的导出方法在第 1 章中有讲解。

12.1.5 要点讲堂

在本章内容中，我们需要掌握如何在 EDIUS X 中制作婚纱视频片头和制作视频画中画特效，这是比较核心的步骤，下面介绍相应的内容。

❶ 在 EDIUS X 中，需要导入背景视频素材，再添加相应的字幕效果，制作视频片头。在添加字幕的时候，也需要保持字幕的色调与背景视频的色调统一和谐。

❷ 在制作视频画中画特效时，需要用到“手绘遮罩”效果和 3D 模式，通过添加关键帧的方式，制作画中画特效。

12.2 《佳偶天成》制作流程

本节将为大家介绍婚纱视频的制作方法，包括导入婚纱视频素材、制作婚纱视频片头、制作视频画中画特效、添加视频转场特效、制作视频字幕运动特效和添加婚纱视频背景音乐，希望读者能够熟练掌握。

12.2.1 导入婚纱视频素材

扫码看视频

在制作婚纱视频之前，需要导入婚纱素材，最好先全选素材，再一次性导入所有的素材。下面介绍在 EDIUS X 中导入婚纱视频素材的操作方法。

STEP 01 在 EDIUS X 中，单击“新建工程”按钮，弹出“工程设置”对话框，❶输入工程名称；❷单击“文件夹”文本框右侧的■按钮，设置保存路径；❸在“预设列表”列表框中选择相应的工程预设选项；❹单击“确定”按钮，如图 12-3 所示。

STEP 02 在“素材库”面板中，单击“添加素材”按钮，如图 12-4 所示。

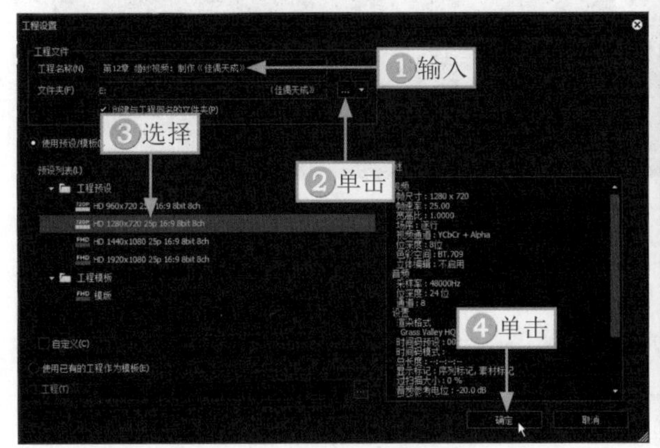

图 12-3 设置工程文件

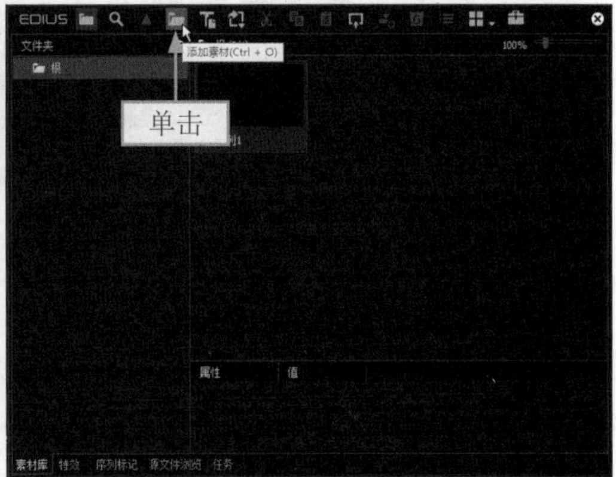

图 12-4 单击“添加素材”按钮

STEP 03 ▶ 弹出“打开”对话框，在相应的文件夹中，①按 Ctrl+A 组合键，全选所有的素材；②单击“打开”按钮，如图 12-5 所示。

STEP 04 ▶ 把素材添加到“素材库”面板中，如图 12-6 所示。

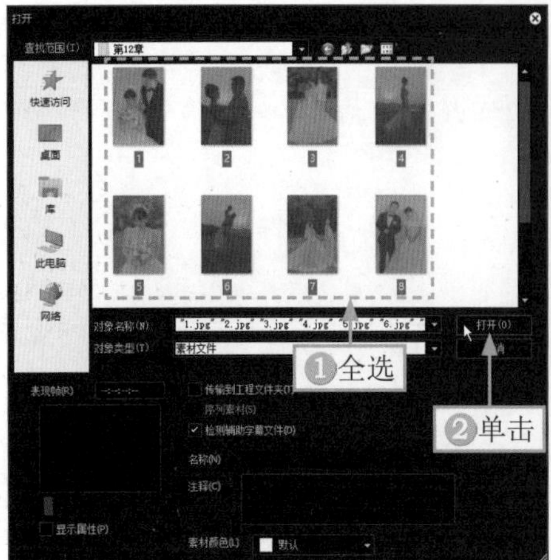

图 12-5　全选所有的素材

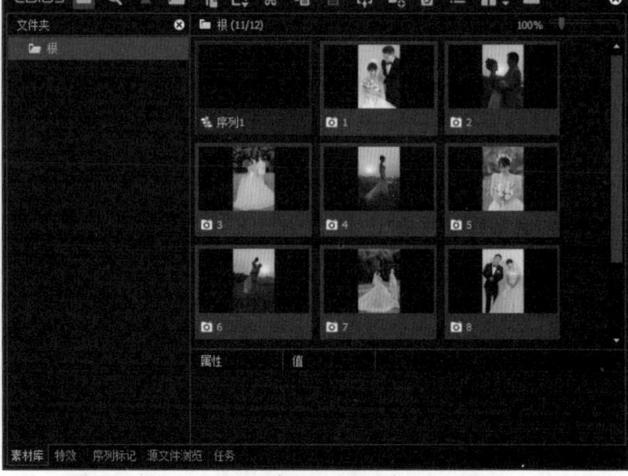

图 12-6　把素材添加到“素材库”面板中

12.2.2　制作婚纱视频片头

制作婚纱视频片头可以让观众了解视频的主题，把观众代入到情境中来。下面介绍在 EDIUS X 中制作婚纱视频片头的具体操作方法。

STEP 01 ▶ 在“素材库”面板中，选择视频 1 素材，如图 12-7 所示。

STEP 02 ▶ 将视频 1 素材拖曳至 1VA 主视频轨道中，如图 12-8 所示。

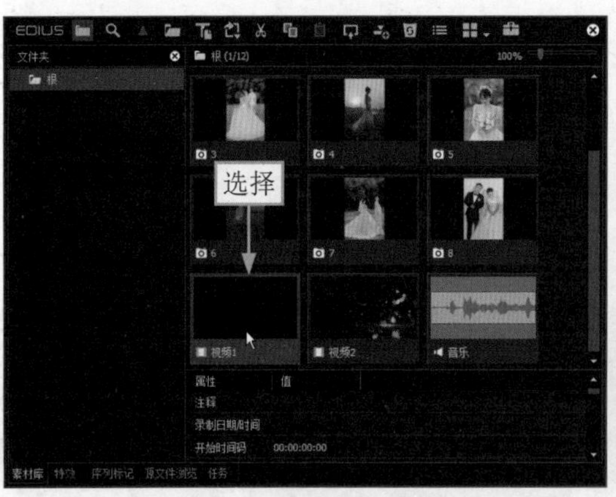

图 12-7　选择视频 1 素材

图 12-8　将视频 1 素材拖曳至 1VA 主视频轨道中

STEP 03 ▶ ①拖曳时间滑块至视频 00:00:02:13 的位置；②单击“创建字幕”按钮；③在弹出的下拉菜单中选择“在 1T 轨道上创建字幕”命令，如图 12-9 所示。

STEP 04 ▶ 进入相应的面板，①在界面中间输入文字内容；②选择文字样式；③选择合适的字体；④设置“字距”为 2；⑤调整文字的位置；⑥选择“文件” | “保存”命令，如图 12-10 所示，保存文字。

STEP 05 ▶ 调整文字的时长，使其末尾位置与视频的末尾位置对齐，如图 12-11 所示。

STEP 06 ▶ ①切换至“特效”面板，在“字幕混合”选项下方选择“激光”选项；②选择“右面激光”效果，如图 12-12 所示。

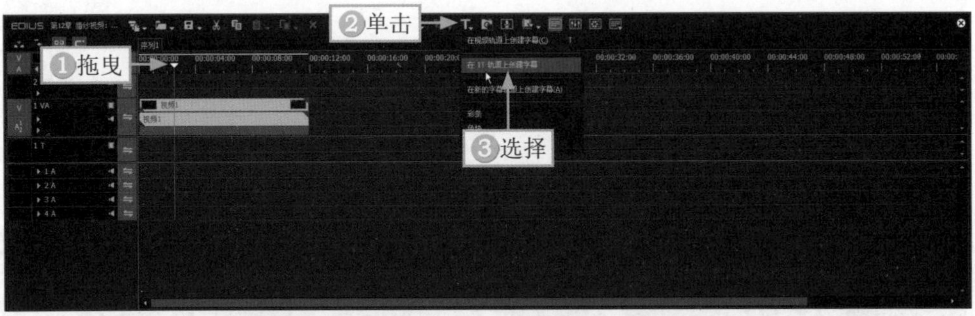

图 12-9 选择“在 1T 轨道上创建字幕”命令

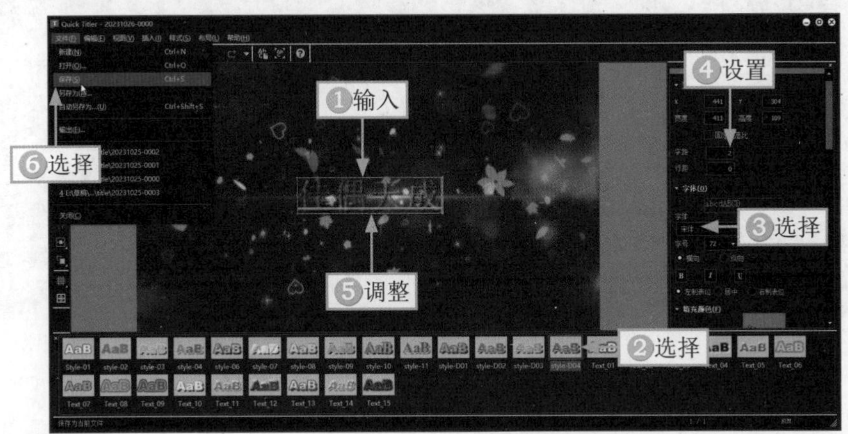

图 12-10 输入文字并设置

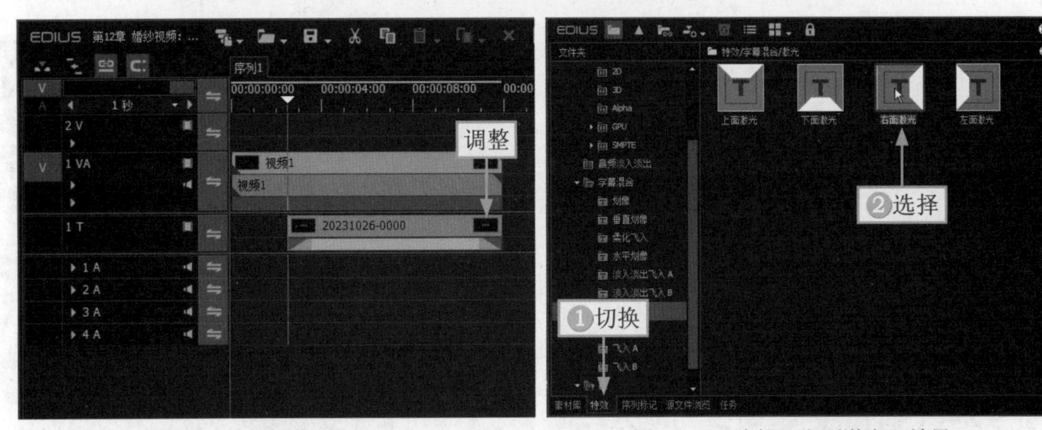

图 12-11 调整文字的时长　　图 12-12 选择“右面激光”效果

STEP 07 将“右面激光”效果拖曳至文字素材的下方，如图 12-13 所示，更改入场动画。

图 12-13 将“右面激光”效果拖曳至文字素材的下方

12.2.3 制作视频画中画特效

由于本案例的婚纱素材是照片，在制作视频的时候，需要为素材添加关键帧，制作视频画中画特效。下面介绍在 EDIUS X 中制作视频画中画特效的具体操作方法。

STEP 01 在“素材库”面板中，选择视频 2 素材，如图 12-14 所示。

STEP 02 把视频 2 素材拖曳至 1VA 主视频轨道中，使其处于视频 1 素材的后面，如图 12-15 所示。

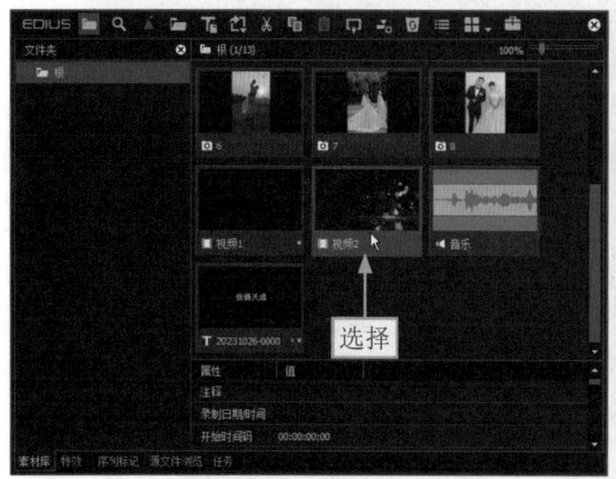

图 12-14 选择视频 2 素材

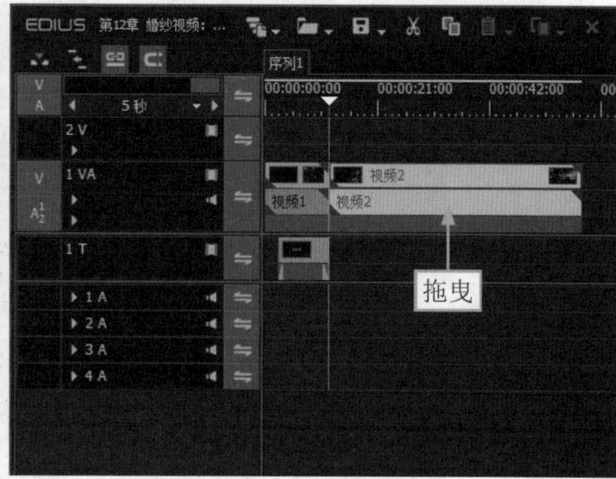

图 12-15 把视频 2 素材拖曳至 1VA 主视频轨道中

STEP 03 在“素材库”面板中，选中第 1 段至第 8 段婚纱素材，并选择第 1 段婚纱素材，如图 12-16 所示。

STEP 04 将 8 段婚纱素材拖曳至 2V 视频轨道中，使其起始位置与视频 2 素材的起始位置对齐，如图 12-17 所示。

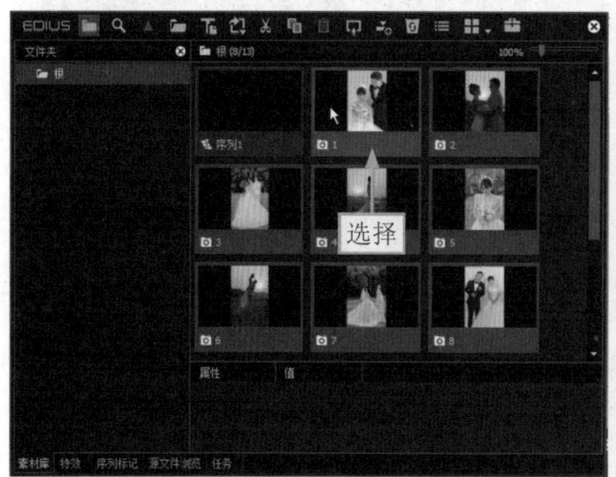

图 12-16 选择第 1 段婚纱素材

图 12-17 将 8 段婚纱素材拖曳至 2V 视频轨道中

STEP 05 在“特效”面板中，在“视频滤镜”选项卡中选择“手绘遮罩”效果，如图 12-18 所示。

STEP 06 拖曳“手绘遮罩”效果至第 1 段婚纱素材的上方，如图 12-19 所示。

STEP 07 在“信息”面板中，双击“手绘遮罩”选项，如图 12-20 所示。

STEP 08 弹出“手绘遮罩”对话框，①单击“绘制椭圆”按钮；②按住鼠标左键绘制一个椭圆路径；③在“内部”选项组中，设置“可见度”为 80%、“强度”为 50%，在“外部”选项组中设置“可见度”为 20%；在“边缘”选项组中，选中“柔化”复选框，设置“宽度”为 100.0px、“方向”为“外部”，调整椭圆遮罩的边缘；④单击“确定”按钮，如图 12-21 所示。

图 12-18 选择“手绘遮罩”效果

图 12-19 拖曳“手绘遮罩”效果至相应的位置

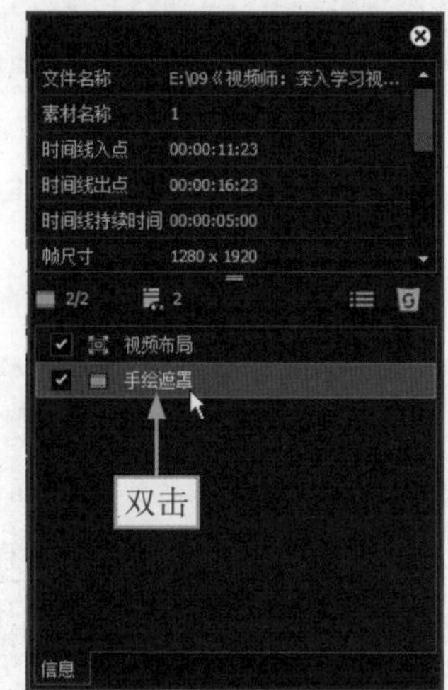

图 12-20 双击“手绘遮罩”选项

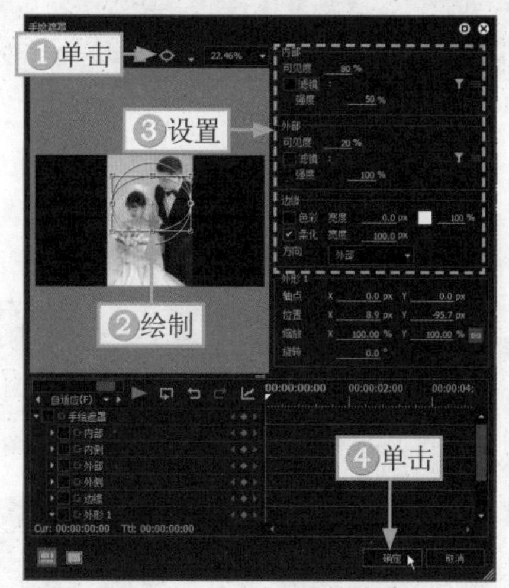

图 12-21 绘制遮罩并设置参数

STEP 09 在“信息”面板中，双击“视频布局”选项，如图 12-22 所示。

STEP 10 在“视频布局”对话框中，在素材的起始位置，①单击“3D 模式”按钮；②选中“位置”“伸展”“旋转”复选框；③单击“添加 / 删除关键帧”按钮，添加关键帧；④调整素材的大小、位置和旋转角度，如图 12-23 所示。

图 12-22 双击“视频布局”选项

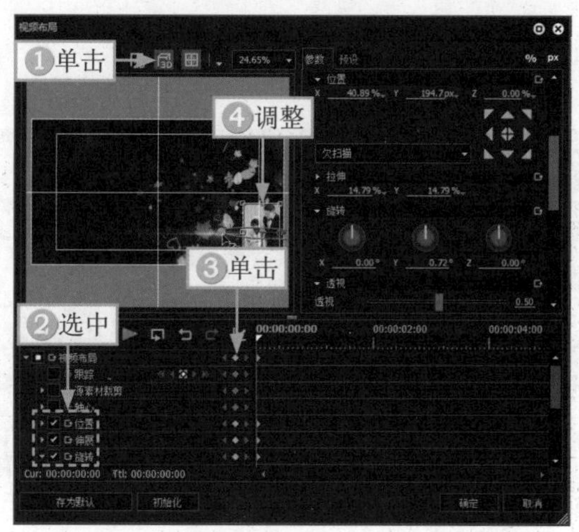

图 12-23 调整素材的大小、位置和旋转角度

STEP 11 ①拖曳时间滑块至视频 00:00:13:20 的位置；②调整素材的大小和位置，如图 12-24 所示。

STEP 12 ①拖曳时间滑块至视频 00:00:15:10 的位置；②继续调整素材的大小和位置，如图 12-25 所示。

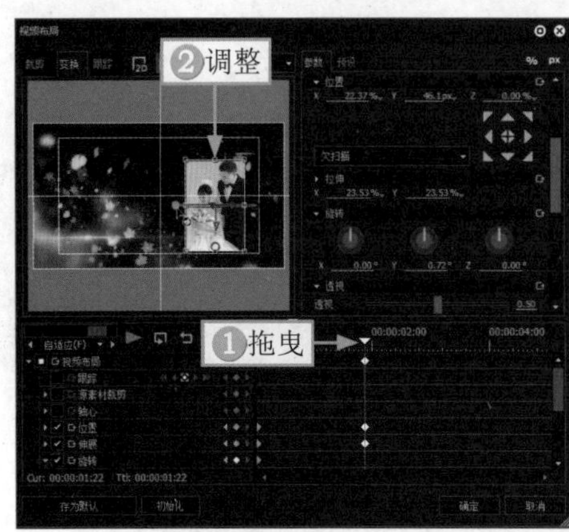

图 12-24　调整素材的大小和位置（1）

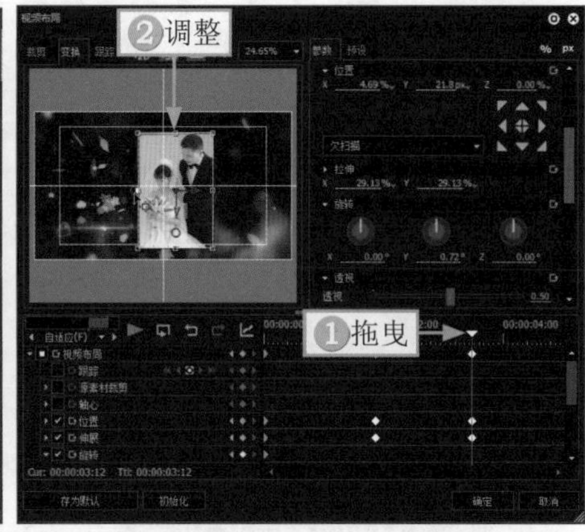

图 12-25　调整素材的大小和位置（2）

STEP 13 ①拖曳时间滑块至第 1 段婚纱素材的末尾位置；②调整素材的大小和位置，使其处于画面中间；③单击“确定”按钮，如图 12-26 所示。

STEP 14 ①选择第 1 段婚纱素材并右击；②在弹出的快捷菜单中选择“复制”命令，如图 12-27 所示。

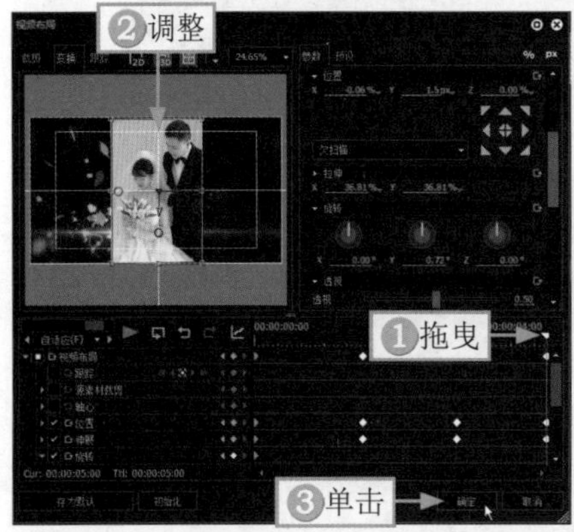

图 12-26　调整素材的大小和位置（3）

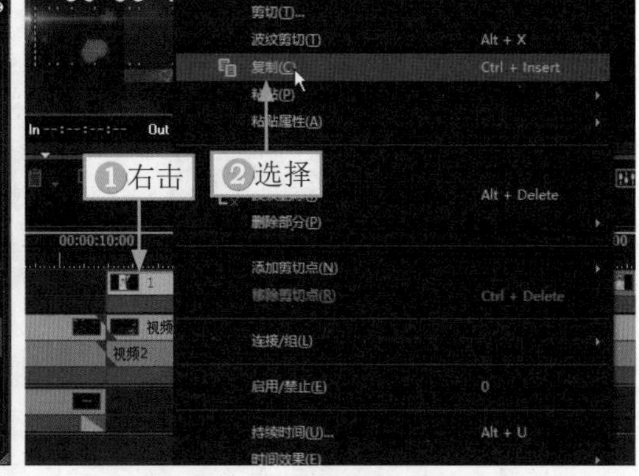

图 12-27　选择“复制”命令

STEP 15 ①选择第 2 段婚纱素材并右击；②在弹出的快捷菜单中选择“粘贴”|“滤镜”命令，如图 12-28 所示，快速添加同样的视频滤镜特效。

STEP 16 使用同样的方法，为剩余的 6 段婚纱素材粘贴同样的特效，如图 12-29 所示。

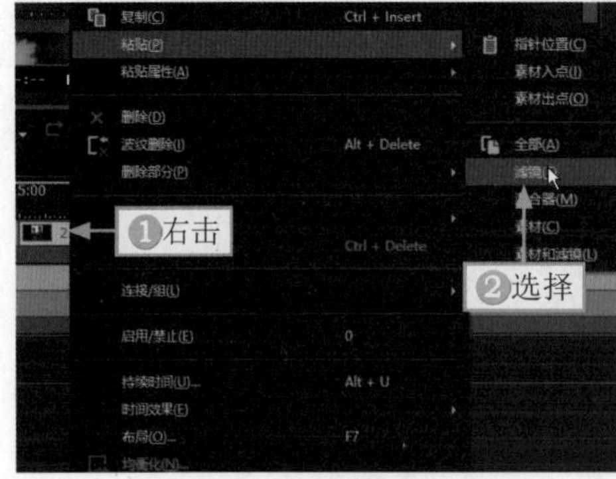

图 12-28　选择“滤镜”命令

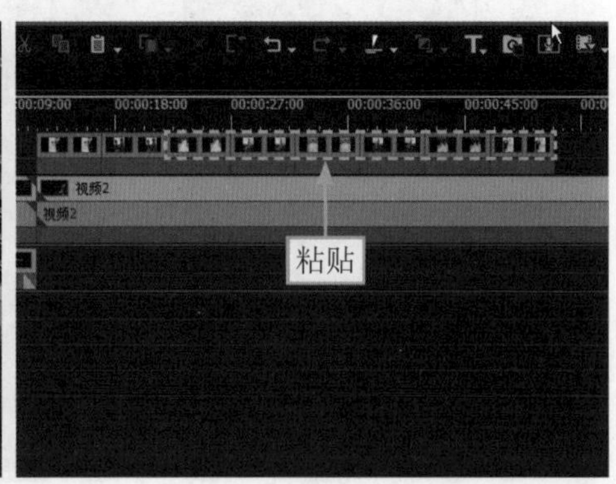

图 12-29　为剩余的 6 段婚纱素材粘贴同样的特效

12.2.4 添加视频转场特效

在添加视频转场的时候，有 2D 和 3D 转场特效可添加，大家可以根据自己的喜好进行添加。下面介绍在 EDIUS X 中添加视频转场特效的操作方法。

STEP 01 切换至“特效”面板，在“转场”下方选择 3D 选项，在其转场组中选择“单门”转场效果，如图 12-30 所示。

STEP 02 按住鼠标左键将其拖曳至第 1 段婚纱素材与第 2 段婚纱素材之间的位置，释放鼠标左键，即可添加“单门”转场效果，如图 12-31 所示。

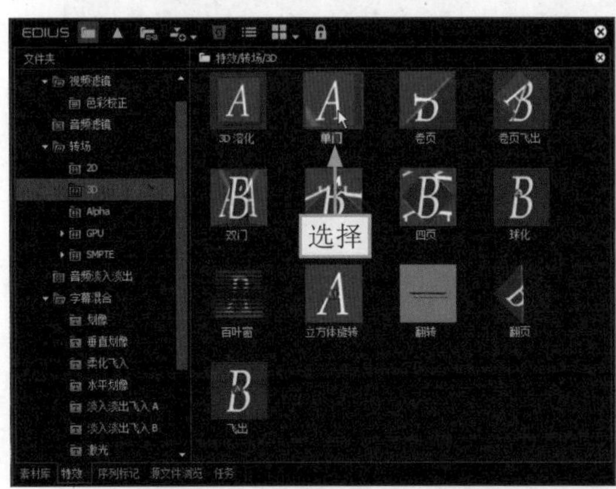

图 12-30 选择“单门”转场效果

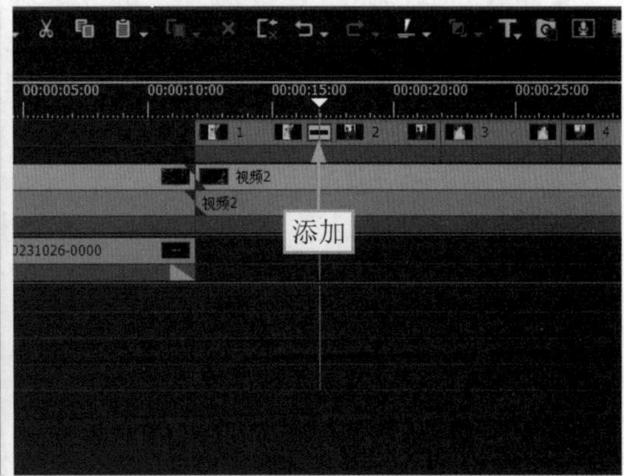

图 12-31 添加“单门”转场效果

STEP 03 选择“转场”下方的 3D 选项，在其转场组中选择“四页”转场效果，如图 12-32 所示。

STEP 04 按住鼠标左键将其拖曳至第 2 段婚纱素材与第 3 段婚纱素材之间的位置，释放鼠标左键，即可添加“四页”转场效果，如图 12-33 所示。

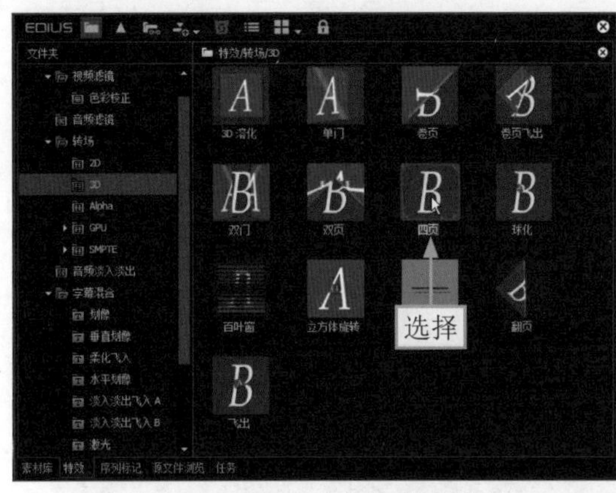

图 12-32 选择“四页”转场效果

图 12-33 添加“四页”转场效果

STEP 05 在“转场”下方的 3D 转场组中，选择“3D 溶化”转场效果，如图 12-34 所示。

STEP 06 按住鼠标左键将其拖曳至第 3 段婚纱素材与第 4 段婚纱素材之间的位置，释放鼠标左键，即可添加“3D 溶化”转场效果，如图 12-35 所示。

STEP 07 选择“转场”下方的 3D 选项，在其转场组中选择“立方体旋转”转场效果，如图 12-36 所示。

STEP 08 按住鼠标左键将其拖曳至第 4 段婚纱素材与第 5 段婚纱素材之间的位置，释放鼠标左键，即可添加“立方体旋转”转场效果，如图 12-37 所示。

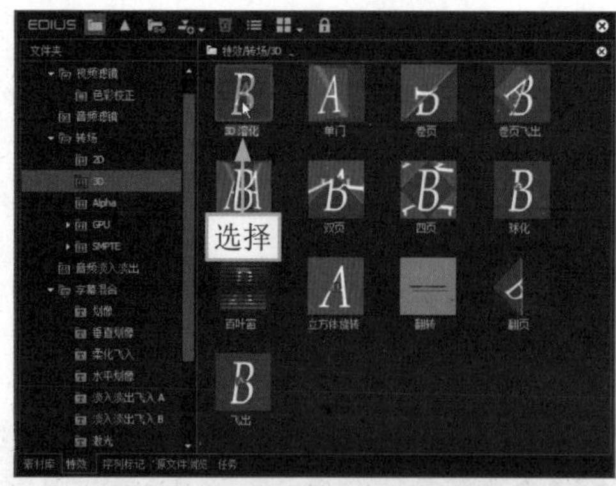

图 12-34 选择“3D 溶化”转场效果

图 12-35 添加“3D 溶化”转场效果

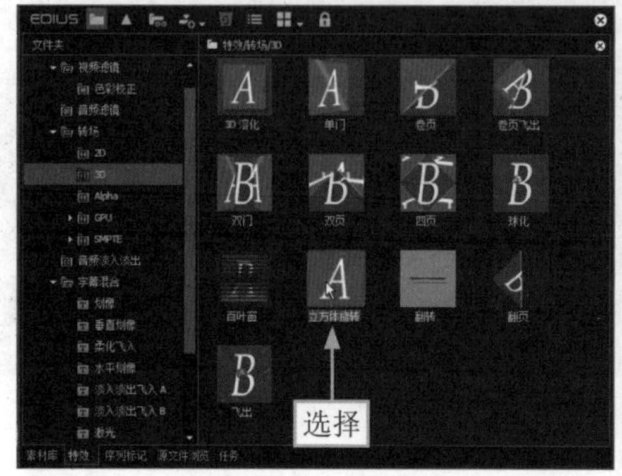

图 12-36 选择“立方体旋转”转场效果

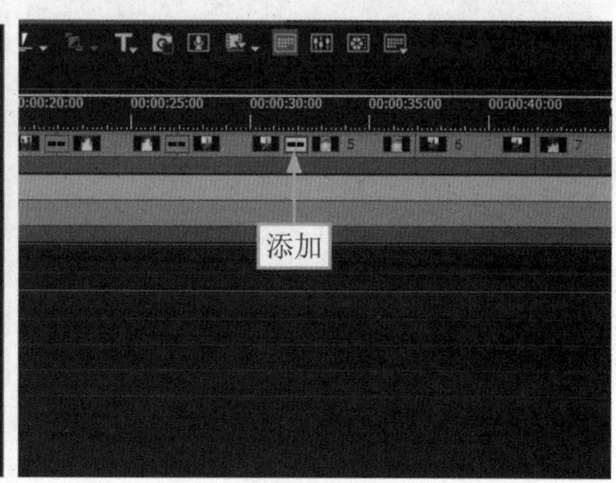

图 12-37 添加“立方体旋转”转场效果

STEP 09 选择“转场”下方的 3D 选项，在其转场组中选择“卷页”转场效果，如图 12-38 所示。

STEP 10 按住鼠标左键将其拖曳至第 5 段婚纱素材与第 6 段婚纱素材之间的位置，释放鼠标左键，即可添加“卷页”转场效果，如图 12-39 所示。

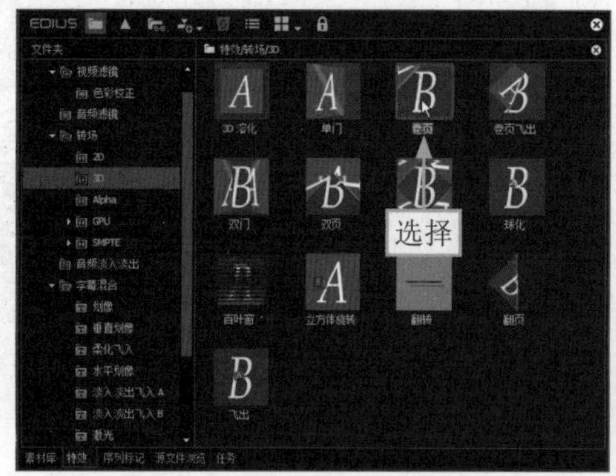

图 12-38 选择“卷页”转场效果

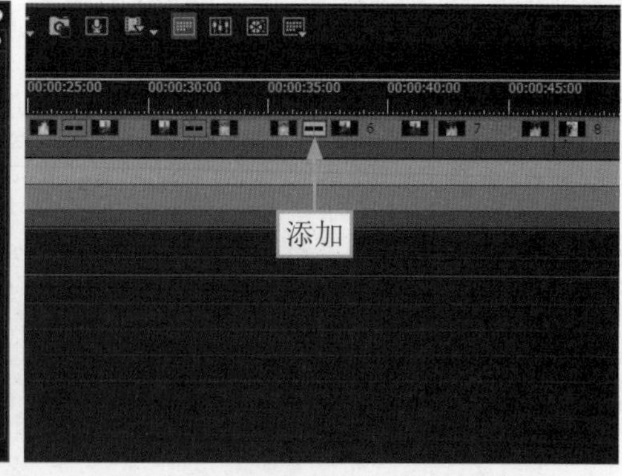

图 12-39 添加“卷页”转场效果

STEP 11 选择“转场”下方的 3D 选项，在其转场组中选择“双页”转场效果，如图 12-40 所示。

STEP 12 按住鼠标左键将其拖曳至第 6 段婚纱素材与第 7 段婚纱素材之间的位置，释放鼠标左键，即可添加“双页”转场效果，如图 12-41 所示。

STEP 13 选择“转场”下方的 3D 选项，在其转场组中选择“球化”转场效果，如图 12-42 所示。

STEP 14 按住鼠标左键将其拖曳至第 7 段婚纱素材与第 8 段婚纱素材之间的位置，释放鼠标左键，即可添加“球化”转场效果，如图 12-43 所示。

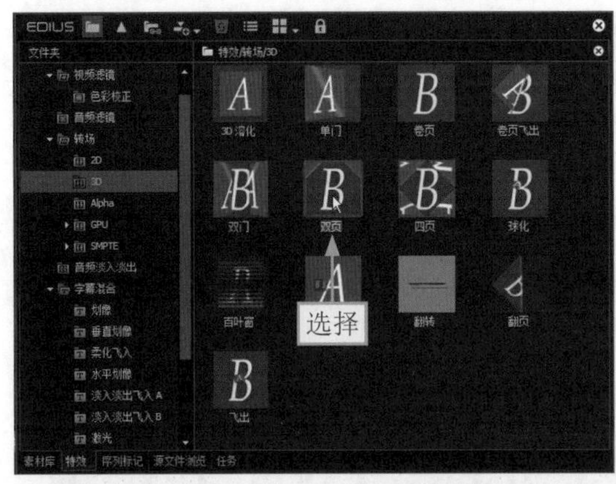

图 12-40 选择“双页”转场效果

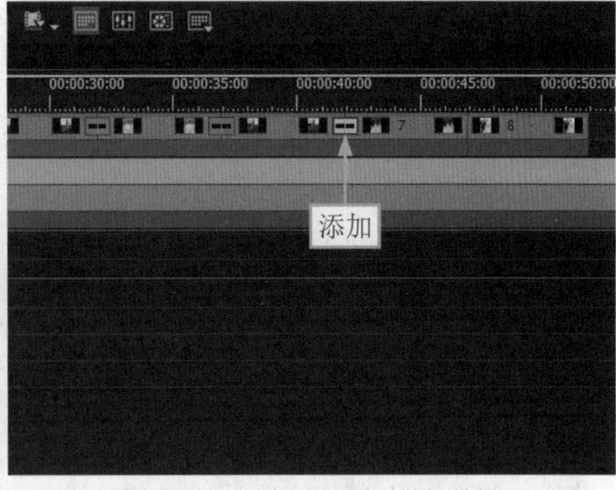

图 12-41 添加“双页”转场效果

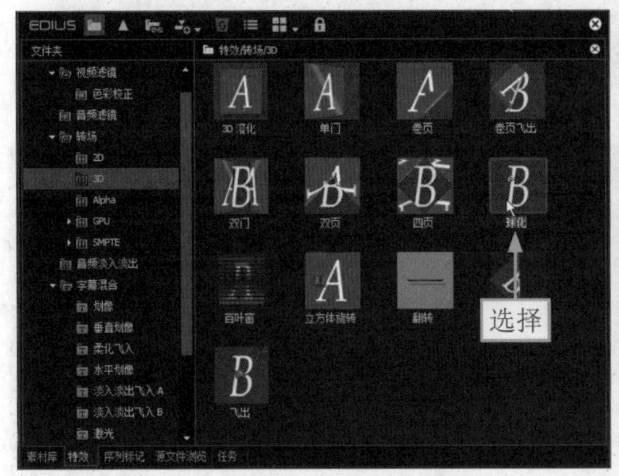

图 12-42 选择“球化”转场效果

图 12-43 添加“球化”转场效果

12.2.5 制作视频字幕运动特效

在视频中添加字幕之后，可以制作字幕运动特效，让文字动起来。下面介绍在EDIUS X 中制作视频字幕运动特效的操作方法。

STEP 01 在第 2 段婚纱素材的起始位置，①单击“创建字幕”按钮；②在弹出的下拉菜单中选择“在 1T 轨道上创建字幕”命令，如图 12-44 所示。

图 12-44 选择“在 1T 轨道上创建字幕”命令

STEP 02 进入相应的面板，①在界面右上方输入文字内容；②选择合适的字体；③取消选中“边缘”复选框，消除边框；④调整文字的位置；⑤选择“文件”|“保存”命令，如图 12-45 所示，保存文字。

STEP 03 ①按 Ctrl+C 组合键，复制文字；②拖曳时间滑块至第 4 段婚纱素材的起始位置；③按 Ctrl+V 组合键，粘贴文字，再双击文字素材，如图 12-46 所示。

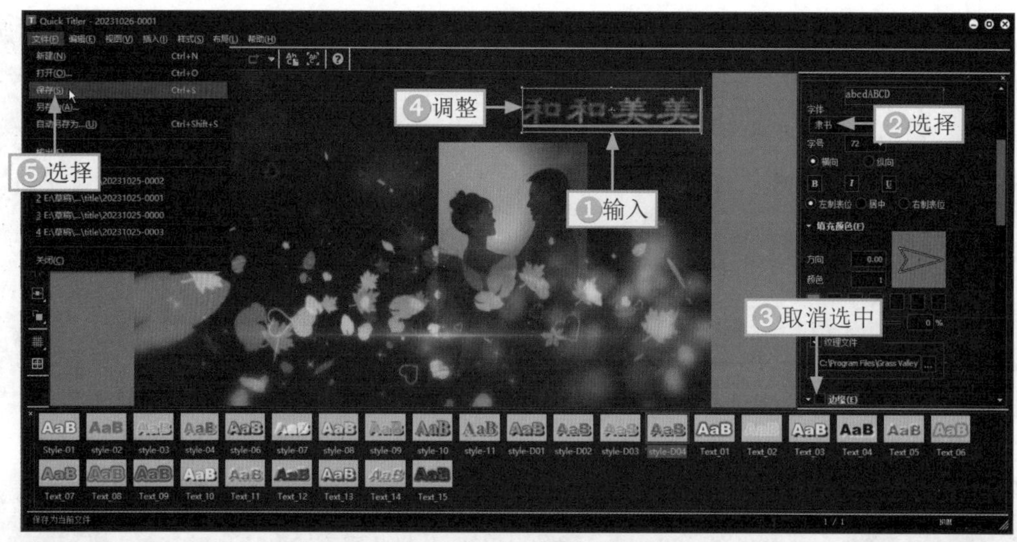

图 12-45　输入文字并设置

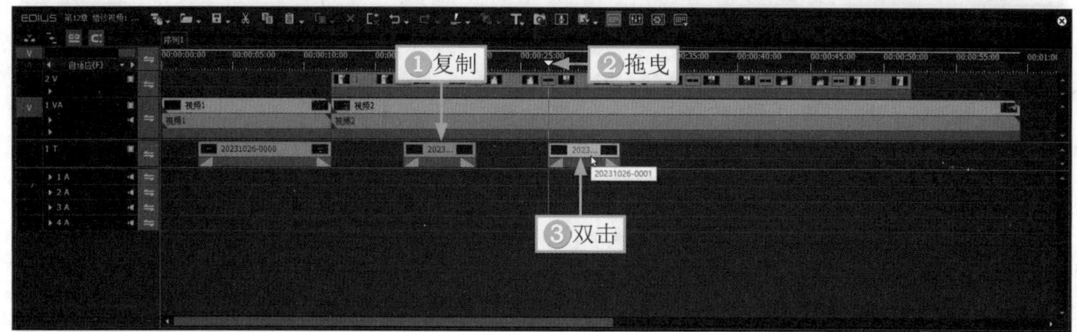

图 12-46　双击文字素材

STEP 04 ▶▶ 进入相应的面板，①双击文字，更改文字内容，并调整文字的位置；②选择“文件”｜“自动另存为”命令，如图 12-47 所示，保存文字。

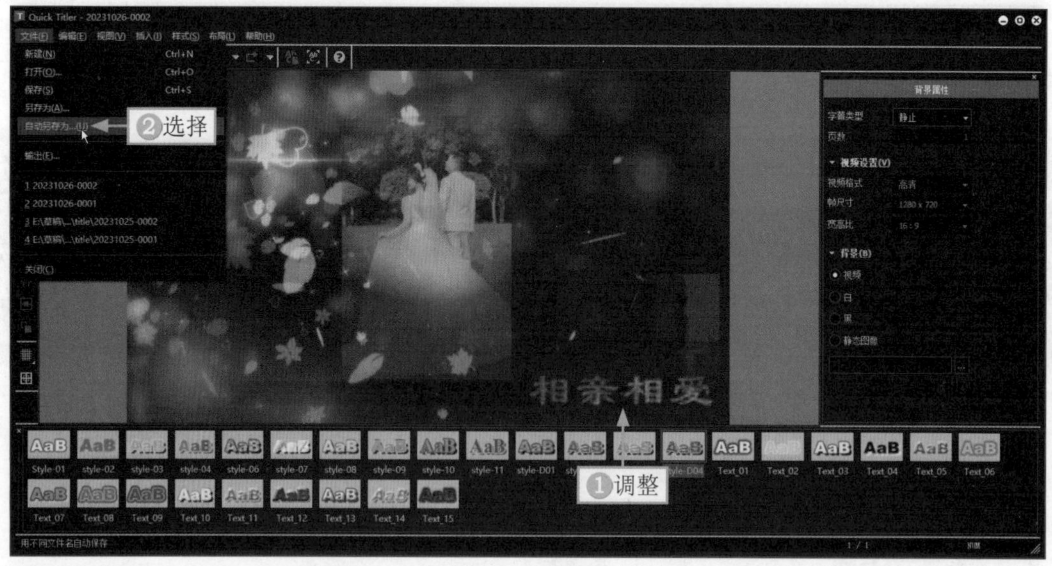

图 12-47　选择“自动另存为”命令

STEP 05 ①按 Ctrl+C 组合键，复制文字；②拖曳时间滑块至第 6 段婚纱素材的起始位置；③按 Ctrl+V 组合键，粘贴文字，再双击文字素材，如图 12-48 所示。

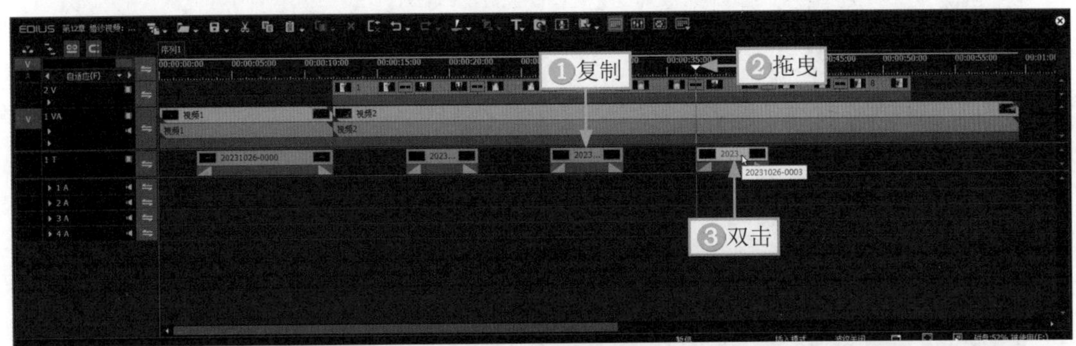

图 12-48　双击文字素材

STEP 06 进入相应的面板，①双击文字，更改文字内容，并调整文字的位置；②选择“文件”｜“自动另存为”命令，如图 12-49 所示，保存文字。

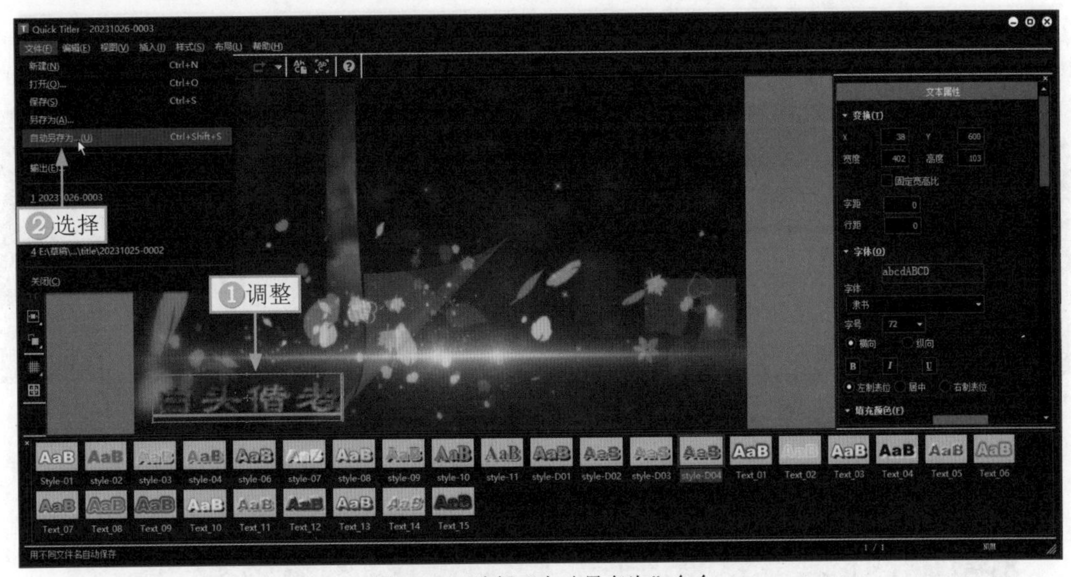

图 12-49　选择“自动另存为”命令

STEP 07 ①按 Ctrl+C 组合键，复制文字；②拖曳时间滑块至第 8 段婚纱素材的起始位置；③按 Ctrl+V 组合键，粘贴文字，再双击文字素材，如图 12-50 所示。

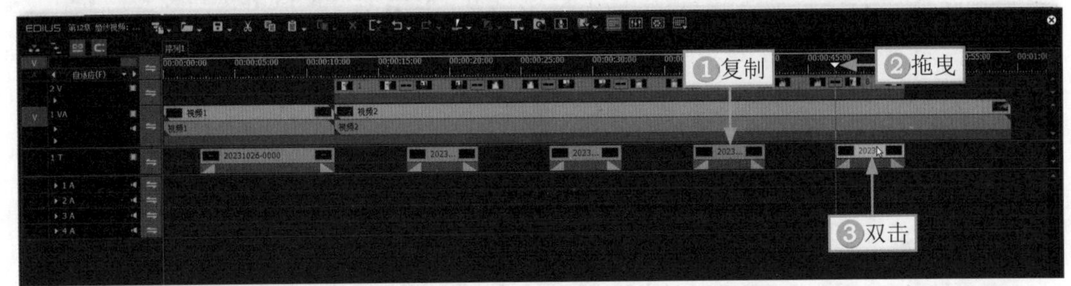

图 12-50　双击文字素材

STEP 08 进入相应的面板，①双击文字，更改文字内容，并调整文字的位置；②选择“文件”｜“自动另存为”命令，如图 12-51 所示，保存文字。

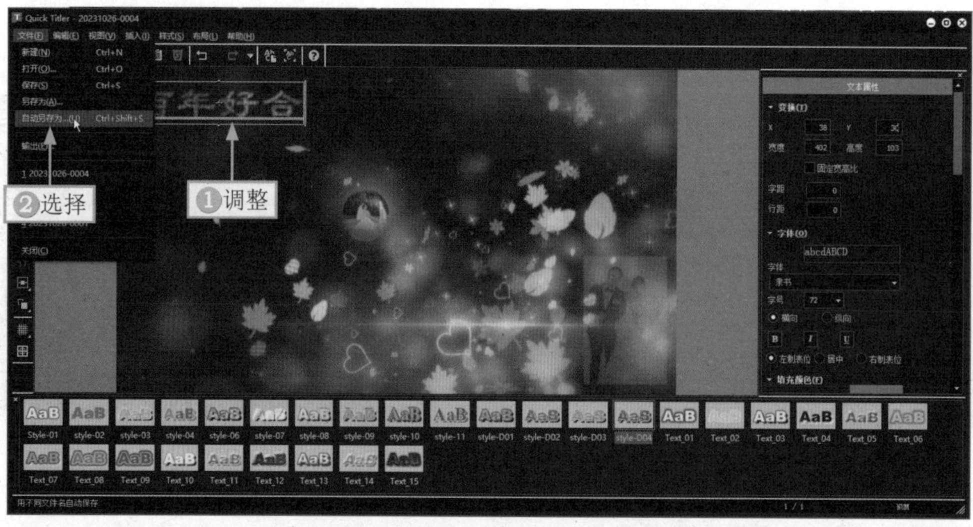

图 12-51　选择“自动另存为”命令

STEP 09 ▶▶ ①按 Ctrl+C 组合键，复制文字；②拖曳时间滑块至第 8 段婚纱素材的末尾位置；③按 Ctrl+V 组合键，粘贴文字，并调整文字的时长，使其与视频 2 素材的末尾位置对齐，再双击文字素材，如图 12-52 所示。

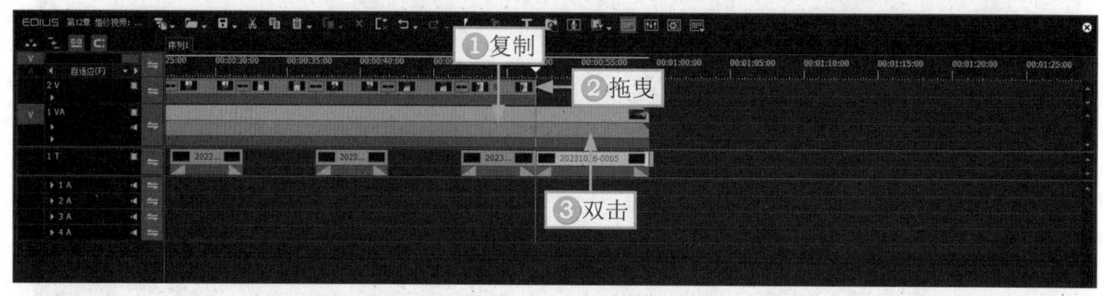

图 12-52　双击文字素材

STEP 10 ▶▶ 进入相应的面板，①双击文字并更改文字内容；②设置“字号”为 48；③选中“居中”单选按钮；④调整文字的位置；⑤选择“文件” | “自动另存为”命令，如图 12-53 所示，保存文字。

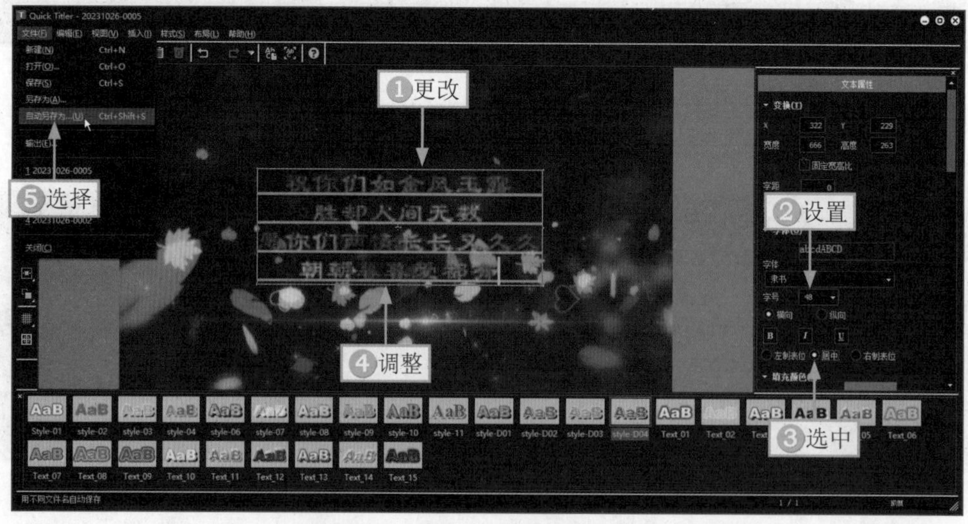

图 12-53　选择“自动另存为”命令

STEP 11 ▶▶ 在“特效”面板中，选择“字幕混合”下的“垂直划像”选项，在其设置界面中选择“垂直划像[中心>边缘]”效果，如图 12-54 所示。

STEP 12 ▶▶ 将“垂直划像[中心>边缘]”效果拖曳至第 2 段文字素材的下方，更换入场动画，如图 12-55 所示。

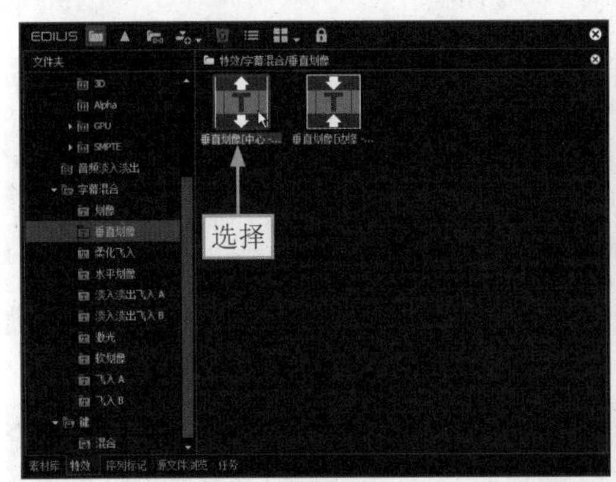

图 12-54　选择“垂直划像[中心>边缘]”效果

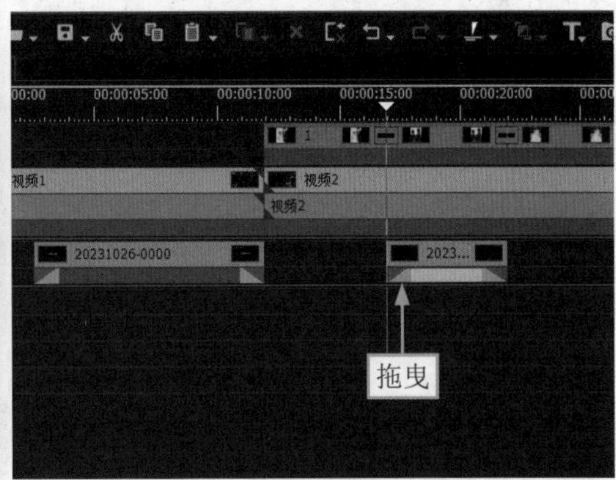

图 12-55　拖曳效果至相应的位置

STEP 13 ▶▶ 在“特效”面板中，选择“字幕混合”下的“水平划像”选项，在其设置界面中选择“水平划像[中心>边缘]”效果，如图 12-56 所示。

STEP 14 ▶▶ 将“水平划像[中心>边缘]”效果拖曳至第 3 段文字素材的下方，更换出场动画，如图 12-57 所示。

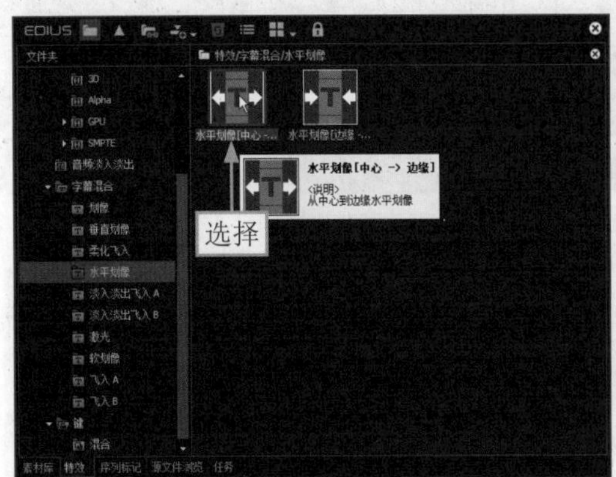

图 12-56　选择“水平划像[中心>边缘]”效果

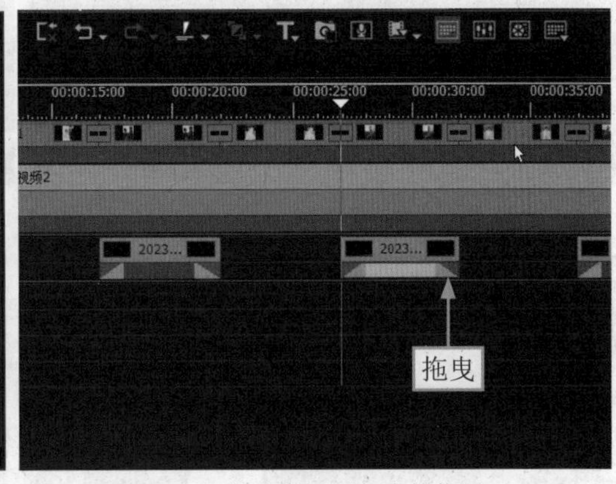

图 12-57　拖曳效果至相应的位置

STEP 15 ▶▶ 在“特效”面板中，选择“字幕混合”下的“软划像”选项，在其设置界面中选择“向右软划像”效果，如图 12-58 所示。

STEP 16 ▶▶ 将“向右软划像”效果拖曳至第 4 段文字素材的下方，更换入场动画，如图 12-59 所示。

STEP 17 ▶▶ 在“特效”面板中，选择“字幕混合”下的“飞入 A”选项，在其设置界面中选择“向右飞入 A”效果，如图 12-60 所示。

STEP 18 ▶▶ 将“向右飞入 A”效果拖曳至第 5 段文字素材的下方，更换入场动画，如图 12-61 所示。

STEP 19 ▶▶ 在“特效”面板中，选择“字幕混合”下的“淡入淡出飞入 A”选项，在其设置界面中选择“向右淡入淡出飞入 A”效果，如图 12-62 所示。

STEP 20 ▶▶ ❶将“向右淡入淡出飞入 A”效果拖曳至第 6 段文字素材的下方，更换出场动画并右击；❷在弹出的快捷菜单中选择“持续时间”|“出点”命令，如图 12-63 所示。

STEP 21 ▶▶ 弹出“持续时间”对话框，❶设置“持续时间”为 00:00:02:13；❷单击“确定”按钮，如图 12-64 所示，更改出场动画的持续时间。

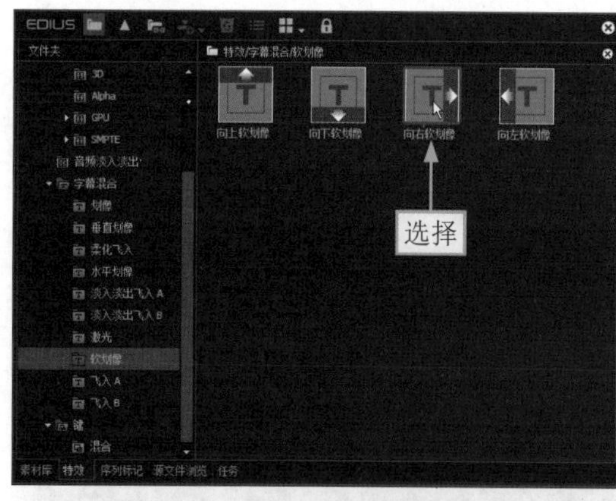

图 12-58　选择“向右软划像”效果

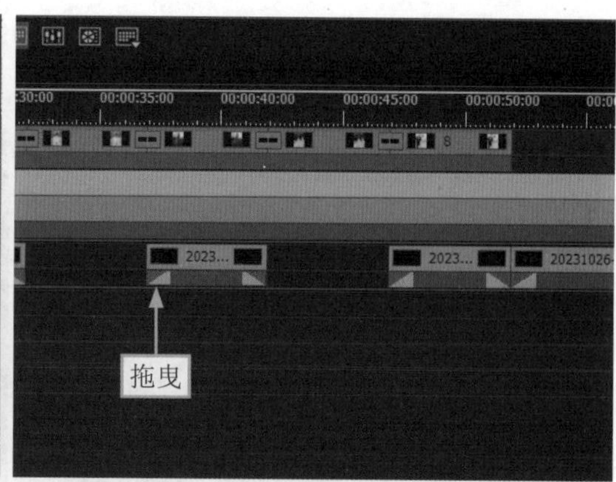

图 12-59　拖曳效果至相应的位置

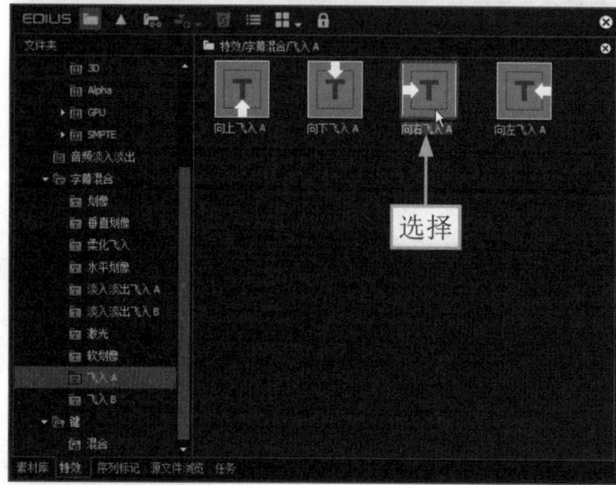

图 12-60　选择“向右飞入 A”效果

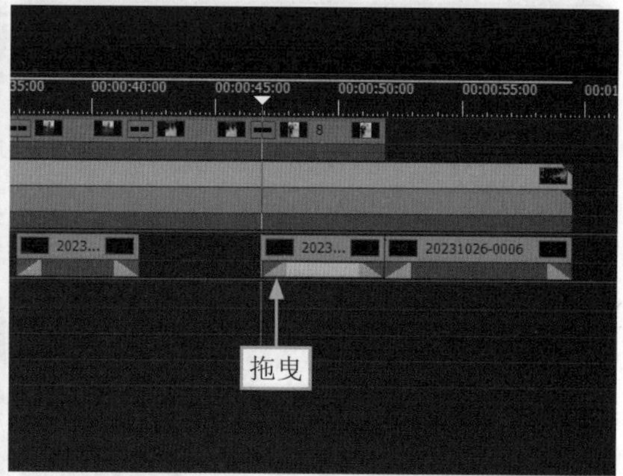

图 12-61　拖曳效果至相应的位置

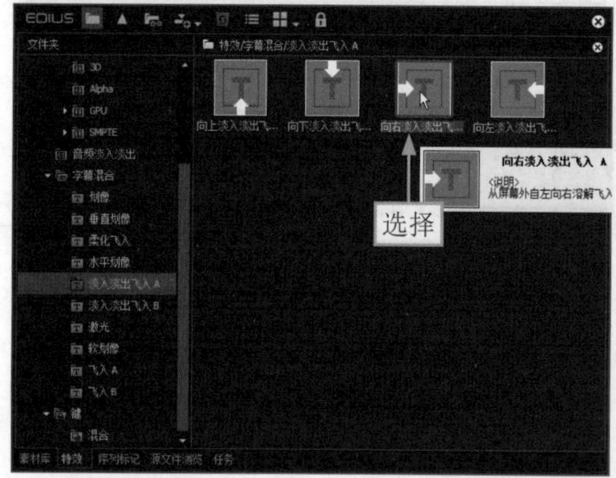

图 12-62　选择“向右淡入淡出飞入 A”效果

图 12-63　选择“出点”命令

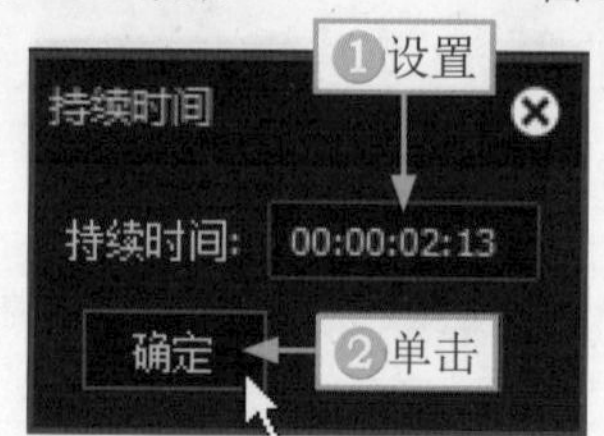

图 12-64　设置“持续时间”参数

12.2.6 添加婚纱视频背景音乐

为视频添加合适的背景音乐，可以营造相应的氛围，让婚纱视频更有魅力。下面介绍在 EDIUS X 中添加婚纱视频背景音乐的操作方法。

STEP 01 在“素材库”面板中，选择音乐素材，如图 12-65 所示。

STEP 02 将音乐素材拖曳至 1A 音频轨道中，如图 12-66 所示。

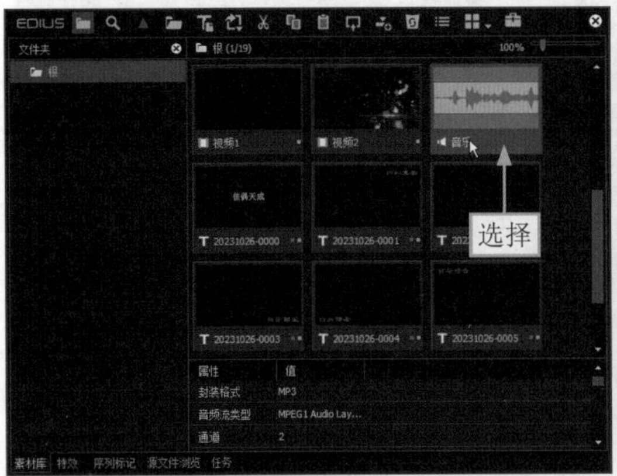

图 12-65 选择音乐素材

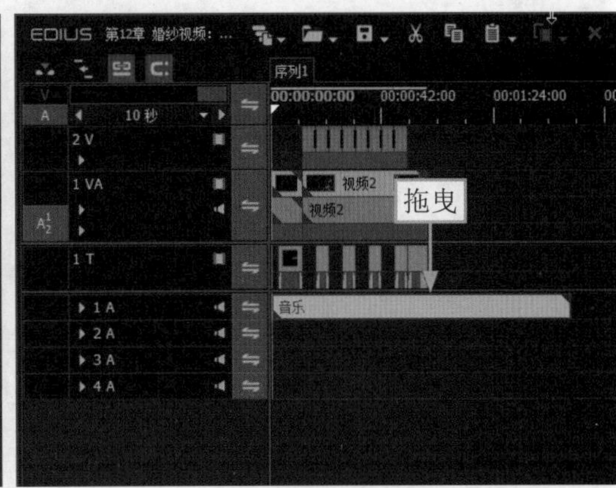

图 12-66 将音乐素材拖曳至 1A 音频轨道中

STEP 03 ❶拖曳时间滑块至视频的末尾位置；❷单击“添加剪切点 - 选定轨道”按钮，如图 12-67 所示，剪切分割音频素材。

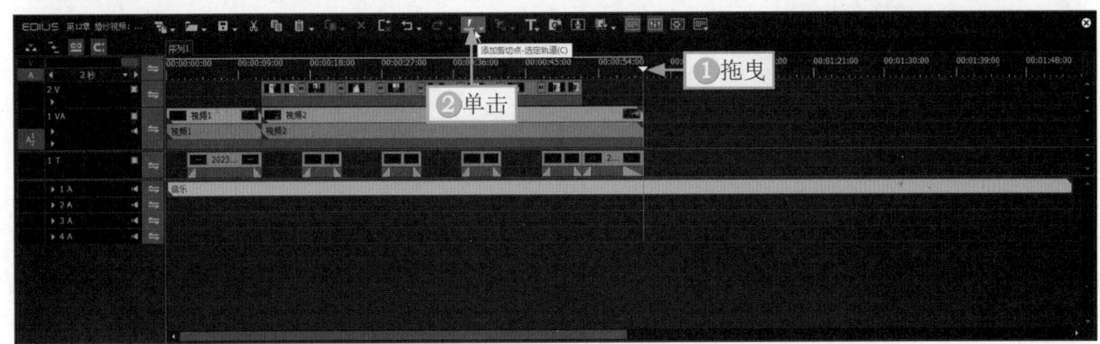

图 12-67 单击“添加剪切点 - 选定轨道”按钮

STEP 04 ❶选择分割后的第 2 段音频素材；❷单击“删除”按钮，如图 12-68 所示，删除多余的音频素材。

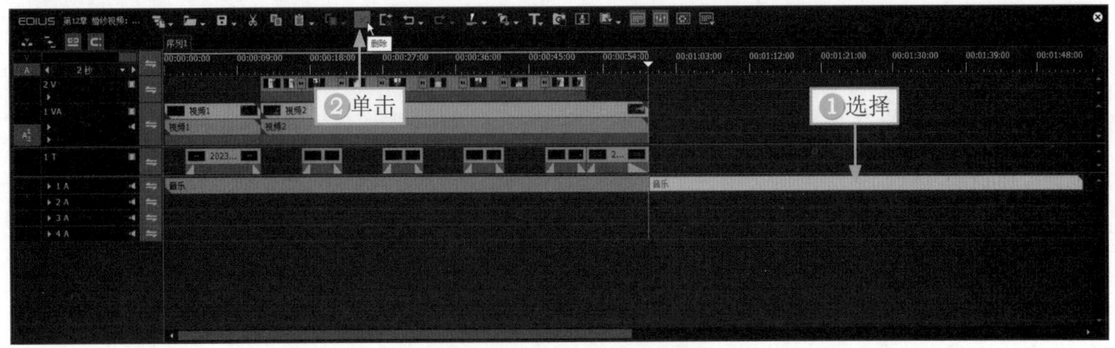

图 12-68 删除多余的音频素材

STEP 05 ▶▶ 在菜单栏中，选择“文件”|“输出”|“输出到文件”命令，如图 12-69 所示，导出 MP4 格式的视频。

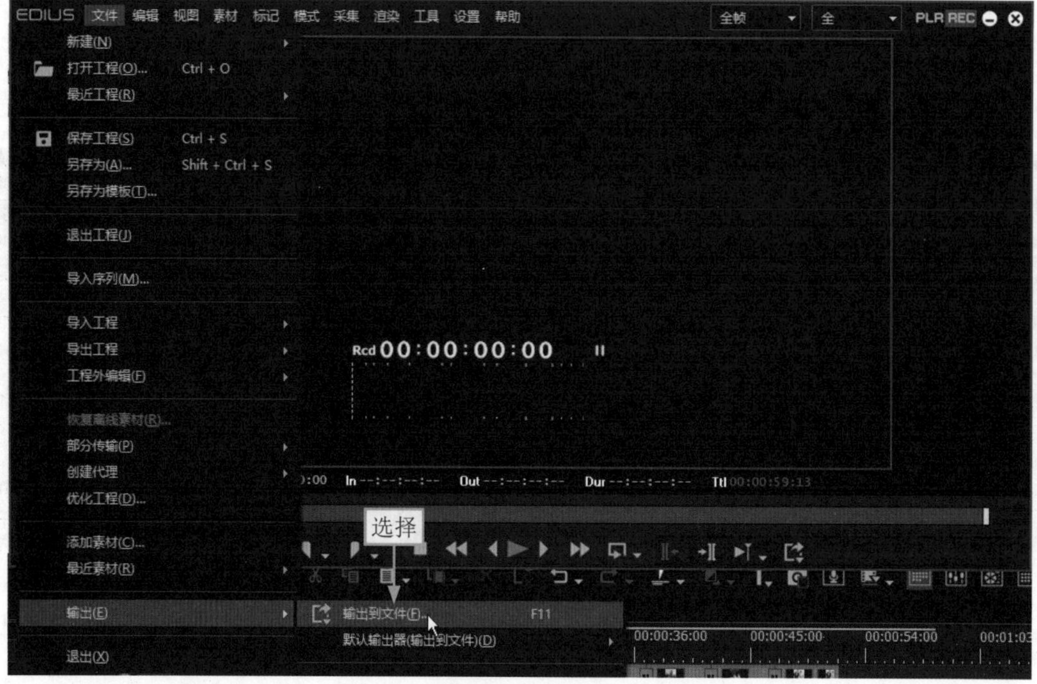

图 12-69 选择“输出到文件”命令

13

VIDEOGRAPHER

第13章 星空合集：制作《夜空中最亮的星》

合集视频就是把多个视频的精彩片段集结在一起，给观众带来不一样的视觉盛宴。本章以星空合集视频为主题，帮助大家学会制作合集视频。在制作视频之前，我们需要根据主题挑选素材，最好选择画幅比例一致的视频，然后在EDIUS X中剪辑视频，为视频添加相应的音乐和特效，让视频更加完整和精彩。

13.1 《夜空中最亮的星》效果展示

制作合集视频的关键在于素材的收集和整理，如果素材不齐全或者风格不统一，那么就会造成视频风格混乱，缺乏吸引力，这样的视频就很难获得大流量和好评。

在制作《夜空中最亮的星》视频之前，我们首先来欣赏本案例的视频效果，并了解案例的学习目标、制作思路、知识讲解和要点讲堂。

13.1.1 效果欣赏

《夜空中最亮的星》星空合集视频的画面效果如图 13-1 所示，主要展示了文字消散片头、标签文字和谢幕片尾等内容。

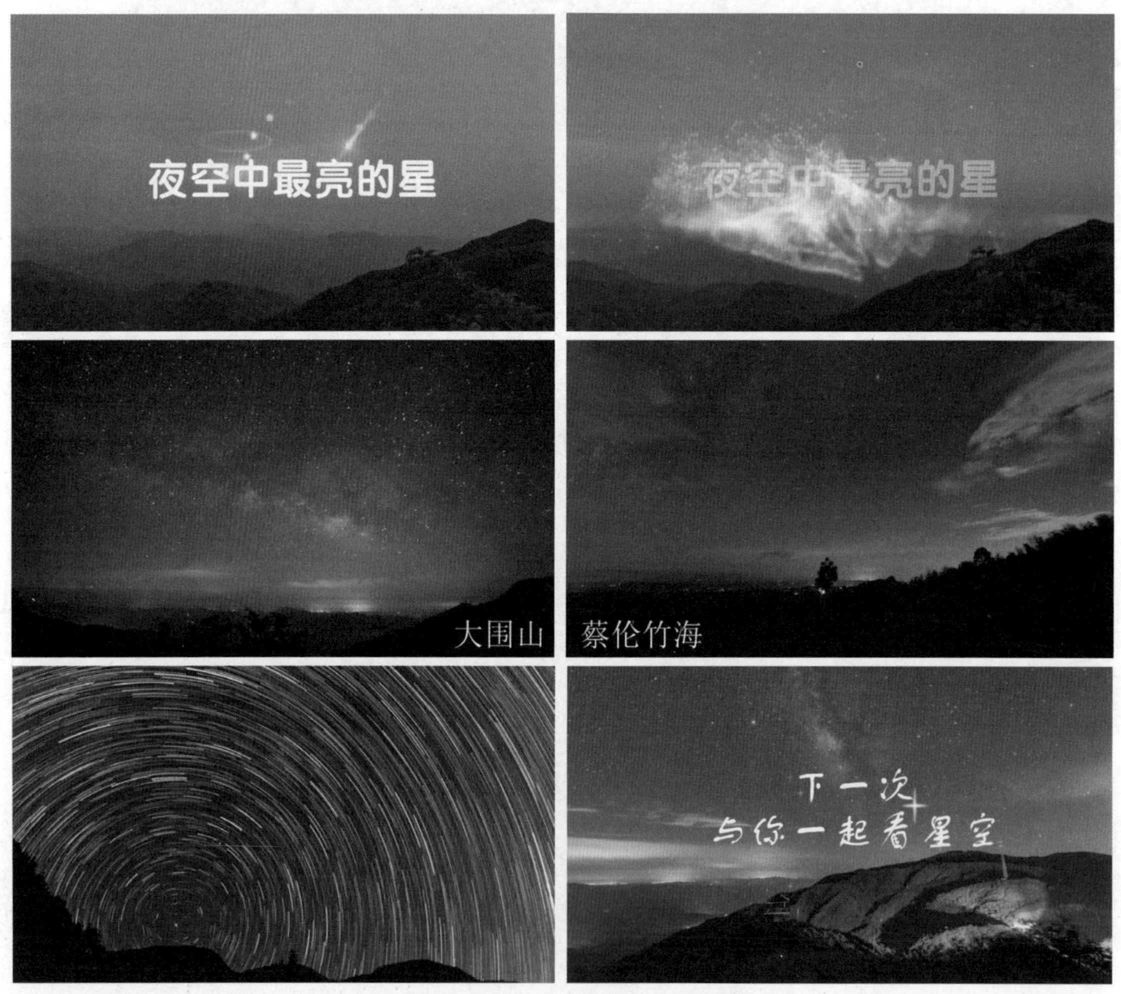

图 13-1 《夜空中最亮的星》画面效果

13.1.2 学习目标

知识目标	掌握星空合集视频的制作方法
技能目标	（1）掌握在EDIUS X中添加素材和调整时长的操作方法 （2）掌握为视频之间添加转场的操作方法 （3）掌握添加音乐制作淡出效果的操作方法 （4）掌握制作视频片头的操作方法 （5）掌握添加标签文字的操作方法 （6）掌握制作谢幕片尾的操作方法
本章重点	添加音乐制作淡出效果和制作视频片头
本章难点	制作视频片头
视频时长	10分51秒

13.1.3 制作思路

本案例首先介绍在 EDIUS X 中添加素材和调整时长，然后为视频之间添加转场、添加音乐制作淡出效果、制作视频片头、添加标签文字和制作谢幕片尾。图 13-2 所示为本案例视频的制作思路。

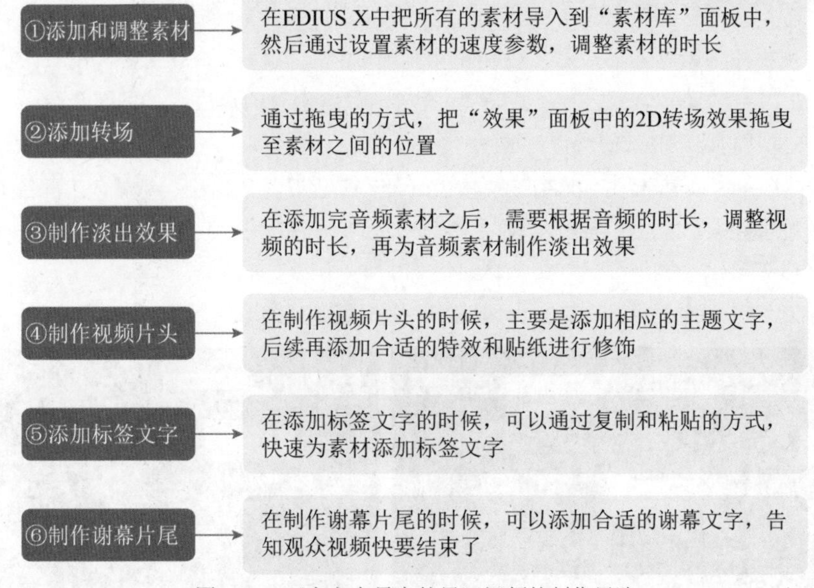

图 13-2 《夜空中最亮的星》视频的制作思路

13.1.4 知识讲解

视频素材的排序非常重要，对于合集视频而言，里面的素材片段非常多，如果排序不当的话，会造成视频逻辑混乱、没有美感。因此，大家可以根据视频的时间、地点、景别、运镜和空镜头、色调、人物等元素对视频素材进行排序，让视频更有条理些。

在剪辑视频的过程中，可以多加尝试，比如尝试添加不同的转场和文字样式，然后选择最合适的一款。

13.1.5　要点讲堂

在本章内容中，我们需要掌握如何在 EDIUS X 中添加音乐制作淡出效果和制作视频片头，这是比较核心的步骤，下面介绍相应的内容。

❶ 在 EDIUS X 中，通过添加和拖曳音量条上的点，就可以制作音乐淡出效果，让音乐结束得更加自然些。

❷ 制作视频片头的时候，需要注意贴纸和特效的时长，并调整画面大小和位置，让它们服务于文字效果。

13.2 《夜空中最亮的星》制作流程

本节将为大家介绍城市宣传视频的制作方法，包括添加素材和调整时长、添加转场、制作音乐淡出效果、制作片头、添加标签文字和制作谢幕片尾，希望读者能够熟练掌握。

13.2.1　添加素材和调整时长

扫码看视频

在 EDIUS X 中添加素材之后，有多种调整素材时长的方式，比如拖曳素材左右两侧的边框、设置“持续时间”参数、剪切和删除素材、设置素材的速度等。下面介绍在 EDIUS X 中添加素材和调整时长的操作方法。

STEP 01 在 EDIUS X 中，单击“新建工程”按钮，弹出“工程设置”对话框，❶输入工程名称；❷单击“文件夹”文本框右侧的■按钮，设置保存路径；❸在“预设列表”列表框中选择相应的工程预设选项；❹单击“确定”按钮，如图 13-3 所示。

STEP 02 在“素材库”面板中，单击“添加素材”按钮，如图 13-4 所示。

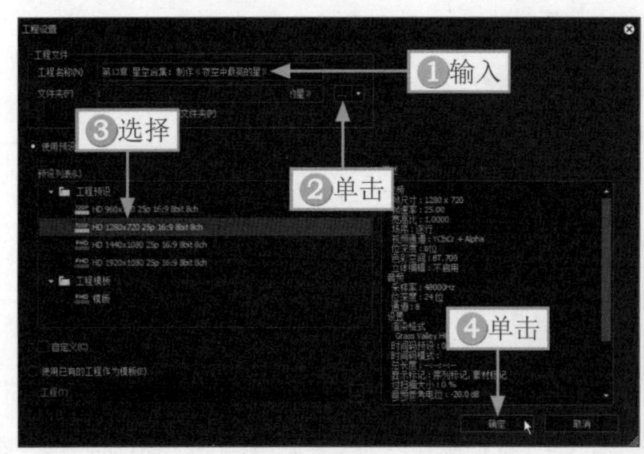

图 13-3　设置工程文件

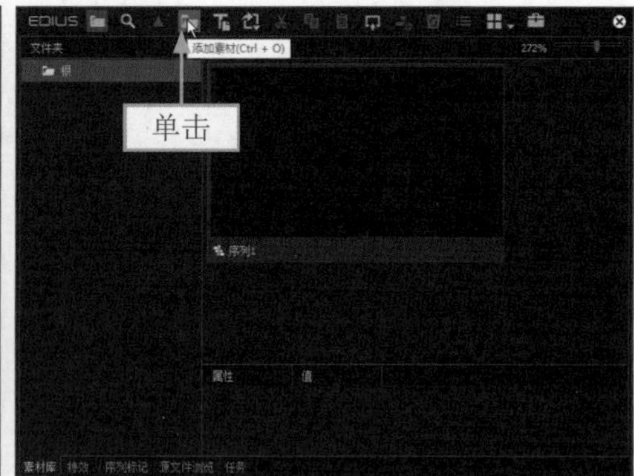

图 13-4　单击“添加素材”按钮

STEP 03 弹出“打开”对话框，❶在相应的文件夹中，按 Ctrl+A 组合键，全选所有的素材；❷单击“打开”按钮，如图 13-5 所示。

STEP 04 把素材添加到“素材库”面板中，选择第 1 段视频素材，如图 13-6 所示。

STEP 05 将第 1 段～第 6 段视频素材按顺序拖曳至 1VA 主视频轨道中，❶选择第 1 段视频素材并右击；❷在弹出的快捷菜单中选择“时间效果”｜“速度”命令，如图 13-7 所示。

图 13-5 全选所有的素材

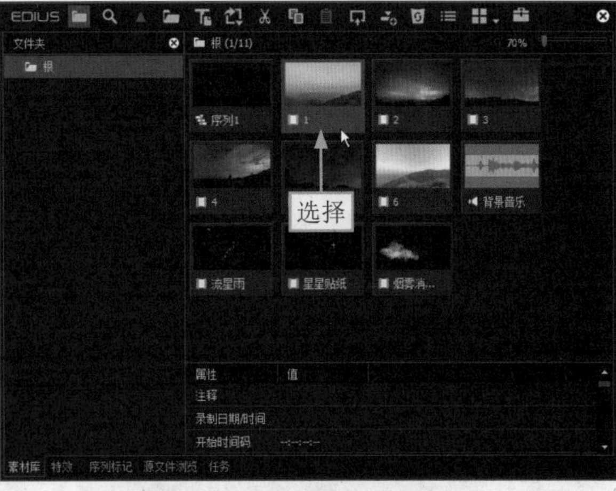

图 13-6 选择第 1 段视频素材

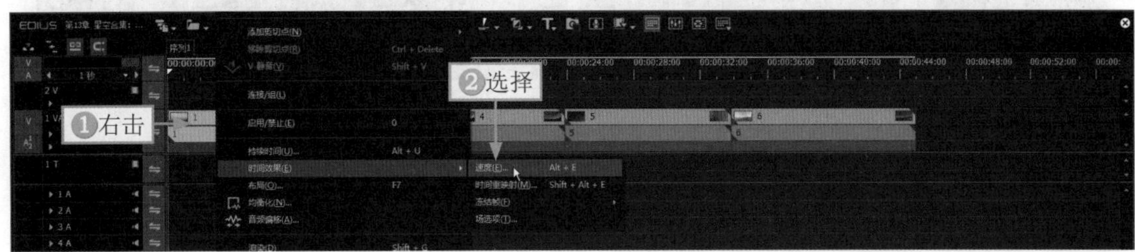

图 13-7 选择“速度”命令

STEP 06 弹出“素材速度”对话框，①设置“持续时间”为 00:00:04:17；②单击“确定”按钮，如图 13-8 所示，调整视频的时长。

STEP 07 ①在视频之间的间隙上右击；②在弹出的快捷菜单中选择“删除间隙”命令，如图 13-9 所示，使视频对齐。

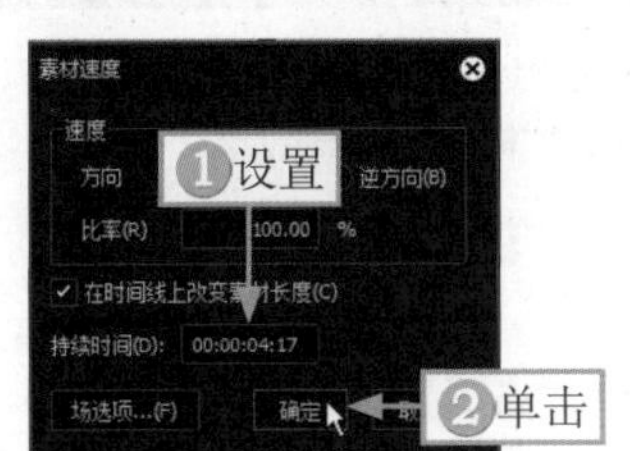

图 13-8 设置素材速度

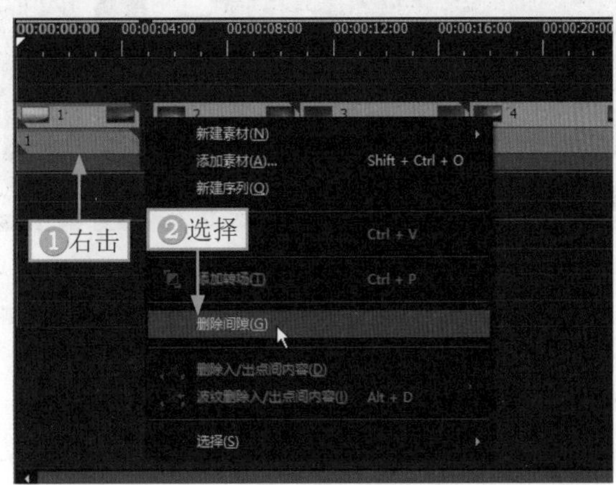

图 13-9 选择“删除间隙”命令

13.2.2 为视频之间添加转场

扫码看视频

在 EDIUS X 中有许多转场素材，可以根据视频的类型和个人的喜好，为视频添加合适的转场效果。下面介绍在 EDIUS X 中为视频之间添加转场的操作方法。

STEP 01 切换至“特效”面板，选择“转场”下方的2D选项，在其设置界面中选择“交叉推动”转场效果，如图13-10所示。

STEP 02 按住鼠标左键将其拖曳至第1段视频素材与第2段视频素材之间的位置，释放鼠标左键，即可添加“交叉推动”转场效果，如图13-11所示。

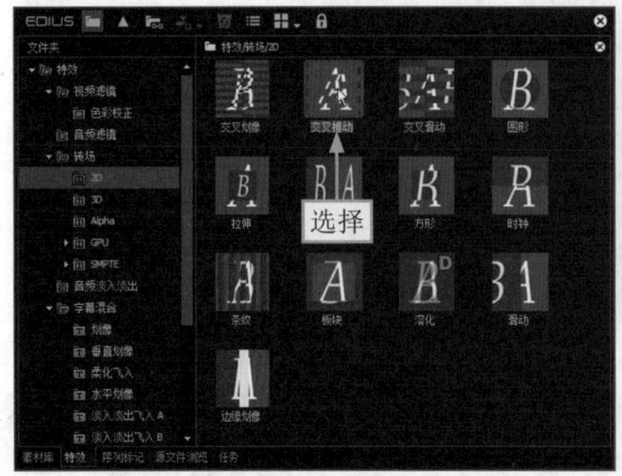

图13-10　选择“交叉推动”转场效果

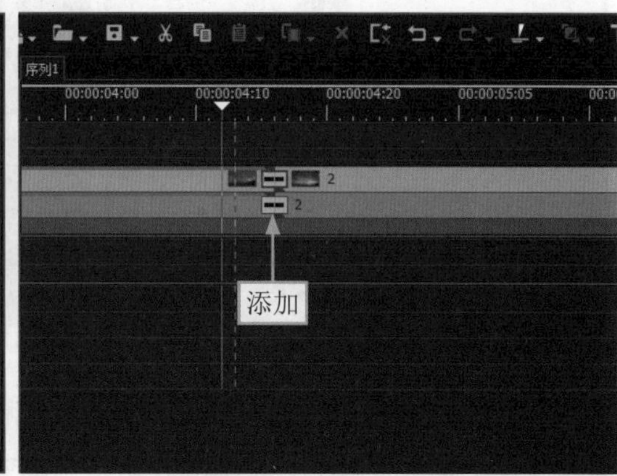

图13-11　添加“交叉推动”转场效果

STEP 03 选择“转场”下方的2D选项，在其设置界面中选择“圆形”转场效果，如图13-12所示。

STEP 04 按住鼠标左键将其拖曳至第2段视频素材与第3段视频素材之间的位置，释放鼠标左键，即可添加“圆形”转场效果，如图13-13所示。

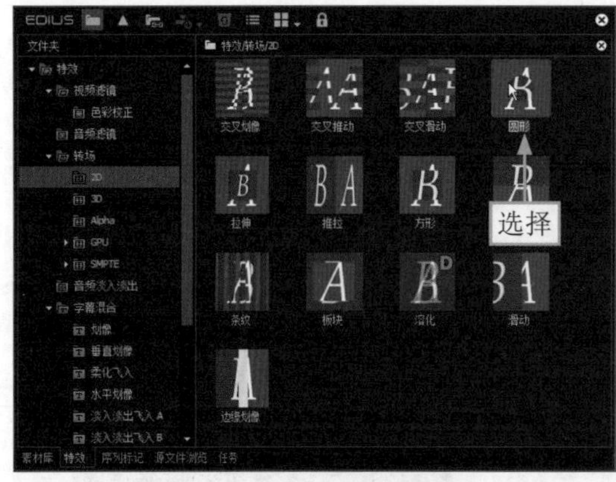

图13-12　选择“圆形”转场效果

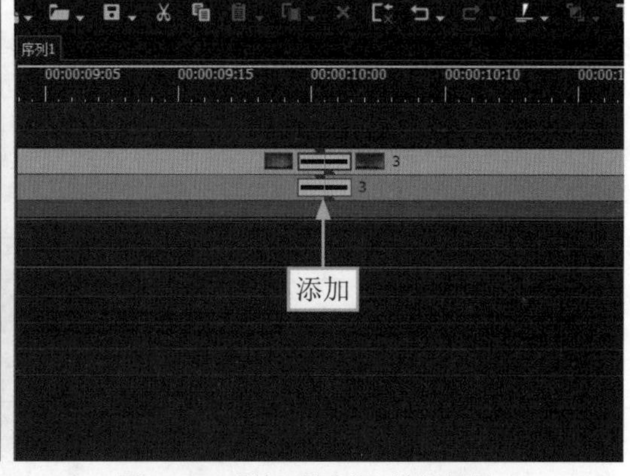

图13-13　添加“圆形”转场效果

STEP 05 选择“转场”下方的2D选项，在其设置界面中选择“推拉”转场效果，如图13-14所示。

STEP 06 按住鼠标左键将其拖曳至第3段视频素材与第4段视频素材之间的位置，释放鼠标左键，即可添加“推拉”转场效果，如图13-15所示。

STEP 07 选择“转场”下方的2D选项，在其设置界面中选择“方形”转场效果，如图13-16所示。

STEP 08 按住鼠标左键将其拖曳至第4段视频素材与第5段视频素材之间的位置，释放鼠标左键，即可添加“方形”转场效果，如图13-17所示。

STEP 09 选择“转场”下方的2D选项，在其设置界面中选择“时钟”转场效果，如图13-18所示。

STEP 10 按住鼠标左键将其拖曳至第5段视频素材与第6段视频素材之间的位置，释放鼠标左键，即可添加“时钟”转场效果，如图13-19所示。

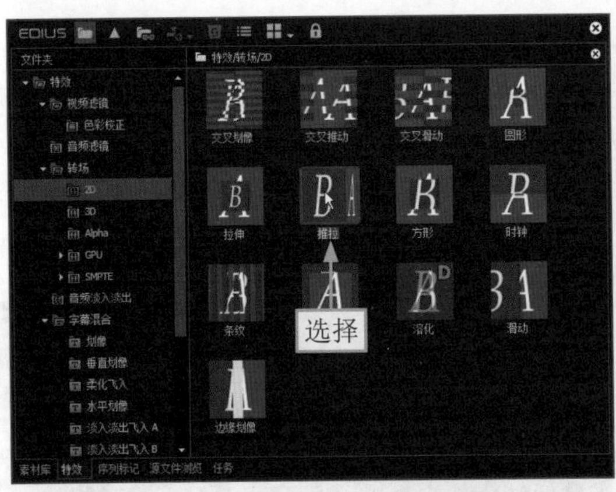

图 13-14　选择“推拉”转场效果

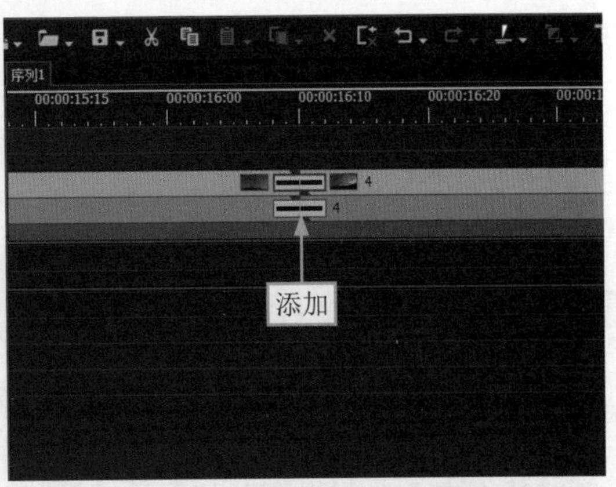

图 13-15　添加“推拉”转场效果

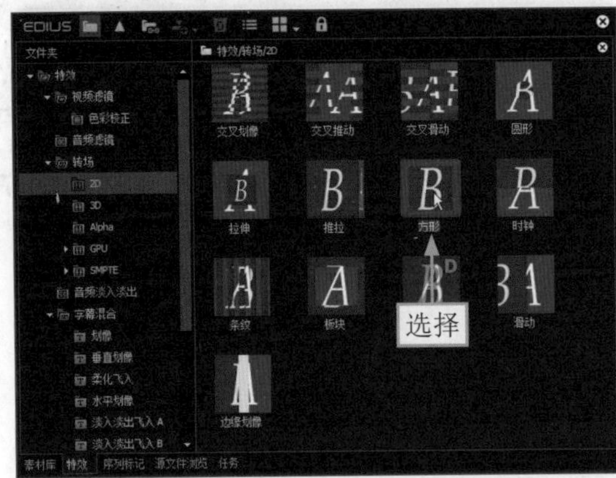

图 13-16　选择“方形”转场效果

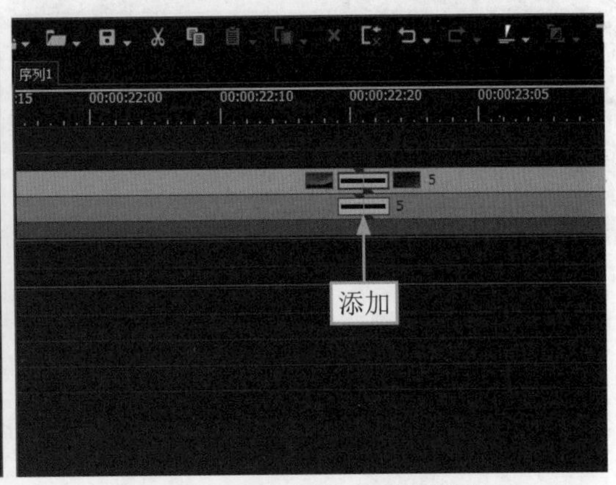

图 13-17　添加“方形”转场效果

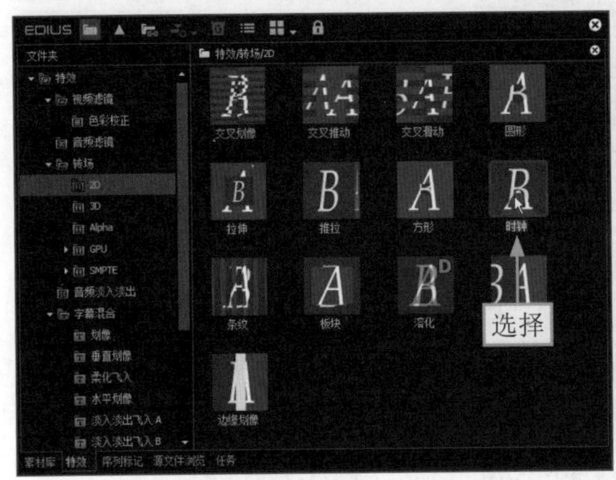

图 13-18　选择“时钟”转场效果

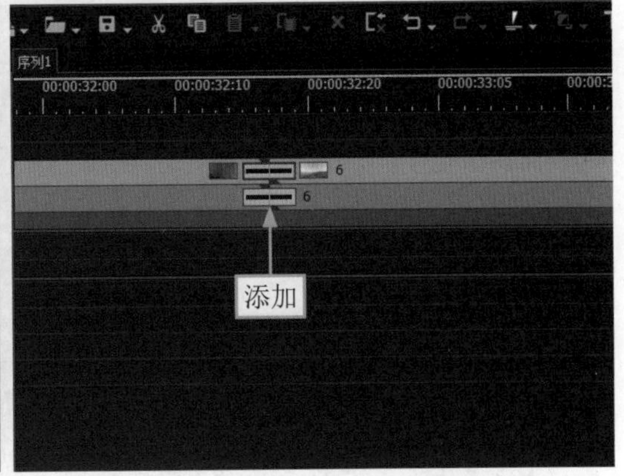

图 13-19　添加“时钟”转场效果

如果在EDIUS X中为视频之间添加转场失败了，则需要剪切分割和删除素材连接的部分时长，因为转场需要占据一定的视频时长，这部分内容在10.2.1节中有详细的步骤教学。

13.2.3　添加音乐制作淡出效果

扫码看视频

为了让音乐结束的时候不显得那么突兀，可以为添加好的音频制作淡出效果。下面介绍在 EDIUS X 中添加音乐制作淡出效果的具体操作方法。

STEP 01 在“素材库”面板中，选择背景音乐素材，如图 13-20 所示。

STEP 02 把背景音乐素材拖曳至 1A 音频轨道中，如图 13-21 所示，添加背景音乐。

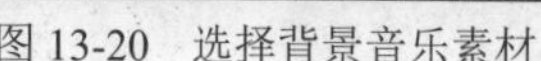

图 13-20　选择背景音乐素材

图 13-21　把背景音乐素材拖曳至 1A 音频轨道中

STEP 03 由于视频时长大于音频的时长，①选择第 5 段视频素材并右击；②在弹出的快捷菜单中选择“持续时间”命令，如图 13-22 所示。

STEP 04 弹出“持续时间”对话框，①设置“持续时间”为 00:00:07:00；②单击“确定”按钮，如图 13-23 所示，调整视频的时长。

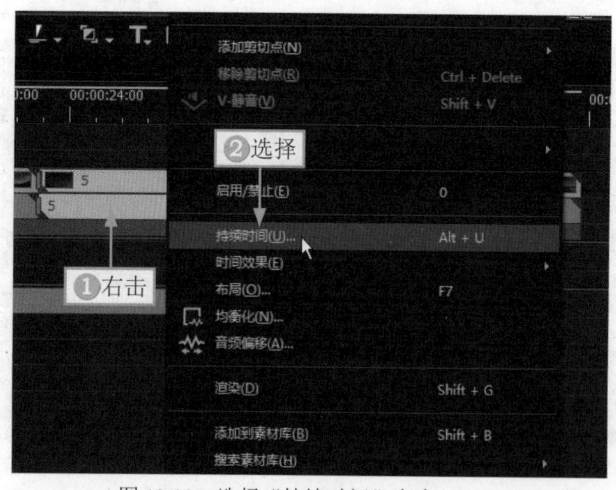

图 13-22　选择“持续时间”命令

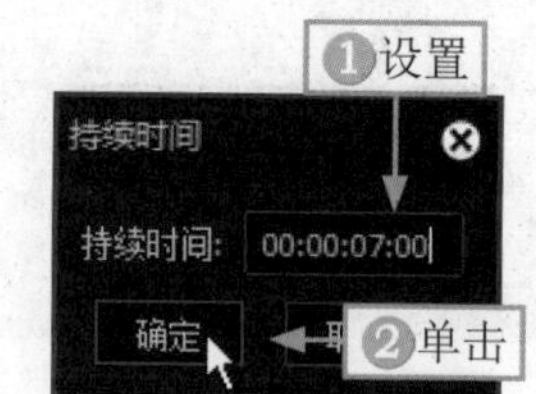

图 13-23　设置“持续时间”参数

STEP 05 ①选择第 6 段视频素材并右击；②在弹出的快捷菜单中选择“持续时间”命令，如图 13-24 所示。

STEP 06 弹出“持续时间”对话框，①设置“持续时间”为 00:00:09:10；②单击“确定”按钮，如图 13-25 所示，继续调整视频的时长。

STEP 07 单击 1A 轨道左侧的展开按钮▶，①单击 VOL 按钮，展开音频音波；②在视频 37s 的位置单击橙色的音量条，添加点；③将音频素材中音量条末尾位置上的点往下拖曳，制作音频音量淡出的效果，如图 13-26 所示。

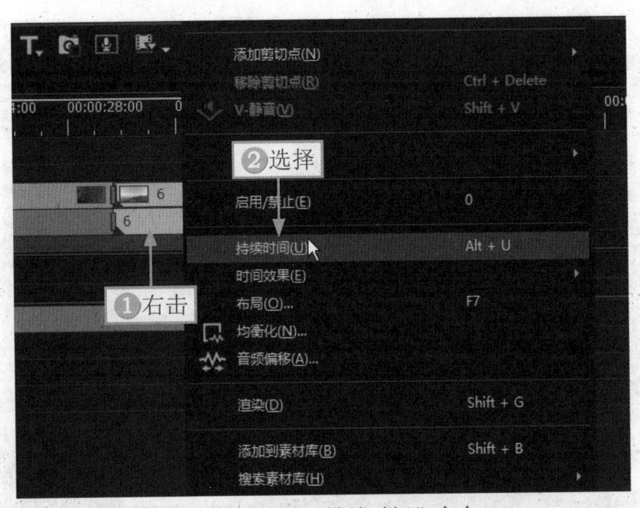

图 13-24 选择“持续时间”命令

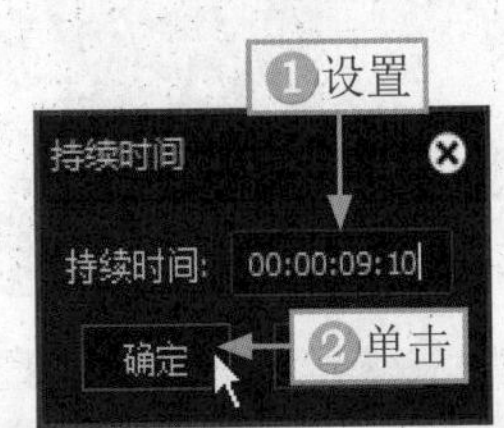

图 13-25 设置“持续时间”参数

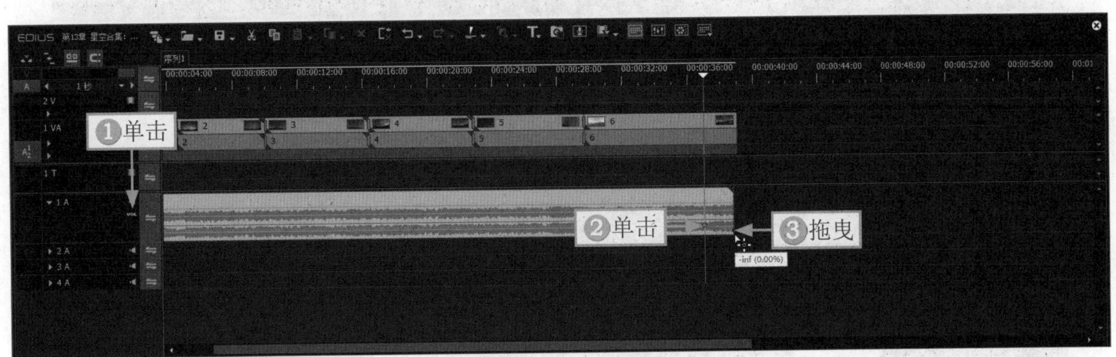

图 13-26 往下拖曳点

13.2.4 制作视频片头

好的视频片头可以让观众快速进入情境中来，同时揭示视频的主题，让观众了解视频内容。下面介绍在 EDIUS X 中制作视频片头的具体操作方法。

STEP 01 在第 1 段视频的起始位置，①单击“创建字幕”按钮；②在弹出的下拉菜单中选择“在视频轨道上创建字幕”命令，如图 13-27 所示。

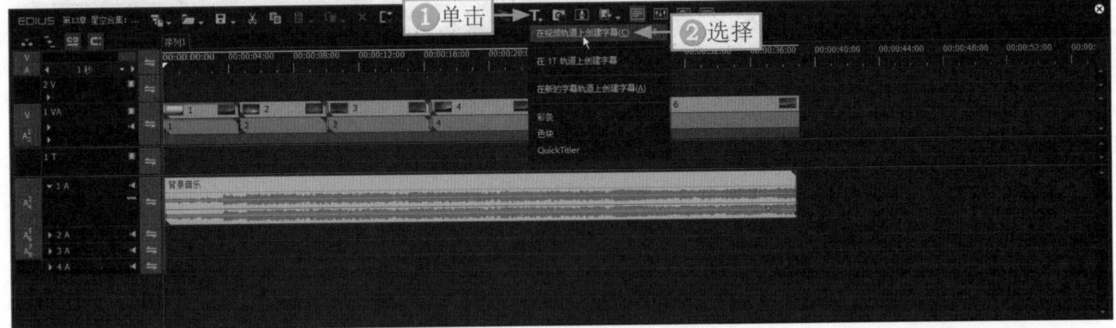

图 13-27 选择“在视频轨道上创建字幕”命令

STEP 02 进入相应的面板，①在界面中间输入文字内容；②选择一个样式；③选择合适的字体；④取消选中“边缘”复选框；⑤调整文字的位置；⑥选择“文件” | “保存”命令，如图 13-28 所示，保存文字。

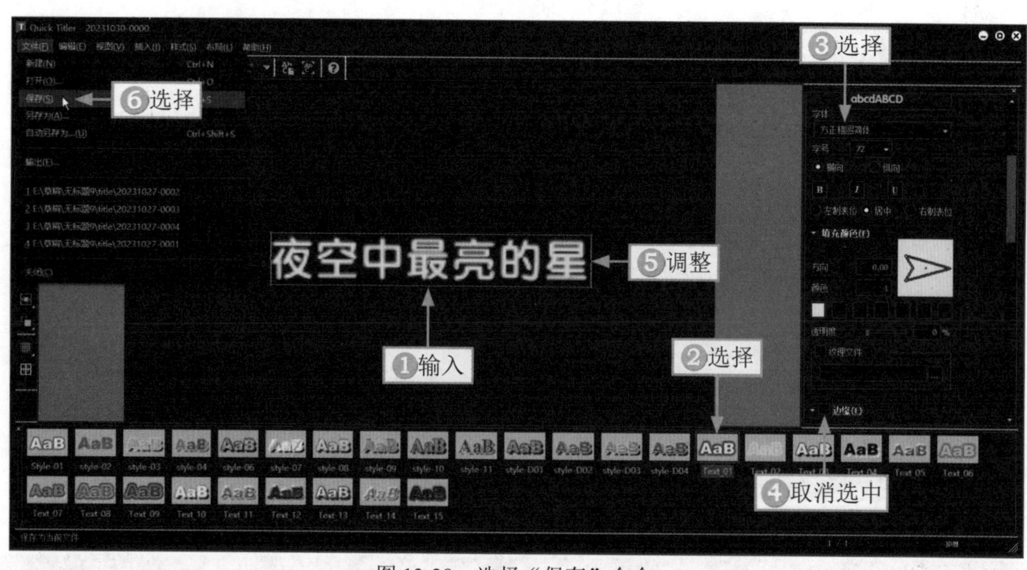

图 13-28 选择“保存”命令

STEP 03 ▶▶ ❶调整字幕素材的轨道位置，使其处于 2V 视频轨道中；❷右击视频前方的间隙；❸在弹出的快捷菜单中选择“删除间隙”命令，如图 13-29 所示，使视频对齐。

STEP 04 ▶▶ 选择字幕素材，在“信息”面板中，双击“视频布局”选项，如图 13-30 所示。

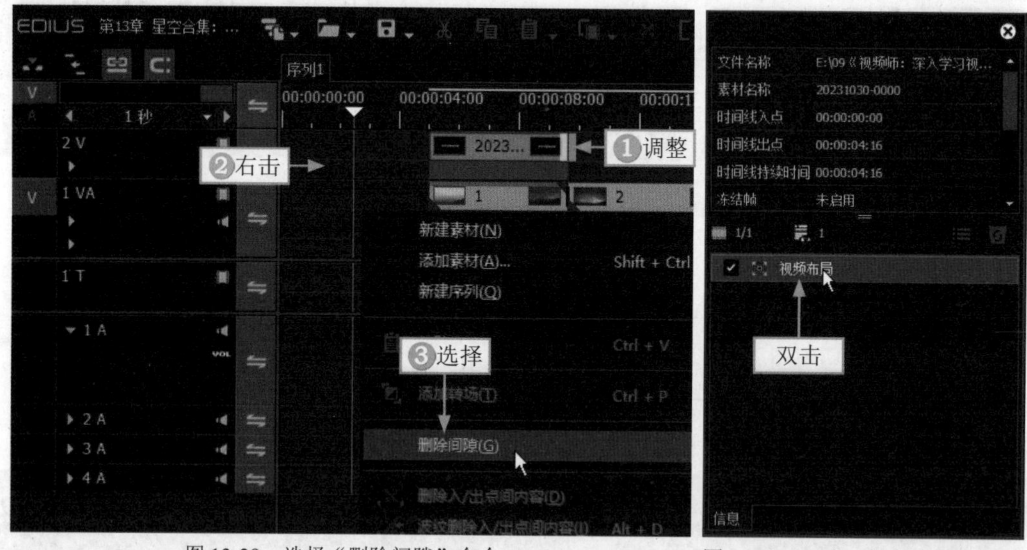

图 13-29 选择“删除间隙”命令　　图 13-30 双击“视频布局”选项

STEP 05 ▶▶ 弹出“视频布局”对话框，❶拖曳时间滑块至视频 00:00:01:16 的位置；❷选中“可见度和颜色”复选框；❸单击“添加 / 删除关键帧”按钮，添加关键帧，如图 13-31 所示。

STEP 06 ▶▶ ❶拖曳时间滑块至视频 00:00:03:16 的位置；❷设置“源素材”为 0.0%；❸单击“确定”按钮，如图 13-32 所示，制作字幕渐渐消失的效果。

STEP 07 ▶▶ ❶右击 2V 轨道；❷在弹出的快捷菜单中选择“添加”｜“在上方添加视频轨道”命令，如图 13-33 所示。

STEP 08 ▶▶ 在“添加轨道”对话框中，❶设置“数量”为 1；❷单击“确定”按钮，如图 13-34 所示，添加一条视频轨道。

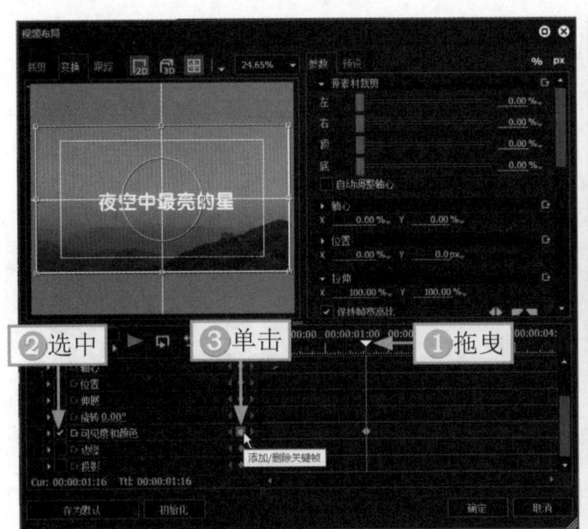

图13-31　单击“添加/删除关键帧”按钮

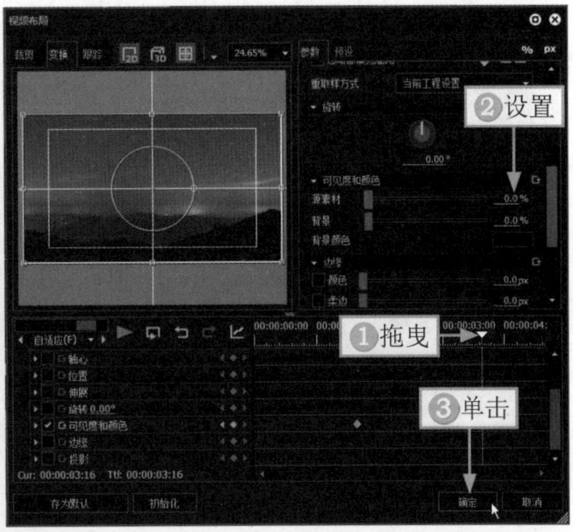

图13-32　设置“源素材”参数

图 13-33　选择“在上方添加视频轨道”命令

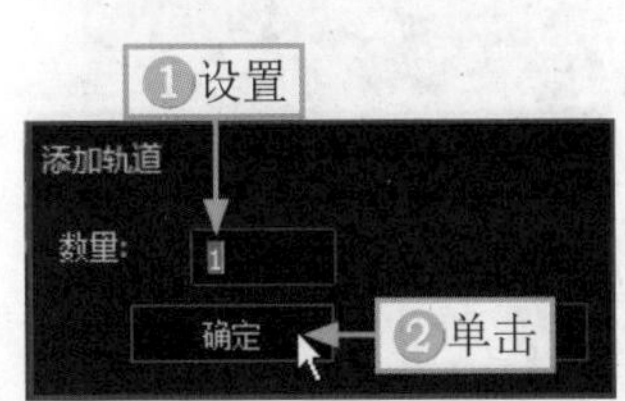

图 13-34　设置添加轨道的数量

STEP 09 在“素材库”面板中，选择流星雨素材，如图 13-35 所示。

STEP 10 将流星雨素材拖曳至 3V 视频轨道中，使其与字幕素材对齐，如图 13-36 所示。

图 13-35　选择流星雨素材

图 13-36　将流星雨素材拖曳至 3V 视频轨道中

STEP 11 切换至“特效”面板，选择“键”下方的“混合”选项，在其设置界面中选择“滤色模式”效果，如图 13-37 所示。

STEP 12 将“滤色模式”效果拖曳至 3V 视频轨道中流星雨素材的下方，把流星雨抠出来，并选择流星雨素材，如图 13-38 所示。

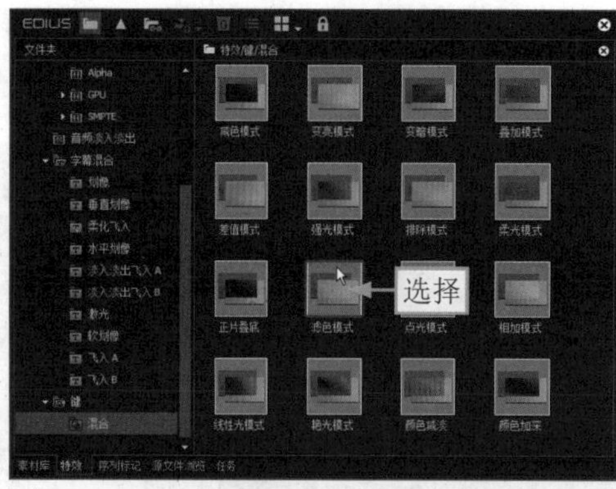

图13-37 选择“滤色模式”效果

图13-38 将“滤色模式”效果拖曳至相应位置

STEP 13 在“信息”面板中，双击“视频布局”选项，如图 13-39 所示。

STEP 14 弹出“视频布局”对话框，❶调整流星雨素材的大小和位置；❷单击“确定”按钮，如图 13-40 所示。

图 13-39 双击“视频布局”选项

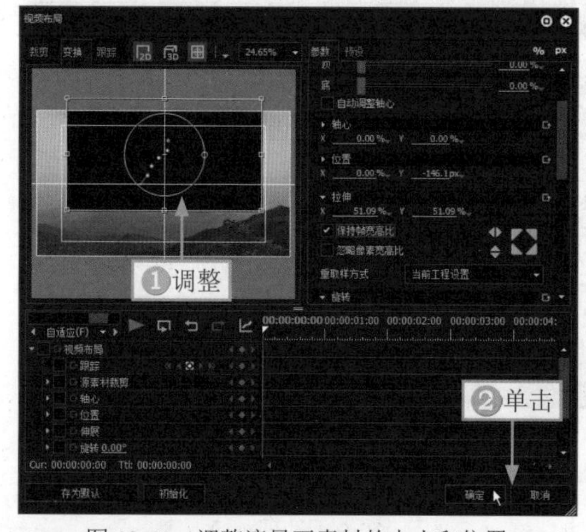

图 13-40 调整流星雨素材的大小和位置

STEP 15 在“素材库”面板中，选择烟雾消散素材，如图 13-41 所示。

STEP 16 ❶拖曳烟雾消散素材至 3V 视频轨道中，并右击；❷在弹出的快捷菜单中选择“连接 / 组”|“解组”命令，如图 13-42 所示，把视频和音频素材分离出来。

图 13-41 选择烟雾消散素材

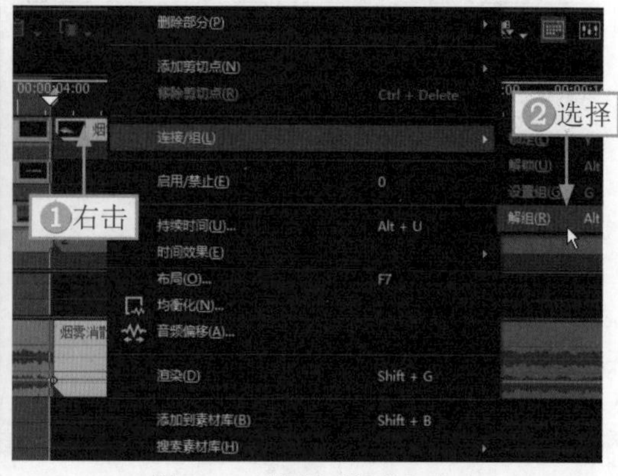

图 13-42 选择“解组”命令

STEP 17 ▶▶ ①选择分离出来的音频素材；②单击“删除”按钮■，如图13-43所示，删除音频。

STEP 18 ▶▶ ①在音频之间的间隙上右击；②在弹出的快捷菜单中选择“删除间隙”命令，如图13-44所示，使音频对齐。

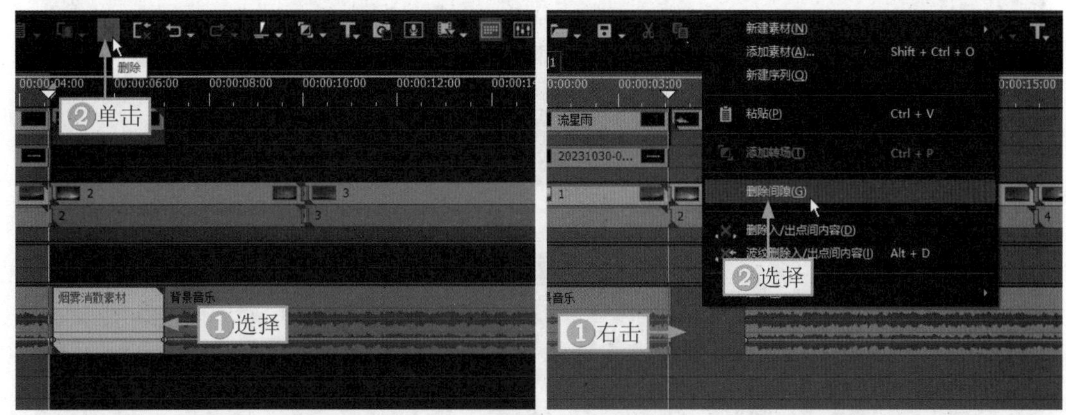

图13-43　删除音频　　　　图13-44　选择“删除间隙”命令

STEP 19 ▶▶ 在“特效”面板中，选择“键”下方的“混合”选项，在其设置界面中选择“滤色模式”效果，如图13-45所示。

STEP 20 ▶▶ ①调整烟雾消散素材的轨道位置，并将“滤色模式”效果拖曳至烟雾消散素材的下方，把烟雾抠出来；②调整流星雨素材的时长，如图13-46所示。

图13-45　选择“滤色模式”效果　　　　图13-46　调整流星雨素材的时长

13.2.5　添加标签文字

为了让观众更了解视频内容，可以给视频添加地点标签文字，让观众少一些疑惑，也能为视频带来更大的流量。下面介绍在EDIUS X中添加标签文字的具体操作方法。

扫码看视频

STEP 01 ▶▶ 在第2段视频的起始位置；①单击“创建字幕”按钮T；②在弹出的下拉菜单中选择“在1T轨道上创建字幕”命令，如图13-47所示。

STEP 02 ▶▶ 进入相应的面板，①在界面右下角输入文字内容；②设置“字号”为48；③取消选中“边缘”复选框；④调整文字的位置；⑤选择“文件”|“保存”命令，如图13-48所示，保存文字。

STEP 03 ▶▶ ①选择文字素材并右击；②在弹出的快捷菜单中选择“持续时间”命令，如图13-49所示。

STEP 04 ▶▶ 弹出“持续时间”对话框，①设置“持续时间”为00:00:03:00；②单击“确定”按钮，如图13-50所示，调整文字的时长。

图 13-47　选择“在 1T 轨道上创建字幕”命令

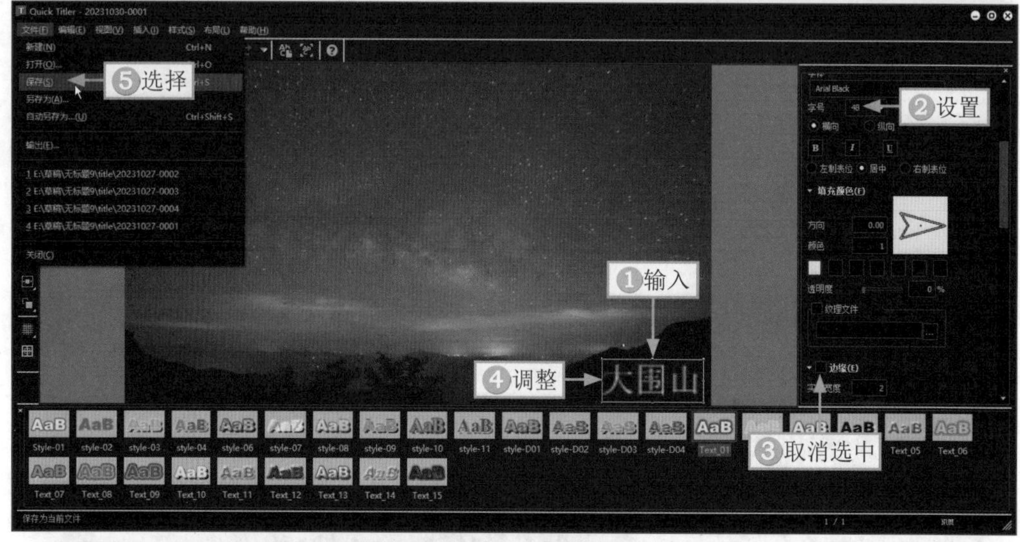

图 13-48　输入文字并设置

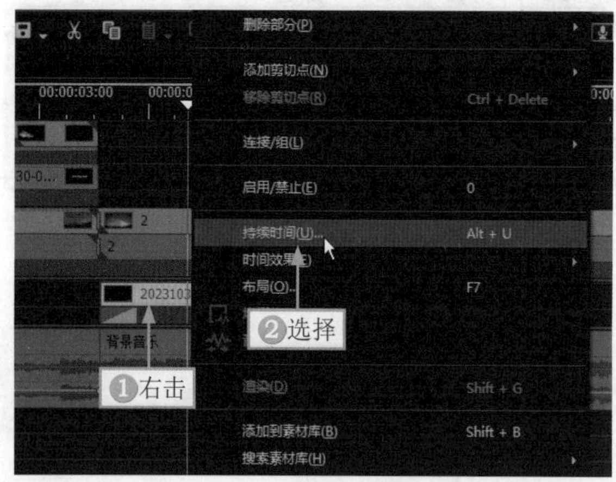

图 13-49　选择“持续时间”命令

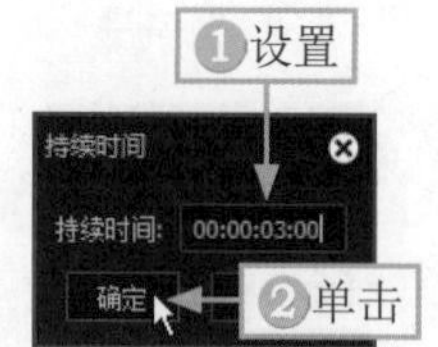

图 13-50　设置“持续时间”参数

STEP 05 ①调整文字的轨道位置，使其末尾位置与第 2 段素材的末尾位置对齐，按 Ctrl+C 组合键，复制文字；②在第 4 段视频的下方，按 Ctrl+V 组合键，粘贴文字，并调整文字的位置，使其末尾位置与第 4 段素材的末尾位置对齐，再双击文字素材，如图 13-51 所示。

STEP 06 进入相应的面板，①双击文字，更改文字内容并调整其位置；②选择“文件”|“自动另存为”命令，如图 13-52 所示，保存文字。

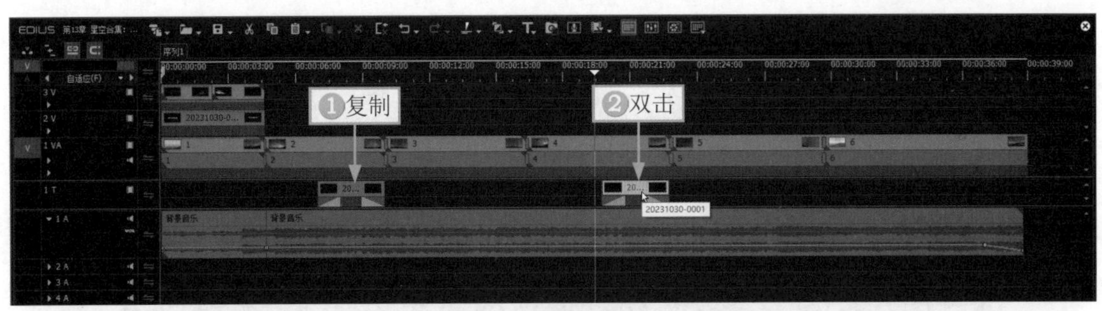

图 13-51　双击文字素材

图 13-52　选择“自动另存为”命令

13.2.6　制作谢幕片尾

在视频快结束的位置，通过添加文字和贴纸制作谢幕片尾，可以让观众有进一步的感受，而且能让视频结束得更自然。下面介绍在EDIUS X中制作谢幕片尾的具体操作方法。

STEP 01 ①按Ctrl+C组合键，复制刚才处理好的文字；②在视频34s左右的位置，按Ctrl+V组合键，粘贴文字，并调整文字的时长，使其末尾位置与第6段视频的末尾位置对齐，再双击文字素材，如图13-53所示。

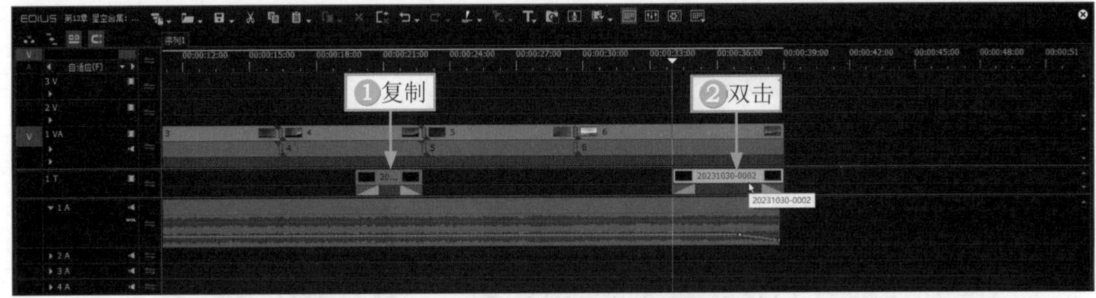

图 13-53　双击文字素材

STEP 02 进入相应的面板，①双击文字，更改文字内容并调整其位置；②更改字体；③设置“字号”为72；④选择“文件” | “自动另存为”命令，如图13-54所示，保存文字。

图 13-54　选择“自动另存为”命令

STEP 03 ⋙ 在“素材库”面板中，选择星星贴纸素材，如图 13-55 所示。

STEP 04 ⋙ ①将星星贴纸素材拖曳至 1VA 主视频轨道中，并右击；②在弹出的快捷菜单中选择“连接 / 组”｜“解锁”命令，如图 13-56 所示，把视频和音频分离出来。

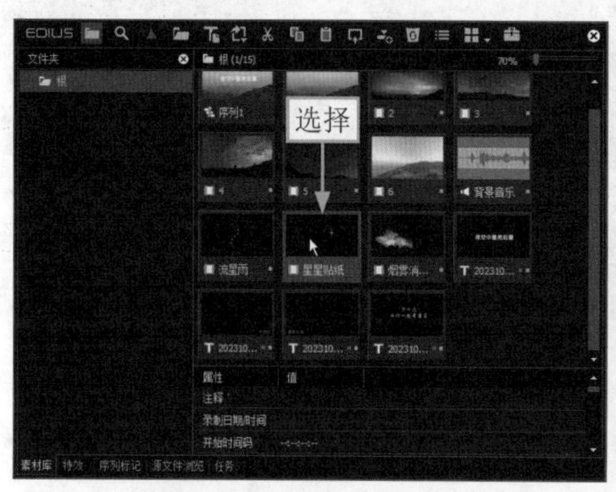

图 13-55　选择星星贴纸素材

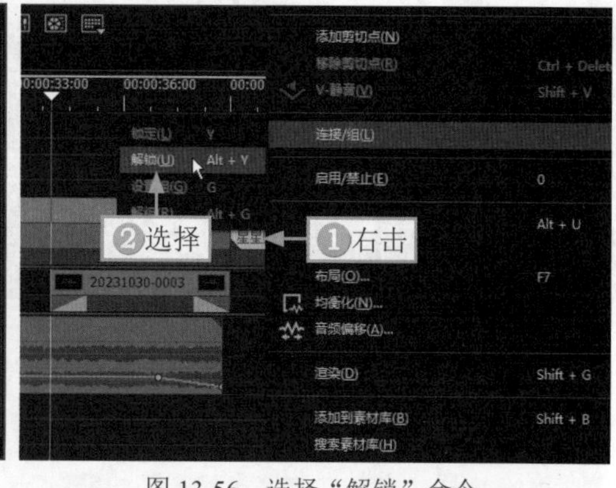

图 13-56　选择“解锁”命令

STEP 05 ⋙ ①选择分离出来的音频素材；②单击“删除”按钮■，如图 13-57 所示，删除音频。

STEP 06 ⋙ 在星星贴纸素材上右击，在弹出的快捷菜单中选择“时间效果”｜“速度”命令，弹出“素材速度”对话框，①设置“持续时间”为 00:00:05:00；②单击“确定”按钮，如图 13-58 所示，调整素材的时长。

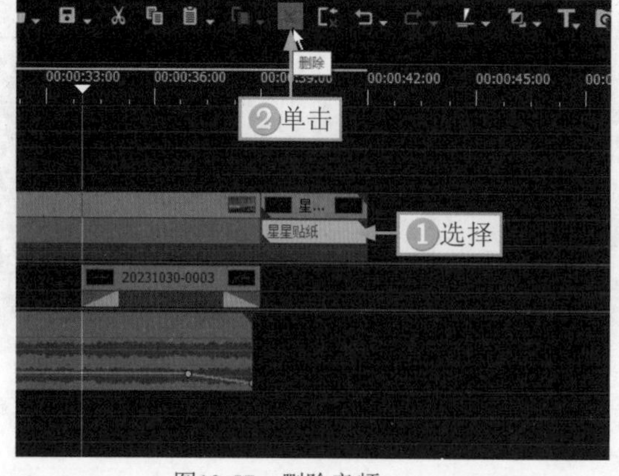

图13-57　删除音频

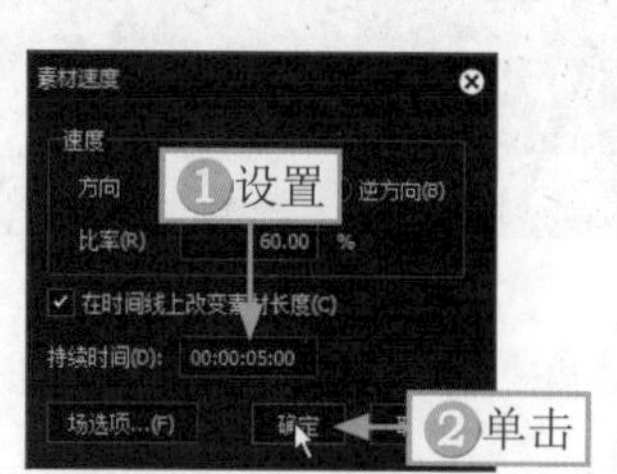

图13-58　设置素材速度

STEP 07 在“特效”面板中，选择“键”下方的“混合”选项，在其设置界面中选择“滤色模式”效果，如图 13-59 所示。

STEP 08 将星星贴纸素材拖曳至 2V 视频轨道中，将“滤色模式”效果拖曳至星星贴纸素材的下方，把星星贴纸抠出来，如图 13-60 所示。

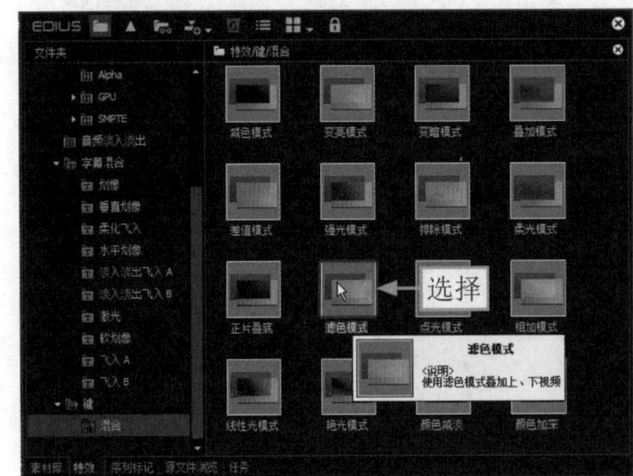

图 13-59 选择“滤色模式”效果

图 13-60 将“滤色模式”效果拖曳至相应位置

第14章 电商广告：制作《图书宣传》

电商广告视频是指在各大网络电商贸易平台，如淘宝网、当当网、亚马逊、京东网上投放的，对商品、品牌进行宣传的视频。在一些商品详情首页播放的视频，也叫作“主图视频”。在当今的视频时代，图片已经不能满足人们的视觉需求了，人们已经习惯于通过视频去获取产品信息，因此，本章以图书宣传为主题，为大家介绍电商广告视频的制作技巧和方法。

14.1 《图书宣传》效果展示

对于线上销售来说，商品的展示效果一般是，视频＞动图＞图片＞文字。对于电商广告视频而言，有操作演示类、场景导入类、品牌宣传类、测评类等类型，不同类型的视频有不同的视频风格。本案例的图书广告视频主要是以品牌宣传类为主，重点在于介绍产品的亮点。

在制作《图书宣传》视频之前，我们首先来欣赏本案例的视频效果，并了解案例的学习目标、制作思路、知识讲解和要点讲堂。

14.1.1 效果欣赏

《图书宣传》电商广告视频的画面效果如图14-1所示，主要展示了视频背景、产品视频和效果画面、亮点集锦等内容。

图14-1 《图书宣传》画面效果

14.1.2 学习目标

知识目标	掌握电商广告视频的制作方法
技能目标	（1）掌握在EDIUS X中制作电商广告片头的操作方法 （2）掌握旋转视频角度的操作方法 （3）掌握制作字幕视频的操作方法 （4）掌握制作画面宣传特效的操作方法 （5）掌握制作广告字幕效果的操作方法 （6）掌握添加特效、贴纸和背景音乐的操作方法
本章重点	旋转视频角度和制作画面宣传特效
本章难点	制作广告字幕效果
视频时长	20分28秒

14.1.3 制作思路

本案例首先介绍在 EDIUS X 中制作电商广告片头，然后旋转视频的角度、制作字幕视频、制作画面宣传特效、制作广告字幕效果和添加特效、贴纸与背景音乐。图 14-2 所示为本案例视频的制作思路。

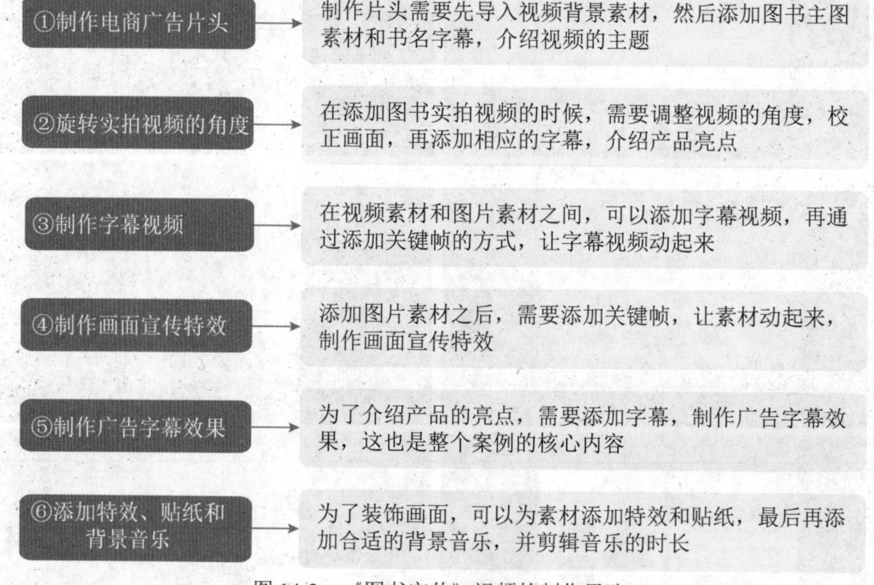

图 14-2 《图书宣传》视频的制作思路

14.1.4 知识讲解

在制作电商广告视频的时候，需要提前做好功课，提取产品的亮点和卖点，针对产品的优势进行制作和宣传，这样才能提升视频的转化率。

对于广告视频来说，不仅需要内容好，还需要提升视频的视觉风格，这样才能提升产品的质感。视频做得好，不仅可以起到宣传产品的作用，还可以提升品牌的格调，让观众对产品和品牌都能产生好感。在制作视频的时候，还需要尽量保持视频风格的统一，比如素材的色调统一、字体的风格统一、音乐风格与视频画面相统一。

14.1.5 要点讲堂

在本章内容中，我们需要掌握如何在 EDIUS X 中旋转视频角度、制作画面宣传特效和制作广告字幕效果，这是比较核心的步骤，下面介绍相应的内容。

❶ 在 EDIUS X 中，通过设置“旋转”角度参数，可以旋转视频的角度。

❷ 在制作画面宣传特效时，需要用到“视频布局”对话框中的添加关键帧功能，这个知识点已经介绍很多次了，希望大家熟能生巧。

❸ 在制作广告字幕效果时，需要复制的文字，就尽量复制粘贴后，再更改文字内容，这样可以提高剪辑效率。

14.2 《图书宣传》制作流程

本节将为大家介绍电商广告视频的制作方法，包括制作电商广告片头、旋转实拍视频的角度、制作字幕视频、制作画面宣传特效、制作广告字幕效果和添加特效、贴纸与背景音乐，希望读者能够熟练掌握。

14.2.1 制作电商广告片头

制作电商广告片头的目的是让观众了解视频主题，所以需要开门见山地介绍图片的书名和主图，让观众快速进入情景。下面介绍在 EDIUS X 中制作电商广告片头的操作方法。

STEP 01 在 EDIUS X 中，单击“新建工程”按钮，弹出“工程设置”对话框，❶输入工程名称；❷单击“文件夹”文本框右侧的■按钮，设置保存路径；❸在“预设列表”列表框中选择相应的工程预设选项；❹单击“确定”按钮，如图 14-3 所示。

STEP 02 在“素材库”面板中，单击“添加素材”按钮，如图 14-4 所示。

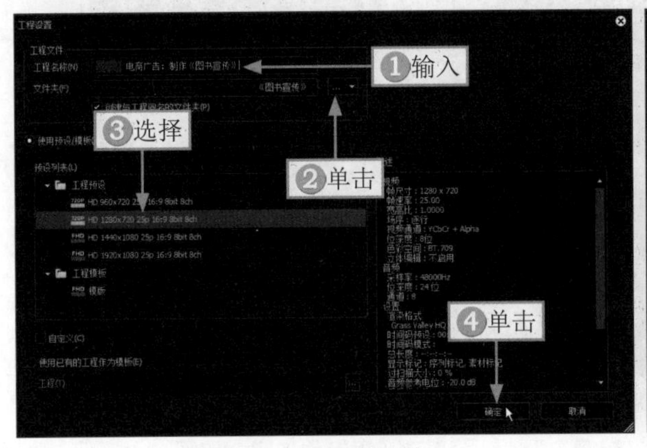

图 14-3 设置工程文件

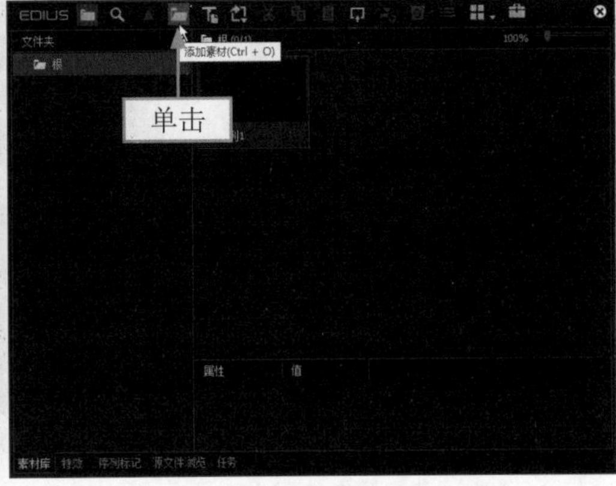

图 14-4 单击“添加素材”按钮

STEP 03 弹出“打开”对话框，①在相应的文件夹中，按 Ctrl+A 组合键，全选所有的素材；②单击“打开”按钮，如图 14-5 所示。

STEP 04 把素材添加到“素材库”面板中，①右击 2V 轨道；②在弹出的快捷菜单中选择“添加”|“在上方添加视频轨道”命令，如图 14-6 所示。

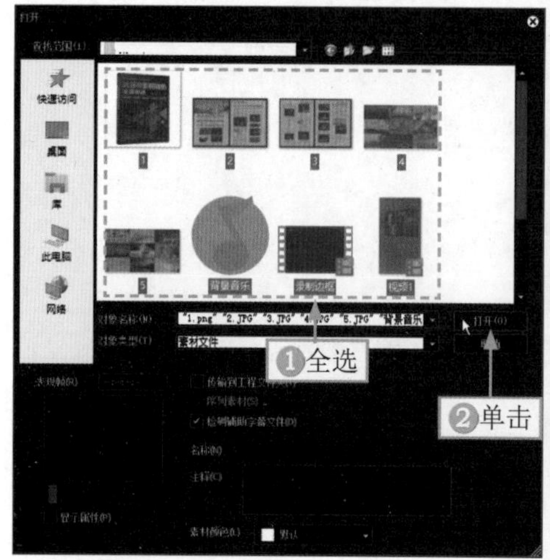

图 14-5 全选所有的素材

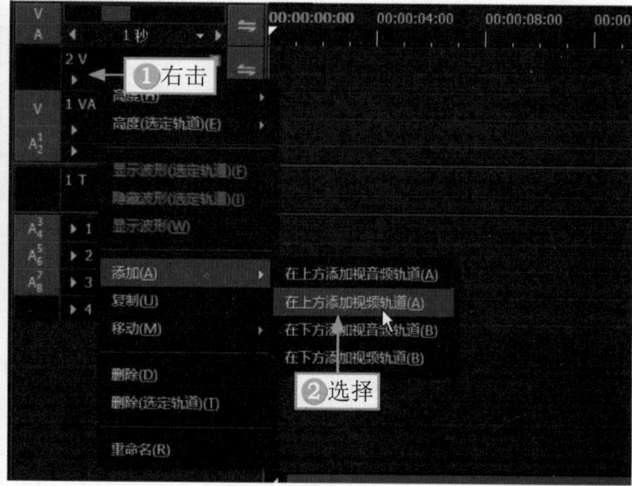

图 14-6 选择“在上方添加视频轨道”命令

STEP 05 在“添加轨道”对话框中，①设置“数量”为 1；②单击“确定”按钮，如图 14-7 所示，添加一条视频轨道。

STEP 06 ①右击 1T 轨道；②在弹出的快捷菜单中选择“添加”|“在下方添加字幕轨道”命令，如图 14-8 所示。

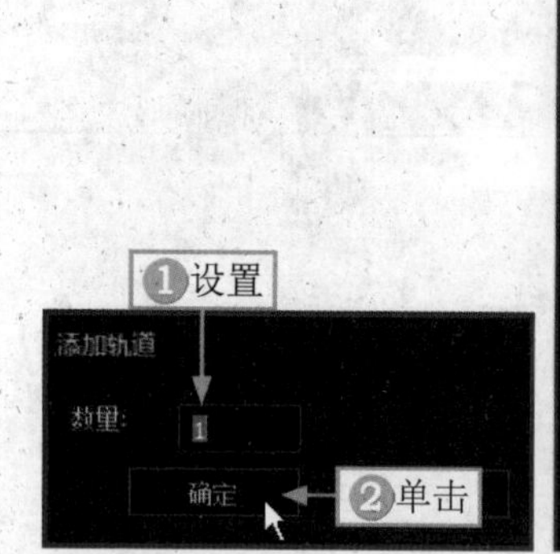

图 14-7 设置添加轨道的数量

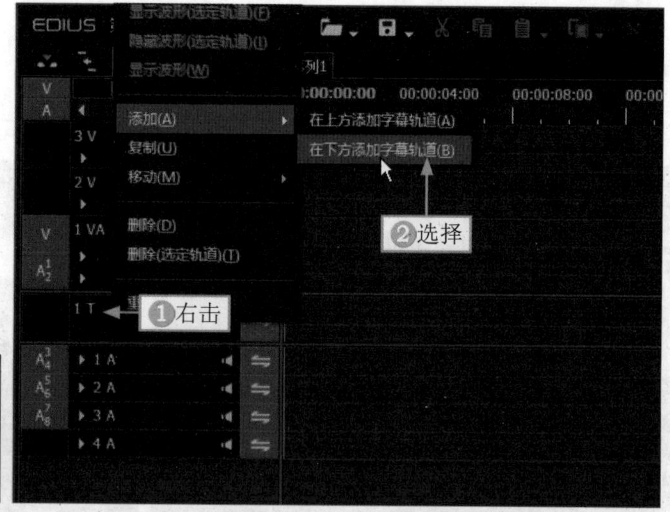

图 14-8 选择“在下方添加字幕轨道”命令

STEP 07 在“添加轨道”对话框中，①设置“数量”为 1；②单击“确定”按钮，如图 14-9 所示，添加一条字幕轨道。

STEP 08 在“素材库”面板中，选择视频背景素材，如图 14-10 所示。

STEP 09 将视频背景素材拖曳至 1VA 主视频轨道中，如图 14-11 所示。

STEP 10 在“素材库”面板中，选择第 1 段素材，如图 14-12 所示。

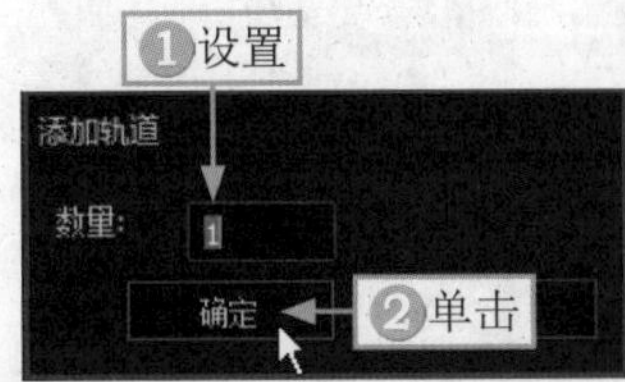

图 14-9　设置添加轨道的数量

图 14-10　选择视频背景素材

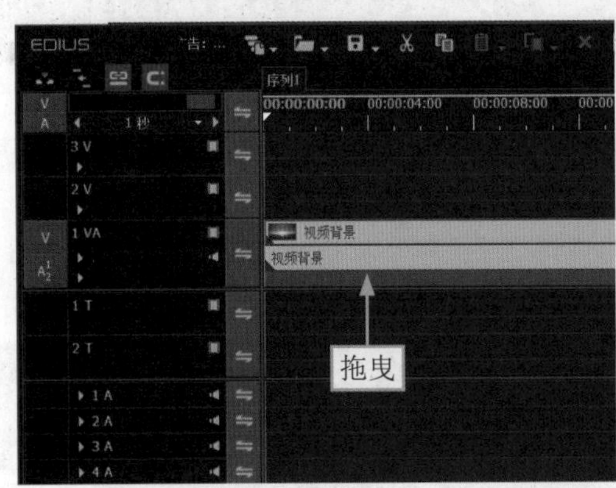

图 14-11　将视频背景素材拖曳至 1VA 主视频轨道中

图 14-12　选择第 1 段素材

STEP 11 ▶▶ 将第 1 段素材拖曳至 2V 视频轨道中，如图 14-13 所示。

STEP 12 ▶▶ 在"信息"面板中，双击"视频布局"选项，如图 14-14 所示。

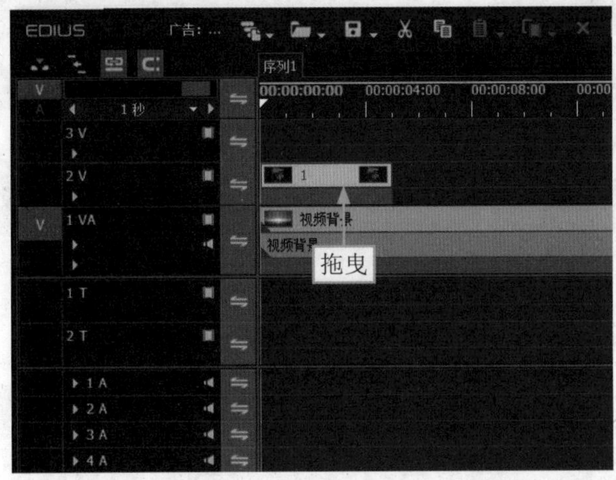

图 14-13　将第 1 段素材拖曳至 2V 视频轨道中

图 14-14　双击"视频布局"选项

STEP 13 ▶▶ 弹出"视频布局"对话框，①在素材起始位置调整素材的大小和位置，使其处于画面左侧；②选中"视频布局"复选框；③单击"添加 / 删除关键帧"按钮，添加关键帧，如图 14-15 所示。

STEP 14 ▶▶ ①拖曳时间滑块至视频 3s 的位置；②调整素材的大小和位置，使其处于画面中间偏左一点的位置，如图 14-16 所示。

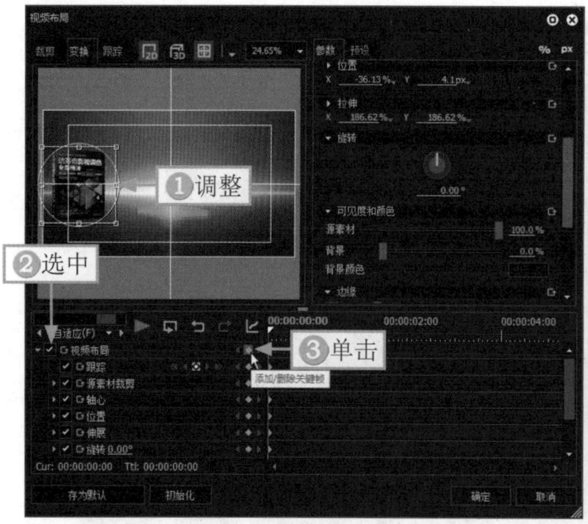

图14-15　单击“添加/删除关键帧”按钮

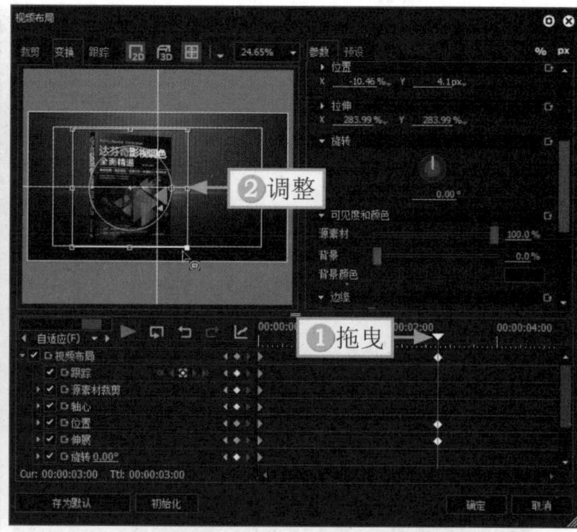

图14-16　调整素材的大小和位置

STEP 15 ①拖曳时间滑块至视频 4s 的位置；②单击“可见度和颜色”右侧的“添加 / 删除关键帧”按钮，添加关键帧，如图 14-17 所示。

STEP 16 ①拖曳时间滑块至视频 5s 的位置；②设置“源素材”为 0.0；③单击“确定”按钮，如图 14-18 所示，制作素材变黑淡出的效果。

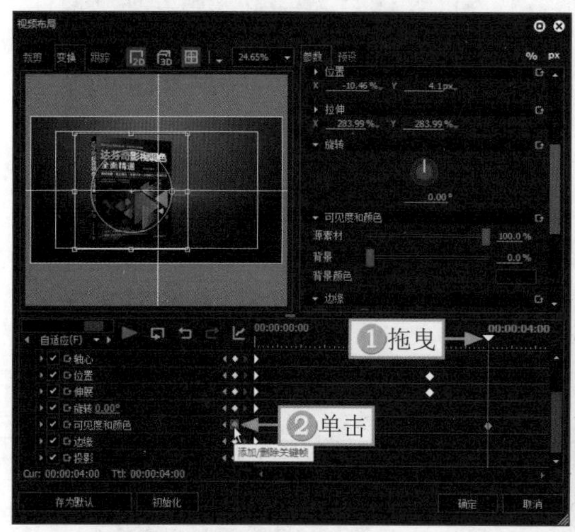

图14-17　单击“添加/删除关键帧”按钮

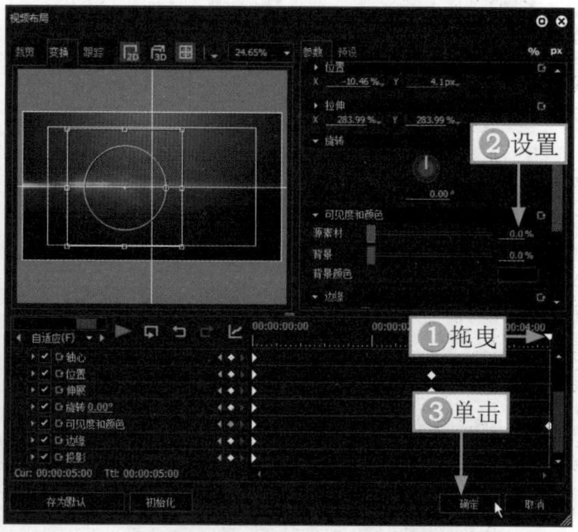

图14-18　设置“源素材”参数

STEP 17 在第 1 段素材的起始位置；①单击“创建字幕”按钮；②在弹出的下拉菜单中选择“在 1T 轨道上创建字幕”命令，如图 14-19 所示。

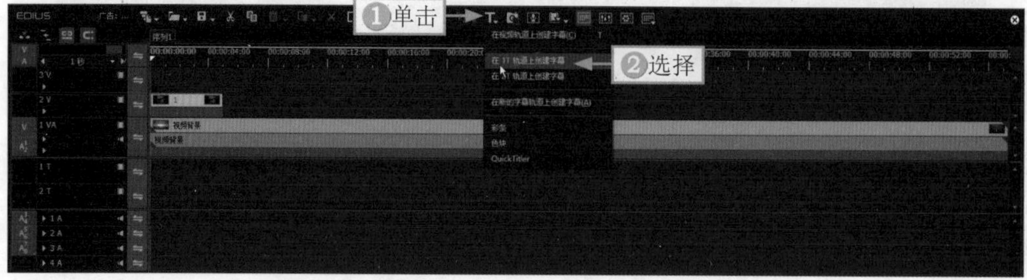

图 14-19　选择“在 1T 轨道上创建字幕”命令

STEP 18 ▶▶ 进入相应的面板，①在界面右侧输入文字内容；②在下方选择一个样式；③设置“字距”为 2；④选中“纵向”单选按钮；⑤选择合适的字体；⑥调整文字的位置，如图 14-20 所示。

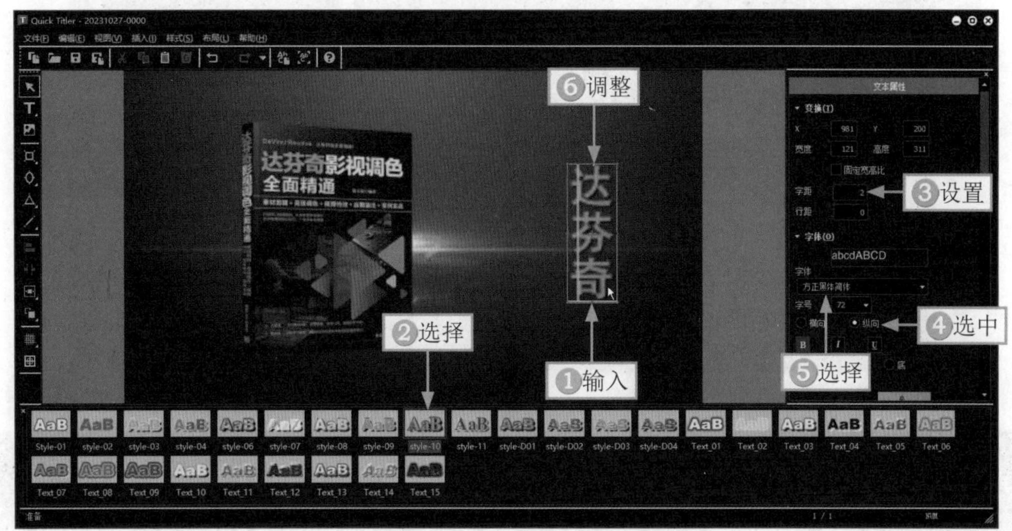

图 14-20 输入文字并设置

STEP 19 ▶▶ ①取消选中“边缘”和“阴影”复选框，取消文字边框和阴影；②选择“文件”|“保存”命令，如图 14-21 所示，保存文字。

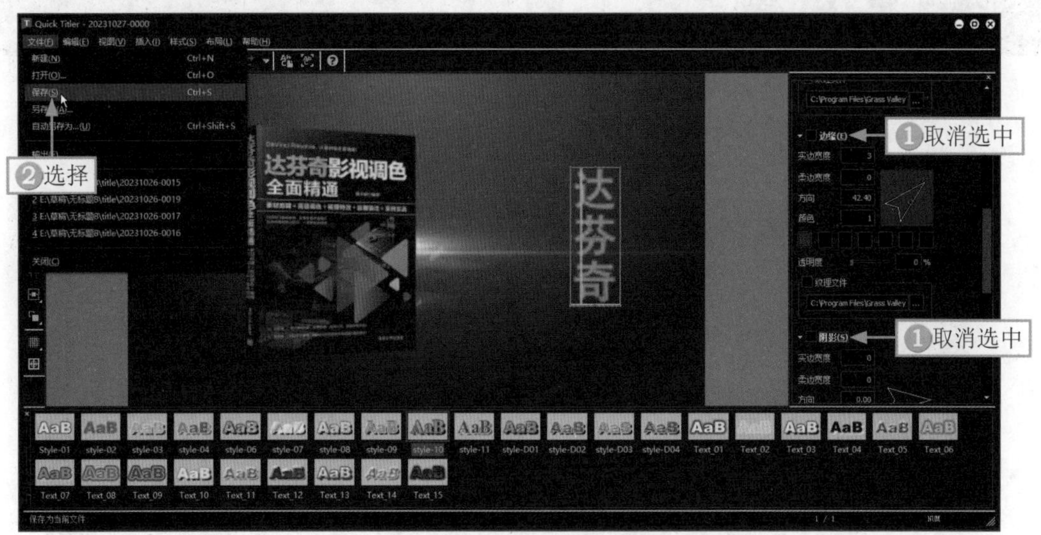

图 14-21 选择“保存”命令

STEP 20 ▶▶ 切换至“特效”面板，选择“字幕混合”下方的“垂直划像”选项，在其设置界面中选择“垂直划像 [中心>边缘]”效果，如图 14-22 所示。

STEP 21 ▶▶ 将“垂直划像 [中心>边缘]”效果拖曳至文字素材的左下方，更换文字的入场动画，再将“垂直划像 [边缘>中心]”效果拖曳至文字素材的右下方，更换文字的出场动画，如图 14-23 所示。

STEP 22 ▶▶ ①按 Ctrl+C 组合键，复制文字，在其后面按 Ctrl+V 组合键，粘贴文字；②拖曳时间滑块至视频 00:00:01:20 的位置，拖曳文字至 2T 字幕轨道中，并调整文字的时长，使其末尾位置与第 1 段素材的末尾位置对齐，再双击文字素材，如图 14-24 所示。

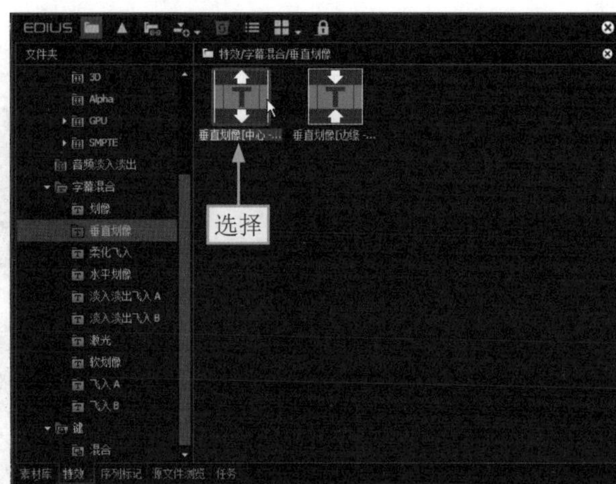

图 14-22　选择“垂直划像 [中心>边缘]”效果

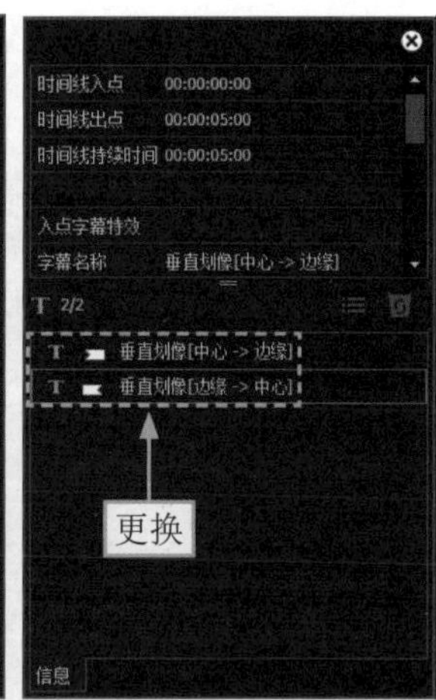

图 14-23　更换文字动画

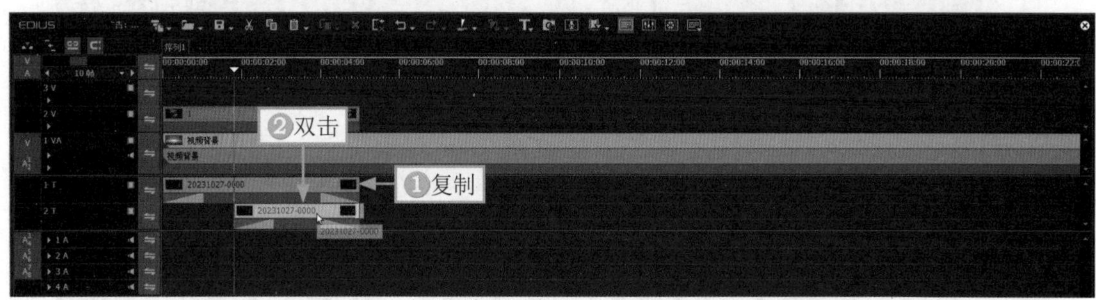

图 14-24　双击文字素材

STEP 23 进入相应的面板，①双击文字，设置“字号”为 48；②更改文字内容，并调整文字的位置；③选择“文件” | “自动另存为”命令，如图 14-25 所示，保存文字。

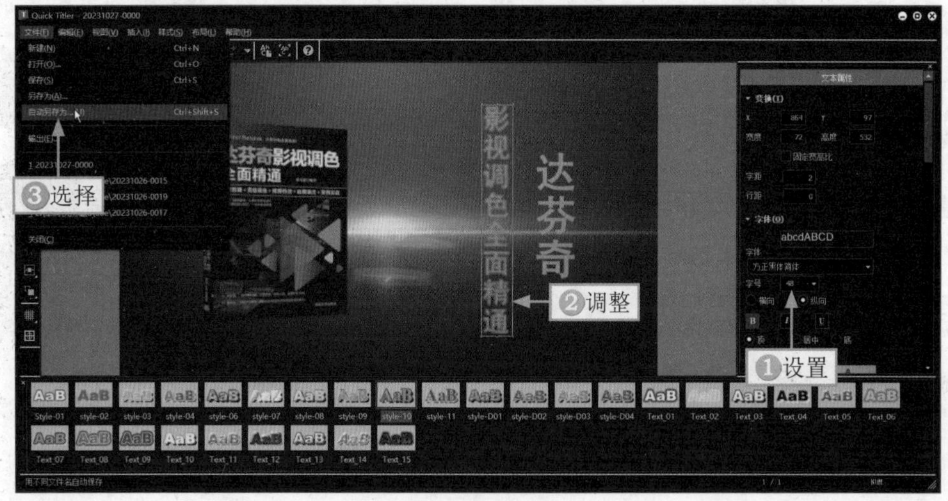

图 14-25　选择“自动另存为”命令

14.2.2　旋转实拍视频的角度

对于倒转的视频画面，需要调整其旋转角度，校正视频画面，使其符合用户的观看习惯。下面介绍在 EDIUS X 中旋转视频角度的具体操作方法。

STEP 01 在“素材库”面板中，选择视频 1 素材，如图 14-26 所示。

STEP 02 ❶将视频 1 素材拖曳至 2V 视频轨道中，并右击；❷在弹出的快捷菜单中选择“连接 / 组”|“解组”命令，如图 14-27 所示，将视频与音频分离出来。

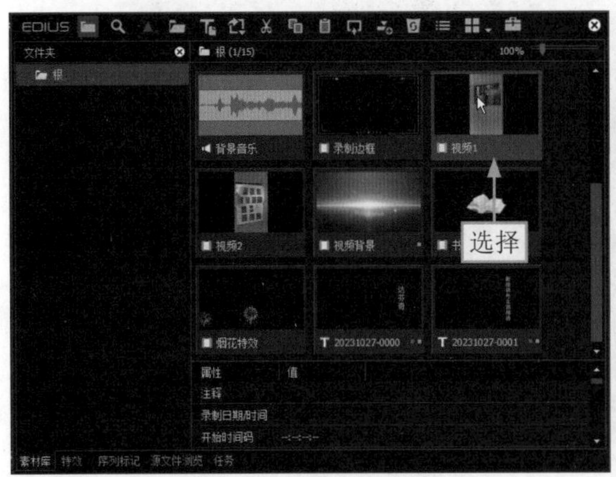

图 14-26　选择视频 1 素材

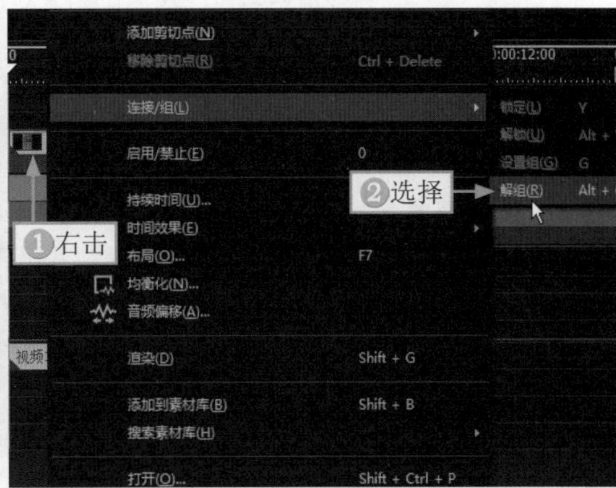

图 14-27　选择“解组”命令

STEP 03 ❶选择分离后的音频素材；❷单击“删除”按钮，如图 14-28 所示，删除音频。

STEP 04 按照同样的方法，❶将视频 2 素材拖曳至视频 1 素材的后面，并删除其音频素材；❷选择视频 1 素材，如图 14-29 所示。

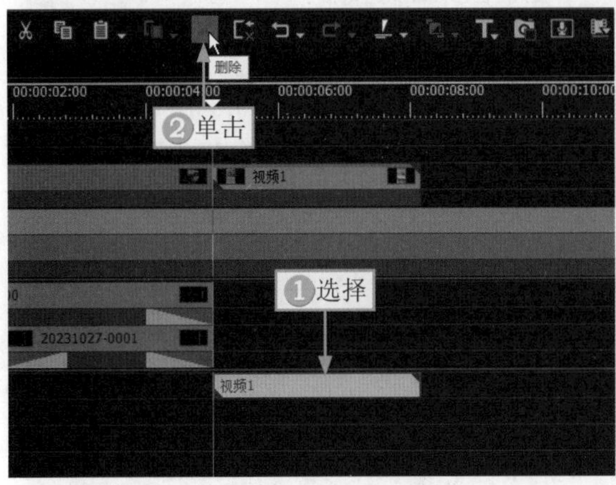

图 14-28　删除音频

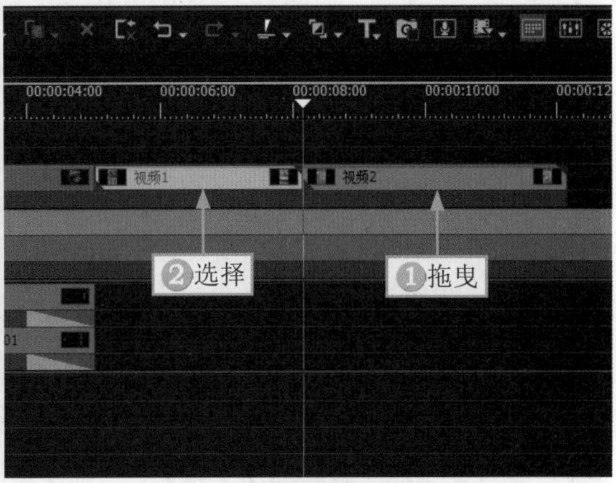

图 14-29　选择视频 1 素材

STEP 05 在“信息”面板中，双击“视频布局”选项，如图 14-30 所示。

STEP 06 弹出“视频布局”对话框，❶设置“旋转”为 0，旋转视频角度；❷单击“确定”按钮，如图 14-31 所示。按照同样的方法，设置视频 2 素材的“旋转”参数为 0，旋转角度。

STEP 07 ❶按 Ctrl+C 组合键，复制第 1 段文字；❷拖曳时间滑块至视频 1 素材的起始位置；❸按 Ctrl+V 组合键，粘贴文字，并调整文字的时长，使其与视频 2 素材的末尾位置对齐，再双击文字素材，如图 14-32 所示。

STEP 08 进入相应的面板，❶双击文字，设置“字号”为 36；❷选中“横向”单选按钮；❸更改文字内容，并调整文字的位置；❹选择“文件”|“自动另存为”命令，如图 14-33 所示，保存文字。

图 14-30　双击“视频布局”选项

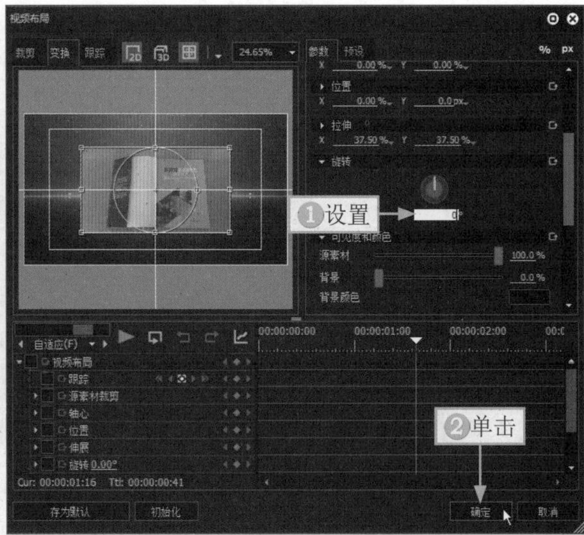

图 14-31　设置“旋转”参数

图 14-32　双击文字素材

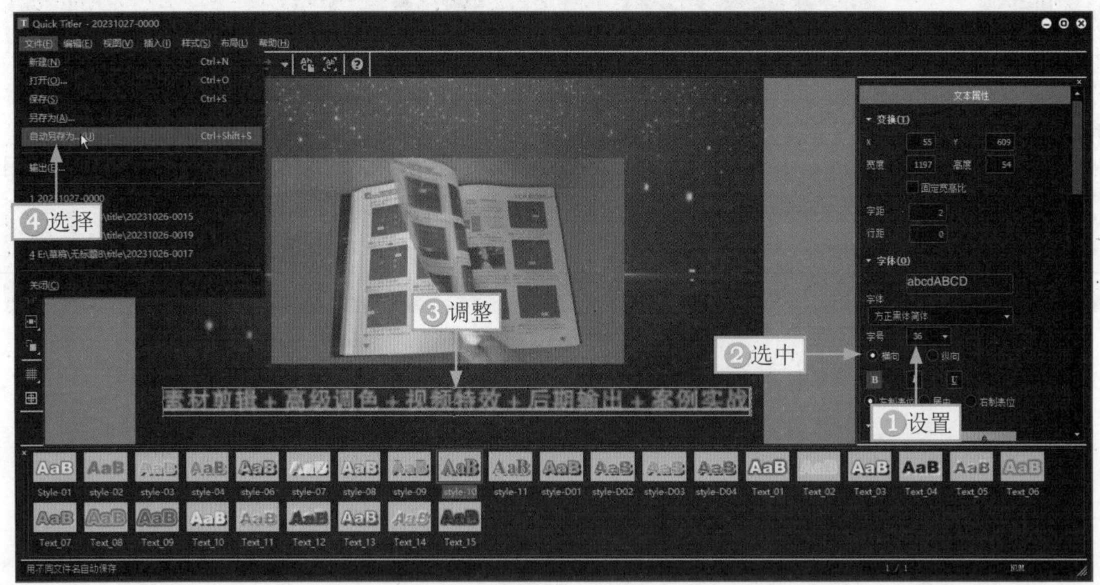

图 14-33　选择“自动另存为”命令

STEP 09 ▶▶ 切换至“特效”面板，选择“字幕混合”下方的“水平划像”选项，在其设置界面中选择“水平划像 [中心>边缘]”效果，如图 14-34 所示。

STEP 10 ▶▶ 将“水平划像 [中心>边缘]”效果拖曳至文字的左下方，更换入场动画，再将“水平划像 [边缘>中心]”效果拖曳至文字的右下方，更换出场动画，如图 14-35 所示。

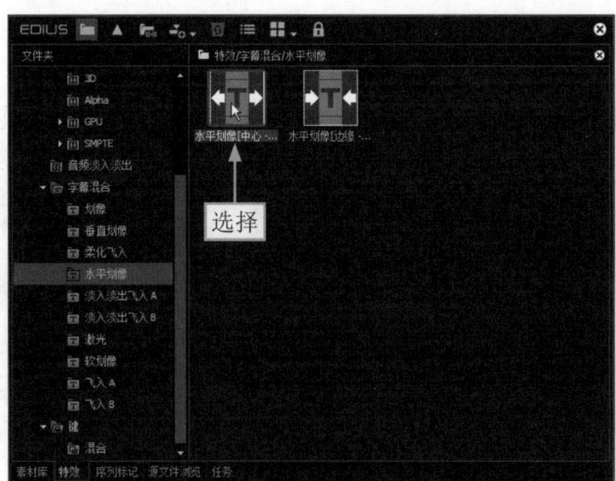

图 14-34 选择“水平划像 [中心＞边缘]”效果

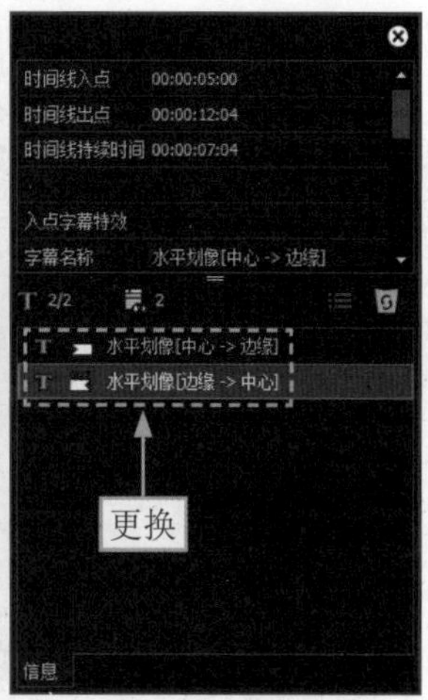

图 14-35 更换文字动画

14.2.3 制作字幕视频

字幕视频处于视频和图片素材之后，起着转场切换的作用。下面介绍在 EDIUS X 中制作字幕视频的具体操作方法。

STEP 01 在视频 2 素材的末尾位置；①单击“创建字幕”按钮；②在弹出的下拉菜单中选择“在视频轨道上创建字幕”命令，如图 14-36 所示。

图 14-36 选择“在视频轨道上创建字幕”命令

STEP 02 进入相应的面板，①在界面中间输入文字内容；②选择合适的字体；③调整文字的位置，如图 14-37 所示。

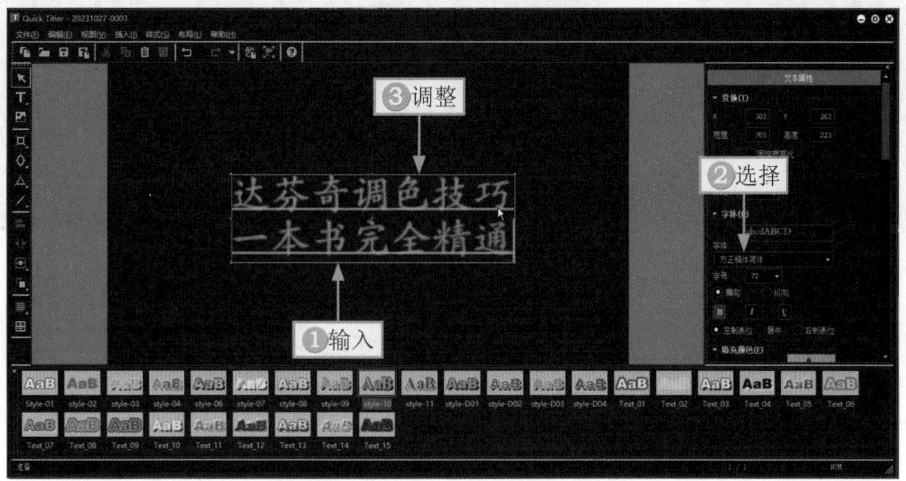

图 14-37 调整文字的位置

STEP 03 ➊取消选中“边缘”和“阴影”复选框，消除文字边框和阴影；➋选择“文件”|“保存”命令，如图14-38所示，保存文字。

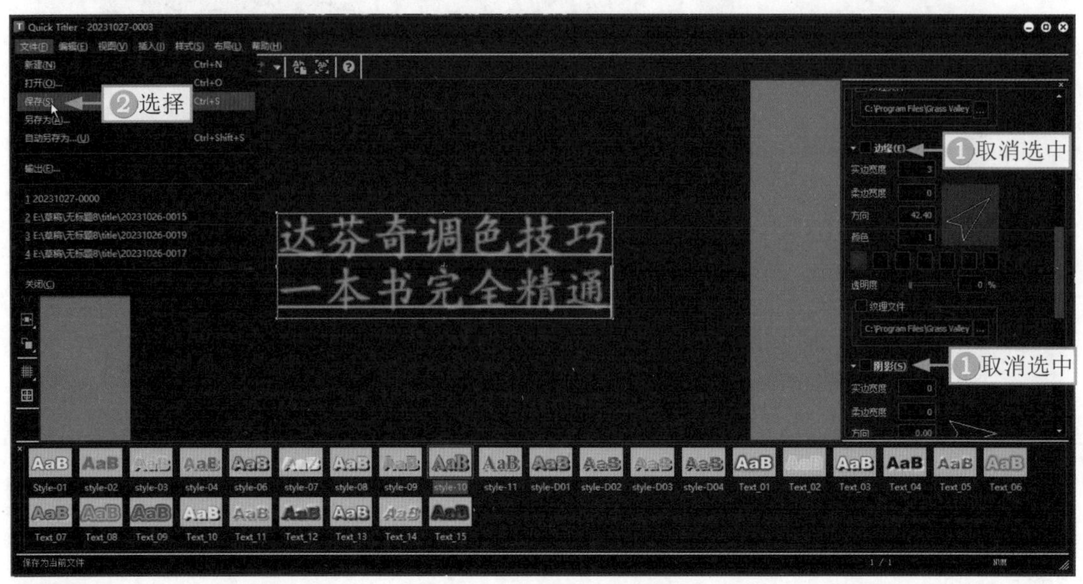

图14-38 选择“保存”命令

STEP 04 ➊拖曳字幕视频素材至2V视频轨道中；➋右击视频之间的间隙；➌在弹出的快捷菜单中选择“删除间隙”命令，如图14-39所示，使视频对齐。

STEP 05 选择字幕视频素材，在“信息”面板中，双击“视频布局”选项，如图14-40所示。

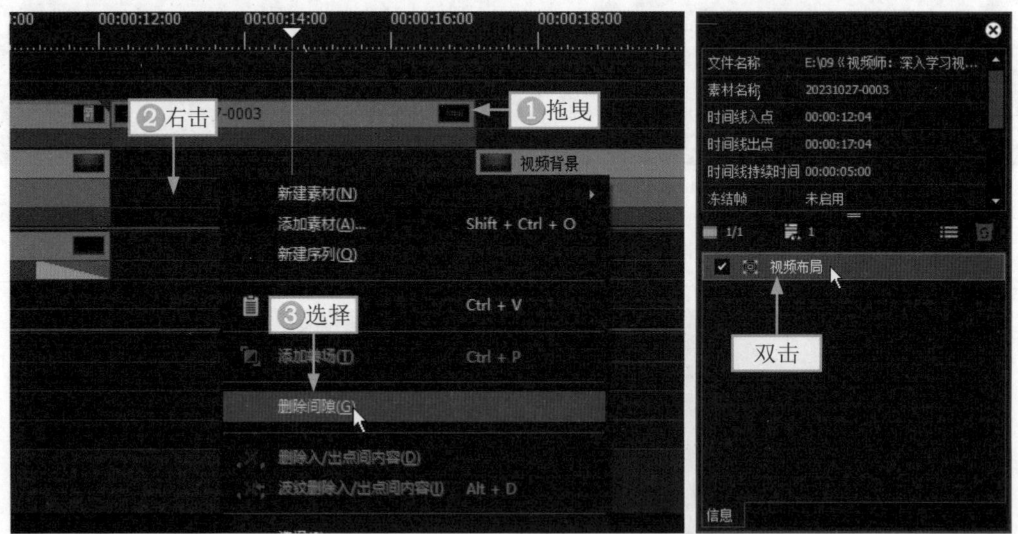

图14-39 选择“删除间隙”命令　　图14-40 双击“视频布局”选项

STEP 06 弹出“视频布局”对话框，➊拖曳时间滑块至视频15s的位置；➋选中“视频布局”复选框；➌单击“添加/删除关键帧”按钮，添加关键帧，如图14-41所示。

STEP 07 ➊拖曳时间滑块至字幕视频的起始位置；➋放大素材画面；➌单击“确定”按钮，如图14-42所示，制作字幕视频由大变小的效果。

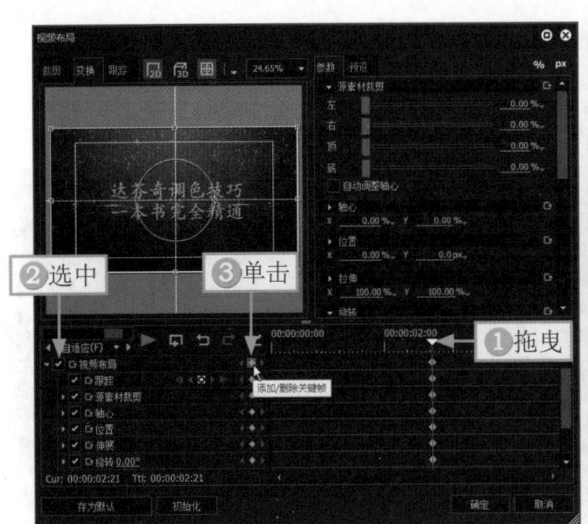

图 14-41 单击“添加 / 删除关键帧”按钮

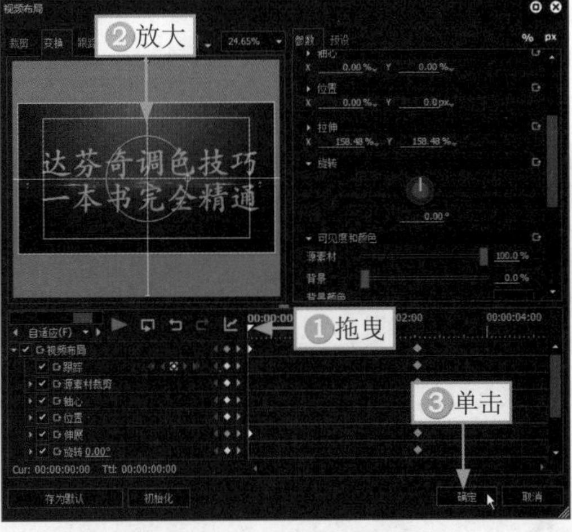

图 14-42 放大素材画面

14.2.4 制作画面宣传特效

为照片素材添加关键帧，可以让画面动起来，从而制作画面宣传特效。下面介绍在EDIUS X 中制作画面宣传特效的具体操作方法。

STEP 01 将第 2 段素材、第 3 段素材、第 4 段素材和第 5 段素材依次拖曳至 2V 视频轨道中，并选择第 2 段素材，如图 14-43 所示。

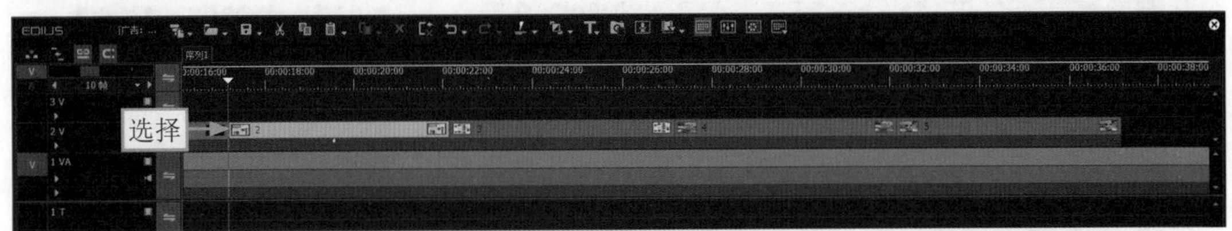

图 14-43 选择第 2 段素材

STEP 02 在“信息”面板中，双击“视频布局”选项，如图 14-44 所示。

STEP 03 弹出“视频布局”对话框，❶在素材起始位置缩小素材画面；❷选中“视频布局”复选框；❸单击“添加 / 删除关键帧”按钮，添加关键帧，如图 14-45 所示。

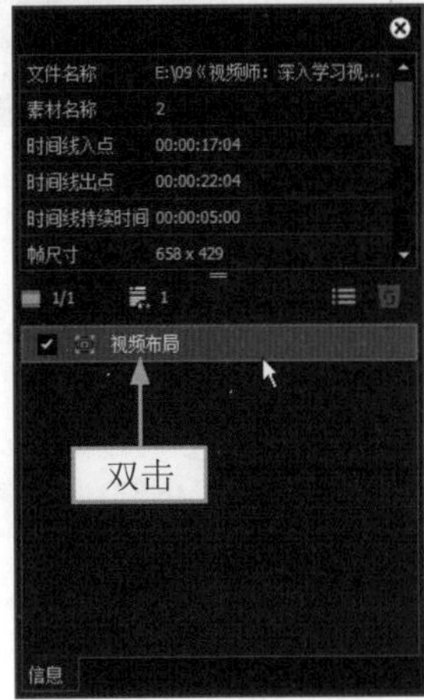

图14-44 双击“视频布局”选项

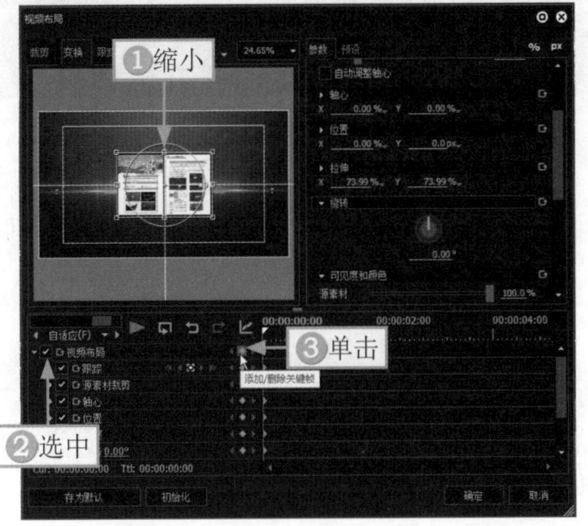

图14-45 单击“添加/删除关键帧”按钮

STEP 04 ▶▶ ①拖曳时间滑块至视频 00:00:19:19 的位置；②调整素材的大小和位置；③单击“确定”按钮，如图 14-46 所示，制作素材慢慢变大的效果。

STEP 05 ▶▶ ①选择第 2 段素材并右击；②在弹出的快捷菜单中选择“复制”命令，如图 14-47 所示。

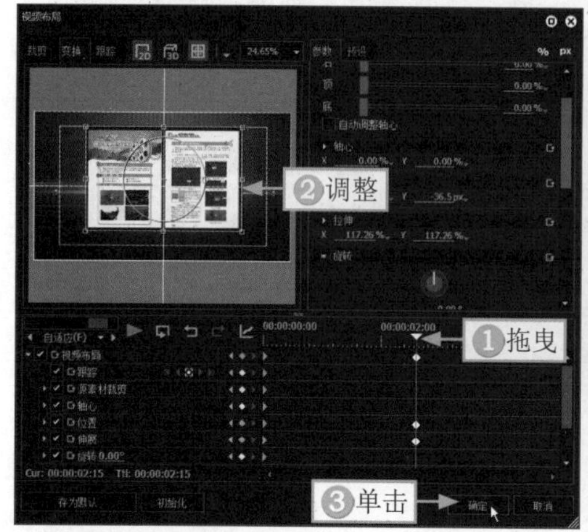

图 14-46　调整素材的大小和位置

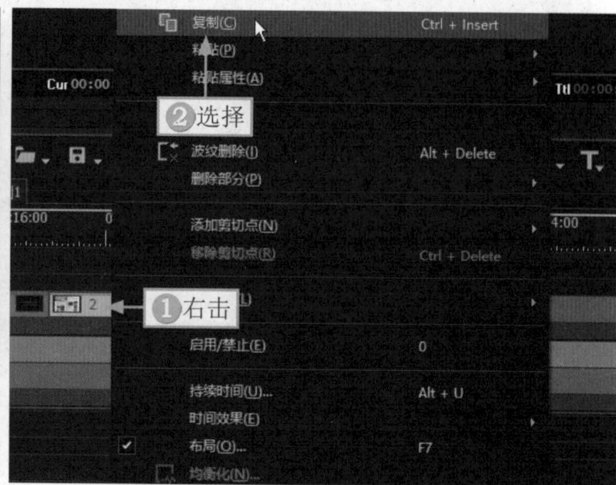

图 14-47　选择“复制”命令

STEP 06 ▶▶ ①选择第 3 段素材并右击；②在弹出的快捷菜单中选择“粘贴”|“滤镜”命令，如图 14-48 所示，快速添加同样的视频效果。

STEP 07 ▶▶ 选择第 4 段素材，在“信息”面板中，双击“视频布局”选项，如图 14-49 所示。

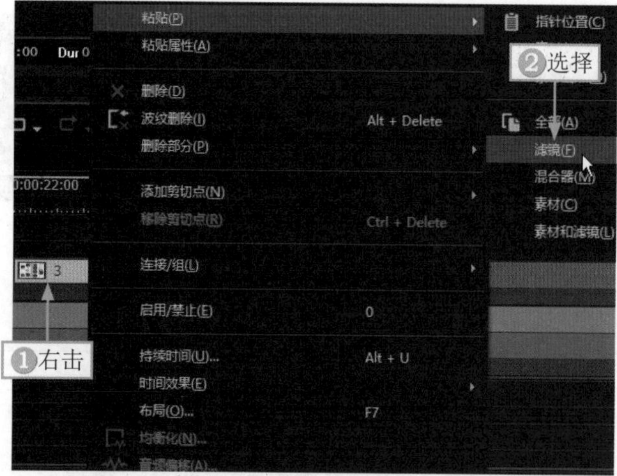

图 14-48　选择“滤镜”命令

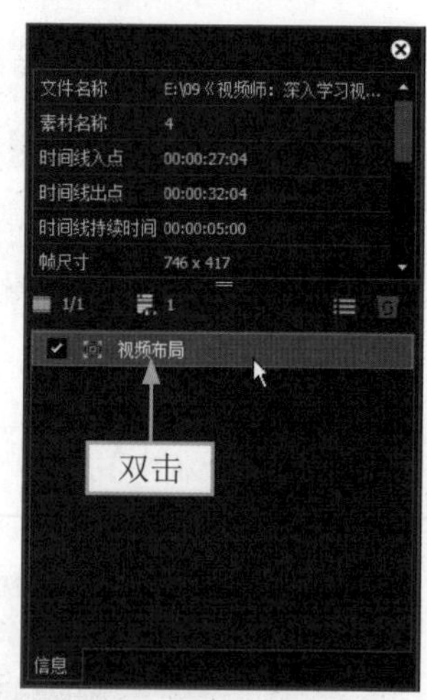

图 14-49　双击“视频布局”选项

STEP 08 ▶▶ 弹出“视频布局”对话框，①在素材起始位置缩小素材画面并调整其位置，使其处于画面的最上方；②选中“视频布局”复选框；③单击“添加 / 删除关键帧”按钮，添加关键帧，如图 14-50 所示。

STEP 09 ▶▶ ①拖曳时间滑块至视频 00:00:29:20 的位置；②调整素材的位置；③单击“确定”按钮，如图 14-51 所示，制作素材从上而下降落的效果。

STEP 10 ▶▶ ①选择第 4 段素材并右击；②在弹出的快捷菜单中选择“复制”命令，如图 14-52 所示。

STEP 11 ▶▶ ①选择第 5 段素材并右击；②在弹出的快捷菜单中选择“粘贴”|“滤镜”命令，如图 14-53 所示，快速添加同样的视频效果。

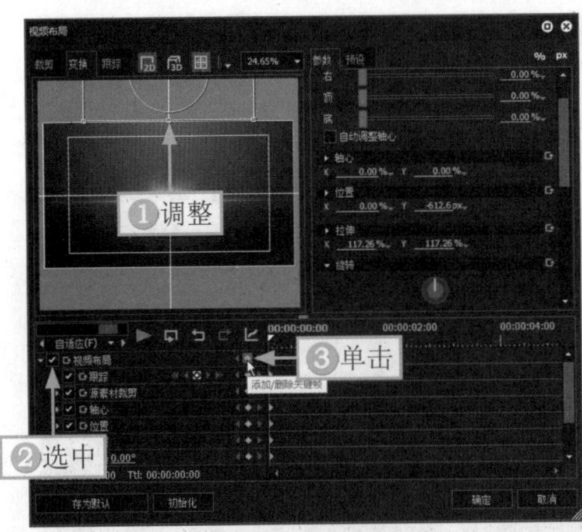

图14-50　单击“添加/删除关键帧”按钮

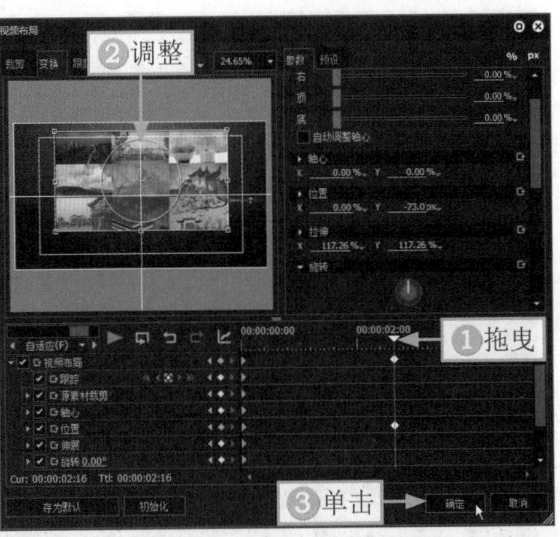

图14-51　调整素材的位置

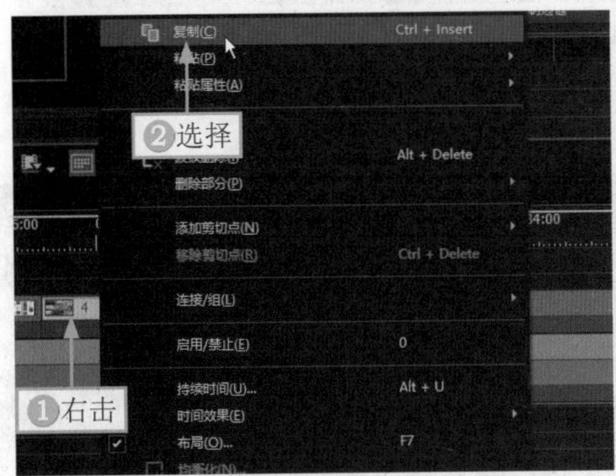

图14-52　选择“复制”命令

图14-53　选择“滤镜”命令

14.2.5　制作广告字幕效果

扫码看视频

在视频中需要添加字幕，制作广告字幕效果，介绍产品的亮点。下面介绍在 EDIUS X 中制作广告字幕效果的具体操作方法。

STEP 01 ❶按 Ctrl+C 组合键，复制 1T 字幕轨道中的第 2 段文字；❷拖曳时间滑块至第 2 段素材的起始位置；❸按 Ctrl+V 组合键，粘贴文字，并调整文字的时长，使其与第 2 段素材的末尾位置对齐，再双击文字素材，如图 14-54 所示。

图 14-54　双击文字素材

STEP 02 进入相应的面板，❶双击文字，设置“字号”为 48；❷选择合适的字体；❸更改文字内容，并调整文字的位置；❹选择“文件”｜“自动另存为”命令，如图 14-55 所示，保存文字。

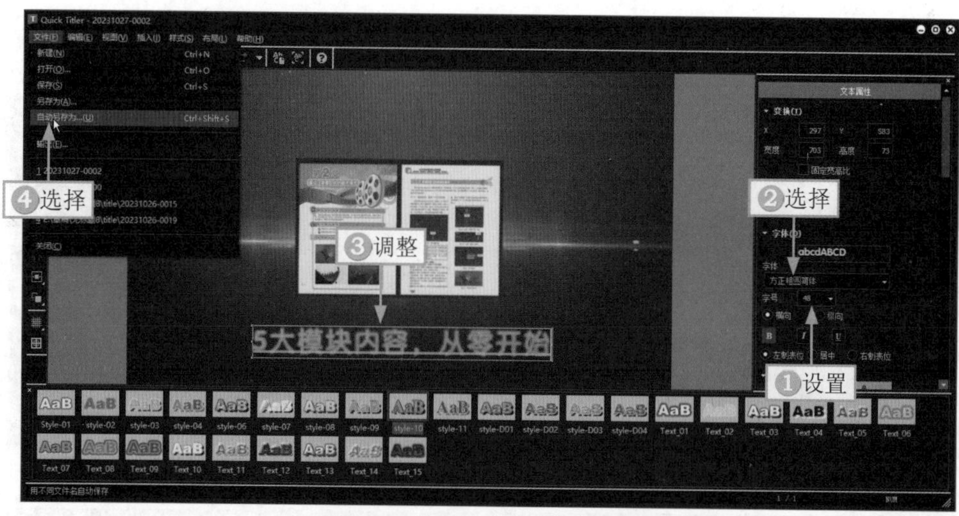

图 14-55　选择“自动另存为”命令

STEP 03 ▶▶ ①按 Ctrl+C 组合键，复制刚才处理好的文字；②拖曳时间滑块至第 3 段素材的起始位置；③按 Ctrl+V 组合键，粘贴文字，并双击文字素材，如图 14-56 所示。

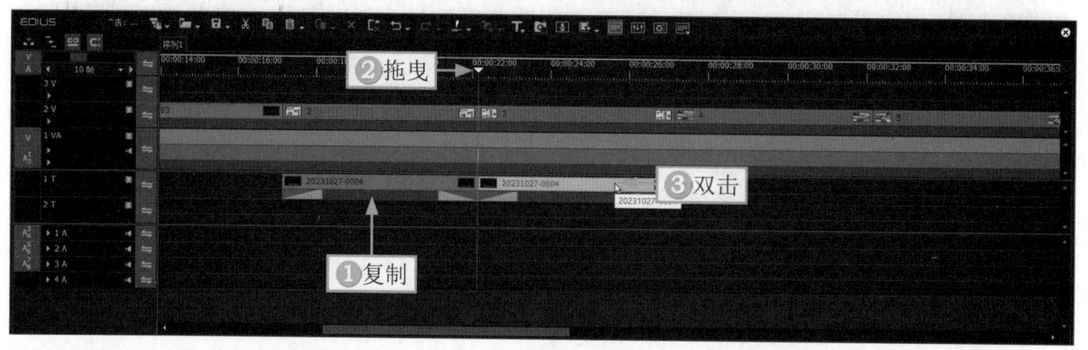

图 14-56　双击文字素材

STEP 04 ▶▶ 进入相应的面板，①双击文字，更改文字内容，并调整文字的位置；②选择“文件” | “自动另存为”命令，如图 14-57 所示，保存文字。

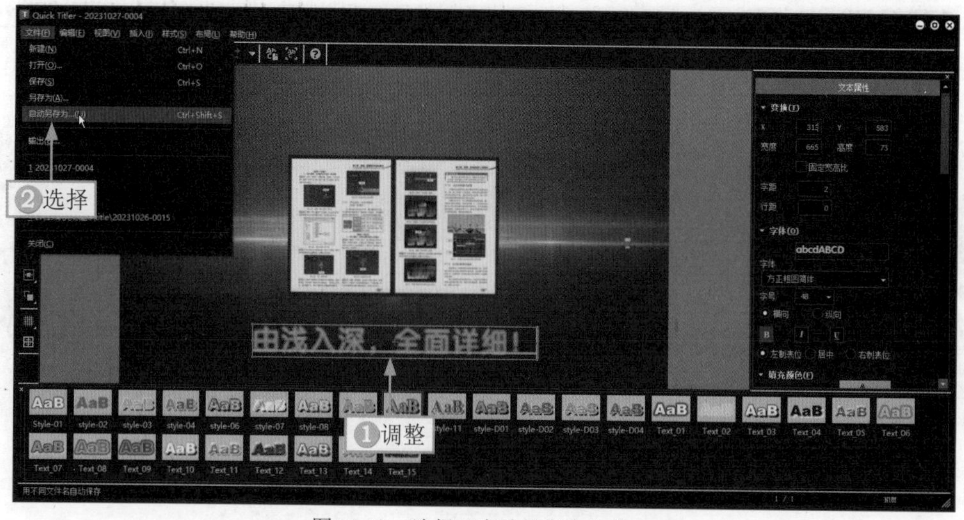

图 14-57　选择“自动另存为”命令

STEP 05 ▶▶ ❶按 Ctrl+C 组合键，复制刚才处理好的文字；❷拖曳时间滑块至第 4 段素材的起始位置；❸按 Ctrl+V 组合键，粘贴文字，并双击文字素材，如图 14-58 所示。

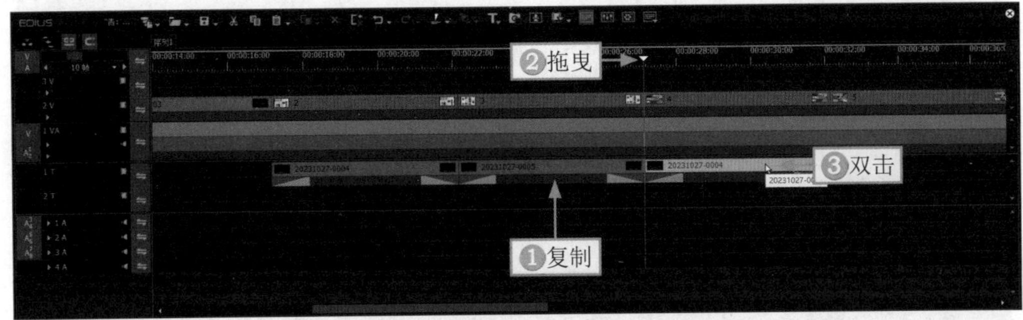

图 14-58　双击文字素材

STEP 06 ▶▶ 进入相应的面板，❶双击文字，更改文字内容，并调整文字的位置；❷选择“文件”｜“自动另存为”命令，如图 14-59 所示，保存文字。

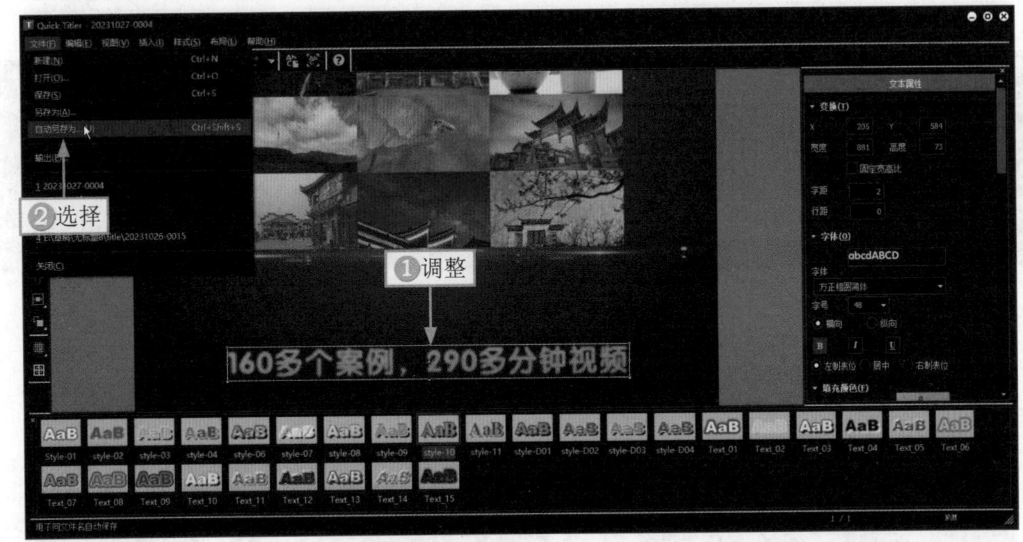

图 14-59　选择“自动另存为”命令

STEP 07 ▶▶ ❶按 Ctrl+C 组合键，复制刚才处理好的文字；❷拖曳时间滑块至第 5 段素材的起始位置；❸按 Ctrl+V 组合键，粘贴文字，并双击文字素材，如图 14-60 所示。

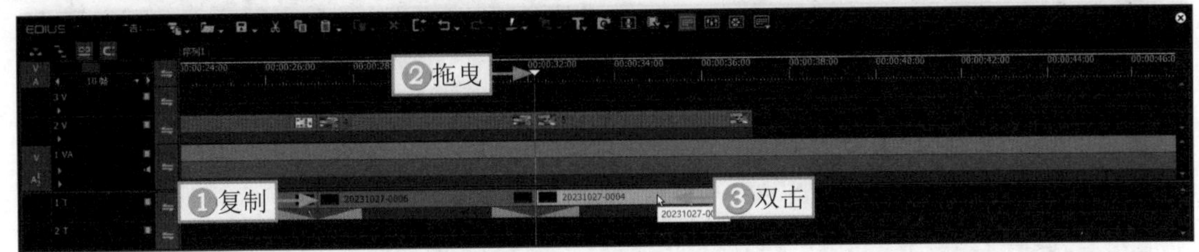

图 14-60　双击文字素材

STEP 08 ▶▶ 进入相应的面板，❶双击文字，更改文字内容，并调整文字的位置；❷选择“文件”｜“自动另存为”命令，如图 14-61 所示，保存文字。

STEP 09 ▶▶ ❶按 Ctrl+C 组合键，复制刚才处理好的文字；❷拖曳时间滑块至第 5 段素材的末尾位置；❸按 Ctrl+V 组合键，粘贴文字，并双击文字素材，如图 14-62 所示。

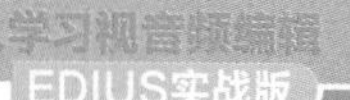

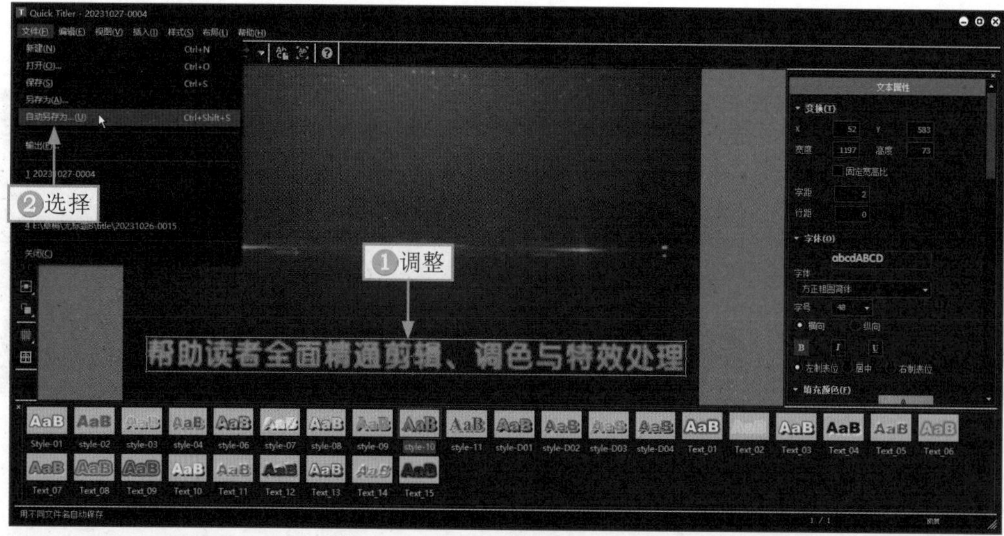

图 14-61 选择“自动另存为”命令

图 14-62 双击文字素材

STEP 10 进入相应的面板，①双击文字，更改字体；②设置“字号”为 72；③更改文字内容，并调整文字的位置；④单击“颜色”下方的色块，把文字的颜色都设置为红色，如图 14-63 所示，单击“确定”按钮，再选择“文件”|“自动另存为”命令，保存文字。

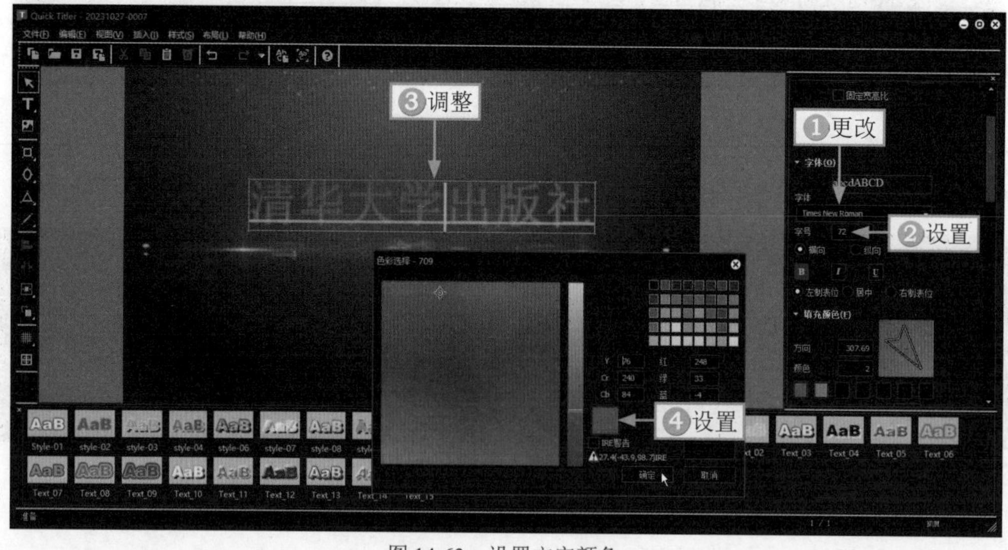

图 14-63 设置文字颜色

STEP 11 ①按 Ctrl+C 组合键，复制刚才处理好的文字，在其后面按 Ctrl+V 组合键，粘贴文字；②调整复制后的文字的轨道位置，使其处于 2T 字幕轨道中，并调整其时长，再双击文字素材，如图 14-64 所示。

图 14-64　双击文字素材

STEP 12 ▶▶ 进入相应的面板，❶双击文字，设置“字号”为 48；❷更改文字内容，并调整文字的位置；❸选择“文件”｜“自动另存为”命令，如图 14-65 所示，保存文字。

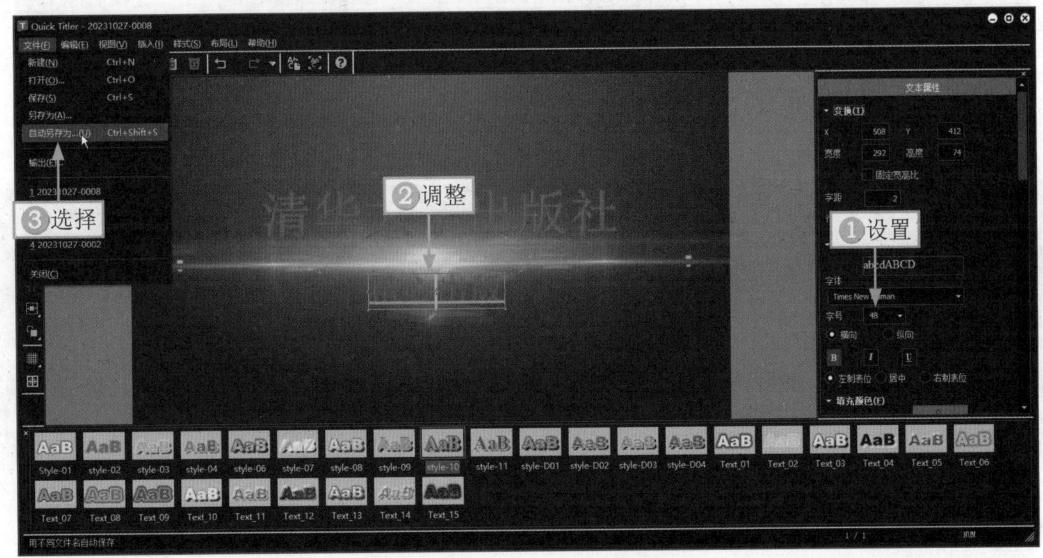

图 14-65　选择“自动另存为”命令

STEP 13 ▶▶ ❶按 Ctrl+C 组合键，复制刚才处理好的文字；❷拖曳时间滑块至最后一段文字素材的末尾位置；❸按 Ctrl+V 组合键，粘贴文字，并双击文字素材，如图 14-66 所示。

图 14-66　双击文字素材

STEP 14 ▶▶ 进入相应的面板，❶双击文字，设置“字号”为 72；❷更改字体；❸设置“行距”为 10；❹更改文字内容，并调整文字的位置；❺选中“居中”单选按钮；❻选择“文件”｜“自动另存为”命令，如图 14-67 所示，保存文字。

STEP 15 ▶▶ ❶按 Ctrl+C 组合键，复制刚才处理好的文字；❷拖曳时间滑块至最后一段文字素材的末尾位置；❸按 Ctrl+V 组合键，粘贴文字，并双击文字素材，如图 14-68 所示。

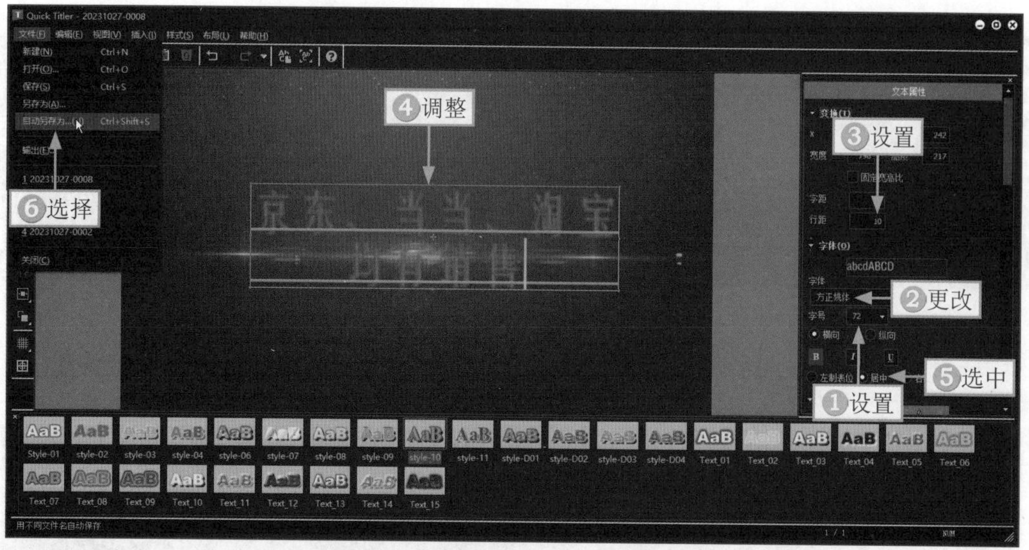

图 14-67　选择“自动另存为”命令

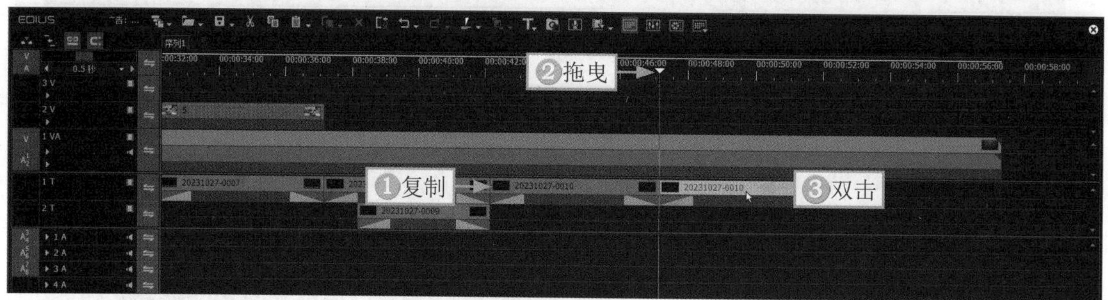

图 14-68　双击文字素材

STEP 16 进入相应的面板，①双击文字，更改字体；②更改文字内容，并调整文字的位置；③选择“文件”｜“自动另存为”命令，如图 14-69 所示，保存文字。

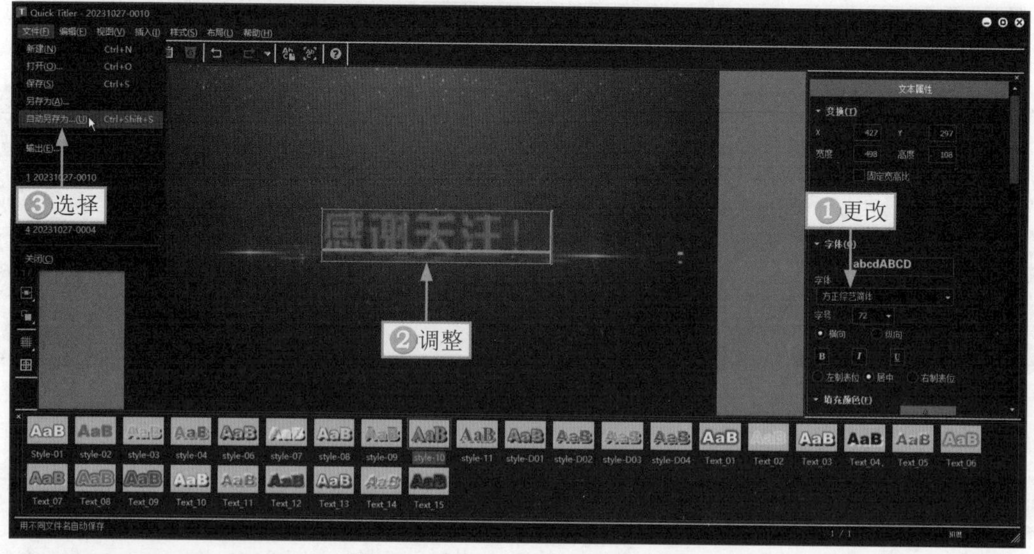

图 14-69　选择“自动另存为”命令

14.2.6 添加特效、贴纸和背景音乐

添加特效和贴纸的目的是丰富视频画面内容，增加画面的趣味性。添加音乐之后，需要调整音乐的时长。下面介绍在EDIUS X中添加特效、贴纸和背景音乐的具体操作方法。

STEP 01 在“素材库”面板中，选择录制边框特效素材，如图14-70所示。

STEP 02 ①将录制边框特效素材拖曳至3V视频轨道中，使其处于视频1素材的上方，并右击；②在弹出的快捷菜单中选择“连接/组”|“解组”命令，如图14-71所示，分离音频。

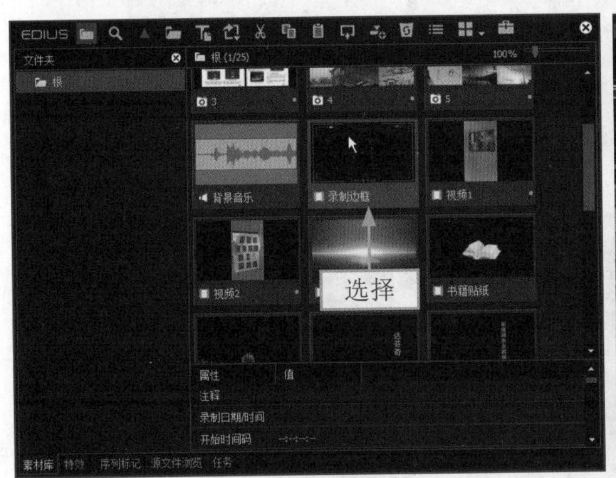

图14-70 选择录制边框特效素材

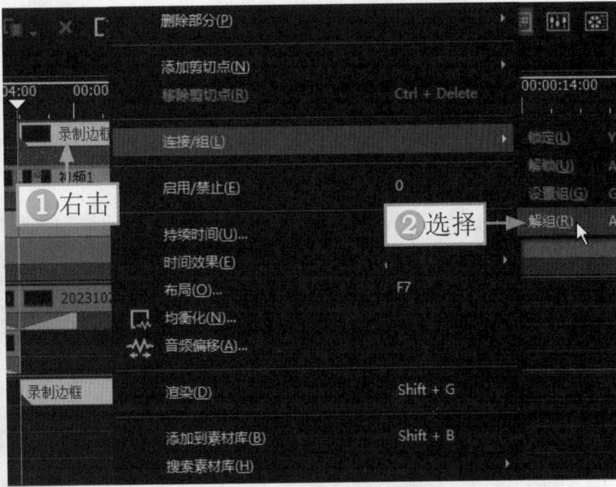

图14-71 选择“解组”命令

STEP 03 ①选择分离出来的音频素材；②单击“删除”按钮，如图14-72所示。

STEP 04 删除音频素材之后，①选择录制边框特效素材并右击；②在弹出的快捷菜单中选择“时间效果”|“速度”命令，如图14-73所示。

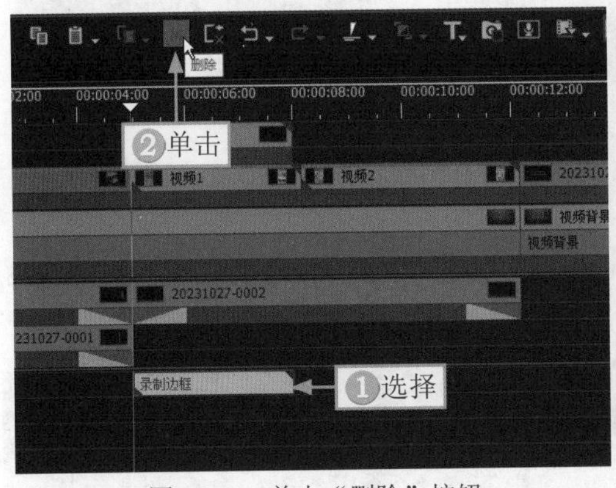

图14-72 单击“删除”按钮

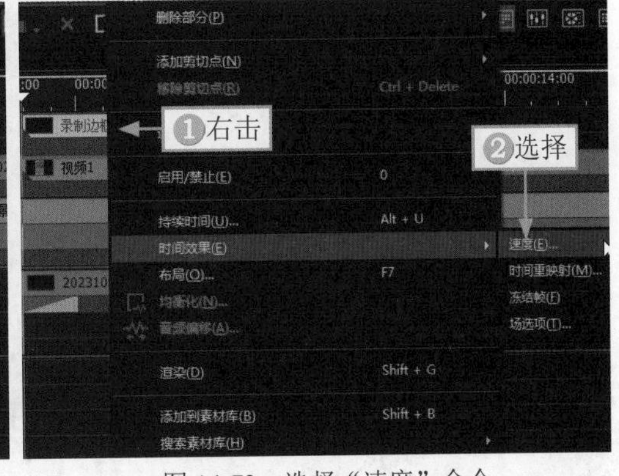

图14-73 选择“速度”命令

STEP 05 弹出“素材速度”对话框，①设置“持续时间”为00:00:07:04；②单击“确定”按钮，如图14-74所示，调整素材的时长，使其与视频1和视频2素材的时长保持一致。

STEP 06 在“特效”面板中，选择“键”下方的“混合”选项，在其设置界面中选择“滤色模式”效果，如图14-75所示。

STEP 07 拖曳“滤色模式”效果至录制边框特效素材的下方，抠出特效，并选择录制边框特效素材，如图14-76所示。

STEP 08 在“信息”面板中，双击“视频布局”选项，如图14-77所示。

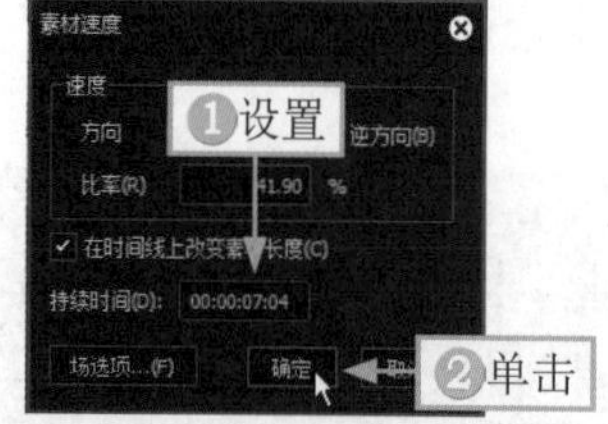

图 14-74　设置素材速度

图 14-75　选择“滤色模式”效果

图 14-76　拖曳“滤色模式”效果至相应位置

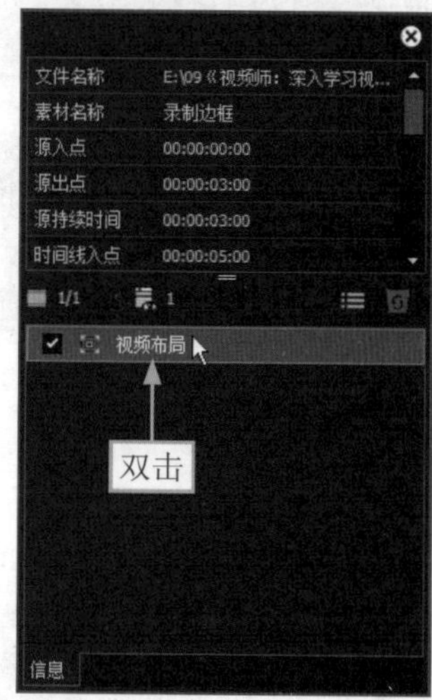

图 14-77　双击“视频布局”选项

STEP 09 在“视频布局”对话框中，❶缩小录制边框特效素材的画面，使其处于视频 1 素材的边缘位置；❷单击“确定”按钮，如图 14-78 所示。

STEP 10 使用同样的方法，在倒数第 2 段文字素材和倒数第 3 段文字素材上面添加书籍贴纸素材和烟花特效素材，调整素材的速度时长为 5s 并添加“滤色模式”效果，如图 14-79 所示。

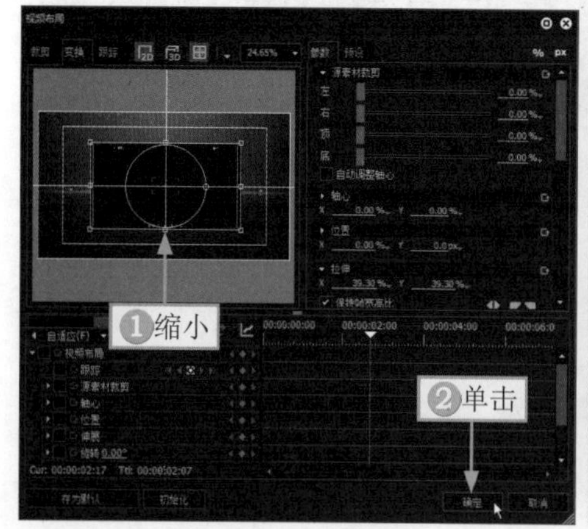

图 14-78　缩小画面

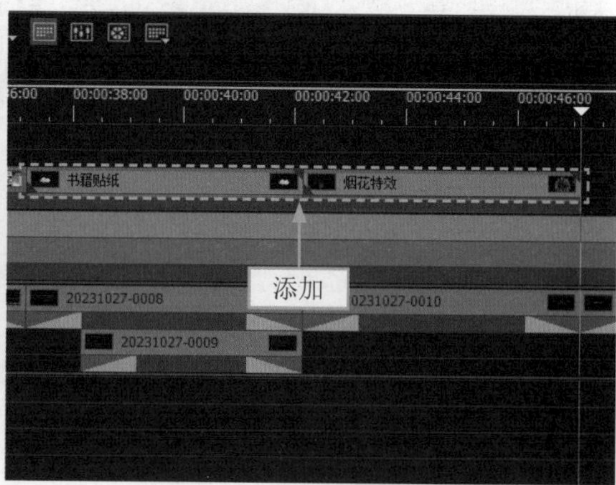

图 14-79　添加贴纸和烟花素材

STEP 11 ➊调整视频背景素材的时长，使其末尾位置与最后一段文字素材的末尾位置对齐；➋在“素材库”面板中拖曳背景音乐素材至1A音频轨道中，调整素材的起始位置；➌在视频的末尾位置单击“添加剪切点-选定轨道”按钮，分割音频素材，并单击“删除”按钮，如图14-80所示，删除多余的音频素材。

图14-80 删除多余的音频素材